普通高等教育“十二五”规划教材
高等院校物联网专业系列教材

智能无线传感器网络原理与应用

吴成东　主编

张云洲　贾子熙
纪　鹏　陈　莉　编著

科学出版社
北　京

内 容 简 介

本书主要讲述无线传感器网络的基本理论与应用技术。在系统介绍无线传感器网络节点的构成与性能、无线传感器网络体系结构的基础上，讲述无线传感器网络的通信与组网技术、网络通信协议、无线传感器网络仿真实验工具等内容，重点讲述无线传感器网络覆盖与部署、无线传感器网络管理、无线传感器网络应用技术等，并通过典型领域的应用案例分析，介绍无线传感器网络系统应用的特点。

本书内容丰富，深入浅出，图文并茂，其主要特点是不仅讲述无线传感器网络的基本理论，而且论述无线传感器网络应用的关键技术。本书具有较强的普适性，可作为高等院校研究生和高年级本科生的无线传感器网络课程的教材，也可供无线通信、电子技术、电气工程、计算机网络、自动化技术等领域的工程技术人员学习和参考。

图书在版编目(CIP)数据

智能无线传感器网络原理与应用/吴成东主编 .—北京：科学出版社，2011

(普通高等教育"十二五"规划教材·高等院校物联网专业系列教材)

ISBN 978-7-03-033209-7

Ⅰ.①智… Ⅱ.①吴… Ⅲ.①无线电通信-传感器-计算机网络-高等学校-教材 Ⅳ.①TP212

中国版本图书馆 CIP 数据核字(2011)第 277117 号

责任编辑：余 江 潘继敏／责任校对：包志虹

责任印制：徐晓晨／封面设计：迷底书装

科学出版社出版

北京东黄城根北街 16 号

邮政编码：100717

http://www.sciencep.com

北京建宏印刷有限公司印刷

科学出版社发行 各地新华书店经销

*

2011 年 12 月第 一 版 开本：787×1092 1/16

2018 年 1 月第三次印刷 印张：17 1/4

字数：441 000

定价：59.00 元

(如有印装质量问题，我社负责调换)

前 言

无线传感器网络是无线通信技术、电子技术、计算机网络、传感技术等有机结合的产物。无线传感器网络的概念一经提出，就受到世界范围内学术界和工业界的广泛重视。美国的《商业周刊》曾将无线传感器网络列为21世纪最具影响力的21项技术之一，《MIT技术评论》也将无线传感器网络评选为影响人类未来生活最重要的十大新兴技术之一。近10年来，无线传感器网络技术得到了飞速的发展，它不仅改变了人们的生活、学习、工作乃至思维方式，而且对于科学技术、经济、政治乃至整个社会都产生了重大影响。

我国对于无线传感器网络的研究起步较晚，但发展态势良好。2006年，在国家制定的未来15年《中长期科学与技术发展规划纲要》中为信息技术确定了三个前沿方向，其中"智能感知技术"和"自组织网络技术"两个方向都与无线传感器网络研究直接相关。在此背景下，国内的高等院校和科研机构对无线传感器网络理论与技术开展了一系列卓有成效的研究，一些企业研究开发了先进的无线传感器网络设备并在工程实践中应用，上述工作有力地推动了我国无线传感器网络技术的发展。

本书本着使读者既能在理论方面全面系统地了解无线传感器网络的理论知识，又能在实践方面掌握一定的无线传感器网络实用技能的原则，从理论与应用有机结合的角度，系统全面地介绍了无线传感器网络的基本概念、理论方法、网络体系结构、系统硬件设备与组网技术、典型网络仿真实验平台等内容，并通过典型工程案例介绍无线传感器网络技术的应用及特点。

本书可作为高等院校研究生和高年级本科生的无线传感器网络课程的教材，也可供无线通信、电子技术、电气工程、计算机网络、自动化技术等领域的工程技术人员学习和参考。

本书由吴成东教授、张云洲副教授、贾子熙讲师、纪鹏讲师、陈莉教授共同编写。其中，第1、2、3章由吴成东、陈莉编写，第4、7章由纪鹏编写，第5、6、10章由张云洲编写，第8、9章由贾子熙编写。全书由吴成东统稿。参与本书编写和资料整理工作的有李孟歆教授、楚好讲师、王晓哲副教授，以及研究生程龙、张健、王天宝、黄月、胡楠、董晶晶、滕贺、左超、李翠娟、魏颖等。

在本书的编写过程中，作者参阅了大量文献资料，主要参考文献列于书后，在此谨对这些文献资料的作者表示诚挚的谢意。本书得到了国家自然科学基金和东北大学教材出版基金的资助。科学出版社的余江编辑为本书的顺利出版做了大量的工作。在此，作者对所有为本书顺利出版提供帮助的各界人士表示衷心的感谢。

由于作者水平有限，加之无线传感器网络技术发展很快，尽管我们力争做到精益求精，但在编写中难免存在疏漏之处，恳请广大读者批评指正。

作 者

2011年8月

目　录

前言
第 1 章　绪论 …… 1
1.1　引言 …… 1
1.2　无线传感器网络概述 …… 1
1.2.1　无线传感器网络系统结构 …… 1
1.2.2　无线传感器网络基本特点 …… 1
1.2.3　无线传感器网络关键技术 …… 3
1.3　无线传感器网络的发展 …… 4
1.3.1　无线传感器网络演变过程 …… 4
1.3.2　无线传感器网络发展现状 …… 5
1.3.3　无线传感器网络未来趋势 …… 7
1.4　无线传感器网络主要应用领域 …… 7
1.4.1　军事领域 …… 8
1.4.2　环境监测领域 …… 8
1.4.3　医疗领域 …… 9
1.4.4　智能家居领域 …… 9
1.4.5　智能交通领域 …… 9
1.4.6　其他领域 …… 9
思考题 …… 10
第 2 章　无线传感器网络节点 …… 11
2.1　概述 …… 11
2.2　节点硬件组成 …… 11
2.2.1　处理器模块 …… 12
2.2.2　存储模块 …… 14
2.2.3　通信模块 …… 14
2.2.4　传感器模块 …… 17
2.2.5　电源模块 …… 18
2.3　无线传感器网络操作系统 …… 20
2.3.1　nesC 语言 …… 21
2.3.2　TinyOS …… 28
2.3.3　TinyOS 应用实例解析 …… 34
2.3.4　TinyOS 的安装 …… 37
2.4　传感器节点分析 …… 38
2.4.1　常见传感器节点 …… 38
2.4.2　MicaZ 节点分析 …… 40

思考题 …… 47
第3章 无线传感器网络体系结构 …… 48
3.1 传感器网络工作模式…… 48
3.1.1 网络的组成 …… 48
3.1.2 多跳通信机制 …… 49
3.2 网络整体结构…… 51
3.2.1 OSI分层模型 …… 51
3.2.2 网络体系结构分析 …… 52
3.3 无线传感器网络服务质量与体系结构…… 54
3.3.1 服务质量体系 …… 54
3.3.2 QoS体系的通信协议 …… 56
3.3.3 QoS体系下的管理系统 …… 58
3.3.4 QoS体系功能模块的联系…… 60
3.4 无线传感器网络跨层优化设计…… 61
3.4.1 跨层优化设计概述 …… 61
3.4.2 面向QoS优化的跨层设计总体框架 …… 62
3.4.3 基于QoS保证的跨层设计 …… 63
3.4.4 跨层模型与问题求解方法…… 64
3.4.5 网络效能最大化模型 …… 66
思考题 …… 66
第4章 无线传感器网络通信与组网技术 …… 68
4.1 概述…… 68
4.2 物理层…… 69
4.2.1 物理层概述…… 69
4.2.2 通信信道分配 …… 70
4.2.3 调制解调方式…… 72
4.3 MAC协议 …… 73
4.3.1 MAC协议概述 …… 73
4.3.2 MAC协议设计要求…… 73
4.3.3 基于竞争的MAC协议…… 74
4.3.4 基于信道分配的MAC协议 …… 78
4.4 路由协议…… 79
4.4.1 路由协议概述 …… 79
4.4.2 层次型路由协议 …… 80
4.4.3 以数据为中心的路由协议…… 82
4.4.4 基于地理位置的路由协议…… 84
4.5 传输层协议…… 85
4.5.1 传输层协议概述 …… 85
4.5.2 数据传输可靠性分析 …… 87
4.5.3 多组传输与多径传输 …… 87

4.5.4 无线传感器网络与 Internet 互联 …… 90
思考题 …… 95
第 5 章 无线传感器网络通信技术 …… 96
5.1 IEEE 802.15.4 标准 …… 96
5.1.1 物理层 …… 96
5.1.2 MAC 层 …… 98
5.2 ZigBee 协议规范 …… 99
5.2.1 ZigBee 协议概述 …… 99
5.2.2 ZigBee 网络层 …… 101
5.2.3 ZigBee 应用层 …… 105
5.2.4 ZigBee 安全服务 …… 107
5.3 其他无线通信标准 …… 109
5.3.1 Wi-Fi …… 109
5.3.2 蓝牙 …… 111
5.3.3 超宽带技术 …… 112
5.3.4 近距离无线传输技术 …… 113
思考题 …… 114
第 6 章 无线传感器网络覆盖与部署技术 …… 115
6.1 无线传感器网络覆盖与部署的意义 …… 115
6.2 无线传感器网络覆盖与部署问题 …… 115
6.2.1 按照节点部署的无线传感器网络分类 …… 115
6.2.2 按照覆盖对象的无线传感器网络分类 …… 117
6.2.3 无线传感器网络覆盖应用特点 …… 120
6.3 节点感知模型 …… 121
6.3.1 二元感知模型(0-1 模型) …… 121
6.3.2 概率感知模型 …… 122
6.3.3 基于误警率的感知模型 …… 122
6.3.4 方向性传感器的感知模型 …… 125
6.3.5 不规则感知模型 …… 126
6.3.6 多边形感知模型 …… 128
6.3.7 近似圆盘感知模型 …… 129
6.4 无线传感器网络覆盖评价指标 …… 129
6.4.1 覆盖率 …… 130
6.4.2 联合探测/丢失概率 …… 131
6.4.3 覆盖场强一致性 …… 131
6.4.4 覆盖重数 …… 132
6.4.5 覆盖均匀性 …… 132
6.4.6 覆盖时间和平均移动距离 …… 132
6.4.7 其他评价指标 …… 133
6.5 传感器网络节点部署策略与算法 …… 133

6.5.1 传感器网络节点的随机撒布 …… 133
6.5.2 基于几何格点和剖分的节点部署 …… 133
6.5.3 移动传感器网络的部署策略 …… 137
6.6 无线传感器网络覆盖技术面临的挑战 …… 140
6.6.1 覆盖空洞及修复 …… 140
6.6.2 传感器网络的重部署 …… 140
6.6.3 三维空间传感器网络部署 …… 141
6.6.4 复杂环境下的传感器网络部署 …… 141
思考题 …… 143
第7章 无线传感器网络管理技术 …… 144
7.1 网络管理概述 …… 144
7.1.1 无线传感器网络管理面临的问题 …… 144
7.1.2 无线传感器网络管理系统设计要求 …… 145
7.1.3 无线传感器网络管理系统的分类 …… 145
7.2 网络拓扑结构管理 …… 145
7.2.1 网络拓扑结构管理概述 …… 146
7.2.2 基于分簇层次性拓扑结构 …… 148
7.2.3 基于功率控制的拓扑结构 …… 152
7.2.4 启发式节点唤醒和休眠机制 …… 155
7.3 能量管理 …… 157
7.3.1 能量管理概述 …… 157
7.3.2 硬件能耗设计 …… 157
7.3.3 状态调制机制 …… 159
7.3.4 通信能耗 …… 162
7.3.5 拓扑结构能耗分析 …… 163
7.3.6 路由协议能耗分析 …… 163
7.4 网络安全技术管理 …… 165
7.4.1 网络安全技术概述 …… 165
7.4.2 网络安全分类 …… 166
7.4.3 WSN网络安全设计策略 …… 169
7.4.4 网络安全框架协议分析 …… 175
思考题 …… 179
第8章 无线传感器网络关键技术 …… 180
8.1 时间同步机制 …… 180
8.1.1 时间同步机制概述 …… 180
8.1.2 时钟模型 …… 181
8.1.3 基于接收者和接收者的时间同步机制 …… 182
8.1.4 基于发送者和接收者的双向时间同步机制 …… 184
8.1.5 基于发送者和接收者的单向时间同步机制 …… 187
8.1.6 时间同步机制的误差来源及性能指标 …… 190

8.1.7 时间同步机制的主要应用 …… 191
8.1.8 时间同步机制面临的问题 …… 192
8.2 无线传感器网络定位技术 …… 193
8.2.1 无线传感器网络定位技术概述 …… 193
8.2.2 定位技术基本概念 …… 193
8.2.3 节点定位算法分类 …… 194
8.2.4 典型定位系统 …… 201
8.3 数据融合技术 …… 203
8.3.1 数据融合概述 …… 203
8.3.2 数据融合方法分类 …… 204
8.3.3 主要数据融合方法分析 …… 205
8.4 无线传感器网络目标跟踪技术 …… 210
8.4.1 目标跟踪概述 …… 210
8.4.2 目标跟踪步骤 …… 211
8.4.3 无线传感器网络协作跟踪 …… 211
8.4.4 典型目标跟踪算法比较 …… 216
8.4.5 无线传感器网络主要跟踪技术 …… 218
思考题 …… 220
第9章 无线传感器网络仿真实验工具 …… 221
9.1 NS2 …… 221
9.1.1 NS2 简介 …… 221
9.1.2 Tcl/OTcl 语言简介 …… 222
9.1.3 OTcl 连接 …… 225
9.1.4 NS 基本组件 …… 229
9.1.5 实例分析 …… 233
9.2 OPNET …… 235
9.2.1 OPNET 仿真流程 …… 236
9.2.2 OPNET 建模 …… 237
9.2.3 OPNET Modeler 开发环境 …… 237
9.3 GloMoSim …… 239
9.4 TOSSIM …… 240
9.5 SensorSim …… 241
9.6 OMNeT++ …… 242
9.7 SENSE …… 243
思考题 …… 243
第10章 无线传感器网络应用技术 …… 244
10.1 环境领域的应用 …… 244
10.1.1 生态环境监控实验系统 …… 244
10.1.2 山体滑坡监测系统 …… 245
10.1.3 地震监测系统 …… 246

10.1.4 基于无线传感器网的极端环境监测系统 …… 247
10.2 医疗领域的应用 …… 248
10.2.1 人体行为模式监测应用 …… 248
10.2.2 远程监护系统 …… 249
10.3 交通领域的应用 …… 250
10.3.1 车辆检测与识别应用 …… 250
10.3.2 智能交通信息采集系统 …… 251
10.4 农业领域的应用 …… 253
10.4.1 蔬菜园环境监测应用 …… 253
10.4.2 园艺温室环境监控系统 …… 254
10.5 建筑领域的应用 …… 255
10.5.1 建筑质量监测应用 …… 255
10.5.2 建筑火灾探测与监控应用 …… 256
10.5.3 室内空间监控系统 …… 257
10.5.4 智能家居系统 …… 258
10.6 其他应用 …… 259
10.6.1 煤矿安全监测系统 …… 259
10.6.2 高压输电线路监测应用 …… 261
10.6.3 轴承温度监测系统 …… 261
思考题 …… 262
参考文献 …… 263

第1章 绪　论

1.1 引　言

在信息化无处不在的当今社会，人们绝大部分的日常生活行为都与信息资源的开发、采集、传送和处理息息相关。尤其是在21世纪，人们对于信息的获取手段提出更高的要求，要求传感器具有小型化、智能化、多功能化和网络化等特点。正是集合了人们对于信息化的迫切需求以及传感器设备的发展趋势，无线传感器网络(wireless sensor networks，WSN)应运而生，并得到快速发展。无线传感器网络的雏形始于20世纪90年代末，在诞生之初便受到极大的关注，美国《商业周刊》和《MIT技术评论》在预测未来技术发展的报告中，将其列为21世纪最具影响力和改变世界的十大技术之一。伴随着近10年电子和通信技术的蓬勃发展，与无线传感器网络相关的研发工作受到全球众多科研机构和公司的关注，并逐渐完成了由概念到产品的转化。如今，无线传感器网络已经被应用于众多领域，如工业生产、环境监测、智能建筑、医疗保健和军事系统等。此外，以物联网为代表的信息革命浪潮正在悄然兴起，作为物联网系统的重要组成部分，无线传感器网络正面临前所未有的发展机遇。在可以预见的未来，无线传感器网络将凭借其“无处不在的计算”深刻地改变与人类生产和生活息息相关的各个领域。

1.2 无线传感器网络概述

1.2.1 无线传感器网络系统结构

无线传感器网络由部署在监测区域内的大量节点组成，这些节点通过无线通信的方式形成多跳自组织监控网络系统，能够协作地实时监测、感知和采集各种环境或监测对象的信息，并通过嵌入式系统对信息进行处理，最后通过随机自组织无线通信网络，以多跳中继方式将所感知信息传送到用户终端。因此，可以说无线传感器网络的出现使得逻辑上的信息世界与客观上的物理世界融合在一起，改变了人类与自然界的交互方式。人们可以通过传感网络直接感知客观世界，从而提高人类认识世界的能力。

在无线传感器网络系统中，传感器、感知对象和观察者构成传感器网络的三个要素，其中传感器之间、传感器与观察者之间通过有线或无线网络通信，节点间以Ad-Hoc方式进行通信。从结构上来讲，无线传感器网络通常由无线传感器节点、汇聚节点(也称为接收发送节点(sink)或基站(base station))、Internet或通信卫星及用户等构成，如图1-1所示。

1.2.2 无线传感器网络基本特点

无线传感器网络作为一种新型的信息感知系统，除了具有Ad-Hoc网络的移动性、独立性、电源能力局限性等共同特征以外，还具有以下鲜明的技术特点。

(1) 应用相关性。无线传感器网络是无线网络和数据网络的结合，一般是为了某个特定的需求而设计的。与传统网络能适应广泛的应用不同，无线传感器网络通常是针对某一特定的应用，是一种基于应用的无线网络。在应用中，各个节点能够协作地实时监测、感知和采集

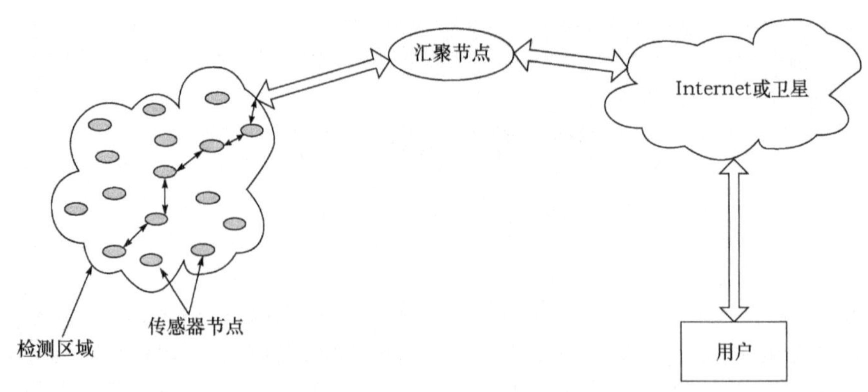

图 1-1　无线传感器网络系统结构

网络分布区域内各种环境或监测对象的信息，并对这些数据进行处理。从而获得详尽而准确的信息，将其传送到需要这些信息的用户。

（2）网络的大规模性。为了获取精确信息，在监测区域通常部署大量传感器节点，其数量可能达到成千上万，甚至更多。在大规模网络中，通过不同空间视角获得的信息具有更大的信噪比；通过分布式处理大量采集的信息能够提高监测的精确度，降低对单个节点传感器的精度要求。大量冗余节点的存在，使得系统具有很强的容错性能，还能够增大覆盖的监测区域，减少网络空洞或盲区。

（3）自组网与自维护性。对于由随机撒播大量节点而构成的传感网络而言，每个节点的地位平等，网内没有绝对的控制中心，可以在任何时刻和地点自动组网，传感器节点的位置不能预先精确设定，节点之间的关系也不确定，不像通常使用的网络固定地址和关系。这就需要无线传感器网络能够通过拓扑和网络通信协议自动地进行配置和管理，形成监测多跳无线网络。同时，单个节点或者局部几个节点由于环境改变等原因而失效时，网络拓扑应能随时间动态变化。这就要求无线传感器网络具备维护动态路由的功能，才能保证网络不会因为部分节点出现故障而瘫痪。

（4）以数据为中心。在无线传感器网络中，各节点内置有不同形式的传感器，用以测量热、红外、声纳、雷达和地震波等信号，从而探测包括温度、湿度、噪声、光强度、压力、土壤成分、移动物体的大小、速度和方向等众多感兴趣的数据。用户关心的是从网络中获取的信息而不是网络本身，所以以数据为中心是无线传感器网络区别于传统通信网络的主要特点。

（5）路由多跳性。网络中节点通信距离有限，一般在几十米到几百米范围内，节点只能与它的邻近节点直接通信。如果希望与其射频覆盖范围之外的节点进行通信，则需要通过中间节点进行路由。网络的多跳路由通常使用网关和路由器来实现，而无线传感器网络中的多跳路由是由普通网络节点完成的，没有专门的路由设备。因此，每个节点既可以是信息的发起者，也可以是信息的转发者。

（6）网络动态性。无线传感器网络是一个动态的网络，网络中的传感器、感知对象和观察者三要素都可能具有移动性。另外，新节点的加入、已有节点故障或失效，及环境条件变化所造成无线通信链路的带宽变化，都会引起无线传感器网络结构的变化。这就要求传感器网络能够适应结构的随时变化，具有动态系统的可重构性。

（7）节点的可靠性。传感器节点往往要工作在恶劣的环境下，甚至遭到破坏，如有时要利用飞机空投或发射炮弹来进行网络节点的部署，所以要求节点非常坚固、不易损坏，及能适应各种恶劣环境。由于传感器节点数量很大，监测的环境面积很大，具体的节点位置会时常发生变化，所以不可能人为地进行网络维护。为了防止监测数据被盗取，要求无线传感器网络具有保密性和安全性，要求整个网络的软、硬件具有很好的鲁棒性和容错性。

(8) 节点能量、存储空间和处理能力的有限性。在无线传感器网络中，传感节点数量众多。为降低网络成本，传感节点的体积、存储空间、处理能力都受到很大的限制。在通常情况下，传感节点都布置在偏远、恶劣的环境中，能源由电池提供且难以做到能源的替换，节点能量十分有限。因此，如何克服节点的局限性、降低能耗或者使节点具备成熟的自动获取能源的能力，是目前无线传感器网络设计领域的一个重要技术问题。

1.2.3 无线传感器网络关键技术

无线传感器网络作为当今信息领域新的研究热点，尚有许多关键理论与技术问题有待研究，主要研究内容有以下几个方面：

(1) 网络拓扑控制。无线传感器网络是自组织网络，在保证网络连通和覆盖的前提下剔除不必要的通信链路，形成数据转发的优化网络结构具有重要意义。通过拓扑控制自动生成良好的网络拓扑结构，能够提高路由协议和 MAC 协议的效率，从而节省节点能量以延长网络生存期，并为数据融合、时间同步和目标定位等奠定基础。

(2) 网络协议。传感器网络协议负责使各个独立的节点形成一个多跳的数据传输网络。但由于传感器网络节点的计算能力、存储能力、通信能力以及携带的能量都十分有限，每个节点只能获取局部网络的拓扑信息，其运行的网络协议也不能过于复杂，无线传感器网络除结构动态变化外，网络资源也在不断变化，这些都对网络协议提出更高的要求。目前，研究的重点是网络层路由协议和数据链路层协议。网络层的路由协议决定监测信息的传输路径；数据链路层的介质访问控制用来构建底层的基础结构，控制传感器节点的通信过程和工作模式。

(3) 时间同步。实现时间同步是传感器网络系统协同工作的关键机制之一。无线传感器网络的一些固有特征，如能量、存储、计算和宽带的限制，以及节点的高密度分布，使传统的时间同步算法无法适用。因此，越来越多的研究集中在设计适合无线传感器网络的时间同步算法。目前，已提出多个时间同步机制，其中 RBS(reference broadcast synchronization)、Tiny/Mini-Sync 和 TPSN(timing sync protocol for sensor network)被认为是三个基本的同步机制。

(4) 定位技术。位置信息是传感器网络节点采集数据过程中不可缺少的部分。在某些应用中，没有位置信息的监测消息通常毫无意义。确定事件发生的位置或数据采集的节点位置是传感器网络最基本的功能之一。根据无线传感器网络的自身特点，定位机制必须满足自组织性、健壮性、能量高效性和分布式计算等要求。目前，主要的定位机制有 TOA(time of arrival)、TDOA(time difference of arrival)、AOA(angle of arrival)和 RSSI(received signal strength indication)。

(5) 网络安全。无线传感器网络作为任务型网络，不仅要进行数据传输，还要进行数据采集、融合及任务协同控制等。如何保证任务执行的机密性、数据产生的可靠性、数据融合的高效性以及数据传输的安全性，就成为无线传感器网络需要全面考虑的安全问题。为了保证任务的机密布置和任务执行结果的安全传递和融合，无线传感器网络需要提供基本的安全机制，如机密性认证、点到点的消息认证、完整性鉴别、新鲜性鉴别、认证广播和安全管理等。

(6) 数据融合。数据融合是将多份数据或信息进行处理，组合出更有效、更符合需求的数据过程。由于无线传感器网络存在能量约束，因此需要数据融合以减少传输的数据量，有效节省能量。又由于传感器节点的易失效性，因此传感器网络也需要数据融合技术对多份数据进行综合，以提高信息的精确度。数据融合技术可以与传感器网络的多个协议层次进行结合。在传感器网络的设计中，只有面向应用需求设计针对性强的数据融合方法才能最大限度地获益。但数据融合技术也存在缺点，它节省能量、提高信息准确度是以牺牲延迟性和鲁棒性等性能为代价的。

(7) 数据管理。从数据存储的角度看，传感器网络可被视为一种分布式数据库。以数据库的方法在传感器网络中进行数据管理，可以将存储在网络中的数据逻辑视图与网络中的实现进行分离，使传感器网络的用户只需要关心数据查询的逻辑结构，而不用关心细节实现。无线传感器网络数据管理系统的结构主要有集中式、半分布式、分布式以及层次式结构。无线传感器网络中数据的存储采用网络外部存储、本地存储和以数据为中心存储等方式。

(8) 嵌入式操作系统。在无线传感器网络中，每个传感器节点都是一个微型的嵌入式系统，内部的硬件资源有限，需要操作系统对其有限的内存、处理器和通信模块进行节能高效的使用，并提供最大的支持。在无线传感器网络的操作系统支持下，多个应用可以并发地使用系统的有限资源，因此嵌入式操作系统也是传感器网络领域的重要研究内容。

1.3 无线传感器网络的发展

1.3.1 无线传感器网络演变过程

无线网络技术的发展起源于人们对无线数据传输的需求，它的不断进步直接推动了无线传感器网络概念的产生和发展。早在 20 世纪 70 年代，就出现了传统传感器的点对点传输，形成传感器网络的雏形，人们把它称为第一代传感器网络。随着相关学科的不断发展和进步，传感器网络同时还具备了获取多种信息的综合处理能力，并通过与传感控制器的结合，组成兼具信息综合和信息处理两种能力的传感器网络，形成第二代传感器网络。从 20 世纪末开始，现场总线技术开始应用于传感器网络，人们用其组建智能化传感器网络，大量多功能传感器获得应用，并使用无线技术连接，无线传感器网络逐渐形成。到了 21 世纪，信息化技术的进步促进了无线传感器网络的发展，形成从单一化逐渐向集成化、微型化和网络化的发展方向。总之，无线网络技术的发展和进步一直是无线传感器网络发展的最主要推动力，下面分别介绍一些与无线传感器网络的发展过程息息相关的网络形式。

1) ALOHA 系统

ALOHA 系统出现于 20 世纪 60 年代末，是第一个获得成功应用的无线网络，由美国夏威夷大学 Norman Abramson 等研制成功。ALOHA 系统包括 7 台计算机，采用双向星形拓扑连接，横跨夏威夷的四座岛屿。其核心思想是使用共享的公共传输信道，并采用突发占用和碰撞重发的方法组成网络系统。当某一个用户有信息要传递时，立即向信道发送消息，同时检测信道的使用情况。如果出错，则认为和其他用户发送的数据发生了碰撞，于是在某一时延后重发这个数据分组。这里选取“某一时延”是为了防止发生碰撞的用户在检测到碰撞后都立即重发分组，从而使各个用户错开重发时间以避免连锁碰撞的恶性循环。

ALOHA 系统有效地将计算机和通信技术结合起来，能够将计算机存储的大量信息传输到需要的地方，在技术上具有重要的意义。

2）分组无线网

分组无线网（packet radio network，PRNET）最初的研究源于军事通信的需要。基于ALOHA系统的成功经验，美国国防部高级研究计划局（DARPA）于1972年开始以包交换无线电网为代表的一系列分组无线网络研发计划，研究在战场环境下利用PRNET进行数据通信的技术。分组无线网络的后续研究取得不少成果，最主要的进步在于多路访问冲突避免（MACA）无线信道接入协议的开发。MACA将CSMA机制与苹果公司Localtalk网络中使用的RTS/CTS通信握手机制相结合，很好地解决了“隐蔽终端”和“暴露终端”的问题。

3）无线局域网

无线局域网通过无线信道实现网络设备之间的通信，并实现通信的移动化、个性化和宽带化，它具有接入灵活、移动便捷、组建方便和易于扩展等诸多优点，作为全球公认的局域网权威，IEEE 802工作组建立的标准在局域网内得到广泛应用。

目前，无线局域网采用的传媒主要有两种，即无线电波与红外线。无线电波根据调制方式的不同又分为扩展频谱方式和窄带调制方式。

4）无线个域网

无线个域网（wireless personal area network，WPAN）是为了实现活动半径小、业务类型丰富、面向特定群体以及无线无缝连接而提出的新型无线通信网络技术。WPAN与无线广域网、无线城域网、无线局域网并列，但覆盖范围相对较小。WPAN所覆盖的范围一般半径在10m以内，必须运行于许可的无线频段。在网络构成上，WPAN位于整个网络链的末端，用于实现同一地点终端与终端间的连接，如连接手机和蓝牙耳机等。WPAN设备具有价格便宜、体积小、易操作和功耗低等优点。

5）无线自组网

无线自组网是一组由带有无线收发装置的移动终端组成的一个多跳自组织的自治网络系统。它是一种无中心的分布式控制网络，每个用户终端兼具路由器和主机两种功能，这为便携终端实现自由快速的无线通信提供可能。由于无线自组网不依赖任何已有的网络基础设施，终端节点动态随意分布，因此，如何在终端节点移动的情况下保证高质量的数据通信是该领域研究的热点问题之一。

1.3.2 无线传感器网络发展现状

1998年，Pottie诠释了无线传感器网络的科学意义，美国国防部投入巨资启动“超视距”战场监控的SensIT项目，标志着无线传感器网络的兴起。无线传感器网络最早的代表性论述出现在1999年，题为“传感器走向无线时代”。随后在美国的移动计算和网络国际会议上，提出“无线传感器网络是下一个世纪面临的发展机遇”的论断。由于无线传感器网络具有重要的应用价值，引起了世界许多国家的军事部门、工业界和学术界的极大关注。针对无线传感器网络研究较为深入的是美国、欧洲各国及日本、韩国。

美国自然科学基金委员会于2003年制定了传感器网络研究计划，投入大量资金用于支持相关基础理论的研究，较著名的研究项目有加州大学伯克利分校的Smart Dust研究项目，Sun实验室的SPOT和麻省理工学院AMPS项目等。其中，加州大学伯克利分校提出应用网络连通性重构传感器位置的方法，并研制了一套传感器操作系统——TinyOS；南加州大学Heidemann J，Silva F等提出在生疏环境部署移动传感器的方法、无线传感器网络监视结构及其聚集函数计算方法和节省能源的计算聚集树构造算法等；IrisNet是Intel公司与美国卡耐基-梅隆大学合作开发的技术，其主要设想是利用 XML 语言将分散于全球传感器网络上的数据集中起来，并加以灵活利用；在传感器网络通信协议的研究方面，美国康奈尔大学、南加州大学 Heidemann J，Silva F 等对无线传感器网络通信协议进行研究，先后提出基于谈判类协议、定向发布类协议、能源敏感类协议、多路径类协议等新的通信协议；在感知数据查询处理技术研究方面，康奈尔大学对感知数据查询处理技术进行研究，研制了一个测试感知数据查询技术性能的 COUGAR 系统；南加州大学 Heidemann J，Silva F 等研究了无线传感器网络上的聚集函数的计算方法，提出节省能源的计算聚集的树构造算法，并通过实验证明恶劣无线通信机制对聚集计算的性能有很大影响。

此外，美国军方投入大量资金对无线传感器相关技术进行研究，比如，将无线传感器网络整合进未来战争中的灵巧传感器网络和沙地直线无线传感器网络，确立了"灵巧传感器网络通信计划"、"战场环境侦察与监视系统"和"无人值守地面传感器群"等多个项目，利用无线传感器网络了解战场态势、获取更广阔视野、帮助制定战斗行动方案等。在工商界，美国 Crossbow 公司利用 Smart Dust 项目的成果开发出 Mote 智能传感器节点，以及用于研究机构二次开发的 MoteWork™ 开发平台。

英国、加拿大、德国、芬兰和意大利等发达国家的研究机构较早加入了传感器网络的研究。其中德国对无线传感器技术的研究和应用一直走在欧洲的前列，2008 年初的欧洲第一届"无线传感器网络论坛"就在德国首都柏林举行。这里聚集了一批像 Siemens、EnOcean 等具有强大研发力量的世界知名企业致力于此技术的研发和商用化推进。此外，欧盟第 6 个框架计划将"信息社会技术"作为优先发展领域之一，并于 2008 年初正式成立欧洲微纳制造技术平台(MINAM)，多处涉及对 WSN 的研究。Philips、Ericsson、ZMD、France Telecom 和 Chipcon 等公司也都在对 WSN 进行研发，力图在相关应用领域为用户提供 WSN 的解决方案。

在亚洲，日本是较早进行无线传感器网络研究的国家之一，日本的企业在相关研究中起到了积极的作用。2004 年，日立制作所与 YRP 泛在网络化研究所宣布开发出全球体积最小的传感器网络终端，该终端可以搭载温度、亮度、红外线和加速度等各种传感器，可应用于大型楼宇和普通家庭的日常安全管理之中。日前，三菱电机成功开发了一种用于传感器网络的小型低耗电无线模块，能够使用特定小功率无线通信构筑对等网络，目标是取代目前利用专线构筑的家用安全网络，通过与红外线传感器配合检测是否有人、与加速度传感器配合检测窗玻璃和家具的振动、与磁传感器配合检测门的开关等功能。

此外，韩国信息通信部制定了信息技术"839"战略，其中"3"是指 IT 产业的三大基础设施，即宽带融合网络、泛在传感器网络和下一代互联网协议。韩国政府将无线传感器网络纳入战略计划之中，每年投入大量资金，支持多个实验室和多家公司研发此项技术。

我国对无线传感器网络的研究也十分重视。1999 年，中国科学院在《信息与自动化领域研究报告》中正式提出对于无线传感器网络进行研究的构想，无线传感器网络是该领域提出的五个重大项目之一。国家自然科学基金委员会在 2003 年、2004 年都设立了无线传感器网络相关研究课题。2004 年 3 月，中国科学院和香港科技大学成立了联合实验室，开展传感器网络的研究工作，目标是开展涵盖无线传感器网络研究领域从基础层到应用层所有层次的研究。2006 年，国家制定的未来 15 年《中长期科学与技术发展规划纲要》中为信息技术确定了三个前沿方向，其中两个与 WSN 的研究直接相关，即智能感知技术和自组织网络技术。之后，在国家自然科学基金、国家 863 计划、国家 973 计划等支持下，国内的研究机构包括中国科学技术大学、清华大学、浙江大学、中国科学院计算所、中国科学院合肥智能所、东北大学等单位积极开展无线传感器网络领域的研究,并取得了重要进展。较早进行无线传感器网络相关研究的机构还包括中国科学院软件所、自动化所,以及国防科学技术大学、哈尔滨工业大学、北京邮电大学、西北工业大学等单位。

清华大学理论计算机科学研究中心以863项目“农业生物——环境信息获取与无线传感器网络技术研究”为平台,研究应用无线传感器网络技术实现远程农业信息的获取,取得丰富的科研成果和应用经验;在“FLOWS”项目中,清华大学与香港大学合作开发出低成本灵活的无线传感器节点和演示系统供学术和实际应用;中国科技大学计算机科学技术系以环境监测、矿山安全和军事侦察等实际系统为研究背景,自主研发了能够支持IPv6和通信保密的低功耗传感器节点,相应的基于IPv6的无线传感网络环境监测系统已投入实际应用;东北大学人工智能与机器人研究所针对大型建筑灾难救援系统效率低、可靠性差等瓶颈性问题,提出基于无线传感器网络的建筑灾难信息感知系统。该系统可以实时探测灾难蔓延的趋势和被困人员的位置,为救援人员提供第一手灾难信息并为其做出辅助决策,极大地提高救援效率。另外,一些国内企业也加入无线传感器网络的研究之中,如宁波中科、深圳天智和成都无线龙等企业一直致力于提供无线传感器网络实用和创新的产品及解决方案。

目前,无线传感器网络研究已逐渐走出节点软硬件体系设计和分层通信协议开发的初级阶段,进入面向应用的整体解决方案研究的高级阶段,侧重于对无线传感器网络节点群体行为的研究,如无线传感器网络信息处理、数据聚合、网络部署与覆盖等问题的研究。

1.3.3 无线传感器网络未来趋势

移动传感器网络是一个集环境感知、动态决策与规划、行为控制与执行等多种功能于一体的综合系统,具有很强的应用相关性,不同应用需要配置不同的网络模型、软件系统与硬件平台。随着技术的发展,移动传感器网络的应用与研究呈现出节点体积小、成本低、能耗少、通信能力强、可维护性和可扩展性好、稳定性和安全性高等趋势。

(1) 成本低。在一个完整的无线传感器网络中,包含成百上千甚至成千上万的传感节点,如何在不影响网络性能的前提下降低节点成本,是无线传感器网络从实验走向实用的关键。

(2) 节点的耗能少。传感节点能量有限,而节点的能量又与网络的寿命紧密联系。目前常见的解决方案为使用高能电池,理想的情况是让节点具备自我收集能量的功能,太阳能及其他自动收集能量技术的开发使用将使无线传感器网络的传感节点寿命更持久。

(3) 安全性能提高。无线传感器网络在实际应用中往往处于环境恶劣、人力不可到达的区域,而且越来越多的应用于军事领域,处于敌方阵地进行探测,难以进行保护或者维修。因此,在设计网络协议时,对保密性提出了更高的要求。针对这一问题,很多科研机构正在进行相关的研究,相信在不远的将来会有所突破,从而使无线传感器网络获得更广泛的应用。

未来的无线传感器网络、移动通信和互联网的融合,使传感器网络信息的传输更加便捷,可以广泛地应用于科学研究与工业生产中,以更高、更快、更准确的方式为人们传输数据和信息,形成一个庞大的物联网络,涉及人类日常生活和社会生产活动的多个领域,改变人类的生活和生产方式。

1.4 无线传感器网络主要应用领域

随着关键技术的深入研究,传感器网络正逐渐深入人类生活的各个领域,如军事、环境监测和预报、健康护理、智能家居、建筑物状态监控、复杂机械监控、城市交通、空间探索、大型车间和仓库管理以及机场、大型工业园区的安全监测等。目前,无线传感器网络的应用主要集中在以下领域。

1.4.1 军事领域

无线传感器网络技术具有密集型、随机分布的特点,适合应用于恶劣的战场环境中,受到军事发达国家的普遍重视。美国国防部已投入大量的资金支持进行“智能尘埃”传感器技术的研发。

无线传感器网络在军事领域的典型应用有以下几个方面:

(1) 掌握双方军事情况。通过人员和装备附带各种传感器,以及在敌方阵地部署各种传感器等方式,掌握己方和敌方状态及敌方武器部署情况,为己方确定进攻目标和进攻路线提供依据。

(2) 战场监视。将 WSN 部署在敌军驻地和可能的进攻路线上,密切监视敌军的行动,争取宝贵时间,并可根据战况迅速调整和部署新的传感器网络。通过飞机或炮弹直接将传感器节点布撒到敌方阵地内部,或者在公共隔离带部署传感器网络,能够在近距离隐蔽并准确地收集战场信息。

(3) 战果评估。收集战斗目标被破坏程度和损失的评估数据。

(4) 核攻击、生物攻击、化学攻击的检测与侦查。借助无线传感网络获取核、生化爆炸现场的详细数据,可以及早发现己方阵地上的核、生化污染,提供快速反应时间,从而减少损失。

(5) 目标瞄准。可以将 WSN 综合到智能军事装备的引导系统中,实现目标的精确瞄准。传感器网络可以通过分析采集到的数据,得到准确的目标定位信息,从而为火控和制导系统提供精确指导。

(6) 基础设施安全。可用于基础设施安全和反暴。如电厂、通信中心之类通信建筑和设施的保护,可以在这些重要建筑和设备周围布置视频网络、声控网络以及对其他 WSN 节点进行监测,使其免受恐怖分子的袭击。

1.4.2 环境监测领域

随着社会的快速发展,人们对环境问题的关注程度越来越高,需要采集的环境数据也越来越多。无线传感器网络的发展为随机性的环境监测提供便利条件,能够避免传统数据收集方式给环境带来的侵入式破坏,可以广泛用于监测海洋、大气和土壤的成分,对生物的生活状况进行监测,以及行星探测、气象和地理监测、洪水监测等。

无线传感器网络在环境监测领域的典型应用有以下几个方面:

(1) 环境及栖息地的监视。通过在预定区域布置传感器节点,采集监测区域内的相关数据。此种方式克服了采集生态环境数据时对敏感野生动物及其栖居地监测的困难,大大减少了生态环境研究人员的工作量,使无入侵式和无破坏式生态环境监测工作方式成为可能,使无线传感器网络在生态环境检测方面的应用具有很大优势。

(2) 洪灾监测及预警。通过在水坝、山区中关键地点合理地布置一些水压、土壤湿度等传感器,可以在洪灾到来之前发布预警信息,从而及时排除险情、减少损失。

(3) 农田管理。在精细农业中,通过在农田中部署一定密度的空气湿度、土壤湿度、土壤肥料含量、光照强度、风速等传感器,可以更好地对农田管理进行微观调控,促进农作物生长。

(4) 森林火灾探测。传感器节点有计划地、密集地布置在森林中，可以在火势蔓延至无法控制之前将准确的火源信息传输给终端用户。

1.4.3 医疗领域

无线传感器网络在医疗系统和健康护理方面的应用包括监测人体的各种生理数据、跟踪和监控医院内的医生和患者的行动、医院的药物管理、病人综合监视等。为了及时了解病人的身体健康情况，可以在病人的身体上安装特殊用途的传感器节点，对病人的脉搏、血压等健康指标进行实时监测，使医生随时了解被监护病人的病情，以便及时进行相应处理。通过给病人和医生配备微型传感器节点，能够连续不断地监视病人的生理指标，从而迅速获取病人的异常状况，使医生做出诊断，提出正确的治疗方法。

医院还可以利用无线传感器网络长时间地连续地监视收集病人的生理指标数据，获得详细的第一手资料，对了解人体活动机理和研制新药品具有重要的意义，在药物管理方面也有独特的应用。

1.4.4 智能家居领域

在家电和家具中嵌入传感器节点，通过无线网络与 Internet 连接在一起，将为人们提供更加舒适、方便和更具人性化的智能家居环境。利用远程监控系统可以完成对家电的远程遥控。通过布置于房间内的湿度、温度、光照、空气成分等无线传感器，感知居室不同部分的环境状况，从而对空调、门窗以及其他家电进行自动控制，为人们提供舒适的居住环境。

1.4.5 智能交通领域

当今世界各国大城市都存在不同程度的交通拥挤问题。由于交通拥挤，人们每天上下班消耗在路上的时间比平时平均多了 1.5h。同时导致商业车辆在交通运输中延误，增加了运输成本。然而有限的土地和经济制约等使道路建设不可能达到相对满意的里程数，需要在不扩张路网规模的前提下，提高交通路网的通行能力。这就需要综合运用现代信息与通信技术等手段来提高交通运输的效率。

智能交通系统(ITS)作为一种实时、高效、准确的新型交通运输系统，目前在欧美等发达国家得到广泛应用。智能交通系统在应用方面的优势主要体现在交通信息采集、交通控制和诱导等方面。2004 年，密歇根科技大学的 Sawant 等提出将无线传感器网络用于智能交通，并对节点间组网及信息交互进行了仿真与实验；Xing 等提出基于无线传感器网络的高速公路安全预警新方法，旨在实现“零伤亡，零延迟”的目标。无线传感器网络技术在智能交通的诸多方面都有着广泛的应用前景，如交通数据采集、交通信息发布、电子收费、智能交通信号控制、停车管理、综合信息服务平台、智能公交与轨道交通、交通诱导系统和综合信息平台技术等。

1.4.6 其他领域

无线传感器网络可以广泛应用于建筑物环境控制、智能办公室、汽车安全监测与监视、仓库管理、车辆跟踪与检测、工业自动化生产线监测和控制等领域。例如在工业生产中，英特尔公司建设了一个应用于工厂环境的无线网络系统，该网络由 40 台机器上的 210 个传感器组成，通过监控系统可以大大改善工厂监控设备的运行条件，大幅降低检查设备的成本。由于可以提前发现问题，缩短停机检查时间，因此系统能够有效提高工作效率，并延长设备的使用时间。

针对一些危险的工业环境，如矿井、核电厂等，工作人员可以通过无线传感器网络实施安全监测，也可以用于道路实时信息的多传感器采集、信息分析融合和动态模拟，改变行人与交通系统的交互模式，提高交通设施运行效率。

思 考 题

1.1 简述无线传感器网络的特点。

1.2 简述无线传感器网络的技术内容。

1.3 分析无线传感器网络与传统网络的区别。

1.4 展望无线传感器网络对人们生产和生活方式的影响。

第2章 无线传感器网络节点

2.1 概 述

根据应用环境的不同,传感器网络对节点的精度、传输距离、使用频段数据收发效率和功耗等提出了不同的要求,要求搭建相应的硬件系统和软件系统,使节点能够持续、可靠、有效地工作。传感器节点的设计要求主要有以下方面:

(1) 微型化。无线传感器节点在体积上应足够小,以保证对目标系统本身的特性不造成显著影响。在某些应用场合,如战场侦察,甚至需要节点体积小到不容易让人察觉的程度,以完成一些特殊任务。

(2) 低功耗。节点部署后需要长期在建筑物内或野外等环境工作,携带电量有限,电池更换可行性较低,必须具备低功耗的性能。在硬件设计方面,电路应尽可能简单实用,尽可能选择低功耗器件。

(3) 低成本。无线传感器网络由大量密集分布的节点组成,只有低成本才有可能大量地布置在目标区域中。低成本对传感器部件提出苛刻的要求:首先,供电模块不能使用复杂而且昂贵的方案;其次,能量有限,要求所有的器件必须是低功耗的;最后,传感器不能使用精度过高的部件,以免造成传感器模块成本过高。

(4) 稳定性和安全性。节点的各个部件应该能够在给定的外部变化范围内正常工作。在给定的温度、湿度、压力等外部条件下,无线传感器网络节点的处理器、无线通信模块和电源模块要保证正常的功能,并使感知部件工作于各自的量程范围内。节点在恶劣的环境下要能稳定工作,且要有数据完整性保护,以防止外界因素造成的数据变化。

(5) 扩展性和灵活性。无线传感器网络节点需要定义统一完整的外部接口,以便必要时在现有节点上直接添加新的硬件功能模块,不需要开发新的节点。同时,节点可以按照功能拆分成多个组件,组件之间通过标准接口自由组合。在不同的应用环境下选择不同的组件配置系统,无需为每个应用都开发一套新的硬件系统。当然,部件的扩展性和灵活性应该以保证系统的稳定性为前提,必须考虑连接器件的性能。

2.2 节点硬件组成

传感器节点的硬件平台结构如图 2-1 所示。传感器节点一般由五个部分组成,包括处理器模块、存储模块、无线通信模块、传感模块和电源模块。

各模块的功能描述如下:

(1) 处理器模块。作为传感器节点的核心处理单元,负责任务调度、数据计算、通信协议和数据转存储等工作。

(2) 存储模块。存储处理器转送的数据。

(3) 无线通信模块。在信道上发送和接收信息的设备。

(4) 传感器模块。采集监控或观测区域内的物理信息。

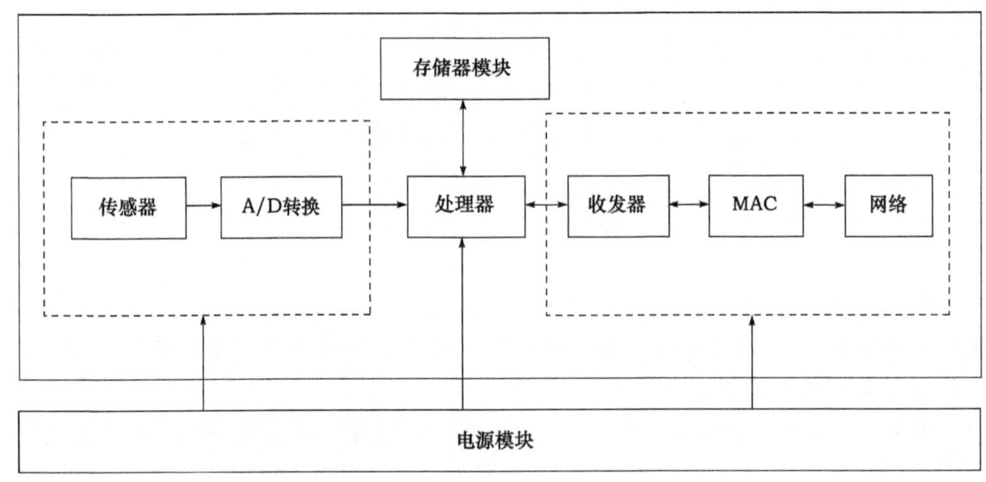

图 2-1 传感器节点结构图

(5) 电源模块。为各个功能模块提供能量。

2.2.1 处理器模块

作为无线传感器网络节点的核心,处理器模块采集并处理传感器数据、判断何时何地发送数据、从其他传感器节点接收数据,以及判定下一步工作状态。所以,处理器的选型是传感器节点设计的重要工作之一。

传感器节点功耗的大小决定网络的生存周期,而处理器功耗主要取决于工作电压、运行时钟和制作工艺等因素。针对节点功能的不同,处理器模块的选择也有很大差异,需要在处理速度和能耗上综合考虑。对于一般的节点,通常选择处理能力和功耗较小的处理器,以节约网络成本和提高网络生存周期;对于基站等要求较高的节点,一般选择处理能力较高的处理器。

无线传感器网络节点的微处理器应满足如下要求:

①体积尽量小。处理器的尺寸基本决定整个节点的尺寸。②集成度尽可能高。要有足够的外部通用 I/O 接口和通信接口,使整个系统的处理器外围电路简单整洁,基本不需要扩展额外的器件,减小整个节点的尺寸。③功耗低且支持休眠模式。休眠模式直接关系到节点生命周期的长短,系统在绝大多数时间内应处于待机或休眠状态。④运行速度快。系统能够在最短的时间内完成工作,进入休眠状态,节省系统能量。

目前,常用的处理器有三种,低端处理器、ARM 处理器和数字信号处理器。

1) 低端处理器

ATMEL 公司的 AVR 系列单片机和 TI 公司的 MSP430 系列单片机是目前传感器网络领域应用较多的低端处理器,它们的共同点是超低功耗、具有完整的外部接口及较高的集成度。

AVR 系列处理器采用 RISC(reduced instruction set computer)结构,吸取了 PIC 和 8051 等系列单片机的优点,在内部结构上进行了较大改进。

(1) 内部资源丰富。内嵌高质量的 Flash 程序存储器,可反复擦写,支持 ISP 和 IAP,便于产品的调试、开发、生产和更新。

(2) 外设全面。集成了 I^2C、SPI、EEPROM、RTC、ADC、PWM、看门狗定时器和片内振荡器等多种外设。

(3) 高度保密。可多次烧写的 Flash 具有多重密码保护锁定功能。

(4) 可靠性强。AVR 单片机内部有电源上电启动计数器,当系统 RESET 复位上电后,利用内部的 RC 看门狗定时器,可延迟处理正式开始读取指令执行程序的时间。此外,内置电源上的电复位(POR)和电源掉电检测(BOD)提高了单片机的可靠性。

(5) 驱动能力强。最大电流为 10~20mA(输出电流)或 40mA(吸电流),可以直接驱动 LED、SSR 或继电器。

(6) 高速度、低功耗。具有 6 种休眠模式,能够快速从低功耗模式唤醒,AVR 的一条执行周期可达 50ns(20MHz),耗电为 1μA~2.5mA。AVR 具有一级流水线的预取指令功能,即对程序的读取和数据的操作使用不同的数据总线,因此,当执行某一指令时,下一个指令被预先从程序存储器中取出,使得指令可以在每一个时钟周期内被执行。

MSP430 单片机内核是 16 位 RISC 处理器,单指令周期,其运算能力和速度具有一定优势。作为超低功耗处理器,MSP430 系列单片机具有 5 种不同深度的低功耗休眠模式。其中 MSP430F1 系列处理器工作电压为 1.8V,待机工作电流为 1μA,工作在 1MHz 频率时的电流为 300μA。

2) ARM 处理器

ARM(advanced RISC machines)处理器是一种高端处理器,除了具备 RISC 体系结构的优点外,还采用了一些特别的技术,在保证高性能的前提下尽量缩小芯片的面积并降低功耗。ARM 处理器具有以下特点:

(1) 大量使用寄存器。数据处理命令只对寄存器进行操作,只在加载/存储指令命令时访问存储器,提高了指令执行效率,且大多数数据操作均在寄存器内完成,提高了执行的速度。

(2) 支持 Thumb(16 位)/ARM(32 位)双指令集,能够兼容 8 位/16 位器件。

(3) 寻址方式灵活简单,指令格式和长度固定。寻址方式少而且简单,易于流水线的实现,提高了处理器的性能和执行效率。

ARM 处理器具有多个系列,除了具有 ARM 体系结构的共同特点外,每个系列 ARM 处理器都具有各自的特点。常见的 7 个系列包括 ARM7 系列、ARM9 系列、ARM9E 系列、ARM10E 系列、SecurCore 系列、Intel 的 XScale 系列和 Intel 的 Strong ARM 系列。其中 ARM7、ARM9、ARM9E 和 ARM10 为四个通用处理器系列,每一个系列都有相对应的独特性能。SecurCore 系列专为安全性要求较高的应用设计,Intel 的 XScale 为体系结构提供一种新的高性价比、低功耗的解决方案,支持 16 位 Thumb 指令和 DSP 扩充。

随着设计技术水平的不断提高,ARM 处理器的功耗越来越低,处理速度和集成度越来越高,必将成为传感器网络节点的理想选择。

3) 数字信号处理器

DSP(digital signal processor)是一种独特的微处理器,适合实时数字信号处理。除了具备普通处理器所拥有的运算和控制能力外,DSP 针对实时信号处理的特点,在处理器的结构、指令系统、指令流程上做了较大改进。其工作原理是接收模拟信号并转换为 0 或 1 的数字信号,再对数字信号进行修改、删除、强化,并在其他系统芯片中把数字数据转换为模拟数据或实际环境格式。它不仅具有可编程性,而且实时运行速度可达每秒数以千万条复杂指令程序,远远超过通用微处理器。

DSP 的主要特点如下：

(1) 采用哈佛结构。DSP 采用数据总线和程序总线分离的哈佛结构或改进的哈佛结构。哈佛结构具有独立的数据总线和程序总线，能够对程序和数据进行并行传输，大大提高了数据的处理能力，增强了芯片的灵活性。

(2) 高效的多总线结构。能够使 DSP 在一个机器周期内多次访问程序空间和数据空间，有效地提高了 DSP 运行速度。

(3) 流水线指令处理。DSP 执行一条指令需要通过取指令、译码、取操作数和执行等阶段。采用流水线结构，在程序执行本条指令的同时，能够依次完成后面 3 条指令的取操作数、译码和取指令操作，增强了 DSP 的处理能力。

(4) 配有专门的硬件乘法-累加器。DSP 都配有专门的硬件乘法-累加器，可以在一个周期内完成一次乘法和一次累加操作。

(5) 硬件配置强。DSP 具有较强的接口功能，除了具有串行口、定时器、主机接口、DMA 控制器、软件可编程等待状态发生器等片内外设计外，还具有测试接口、中断处理器等单元电路。

由于适合处理大批量的数据，在传感器网络中经常利用 DSP 处理无线通信设备发出的信息，提取数据流、对测量信息进行节点内处理等。

2.2.2 存储模块

存储器主要包括随机存储器(RAM)和只读存储器(ROM)。RAM 可以分为 SRAM、DRAM、SDRAM、DDRAM 等几类；ROM 又可分为 NOR Flash、EPROM、EEPROM、PROM 等几类。RAM 存储速度较快，但断电后会丢失数据，一般用于保存即时信息，如传感器的即时读入信息、其他节点发送的分组数据等。程序代码一般存储于只读存储器、电可擦除可编程只读存储器(EEPROM)或闪存。存储器的选择应根据具体情况决定，通常根据成本和功耗来衡量，由于 RAM 成本和功耗较大，在设计传感器节点时应尽量减少 RAM 的大小。

2.2.3 通信模块

通信模块用来交换各个节点的数据。传感器网络常用的通信方式包括无线电通信、超声通信和光通信。在传感器网络设计中，主要的工作是确定调制方式和收发机的体系结构，使之具有简单和低成本的特点。

1) 调制方式与无线收发机的选择

选择调制方式需要考虑的因素主要有需要和期望的数据率与符号率、实现的复杂度、辐射功率与目标 BER 的关系，以及期望的信道特性等。

在选择无线收发机时应考虑如下因素：

(1) 功耗和能量效率。传感器网络要求节点具有低功耗和低数据传输量的特点，一般用单字节的收发能耗来定义数据传输对能量的效率，单字节能耗越小越好。而且，要求收发机能够在不同状态间(工作状态和休眠状态)切换。

(2) 抗干扰性。由于无线通信会受到频率相近的无线信号干扰，接收机应具备较强的抑制能力。抗干扰性能分为临近信道抗干扰电平和交替信道抗干扰电平，常用分贝(dB)表示。

(3) 状态切换的时间和能量。收发机可以工作在不同的状态下，在两种不同状态间转换的时间和能量是收发机的重要品质因数。

(4) 频率稳定度。频率稳定度表示在环境变化时标称中心频率变化的程度。

无线收发机一般具有四种运行状态。

(1) 发送状态。无线收发机处于工作状态,天线辐射能量。

(2) 接收状态。无线收发机处于部分工作状态。

(3) 空闲状态。收发机准备接收,但还没有收到任何分组。

(4) 休眠状态。接收机关键部分断电以节省能量。

2) 无线电通信

无线电波易于产生,传播距离较远,容易穿透建筑物,在通信方面没有特殊限制,比较适合在未知环境中的自主通信需求,所以大部分传感器网络采用无线电波作为通信媒体。由于无线频谱是一种不可再生资源,各个国家和地区都对无线电设备使用的频段和功耗做出了严格规定,所以,对无线传感器网络频段的选择要慎重。无线传感器网络的典型通信频率为433MHz～2.4GHz,一般选择工业、科学和医疗(ISM)频段,属于无需注册的公共频段。其中,ZigBee兼容的产品工作在IEEE 802.15.4的物理层上,其频段是免费开放的,分别为2.4GHz(全球免费开放)、915MHz(美国)和868 MHz(欧洲)。由于使用公共ISM频段,传感器网络很容易受到来自本频段的其他系统的干扰(如IEEE 802.11b、蓝牙及IEEE 802.15.4的WPAN都工作在2.4GHz波段),因此,系统应具有抵抗来自其他系统干扰的稳健性。

设计无线射频电路时需要注意以下事项:

(1) 阻抗匹配。射频信号输出电路部分有固定的阻抗要求,达到要求阻抗时,信号传输中没有发生信号反射天线的信号最强,而且能够保证系统的正确传输、提高信噪比、减小信号失真和确保电路稳定。无线射频电路板材的介电常数越小,层间的电子移动就越少,射频信号的泄露也会越少。

(2) 射频天线。天线是无线传播信道与发射机和接收机之间的接口,对无线系统的性能有着重要影响。天线的物理特性依赖于信号的频率、天线的大小和形状及收发功率。高效率是无线天线的关键性技术指标之一,从发射天线的角度看,高效率意味着尽量降低达到特定场强所需放大器的输出功率;从接收天线的角度分析,高效率意味着尽量达到信噪比(SNR)与天线效率成正比。

天线的参量特征主要包括方向因子、效率、Q因数、平均有效增益、极化和带宽,还需要考虑天线形状、天线长度、天线材料和输出方向等因素。由于传感器节点大多为随机部署,因此可能导致天线电波的各向异性传播,从而导致信号在各个方向上的传播差异很大。在某些情况下,节点位置靠近地面,使得路径损耗更加严重,针对特定的应用环境设计射频天线对于提高传输质量、减小功耗具有重要作用。

针对传感器网络的特点,已经开发了多种无线电收发机,包括PFM TR1000、CC1000、CC2420(最早兼容IEEE 802.15.4的模型之一)及Infineon TDA525x系列等。

表2-1给出了几种射频芯片(收发机)的性能对比。

表 2-1　常用射频芯片及其性能

芯片参数	频段/MHz	速率/(kb/s)	电流/mA	灵敏度/dB	功率/dBm	调制方式
TR1000	916	115	3.0	−106	1.5	OOK/FSK
CC1100	300～1000	76.8	5.3	−110	−20～10	FSK
CC1010	402～904	153.6	19.9	−118	−20～10	GFSK
CC2420	2400	250	19.7	−94	−3	O-QPSK

续表

芯片参数	频段/MHz	速率/(kb/s)	电流/mA	灵敏度/dB	功率/dBm	调制方式
Nrf905	433～915	100	12.5	－100	10	GFSK
nRF2401	2400	1000	15	－85	－20～0	GFSK
9Xstream	902～928	20	140	－110	16～20	FHSS

3）超宽带通信

超宽带(ultra wideband,UWB)通信是对传统无线通信技术的一次重要变革。超宽带通信不是将数字信号调制在载波频率上,而是利用非常宽的带宽直接传输短脉冲形式的数字序列。相对于传统的载波通信系统,超宽带通信具有以下优点:

(1) 结构简单、功耗小。超宽带无线电实际上是占空比很低的脉冲作为信息载体的无载波扩谱技术,装置不含传统的中频和射频电路,设计简单。由于UWB信号的扩频处理增益较大,非常小的功率即可满足传输要求。

(2) 空间传输容量大。根据Intel的研究报告,超宽带无线电的空间传输容量为1000kb/s/m^2,而IEEE 802.11a的空间传输容量为83kb/s/m^2,Bluetooth的空间传输容量为30kb/s/m^2,IEEE 802.11b的空间传输容量为1kb/s/m^2。由此可见,就单位面积的传输容量而言,超宽带无线电比其他几种短距离无线通信更具优势。

(3) 多径分辨能力强。由于超宽带无线电发射的是持续时间很短的冲激脉冲且占空比很低,多径信号在时间上是可分离的。对多径的高分辨能力不仅使采用超宽带无线电的传感器网络可适用于复杂的多径环境(如室内),而且还有利于节能设计。

(4) 信号隐蔽性好,抗干扰能力强。超宽带无线电"扩谱"的机理是将信息符号映射为占空比很低的冲激脉冲串,功率谱密度很低,提高了信号的隐蔽性。超宽带无线通信技术的脉冲低占空比和多个脉冲传送一个比特信息,带来了较高的处理增益,提高了通信系统的抗干扰能力,适合于电磁环境恶劣情况下的信息传输。

IEEE 802.15.4a工作组制定了近距离低速率UWB无线通信标准,并指出在IEEE 802.15.4标准下的短距离和低比特率的无线通信中,UWB可以作为物理层的通信方式。

4）水声通信

在水下环境中,无线电衰减严重,频率越高衰减越大,MOTE节点在水下只能传播50～120cm,100～300Hz的超低频电磁波对海水的穿透能力可达100多米,但需要很长的接收天线。在这种情况下,超声波是一种理想的通信媒体,在功耗较低的情况下能够传输较远的距离。最早的水声通信技术可以追溯到20世纪50年代的水下模拟电话,90年代,随着DSP芯片及数字通信技术的出现,尤其是水下声学调制解调器的问世,使水下传感器网络成为可能。

水声通信具有以下特点:

(1) 高时延和时延的动态变化。声波在海水中的传播速度大约为1500m/s,声波在海水中传播1000m大约需要0.67s,通信时延很大。此外,声波在海水中的传播速度随海水的盐度、温度、压力(深度)的变化而变化。温度越高,声速越大;盐度及海水压力的增加也会增大声速,声速在水下随不同的环境而变化,因此造成传播时延动态变化等问题。

(2) 水声信号衰减大,通信信道带宽低。声波在海水中传播的能量损失有散射损失、扩散损失、反射损失和吸收损失等,其中主要损失是扩散损失和吸收损失。扩散损失是指声波的波阵面从声源向外不断扩展的简单几何效应，其损失与传输距离的平方成正比，在浅海中为水平方向的柱状扩散，而在深海中为球状扩散。造成吸收损失的主要原因有海水的黏滞性、热传导性，以及海水中硫酸镁和硼酸盐离子的弛豫效应使部分声能被吸收转化为热能等。吸收损失与声波的频率成正比，频率越大，吸收损失越大，这限制了水下通信频率的选择范围。在深海中垂直方向上声波传播距离和波特率乘积的上限为 40km·kb/s，从可用带宽的角度来看，在 1～10km 有小于 10kHz 的带宽，在 100～1000m 有 20～50kHz 的带宽。要达到 100kHz 以上的通信带宽，通信距离必须小于 100m。

(3) 多径效应严重。声波传播时受海水分层介质的折射和海面、海底的反射等影响，在声源与接收点之间存在多条先后到达接收机的不同路径。由于声波的传播速度低，造成到达接收机的时间延迟会很大，一般可以达到 10ms 左右，甚至可能达到 50～60ms(水平方向的多径传播要比垂直方向上严重)，这些时延各不相同的信号在接收端相互叠加，使接收到的声信号振幅和相位产生畸变，造成码间干扰，导致解调困难，并影响信道传输速率的进一步提高。

(4) 传输误码率高。由于海平面的波动、内波、海水背景噪音、信道多径传播、阴影区、时延动态变化以及节点的移动导致的多普勒频散等影响，水声信道呈现出高度动态性，甚至会出现信号时断时续的不稳定情况。此外，传感器节点在水下环境中更易损坏。这些因素使水下信道产生更高的数据传送误码率。

5) 光通信

红外通信技术采用波长 0.85～0.9μm 的红外线作为传输媒介，可以免受其他微波的干扰。红外通信技术已被全球众多软硬件厂商所支持，高速红外线传输速率已经达到 16Mb/s，极速红外线传输速率高达 100Mb/s。与无线射频通信相比较，红外通信具有以下优点：

(1) 红外光的带宽较大且无需申请，能够方便地提供较高的数据传输速率。

(2) 红外光信号传输采用强度调制，接收器只需要探测光的强度，降低了通信设备的复杂度。

(3) 红外光不能穿透不透明的物体，通信之间的干扰较小，通信安全性较高。

光通信的主要优点是消耗能量少、收发电路简单。但是，光通信受天气状况影响很大，通信节点之间要求视距连接。美国 DARPA/MTO MEMS 计划支持研究的“智能尘埃”(smart dust)就是采用光通信的自治传感器节点。Smart dust 具有使用三面直角反光镜(CCR)的被动传输方式和使用激光二极管、易控镜的主动传输方式，被动方式的节点依赖基站完成通信，节点本身不发光，通过反射来自基站收发器的光完成信息传递，从而降低了节点功耗和硬件复杂度，但是反应速度较慢。主动模式的节点上安装有发射装置，当有数据需要发送时，可以向周围节点或基站发送信息，该机制反应时间较短，但功耗较大。

2.2.4 传感器模块

根据实际需求可以选择具体的传感器节点实现数据采集功能。传感器是将被测的某一物理量(或信号)按照一定规律转换为对应的另一种(或同一种)物理量(或信号)输出的装置。传感器技术的发展有力地促进了军事、宇航、工业、农业、环境及民用技术的提高。图 2-2 为传感器的典型组成原理。

传感器通常是由敏感元件、转换元件和转换电路构成，并输出电学量。其主要功能如下：

(1) 敏感元件。直接感受被测量，并以某一确定关系输出物理量。

(2) 转换元件。将敏感元件输出的物理量转换为电学量。

(3) 转换电路。将电路参数量转换成便于测量的电量,如电压、电流、频率等。

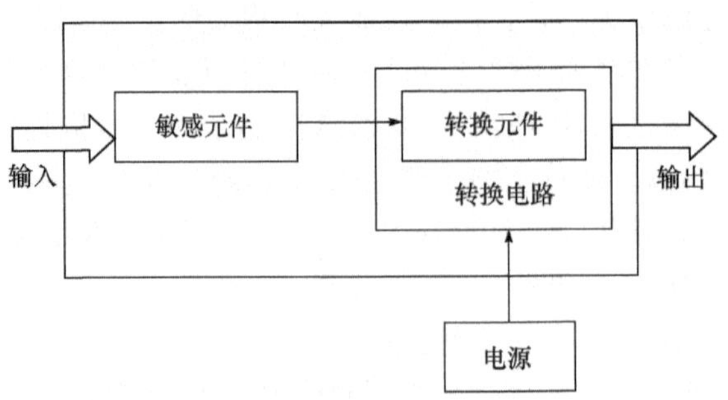

图 2-2 传感器的构成

传感器种类繁多,应用广泛,大致可以分为物理传感器、化学传感器及生物传感器三类。

(1) 物理传感器,利用某些变换元件的物理性质以及某些功能材料的特殊物理性质制成的传感器。物理传感器又可分为物性型传感器和结构型传感器。物性型传感器是利用某些功能材料本身所具有的特性及效应把测量量直接转换为电量的传感器,如利用压电晶体在被测力作用下产生的压电效应制成的压电式传感器,该传感器利用压电材料本身所具有的正压电效应实现压力测量。再如光敏电阻是利用半导体材料对光强的变化会产生电导率变化的原理制成的。结构型传感器是以结构为基础,利用某些物理规律把测量信息转换为电量,如气隙型电感式传感器。结构型传感器虽然也是利用某些物理规律,但是必须依靠精密的设计。近年来,由于材料科学的飞速发展,物理型传感器的应用越来越广泛,且价格较低,适宜大规模生产。

(2) 化学传感器,利用电化学原理把无机和有机化学物质的成分、浓度等转化为电信号的传感器。常用的是离子选择性电极,电极的测量量虽然不同,但其测量原理却基本相同。利用电极界面和被测溶液间的电化学反映产生电位差,电位差和被测离子浓度的对数呈线性关系,所以,反应过程中的电位差或电流值即可表示被测离子的活度。化学传感器的核心部分是离子选择性敏感膜。近年来,把膜技术和场效应晶体管结合起来形成的离子选择性电极技术发展迅猛。

(3) 生物传感器,利用生物活性物质选择性的识别和测定生物化学物质的传感器。生物传感器主要由两部分组成。一是功能识别物质,用于对被测物质进行特定识别;二是电、光信号转换装置,把在功能膜上进行识别的被测物所产生的化学反应转换为电信号或光信号。生物传感器不仅应用于化学工业的监测领域,而且在医学领域也有广泛的应用前景。

在传感器网络中,传感器的选择除了要考虑基本的灵敏度、线性范围稳定性及精确度等静态特性,还要综合功耗、可靠性、尺寸和成本等因素。传感器网络与传统传感器相比具有很多优点,如传感器网络可以将分布式的信息集中起来进行综合分析,减少单个测量造成的瞬态误差和单点激变造成的测量误差,使信息更加可靠和准确;网络化处理降低了对单个传感器的要求,利用区域内的多个测量数据,通过统计方法可以得到更高精度的数据;通过网络可以得到大量数据,这使技术人员将更多的精力集中在数据处理上,提高工作效率。

2.2.5 电源模块

电源模块作为无线传感器网络的基础模块,直接关系到传感器节点的寿命、成本和体积。设计电源时主要应考虑三个方面的问题。首先,按照要求给节点供电;其次,使节点能够随时从外部获取能量以补充消耗；最后，提高直流-直流转换的效率。

1）能量供应

电池供电是目前最常见的传感器节点供电方式。电池的主要度量指标是能量密度，即 J/cm^3。

电池的主要性能指标包括：

（1）标称电压。指单节新电池（电量充足时）的输出电压。

（2）内阻。电池内作为电解质的电解液存在一定的电阻称为电池的内阻，当负载电流较大时，内阻压降会导致电池输出电压下降。

（3）容量。将放电电流与放电电压的乘积作为电池容量单位，单位一般用 mA·h（毫安时）或 A·h（安时）表示。标称容量为 1000mA·h 的理想电池，能够在 1000mA 的电流下工作 1h，或在 100mA 电流下工作 10h，实际上，随着工作电流的增大容量会下降。

（4）放电终止电压。当电压下降到终止电压时，说明电池耗尽，放电终止电压与标称电压越接近，说明电池放电越平稳。若系统中具有电量不足报警功能，报警值一般取略高于终止电压值。

（5）自放电。随着电池存储时间的增加，电解质和电极活性材料会逐渐消失，容量也会下降。如某电池存储年限为 5 年，则该电池容量会在 5 年内下降至 80%。传感器节点一般长时间不更换电池，因此应选择自放电较缓慢的电池。

（6）使用温度。电池内有液体或凝胶状电解液，环境温度过高或过低会导致电解质失效。相对于传感器节点的其他部件，电池的工作温度范围较窄。

电池可分为不可充电电池（原电池）和可充电电池（二次电池），充电电池能够实现能量补充，电池内阻较小。但是，它的不足之处是能量密度有限，质量能量密度较大，自放电问题严重。

表 2-2 给出常用电池的性能参数。

表 2-2　常用电池的性能参数

电池类型	镍镉	镍氢	锂离子	聚合物
质量/能量/($W·h·kg^{-1}$)	41	50～80	120～160	140～180
体积/能量/($W·h·L^{-1}$)	120	100～200	200～280	>320
循环寿命/次	500	800	1000	1000
工作温度/℃	20～60	20～60	0～60	0～60
内阻/mΩ	7～19	18～35	80～100	80～100

锂电池是目前发展最快、应用最广泛的电池之一，具有重量轻、容量大、性能优异等特点。锂离子电池是一种可充电的锂电池，标称电压为 4.2V，终止放电电压为 3.7V。其放电过程相对平稳，没有记忆效应，且剩余容量与电压基本呈线性关系，自放电较小，一次充电可以存储较长时间（2 年以上）。锂-亚硫酰氯电池是一种特种锂电池，标称电压为 3.6V，具有较高的工作温度范围。在常温中，放电曲线较为平坦；在－40℃的低温环境下可以维持常温容量的 50%左右；在 120℃环境下，若其年自放电为 2%左右，则存储时间可达 10 年以上。锂-亚硫酰氯电池分为高容量型和高功率型两种，高容量型适合小电流长期放电，容量大，内阻也较大；高功率型能够提供较大放电电流，但容量较低。

2）能量获取

一旦能量耗尽节点就会失效，为了延长节点和传感器网络的工作寿命，必须考虑从节点所处的环境中获取能量并为节点所用。常用能量产生方式主要有以下三种。

(1) 太阳能。太阳能电池能够为传感器节点供电，有效功率取决于使用环境（室内或室外）和使用时间。在户外环境下，输出功率约为 $10\mu W/cm^2$，在室内环境下约为 $15\mu W/cm^2$。单块电池提供的稳定输出电压约为 0.6V。

(2) 温度梯度。温差可直接转换为电能。5K 温差即可产生 $80\mu W/cm^2$ 的输出功率和 1V 的输出电压。

(3) 振动。基于电磁学、静电学或压电学原理可以将机械能转化为电能，微机电系统（micro-electron mechanical systems，MEMS）即可将振动转换为电能。对于 $2.25m/s^2$、120Hz 的振动源，体积为 $1cm^2$ 的 MEMS 装置可以产生大约 $200\mu W/cm^2$ 的能量，足够向简单收发机供能。

3）直流-直流转换

节点所需要的电压通常不是一种，而且随着电池使用时间的增加，容量会随之减少，电压也会降低。供电功率的降低会影响晶振频率和传输功率，通过限制供给节点电路的电压，利用直流-直流转换器可以克服这些问题。

直流-直流转换器有三种类型：①线性稳压开关，产生较输入电压低的电压。②开关稳压器，能升高电压、降低电压或翻转输入电压。③充电泵，可以升压、降压或翻转输入电压，但驱动能力有限。此外，直流-直流转换器自身也会消耗能量，所以会降低整体的效率，直流-直流转换器的工作效率也是设计中需要考虑的因素。

线性稳压器体积小、价格便低、噪声小，其输入输出使用退耦电容过滤，该电容不但有利于平稳电压，而且有利于去除电源中的瞬间短时脉冲波形干扰。许多嵌入式模块包括检电器，电源的瞬间变弱会严重影响系统的正常运行。若输入电压过低，检电器会重新启动处理器。

开关稳压器是具有高输入阻抗、低开关速度及低功耗的开关功率管，在变换输入电压为输出电压时，开关稳压器的功耗更低、效率更高。其缺点是需要较多的外部器件，需要占用较大的空间，而且开关稳压器比线性稳压器价格高，噪声也较大，但是功能比线性稳压器强大。与开关稳压器相似，充电泵能够升压、降压和翻转输入电压，但是其电流供应能力有限。

2.3 无线传感器网络操作系统

操作系统是运行在传感器网络节点上的核心软件，负责管理硬件资源和执行任务。与传统操作系统不同，无线传感器网络需要开发面向具体应用时对硬件资源要求最低的操作系统。

面向无线传感器网络节点的操作系统通常具有以下特点：

(1) 代码量小，复杂度低。由于传感器节点的计算、存储等资源有限，要求传感器网络的操作系统尽量降低功耗。

(2) 能够适应网络规模和拓扑结构动态变化的要求。由于传感器节点应用范围较广，网络规模很大，因此要求操作系统具有较高的适应能力。

(3) 有效管理能量资源、存储资源及通信资源，并能够管理多个并发任务的执行，从而使节点能够处理多个并发任务。

(4) 能够提供方便的编程方法，使开发者能够快速的开发应用程序。

(5) 当传感器节点部署在危险地或不可到达的区域时，要求节点能够动态编程配置，传感器网络操作系统通过可靠传输技术对大量节点发布代码，并且能够对大量节点进行在线动态重新编程。

目前，典型的传感器网络操作系统主要有 TinyOS、MANTIS、PEEROS 等。

TinyOS 是美国 Berkeley 大学开发的传感器网络操作系统。通过 nesC 语言可以开发基于 TinyOS 的应用程序，nesC 是一种新的用于编写基于组件的结构化应用程序语言。TinyOS 是一个事件驱动的操作系统，当事件对应的硬件发生中断时，TinyOS 能够快速调用相关的事件处理程序，使 TinyOS 能够适用于并发操作频繁发生的传感器网络应用。事件驱动机制可以使 CPU 在事件发生时迅速执行相关任务，在处理完毕后进入休眠状态，从而提高 CPU 的使用率，节省能量。但是，TinyOS 不支持任务间同步和通信。

MANTIS(multimodal networks of in-situ sensors)是一个轻量级的基于抢占的多线程无线传感器网络操作系统。它提供了类 UNIX 的编程环境，整个内核占用的 RAM 小于 500B，可提供多线程抢占机制，能够很好地满足无线传感器网络处理复杂任务的需要。目前，MANTIS 支持 MICA 系列的节点和 MANTIS 的 namph 节点。MANTIS 在设计和编程上采用了分层的多线程体系结构和标准 C 语言编写的内核与 API，能够在基站向节点发布新代码。MANTIS 的原型设计环境扩展了模拟功能，为传感器网络提供了网络管理开发接口，并实现了模拟过程的可视化。

PEEROS 是欧洲研究项目 EYES 的一部分。PEEROS 具有可抢占的实时内核，调度器是基于轻量级版本的 EDF 实时调度算法，为了减少对存储资源的需求，系统将当前不用的驱动器存放在 EEPROM 内，需要时再通过模块管理器载入。与其他操作系统相比，PEEROS 在资源有限的情况下具有较高的实时性。

2.3.1 nesC 语言

TinyOS 提出支持组件化编程的 nesC 语言，将组件化/模块化和基于事件驱动的执行模型结合起来。

1) nesC 语言简介

nesC 是一个基于组件的结构化编程语言，主要用于进行传感器网络的嵌入式程序开发，其语法类似于 C 语言。TinyOS 最初是使用汇编语言和 C 语言编写的，但是，经过长期使用发现汇编和 C 语言并不能有效方便地支持面向传感器网络的应用。因此，人们对 C 语言进行一定的扩展，提出支持组件化编程的 nesC 语言，把组件化/模块化思想和基于事件驱动的模型进行有机结合。TinyOS 系统、库及应用程序都是用 nesC 语言编写的，目前主要用于如传感器网络等嵌入式系统，并能与其他软组件链接而形成一个鲁棒的网络嵌入式系统。nesC 语言的主要目标是帮助应用程序设计者建立易于组合成完整、并发式系统的组件，并能够在编译时执行广泛的检查。TinyOS 定义了许多在 nesC 语言中所表达的重要概念，首先，nesC 语言应用程序要建立在定义良好、具有双向接口的组件之上；其次，nesC 语言定义了并发模型，该模型是基于任务及硬件事件句柄的，在编译时会进行数据争用的检测。

nesC 语言由接口部分、组件部分(包括模块部分和配件部分)等组成。每个接口、模块、配置文件的扩展名都为“.nc”，类似于 C 文件的“.c”扩展名。由于 nesC 语言是 C 语言的扩展，它编译生成的是“.c”文件，所以它可以使用任何 C 语言头文件或者源文件。组件使用纯局部的命名空间，每个组件除了要声明它的执行函数外，还要声明它所调用的函数。组件调用函数时使用的名字都是局部的，这些局部函数名字可以与真实执行的函数名字不同。

作为C语言的一种扩展，nesC语言具有以下两个特点：

(1) 程序构造机制和组合机制分离。整个程序是由多个组件连接而成，组件可以分为模块和配件两种，模块是描述实现逻辑功能的组件，配件是描述组件间连接关系的组件。组件定义了两种范围，一是为其接口定义的范围，二是为其实现定义的范围。组件可以以任务的形式存在，并具有内在并发性。线程控制可以通过组件的接口传递给组件本身。

(2) 组件的行为规范由一组接口定义。接口由组件提供或被组件使用，组件提供给用户的功能由它所提供的接口体现，组件使用的接口体现组件完成任务需要其他组件提供的功能。

nesC程序的编译主要分为两步。首先，使用ncc编译器把nesC预编译成C文件，ncc编译器对“.nc”源文件进行语法分析、检测共享数据冲突等，根据各个组件和接口对其使用的函数和变量进行名字扩展，使其具有全局唯一性，最后生成app.c文件；然后，ncc调用avr-gcc的交叉编译器把C文件编译成可执行文件。

调制方式接口是两个组件之间相互作用的抽象说明。接口具有双向性，定义中仅声明接口提供者必须实现的函数集合(命令)和接口请求者必须实现的函数集合(事件)。命令函数由接口提供者实现，事件由接口的使用者实现。接口由interface类型定义。interface语法定义如下：

```
Interface:
    Interface identifier { declaration-list }
    Storage-class-specifier: also one of command event async
```

以上定义给出了接口类型的标识符，这一标识符是全局范围的，而且属于单独的名字空间，即组件和接口类型名字空间，所有接口和组件都应具有不同的名字，避免冲突。声明列表(declaration-list)给出了相应接口的定义，declaration-list必须由具有命令或事件存储类型的函数定义构成，否则编译时会出错，关键字async可选，表明命令或事件可以在中断处理程序中执行。

将接口类型的定义和接口的使用分离有助于定义标准接口，使组件具有更高的可重用性和更大的弹性。接口还体现了事件驱动功能和模块化，通过事件通知让使用接口者对事件进行响应。任何满足接口功能的实现者都可被其他需要这个接口功能的组件调用。

2) 组件

nesC语言的组件部分分为模块(module)和配件(configuration)两类。模块文件是组件的逻辑功能实体，负责具体实现接口中的命令、事件和任务；配件是用于不同组件接口之间连接的组件，它把多个组件连接在一起形成新的组件，配件只是完成组件之间的接口连接。

(1) 模块。

模块主要实现接口中的命令、使用接口中的事件和中断函数等。nesC语言的应用程序一般有一个称为“Main”的模块作为程序的执行体(类似于C的main函数)，它调用其他的模块以实现程序的功能。模块定义如下：

```
Module:
    Module indentifier specification module-implementation
Module-implementation
    Implementation { translation-unit }
```

translation-unit 是一系列 C 语言的声明和定义，主要包括标准 C 语言声明、定义、任务的声明、命令或事件的实现。

① 命令调用和事件通知。

translation-unit 必须实现模块提供接口声明的全部命令和模块使用接口声明的全部事件。简单命令或事件的实现要满足具有 command 或 event 存储类型的 C 函数标准语法，如果命令或事件的声明中包含 async 关键字，则在它的实现中也必须包含。

② 任务。

任务是一个返回类型为 void 且无参数的 task 存储类型的函数，任务是一个可以被调度的逻辑实体，一个模块可以抛出(post)一个任务给 TinyOS 调度器(post myTask( ))，随后的时刻调度器会执行这个任务。任务一般不会立即被执行，这个函数前面必须用 task 关键字声明，原型如下：

```
task void Taskname( );
```

下面是模块 BlinkM. nc 的一个实例。

```
module BlinkM{              //模块声明，模块没有提供接口，使用以下接口
   provides {               //BlinkM 提供了 StdControl 接口，其他组件可以调用该接口
   interface StdControl;
   }
   uses {
   interface Timer;
   interface Leds;
   }
}
implementation{                                   //模块实现部分
   command result_t StdControl.init( ) {   //实现 StdControl 接口的 init( )命令
       call Leds.init( );
       return SUCCESS;
   }
   command result_t StdControl.start( ) {
       return call Timer.start(TIMER_REPEAT, 1000);
   }
   command result_t StdControl.stop( ) {
       return call Timer.stop( );
   }
   event result_t Timer.fired( ){
       call Leds.redToggle( );
       return SUCCESS;
   }
}
```

“module”声明一个模块。模块分为两个部分，首先是接口部分，“provides”和“uses”分别声明提供和使用的接口列表；其次是实现部分，“implementation”声明以下是整个模块的实现内容。实现主要分两部分，一是实现提供的接口的命令函数，二是实现使用的接口的事件函数。

BlinkM 模块提供 StdControl 接口，该接口功能是使 BlinkM 组件初始化和启动，BlinkM 模块还使用了两个接口，分别是 Leds 和 Timer。Leds 接口定义了多个命令，如 redOn( )，redOff( )等，其作用是将节点上的 LED 灯打开或关闭。由于 BlinkM 组件使用 Leds 接口，因此，它可调用其中任一命令。这里的 Leds 只是一个接口，其实现由使用它的组件对应的配置文件指定，在 Blink. nc 中指定 LedsC，即要由 LedsC 实现 Leds 接口。Timer 接口 Timer. nc 的代码如下：

```
includes Timer;
interface Timer {
command result_t start(char type, uint32_t interval);
command result_t stop( );
event result_t fired( );
}
```

Timer 接口除了定义两个命令 start( )和 stop( )以外，还定义一个事件 fired( )。当定时器时间到时，Timer 接口提供一个事件，即 event result_t fired( )，该事件再调用接口使用者的处理函数。

该程序接口 StdControl 中 init( )命令的功能是调用 Leds. init( )函数，从而将子组件 Leds 初始化。start( )命令是调用 Timer. start( )函数，以创建计时器，其周期为 1000ms。stop( )命令用以终止计时器。每次 Timer. fired( )事件被触发时，函数 Leds. redToggle( )被调用，从而使红色 LED 灯发亮。

(2) 配件。

组件之间是完全独立的，只有通过连接才能绑定在一起。配件通过连接一系列其他组件实现一个组件的规范，它主要实现组件间的相互访问方式。下面是一个顶层配置的例子，它就是上述模块例子的顶层配置文件。配件的语法定义如下：

```
configuration:
    configuration identifier specification configuration-implementation
configuration-implementation:
    implementation {component-list connection-list}
```

组件列表(component-list)中列出用来实现此配件的组件列表，component-list 定义组件的连接方式，这里把配件规范中的规范元素称为“外部(external)规范元素”，把在配件组件中的规范元素称为“内部(internal)规范元素”。

① 组件列表。

component-list 定义用来实现配件的组件，这些组件可以在配件中重命名，因此可以解决与配件规范元素名字的冲突。组件列表的语法定义如下：

```
component-list:
   components
   component-list components
compoments:
   components component-line;
component-line:
   rename-identifier
   component-line, renamed-identifier
renamed-identifier:
   identifier
   identifier as identifier
```

当有两个组件使用 as 导致重命名时，会在编译时产生错误（如 components X，Y as X），一个组件只有一个实例。若组件 K 在不同的配件中被使用，或者在同一个配件中被使用两次，则程序中也只有一个实例。

② 连接。

组件之间是完全独立的，只有通过连接才能绑定在一起。连接就是将定义的接口、命令、事件等联系在一起，以完成相互之间的调用。连接的语法定义如下：

```
connection-list:
    connection
    connection-list connection
connection:
    endpoint= endpoint
    endpoint-> endpoint
    endpoint<-endpoint
endpoint:
    identifier-path
    identifier-path [ argument-expression-list]
identifier-path
    identifier
    identifier-path.identifier
```

连接语句有两个终点（endpoint），一个终点的 identifier-path 指明一个规范要素。可选项 argument-expression-list 定义接口参数。如果一个终点的规范元素是参数化的，而且这个终点没有确定参数值，则这个终点称为参数化的终点。配件的连接方式有以下三种。

(i) endpoint1＝endpoint2。用于在配件自己的接口和配件所命名的组件接口间实现连接。这是一个外部规范元素的连接。

(ii) endpoint1-＞endpoint2。实现同一个配件所命名的两个组件间的连接，并且箭头从使用者指向提供者。

(iii) endpoint1＜-endpoint2。与 endpoint2-＞endpoint1 等价。

在三种连接中，被定义的两个规范元素必须一致，即它们必须都是命令，或都是时间，或都是接口实例。如果它们都是命令(事件)，则它们必须拥有相同的函数名。

Blink 应用程序的组件接口连接如图 2-3 所示，并给出该程序的配置文件 Blink. nc。

```
configuration Blink{        //这里可以提供接口，此例属于顶层配置，故无接口提供
}
implementation{                    //给出相关的各组件的连接关系
  components Main, BlinkM, SingleTimer, LedsC;//相关的组件
  Main.StdControl-> SingleTimer.StdControl;  //连接两端的对象
  Main.StdControl-> BlinkM.StdControl;
  BlinkM.Timer-> SingleTimer.Timer;
  BlinkM.Leds-> LedsC;
}
```

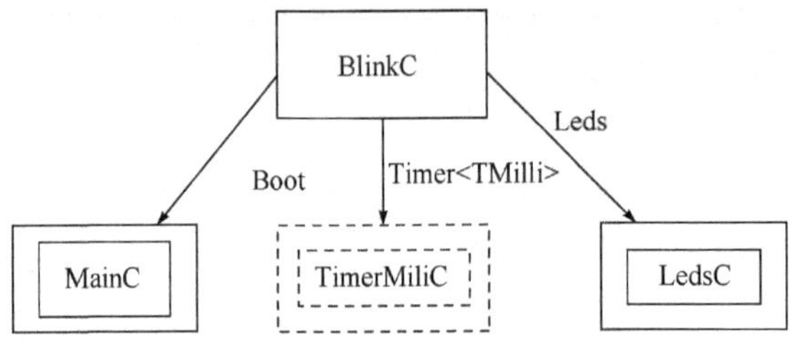

图 2-3　组件接口连接

configuration Blink { }声明该配置名为 Blink，跟模块一样，在声明后的{}括号内可以指定 uses 子句和 provides 子句，配置也可以提供和使用接口。

配置的实际内容是由跟在关键字 implementation 后面的花括号部分来实现。

components 这一行指定该配置要引用的组件集合，本例中是 Main，BlinkM，SingleTimer 和 LedsC。实现的剩余部分将这些组件使用的接口与提供这些接口的其他组件连接起来。图 2-3 是该配置描述的各组件之间的关系图。

TinyOS 应用程序在其配置中必须要有 Main 组件，因为它在 TinyOS 应用程序中首先被执行。在 TinyOS 中执行的第一个命令是 Main. StdControl. init( )，接下来是 Main. StdControl. start( )。接口 StdControl 是用来初始化和启动 TinyOS 组件的一个公共(通用)接口，它的源文件位于 tos/interfaces/StdControl. nc，StdControl. nc 的代码如下：

```
interface StdControl
{
command result_t init( );
command result_t start( );
command result_t stop( );
}
```

StdControl 接口定义了三个命令(command)，分别是 init( )、start( )及 stop( )。当组件第一次初始化时调用 init( ) 命令，启动时调用 start( )命令，组件停止时调用 stop( )命令。

init( )命令可以被多次调用，但如果调用了 start( )命令或 stop( )命令，此后就不能再调用。

Blink 配置中有如下两行：

```
Main.StdControl> SingleTimer.StdControl;
Main.StdControl> BlinkM.StdControl;
```

其作用是将 Main 组件的接口 StdControl 与 BlinkM 和 SingleTimer 中的 StdControl 接口导通。SingleTimer. StdControl. init( )及 BlinkM. StdControl. init( )被 Main. StdControl. init( )调用。start( )命令及 stop( )命令的作用与此相同。

3) nesC 语言技术规范

在 nesC 语言中，除了接口、组件等基本概念外，还有数据竞争、原子语句、属性定义等重要规范。

(1) 数据竞争。

由于中断处理可以抢占任务，可能会产生竞争。对于公共数据的操作一般局限在 task 中，或者加上原子(atomic)关键字来保护数据。为了协调任务和执行中断，nesC 使用 atomic 指出该段代码不可被打断。如果 nesC 编译器在编译时汇报潜在的竞争，可以通过加上 norace 关键字来消除。

(2) 原子语句(atomic statements)。

在 nesC 中通过使用原子语句的方式对临界数据保护，例如：

```
command bool increment ( ) {
atomic {
a++;
b=a+1;
}
}
```

代码中 atomic 的含义是大括号内的代码在执行过程中不可以被抢占。原子语句会推迟中断处理，从而使系统反应较慢。由于外部命令或事件的执行时间依赖于与之绑定的其他组件，原子语句应尽量避免调用命令或触发事件。同时，每一个原子操作都会有额外的 CPU 消耗，因此应理性使用原子代码来消除数据竞争。

(3) 全局属性。

nesC 语言中，函数属性的定义格式为

```
int main( )_attribute_((Cspontaneous))
```

其中，“_attribute_”表示后面是该函数属性描述。“C”表示 main 函数是全局域，不限制在该组件域内。“spontaneous”声明该函数可被任何函数访问，如果不加这个声明，nesC 编译时就在函数前加上“static”来限制函数作用域。

(4) enum。

在 nesC 和 TinyOS 中需要为常整数分配 RAM 空间，可以使用 enum 节省空间，如：

```
enum
{
AM_MESSAGE= 5
};
```

这个组件可以使用一个名字维护常数值，该值既不会被存储在 RAM 中也不会存储在程序空间中，因而较好地改进了系统的性能。由于它存放在调试符号和应用程序元数据中，因此不需要从存储器装载数据。Enum 主要用来定义常量，应避免定义 enum 类型变量。

(5) nesC 项目文件规范。

nesC 的所有源文件，包括 interface、module 和配置，其文件后缀(扩展名)都是". nc"。文件名中末尾为 M 的文件表示 Module，如 TimerM 等。每一个标准的 nesC 应用程序项目至少由 4 个文件组成，包括 makefile、makefile. componet、program. nc 和 programM. nc 文件。

在 makefile 文件中，通常包含的内容如下：

```
Include Makefile.component
Include $ (TOSROOT)/apps/MakeXbowlocal
Include $ (MAKERULES)
```

在 Makefile. componet 文件中，定义了顶层的组件名称和传感器板的名称，它将在编译时告诉编译器使用何种内置组件与传感器板进行数据通信。在 MoteWorks 中，每一种传感器板都有与之相对应的组件来驱动。文件内容如下(采用 MTS310 传感器板，项目名称 MyApp)：

```
COMPONENT= MyApp
SENSORBOARD= mts310
```

program. nc 和 programM. nc 分别为配置和模块文件，构成整个应用程序项目的核心。

2. 3. 2 TinyOS

TinyOS 是一种专门为嵌入式无线传感器网络所设计的开源操作系统，为用户在无线传感器网络有限的资源中进行快速扩展提供强大的基于组件的架构。TinyOS 的组件库包括网络协议、发送服务、传感器驱动和数据采集工具等组件，都可以在用户的应用程序中被调用。

TinyOS 并非传统意义上的操作系统。它还是专门为嵌入式系统所设计的编程框架和用于传感器网络编程的组件库，能够使基于 TinyOS 的应用程序足够小。同时，TinyOS 不支持文件系统，仅支持静态内存分配，扩展了一个简单的任务模型并提供最小设备和网络的抽象。

TinyOS 采用基于组件的编程模型(nesC 语言)。与其他操作系统一样，TinyOS 通过层的方式对软件组件进行组织和管理，处于较低层的组件接近于硬件，处于较高层的组件接近于应用程序。完整的 TinyOS 系统应用程序由组件搭建而成，每一个组件都是一个独立的实体。在 TinyOS 的编程中包含三个概念，命令、事件和任务。其中命令和事件是组件之间交互通信的关键机制，任务则是用于传递组件外的消息。下面将分别介绍这些概念。

命令通常是向另一个组件请求服务时所发送的指令，例如，要求传感器开始进行数据的采集。而事件通常是一个组件在完成自身的服务后向外发送的信号。在传统的操作系统理论中,命令相当于自上而下的调用,事件则相当于回调。

无线传感器网络节点的资源(能量、存储等)非常有限,一般的操作系统很难直接应用在传感器节点中。传感器节点的类型很多,若没有操作系统则开发人员的软件成果将无法继承,从而延长整个开发周期。为此,研发人员在传感器节点处理能力和存储能力有限的条件下开发了嵌入式操作系统 TinyOS,使事件两级调度模式可获得更强的功耗管理,同时允许可变化的调度。TinyOS 引入了 4 种技术即轻线程、主动消息、事件驱动和组件化编程。TinyOS 应用程序采用组件化设计方法,程序核心很小(核心代码和数据约为 400 Byte)。

1) TinyOS 结构

nesC 语言提供了一套完整的组件化框架,TinyOS 正是在这种思想之上形成基于组件的分层架构方式。它实现了应用的可裁减性,具体应用只需要编译用到的组件,未用到的组件则不需加入到最终的应用程序中,这种结构适合于资源有限的无线传感器网络嵌入式系统。

TinyOS 的分层结构框架如图 2-4 所示,各层完成自己的功能,并形成接口提供给上层,底层模块的实现细节对于上层是屏蔽的。

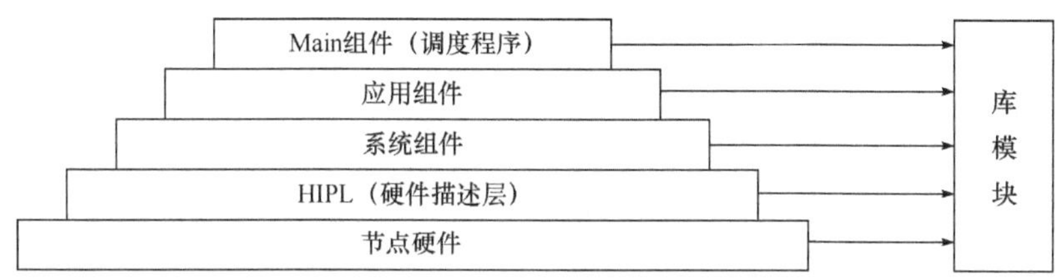

图 2-4 TinyOS 分层结构框架

各模块主要功能如下:

库模块提供库函数。nesC 语言的所有组件都可能需要调用库函数,包括调度文件 SchedulerBasicP. nc、TinyOS 头文件 Tos. h 和硬件定义文件 Hardware. h 等。

节点硬件位于框架的最底层,负责完成所有的硬件功能,并且完成传感器、收发器以及时钟等硬件事件的触发,交由上层处理。TinyOS 支持的节点类型有 Mica、Mica128、Mica2、Mica2dot,以及 MicaZ 等。

HPL(硬件描述层)组件是底层硬件的包装,将实际硬件模拟成一个软件组件,位于 TinyOS-2. x/tos/platform 目录下。它将硬件的功能封装,对上层屏蔽所有硬件功能的细节,提供给上层系统组件的仅是可以调用的接口,并完成硬件中断处理,如 RFM 射频组件。将 TinyOS 应用于不同平台上,一般需要将硬件描述层组件重写。

系统组件用来执行提供给应用层组件的服务,位于 TinyOS-2. x/tos/system 目录下,通常包括感知组件、执行组件和通信组件,分别完成测量目标、执行动作和通信传输功能。它使用硬件描述层提供的统一接口完成更高级的软件功能,不需要关注各种硬件的差异。

应用组件负责根据具体应用环境和系统组件的服务,实现具体的应用功能,位于 TinyOS-2. x/apps 目录下,例如闪灯应用 Blink,传感器应用 Sense 等。

Main 组件也称为调度程序,用来初始化硬件及调度,并且开始执行调度程序,该组件实现了轻量级线程技术和基于 FIFO 的任务队列调度方法,以对硬件和其他组件实现初始化、启动和停止功能。实际上,Main 组件只是配置,真正实现 main 函数的是 RealMain 模块。

```
int main()_attribute_((C, spontaneous)) {
    atomic {
        platform_bootstrap();
        call Scheduler.init();
        call PlatformInit.init();
        while (call Scheduler.runNextTask());
        call SoftwareInit.init();
        while (call Scheduler.runNextTask());
        }
    _nesc_enable_interrupt();
    signal Boot.booted();
    call Scheduler.taskLoop();
    return -1;
}
```

TinyOS 的启动步骤如下：①初始化任务调度函数，以便组件能挂起任务；②初始化与硬件平台相关的微处理器等设备和软件程序，并执行挂起任务程序。系统启动准备就绪，开启中断，触发 Boot. booted( )事件，循环执行任务队列中的任务。

TinyOS 的分层结构使其应用一般由 Main 组件、一个可选择的系统组件和硬件描述组件集合（仅仅是应用需要的组件）以及应用组件部分组成。分层结构的主要优点有：

(1) 每一层都可以使用下层已有的模块来“装配”成需要的模块，再提供给上一层。这样，只需要自由组合已有模块就可以完成某个特定的应用，提高了开发效率。

(2) 体系结构使用户不需要关心 HPL 层的具体实现细节和节点硬件所提供的功能，只需要使用系统组件层提供的服务来满足具体的应用需求。

(3) 硬件描述层的独立抽象增强了 TinyOS 的移植性。通过 HPL 层对硬件平台的封装，可使操作系统内核基本与具体的硬件无关，从而容易实现不同平台间的移植，简化了 TinyOS 的移植工作。

2) TinyOS 任务调度机制

TinyOS 把一些不需要在中断服务程序中立即执行的代码以函数的形式封装成任务，相当于一个轻量级线程，由一个无返回、无参数的函数实现内容。TinyOS 任务调度机制为，设置一个任务队列，队列中任务的执行遵循 FIFS(first in first service)原则，程序可以使用关键字 post 将一个任务添加到队列中，以减少中断服务程序的运行时间，提高中断响应的快速性。所以，任务是延迟的处理过程，一般用在对实时性要求不高的应用中。

TinyOS 任务周期如图 2-5 所示。在事件处理中，组件用 post 关键字生成任务，隐式地调用调度程序的 TOS_post 函数将该任务放入任务队列。TinyOS 的任务队列是先进先出(FIFO)的循环队列，其中至少有一个空闲位置，且任务之间是平等的，即内核根据任务进入队列的先后顺序依次调度执行。当退出中断服务程序后，调度程序调用 TOS_run_task 函数依次从队列中取出任务执行，任务执行过程中可以被事件打断。如果队列中没有任务，处理器将进入睡眠状态，等待被其他事件激活。

TinyOS 中的任务和事件都采用“运行至停止”(run-to-completion)模式，而非采用阻塞操

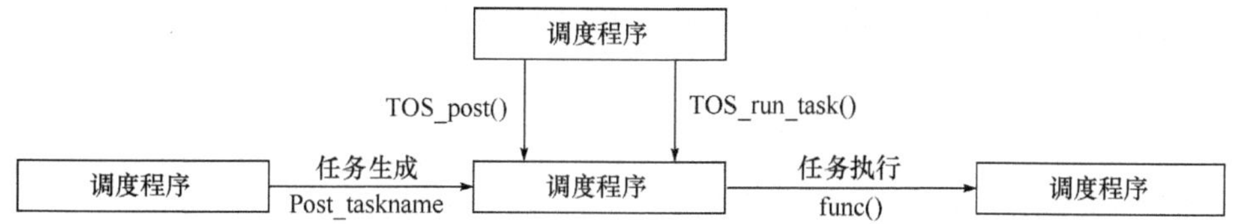

图 2-5 TinyOS 任务周期示意图

作，主要考虑如下因素：

(1) 任务队列是资源敏感的。由于资源的限制，在 TinyOS 中每个任务没有私有的上下文空间，而是所有任务共享同一上下文执行空间。

(2) 任务队列是功耗敏感的。为了减少任务的运行时间，要求每个任务都尽可能短小，使系统的负担较轻。

下面以 BlinkTask 为实例，具体分析调度程序 SchedulerBasicP. nc 的主要代码。任务队列所用的数据结构如下：

```
enum{
 NUM_TASKS= uniqueCount("TinySchedulerC.TaskBasic"),//一个字节 ID 标识对
                                                      应一个任务
 NO_TASK= 255,                                        //最多 255 个任务
};
volatile uint8_t m_head;                              //队列中任务头
volatile uint8_t m_tail;                              //队列中任务尾
volatile uint8_t m_next[NUM_TASKS];                   //队列中下一个任务
```

在 BlinkTaskM 模块中，程序首先定义了 task void processing( )，将改变 LED 灯的状态封装为任务。在定时器中断函数中触发的事件 Timer. fired( )内使用 post 关键字将该任务提交，则该任务被放入任务队列等待调度执行。

```
async command error_t TaskBasic.postTask[uint8_t id]( ){
atomic {
return pushTask(id) ? SUCCESS : EBUSY;//任务挂起成功返回 SUCCESS，否则返回
                                        EBUSY
}
}
```

系统启动后，调用 Scheduler. taskLoop( )命令，循环查询队列中是否有任务。若队列中无任务，则使微处理器休眠，否则触发运行任务事件。

```
command void Scheduler.taskLoop( ){
  for (;;){
    uint8_t nextTask;
    atomic {
```

```
    while ((nextTask= popTask())== NO_TASK){      //若队列中无任务,则使微处理器休眠
        call McuSleep.sleep();
        }
    }
    signal TaskBasic.runTask[nextTask]();          //若队列中有任务,触发运行任务事件
  }
}
```

如果一个任务需要执行多次,可以在任务结束代码处添加将自己再次投递入队列的代码,如:

```
post processTask();
...
task void processTask() { // do work
  if (moreToProcess) {
    post processTask();
  }
}
```

由于一个任务只占任务队列的一个位置,不会使每投递成功一次就多占任务队列一个位置。

3) TinyOS 事件驱动机制

为了满足无线传感器网络低功耗、高运行效率的要求,TinyOS 使用事件驱动机制。当一个任务完成以后就可以触发一个事件,然后 TinyOS 就会调用相应的处理函数。它一般用在对时间要求很严格的应用中,而且事件可以抢占任务和其他硬件事件句柄的执行。限制能量消耗的关键是短时间的事件处理完成后进入长时间极低功耗的状态,比如,在 TinyOS 中,只有事件来临时处理器才被唤醒,其他时间处理器都处于低功耗的状态。并且,当事件被触发后,与事件关联的所有操作都将被迅速处理。

事件驱动机制不仅采用中断处理机制,而且是一套完整的符合无线传感器网络特点的机制。它可以调用命令、通知事件和生成任务,与任务调度机制协同,通过一系列的操作完成整个事件的高级功能。

事件驱动分为硬件驱动和软件驱动。硬件驱动是由硬件发出的中断,软件中断是由 signal 关键字触发的一个事件。TinyOS 的事件驱动机制如图 2-6 所示。硬件触发中断,最底层的组件直接处理和硬件中断关联的事件,如外部中断、定时器事件以及计数器事件。在中断函数处理完毕后,它可能触发一系列的处理,如向上 signal 高层事件、通过向下调用低层命令或者由命令或事件生成任务。事件通知和命令调用一样,将立即执行完成。由于有任务生成,真正的事件要等到中断处理函数结束后,在主循环中执行相应的任务来完成处理。当该事件以及所有关联操作被处理完毕,未被使用的处理器就被置于睡眠状态,并不会立即寻找下一个活跃的事件。

在事件处理中使用的 command 或 event 可以用关键字 async 进行声明。它们可在任何时间执行(可能抢占其他代码的执行),所做的工作应该尽可能地少并且快速结束。除此之外,还

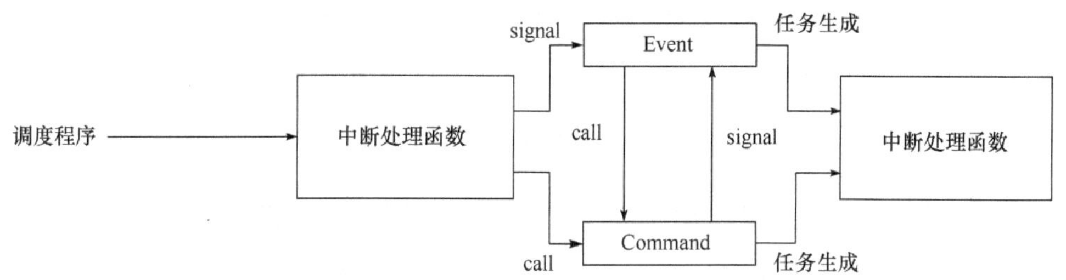

图 2-6　TinyOS 事件驱动机制

要考虑被异步命令或事件访问的共享数据存在数据竞争的可能性。

仍以 Blink 为例简单描述事件驱动机制的执行过程。Blink 程序是让定时器每隔 1000ms 产生一个硬件时钟中断，当硬件中断发生时，处理器的程序指针自动跳转到该硬件中断对应的中断向量，中断向量的位置和格式是由处理器的型号决定的。在本例中，假设 Blink 程序运行在 ATmega 处理器上。首先是硬件触发 Timer0 的中断 TOSH_INTERRUPT(SIG_OUTPUT_COMPARE0)(这是一个宏定义)，中断处理函数被调用，该中断是中断向量表中第 15 号中断，通过一系列的预定义，将其变换为 void_vector_15( )_attribute_((interrupt, spontaneous, C))，从而能被最后执行的交叉编译器认出。中断处理函数调用 Clock. fired( )函数。根据连接配置，最后调用 BlinkM 中定义的 Timer. fired( )函数(其间也调用部分 command 和 event)，由函数生成 processing( )任务。至此，中断函数执行完毕。在退出中断函数后，调度程序立即执行刚生成的任务(包括 processing( )任务)，改变灯的开关状态。至此，该模块的整个事件驱动过程执行完毕。

4) TinyOS 主动消息机制

主动消息机制是一个面向消息通信的模式，常用于并行计算中的高性能通信。TinyOS 是基于事件驱动的操作系统，其系统模块可快速响应基于主动消息协议的通信层传来的通信事件，有效地提高 CPU 的使用率，因此，TinyOS 中的通信遵循主动消息模型。主动消息的轻量级体系结构在设计上同时考虑通信框架的可扩展性和有效性，主动消息不但可以使应用程序开发者避免使用忙等方式等待消息数据的到来，而且可以在通信与计算之间形成重叠，从而极大地提高 CPU 的使用效率，并减少传感器节点的能耗。消息中包含有消息类型及消息处理函数，在消息到达目的地址后，该消息处理函数将被调用。

图 2-7 描述了各消息组件的层次结构，上层的 GenericComm 与应用组件交互，下层的 HPLUARTC 和 RFM 完成硬件功能。图中，左边一列使用 UART 与 PC 之间收发消息，右边使用无线收发器与其他节点收发消息。由于涉及的组件较多，这里只简单介绍消息的无线接收与发送流程。

对于消息发送，GenericConvn 组件向上提供的接口中有两个重要的参数化接口，SendMsg[uint8_t id]和 ReceiveMsg[uint8_t id]。发送消息时使用 SendMsg. Send。GenericComm 主要完成配置工作，然后在 AMStandard 组件中实现 send，并根据消息的目的地址进行不同的处理。若地址为 TOSH_UART_ADDR，表明消息将要发送到 PC 串口，需要调用 UARTSend. send 来发送数据；否则，调用 RadioSend. send 来发送数据。RadioCRCPacket 主要完成配置工作，组件 CRCPacket 完成接口 BareSendMsg 中 send 命令的实现，并实现数据包的 CRC 校验和完整性检查。该组件将调用 ByteComm. txByte 完成进一步的处理和发送任务。组件 SecDedRadioByteSignal 实现接口 ByteComm。该组件将调用接口 Radio，由它负责

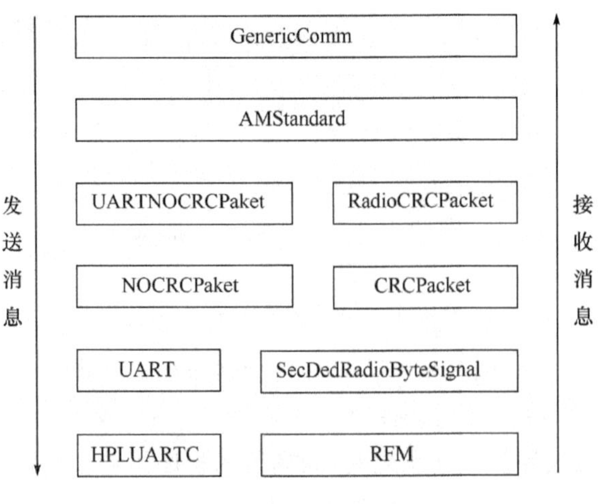

图 2-7 消息组件层次图

传输位数据。RFM 提供 Radio 接口，控制硬件操作进行数据发送。

对于消息接收，主要是通过事件通知逐层向上传递进行的。当硬件收到一个消息时将产生中断，中断处理程序触发事件 RFM. bitEvent，该事件处理函数中又触发事件 Radio. rxBit。该事件处理函数接收 Radio 的采样数据并尝试找到开始标志。一旦找到消息开始标志，则生成一个任务将接收到的编码数据进行解码，然后触发 ByteComm. rxByteReady 事件，表示可以接收下一字节数据。ByteComm. rxByteReady 事件处理解码数据，并通过生成一个任务进行 CRC 检查。该任务触发 RadioReceive. receive 事件，AMStandard 只简单地将其收到的消息返回给应用处理。

2.3.3 TinyOS 应用实例解析

本节介绍 LED 显示应用中的 Sense 程序。传感器节点从光照传感器上获取光强度值，并将光强度值第三位显示在 LED 上，配置文件为 Sense. nc，模块文件为 SenseM. nc。

实验系统组成如下：

①两个节点，标准的 MICA2、MICAz、IRIS 或者与之相兼容的版本。②一块传感器或者数据采集板，MDA100、MTS300 或 MTS310。③一块网关/编程板，MIB510、MIB520、MIB600 或者其他的连接设备。④一台安装有 MoteWorks 开发环境的 Windows PC。

所设计的程序将对传感器板上的光强传感器进行数据采集，并将数据包发送回基站。首先程序从 MTS300/310 或者 MDA100 数据采集板中采集到光强的传感器信息，然后通过 UART 发送回基站。当节点上黄色 LED 灯亮时进行数据采集，当节点上绿色 LED 灯亮时表示数据已经成功发送。模块结构如图 2-8 所示。

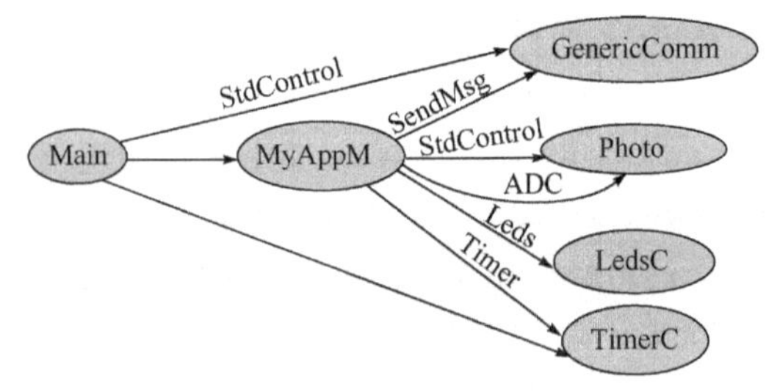

图 2-8 模块结构图

（1）模块文件(SenseM. nc)的源代码如下：

```
module SenseM {
   provides {
                interface StdControl;       //提供 StdControl 接口
            }
   uses {
       interface Timer;          //使用 Timer、ADC、StdControl 和 Leds 接口
       interface ADC;            //用于从模拟-数字转换器上存取数据
       interface StdControl as ADCControl;//用于初始化 ADC 组件
       interface Leds;
       }
            }
implementation {
// 在此声明模块静态变量或模块静态函数
result_t display(uint16_t value)
{
    if (value &1) call Leds.yellowOn( );
    else call Leds.yellowOff( );
    if (value &2) call Leds.greenOn( );
    else call Leds.greenOff( );
    if (value &4) call Leds.redOn( );
    else call Leds.redOff( );
    return SUCCESS;
}
// 执行 StdControl 接口
command result_t StdControl.init( ) {
return rcombine(call ADCControl.init( ), call Leds.init( ));
}
command result_t StdControl.start( ) {
return call Timer.start(TIMER_REPEAT, 500);
}
command result_t StdControl.stop( ) {
return call Timer.stop( );
}
event result_t Timer.fired( ) {
return call ADC.getData( );
}
async event result_t ADC.dataReady(uint16_t data) {
display(7-((data>>7)&0x7));
return SUCCESS;
}
}
```

一个组件可以使用同一接口的多个实例，但可将它们分别命名为不同的名字，例如：

```
interface StdControl as ADCControl;
```

该语句的意义是使用 StdControl 接口，但将该接口的实例命名为 ADCControl。该接口从 ADC 信道获取数据，若数据在 ADC 信道上已准备好，则 ADC 接口会触发事件 dataReady( )。在 ADC 接口中使用关键字 async，表示所声明的命令和事件为异步代码。异步代码可以对硬件中断做出及时响应。

当 Timer. fired( )事件触发时，就会调用 ADC. getData( )函数；同样，当 ADC. dataReady( )事件触发时，就调用内部函数 display( )，该显示函数用 ADC 低位上的值来设置 LED。

(2) 配置文件(Sense. nc)：

```
configuration Sense {
// 本模块不提供接口
}
implementation
{
components Main, SenseM, LedsC, TimerC, Photo;
Main.StdControl-> SenseM;
Main.StdControl-> TimerC;
SenseM.ADC-> Photo;              //是 SenseM.ADC-> Photo.ADC 缩写形式
SenseM.ADCControl-> Photo;       //即 SenseM.ADControl-> Photo.StdControl
SenseM.Leds-> LedsC;
SenseM.Timer-> TimerC.Timer[unique("Timer")];
}
```

其中，语句 SenseM. ADCControl->Photo，并非是 SenseM. ADC->Photo. ADCControl 的缩写形式，因为 Photo. nc 组件提供两个接口，分别是 ADC 接口和 StdControl 接口，而没有 ADCControl 接口。

当应用程序中希望创建和使用多个定时器，且希望每个定时器都能独立管理时，可以使用参数化接口。参数化接口允许一个组件通过赋予运行时或编译时参数提供一个接口的多个实例。组件中每个 Timer 接口分别与 TimerC 中提供的 Timer 接口的不同实例绑定起来，这样每个组件就可以有效地获取它自己的定时器。例如：

```
SenseM.Timer-> TimerC.Timer[unique("Timer")]
```

TimerC 组件中声明了：

```
Provides interface Timer[uint8_t id]
```

表明它可以提供 256 个 Timer 接口的不同实例，每一个实例对应一个 uint8_t 值。

使用 TimerC. Timer[someval]可以指定 SenseM. Timer 接口被绑定到方括号中的值(someval)所指定的 Timer 接口的那个实例。这个值可能是任意一个 8 位的正数。但是若方括号中指定某个特定值，很可能会导致与其他组件使用的定时器相互冲突(若其他组件的方括号内也使用相同的值)。为此,TinyOS 提供一个 unique( )函数,其功能是根据参数字符串产生一个唯一的 8 位标识,unique("Timer")从一组响应的字符串“Timer”产生一个唯一的 8 位数字。只要参数中使用的字符串相同,就可以保证使用 unique("")的每个组件都得到一个不同的 8 位数值。但是,若某个组件使用 unique("Timer"),而另外一个组件使用 unique("MyTimer"),那么它们可能得到相同的数值。因此,当使用 unique( )函数时,一般使用参数化接口本身的名字作为参数。TinyOS 还提供另外一个函数 uniqueCount("Timer"),利用它可计算出使用 unique("Timer")的总次数。

2.3.4 TinyOS 的安装

从网站 http://www.tinyos.net 下载 TinyOS 软件包。其中,TinyOS 的 1.1.0 版本是经过系统测试的稳定版本。下面介绍 TinyOS 1.1.0 版本的安装过程,其他版本的安装过程与之类似。

TinyOS 有两种安装方式,一种是使用安装向导自动安装,另一种是全手动安装。如果在 Windows 2000/XP 上安装,可以下载 tinyos-1.1.0-lis.exe,自动安装可以按照提示逐步安装。在 Windows 2000/XP 上手动安装步骤如下:

(1) 从 http://java.sun.com 上下载 JDK1.4,也可下载 JDK1.4 以上的版本。

(2) 安装 cygwin 软件包。在 http://webs.cs.berkeley.edu/tos/dist-1.1.0/tools/windows/tinyoscygwin-1.1.zip 上下载 cygwin 安装包,解压后运行 install.bat 脚本即可。

(3) 从 http://java.sun.com/products/javacomm/上下载并安装 Sun 的 javax.comm 包,在 cygwin shell 命令行提示下按如下步骤安装(假定 JDK 安装在 c:\Program Files\jdk 下,命令是在 cygwin shell 界面中输入):

```
unzip javacomm20-win32.zip;
cd commapi;
cp win32com.dll "c:\Program Files\jdk\jre\bin";
chmod 755"c:\Program Files\jdk\jre\bin\win32com.dll";
cp comm.jar "c:\Program Files\jdk\jre\lib\ext";
cp javax.comm.properties "c:\Program Files\jdk\jre\lib";
```

按照 javax.comm 包中的说明,运行 BlackBox 程序。如果不能正常安装,尝试将上述几个文件复制到 c:\Program Files\java 路径下对应的目录中,并设置好环境变量,再运行 BlackBox。

(4) 从 http://webs.cs.berkeley.edu/tos/dist-1.1.0/tools/windows/graphviz-1.10.exe 上下载并安装 graphviz。

(5) 从 http://webs.cs.berkeley.edu/tos/dist-1.1.0/tools/windows 和 http://webs.cs.berkeley.edu/tos/dist-1.1.0/tinyos/windows 上下载 TinyOS 软件包。

```
avarice-2.0.20030825cvs-1w.cygwin.i386.rpm
avr-binutils-2.13.2.1-1w.cygwin.i386.rpm
avr-gcc-3.3tinyos-1w.cygwin.i386.rpm
avr-insight-pre6.0cvs.tinyos-1w.cygwin.i386.rpm
avr-libc-20030512cvs-1w.cygwin.i386.rpm
nesc-1.1-1w.cygwin.i386.rpm
tinyos-tools-1.1.0-1.cygwin.i386.rpm
tinyos-1.1.0-1.cygwin.noarch.rpm
```

在 cygwin shell 命令行转到这些 rpm 文件存放的目录，执行如下命令进行安装"rpm--ignoreos-ivh ＊. rpm"。这些 TinyOS 的安装包在安装过程中需要编译并执行 java 代码，因此需要占用一定的时间。命令执行完毕后，TinyOS 即被安装到 cygwin 的/opt/tinyos-1. x 目录下。

(6) 安装完成。若想要安装更多的包，请参看 Installing and Updating Packages。安装和更新包在 http://webs. cs. berkeley. edu/tos/dist-1. 1. 0/tinyos/linux 和 http://webs. cs. berkeley. edu/ tos/dist-1. 1. 0/tinyos/windows 目录下，使用如下命令进行安装：

```
rpm-ivh< rpm 文件名> (第一次安装)
rpm-Uvh< rpm 文件名> (更新)
```

在 Linux 系统上的安装不再叙述。

2.4 传感器节点分析

2.4.1 常见传感器节点

1) Mica 系列节点

Mica 系列节点是美国加州大学伯克利分校研制的传感器网络演示平台，其软硬件设计都是公开的，已经成为传感器网络的主要研究平台。Mica 系列节点包括 Renee、Mica、Mica2、Mica2Dot 和 MicaZ。TinyOS 是这些节点常用的操作系统。

表 2-3 给出 Mica 系列节点的技术及性能指标。

表 2-3 Mica 系列节点性能指标

节点类型	Renee	Mica	Mica2	Mica2Dot	MicaZ
MCU 芯片类型	Atmega163	Atmega128			
UART 数量	1	2			
RF 芯片类型	TR1000		CC1000		CC2420
Flash 芯片类型	24LC256	AT45DB041B			
其他接口	DIO	DIO, I^2C	DIO, I^2C	DIO	DIO, I^2C
电源类型	AA	AA	AA	Lithium	AA
节点发布时间	1999	2001	2002	2002	2003

由表 2-3 可以看出，Mica 系列节点主要使用 Atmel 公司的处理器；Renee、Mica 节点使用 TR1000 无线通信芯片，Mica2、Mica2Dot 节点采用 CC1000 无线通信芯片，MicaZ 节点采用 CC2420 ZigBee 芯片。三种无线通信芯片的性能对比如表 2-4 所示。

表 2-4 通信芯片的性能指标

通信芯片类型	TR1000	CC1000	CC2420
载波技术	OOK/ASK	FSK	QPSK
载波频段/MHz	916	300～1000	2400
数据传输速率/(kb/s)	OOK 方式：30 AKS 方式：115	76. 8	250

续表

通信芯片类型	TR1000	CC1000	CC2420
接收最高灵敏度/dB	−106	−110	−99
信道数量	单信道	433MHz:3 个 868MHz:3 个 915MHz:43 个	16 个
通信距离/m	100～300	500～1000	60～150

从成本和功耗角度考虑，TR1000 和 CC1000 芯片是理想的选择，CC1000 灵敏度高且传播距离远，TR1000 功耗较低，CC2420 是较早支持 ZigBee 通信技术的通信芯片。

2）Telos 系列节点

Telos 系列节点是美国加州大学伯克利分校研究的成果，是针对 Mica 系列节点功耗较大而设计的低功耗产品。作为一个低功耗、可编程、无线传输的传感器网络硬件平台，Telos 节点具有两个基本模块，一是处理器和无线通信平台，二是传感器平台，两者之间通过标准接口连接。处理器和无线通信平台采用待机时功耗较低的 MSP430 处理器和 CC2420 无线收发芯片，Telos 系列节点使用两节 5 号干电池供电，待机时功耗为 $2\mu W$，工作时为 0.5mW，发送无线信号时为 45mW。从待机模式到工作模式转换时间为 270ns，最快为 $6\mu s$。当采用网格型网络拓扑结构，工作模式和待机模式的占空比采用不足 1%的设定，且与网络交换一次同步信号的情况下，最长可以工作 945 天。Telos 室外最长的传输距离达 100m，室内直线传输可达 50m。Telos 具有 A/D 转换器、D/A 转换器、UART、SPI 等外围接口，具有强大的可扩展性。Telos 完全兼容 TinyOS。

3）BT 节点

BT 节点是一种多功能自主的无线通信和计算平台。它包括一个 Atmel ATmega 128L 处理器和随机访问内存及 128KB 闪存。与其他节点不同的是 BT 节点采用蓝牙技术，由工作在 433～915MHz 的 Chipon CC1000 芯片构成，蓝牙射频和 CC1000 既可以单独工作也可以同时工作，节点使用两节 AA 电池或 3.8～5V 外部电源供电。

4）Sun SPOT 节点

Sun 公司推出了一种新型的无线传感器网络设备 Sun SPOT(small programmable object technology)。它采用 32 位的高性能 ARM 920T 处理器及支持 ZigBee 的 CC2420 无线通信芯片，并开发出 Squawk Java 虚拟机，可以使用 Java 语言搭建无线传感器网络。

处理器采用一款 32 位低功耗 ARM 920T 微处理器，相对于其他通用的微处理器，它具有更加丰富的资源和极低的功耗，不仅支持 32 位 ARM 指令集和 16 位 Thumb 指令集，拥有 5 级流水线和单一的 32 位 AMBA 总线接口，且含有 MMU 可以支持 Windows CE、Linux 等操作系统，具有统一的数据 Cache 和指令 Cache。

Sun SPOT 节点配有比较常见的传感器，如温度传感器、光强传感器和加速度传感器，节点可以利用输入输出接口对传感器的功能进行扩展，节点提供了 20 个 pin 脚来完成输入输出工作。

在电源方面，节点内集成了一个 3.7V，750mA 的可充电锂电池，该电池拥有自保护机制用于防止过度充放电、电压过载等异常情况，电池可以通过 mini-USB 口与计算机连接或通过外部 5V 电源进行充电。节点在深度睡眠的情况下可以运行 909 天，在全负荷运行的情况下最大可运行 7 小时。

5）Gain 系列节点

Gain 系列节点是中国科学院计算所开发的节点，是国内第一款自主开发的无线传感器网络节点，其外形图如图 2-9 所示。

图 2-9　Gain 节点

图 2-10　MicaZ 节点

Gain 系列第一版节点的处理器采用中国科学院计算机所自行开发的处理器，该处理器采用哈佛总线结构，兼容 AVR 指令集。Gain 系列的最新节点 GAINSJ 节点采用 JENNIC SoC 芯片 JN5121，该芯片将处理器和射频芯片集成在一起，且兼容 IEEE802.15.4 标准和 ZigBee 规范的协议栈，可以实现多种网络拓扑结构。节点休眠模式时的工作电流小于 14mA，发送模式时的工作电流小于 50mA，接收模式时的工作电流小于 45mA，节点与 PC 机采用 RS232 相连。

2.4.2　MicaZ 节点分析

1）MicaZ 硬件结构

MicaZ 节点是基于 ZigBee 技术的传感器节点，其外形如图 2-10 所示。该节点具有低功耗的特点，能够运行 TinyOS。

表 2-5 给出 MicaZ 节点的功耗情况。

表 2-5　MicaZ 节点功耗

参　数	值	参　数	值
供电方式	3V	CPU 休眠，时钟工作	0.048mW
电池容量	2000mA · h	CPU 工作，radio 关闭	36mW
最小输入电压	2.7V	CPU 工作，radio 监听	95.1mW
最大功耗	140.91mW	CPU 工作，radio 发送	88.2mW

（1）处理器模块。

MicaZ 节点采用 Atmel 增强型微控制器 ATmega128L。该微控制器拥有丰富的片上资源，包括 4 个定时器、4KB SRAM、128KB Flash 和 4KB EEPROM，便于 TinyOS 操作系统的移植；拥有 UART、SPI、I2C、JTAG 接口，便于无线芯片和传感器的接入及程序调试与下载；有 6 种电源节能模式，便于实现低功耗设计。采用该处理器的另一个优点是编译器多，其中 GCC（WINAVR）是免费开放的软件。

ATmega128L 的主要性能如下：

① 高性能、低功耗的 AVR 8 微处理器，先进的 RISC 结构。共有 133 条指令，大多数可以在一个时钟周期内完成。有 32 个通用工作寄存器及外设控制寄存器。

② 全静态工作，速度高达 16MIPS。

③ 具有只需两个时钟周期的硬件乘法器。

④ 具有非易失性的程序和数据存储器。拥有 128KB 的系统内可编程 Flash，可以写/擦 10000 次。具有独立锁定位、可选择的启动代码区。通过片内的启动程序实现系统内读-修改-写操作，拥有 4KB 的 EEPROM，可以写/擦 100000 次。拥有 4KB 的内部 SRAM 和多达 64KB 的优化的外部存储器空间，并可以对锁定位进行编程以实现软件加密以及通过 SPI 实现系统内编程。

⑤ 拥有 JTAG 接口（与 IEEE 1149.1 标准兼容）。

⑥ 外设的主要特点有以下方面，拥有两个具有独立的预分频器和比较器功能的 8 位定时器/计数器和两个具有预分频器、比较功能和捕捉功能的 16 位定时器/计数器，具有两路 8 位 PWM、6 路分辨率可编程（2～16 位）的 PWM、输出比较调制器、8 路 10 位 ADC、8 个单端通道、7 个差分通道、2 个具有可编程增益（1×，10×或 200×）的差分通道、面向字节的两线接口、两个可编程的串行 USART，可工作于主机/从机模式的 SPI 串行接口，独立片内振荡器的可编程看门狗定时器，片内模拟比较器等硬件资源。

⑦ 特殊的处理器特点。具备上电复位以及可编程的掉电检测、片内经过标定的 RC 振荡器、片内/片外中断源，以及 6 种睡眠模式即空闲模式、ADC 噪声抑制模式、省电模式、掉电模式、Standby 模式及扩展的 Standby 模式。

⑧ 工作电压。2.7～5.5V，晶振频率 0～8MHz，可以通过熔丝位选择的时钟频率。

ATmega128L 的这些性能满足了无线传感器网络节点对微处理器的要求，适合于无线传感器网络节点硬件设计。

微处理器模块电路结构如图 2-11 所示。

ATmega128L 是整个节点的计算中心，通过 SPI 接口和无线通信模块相连，实现数据无线发送和接收；通过 PC0 实现温度传感器数据采集；通过 PD4 对供电模块进行电量监测及充放电管理；通过串口通信接口实现与上位机信息传递；通过 JTAG 接口实现程序下载和调试；通过外扩传感器接口采集其他所需信号。此外，它还提供了控制和显示电路，如键盘控制和 LED 显示等。

（2）通信模块。

MicaZ 节点采用 Chipcon 公司基于 Smart RF 03 技术的 CC2420 芯片。该芯片采用 0.18μm CMOS 工艺制成，是为低功率、低电压无线应用而设计的单片 RF 收发芯片。它为信息包处理提供广泛的硬件支持，如数据缓冲器、发送、数据加密、数据证明、空闲信道评估、链路质量指示和信息包实时资料。这些特点减少了主控制器的工作量，使 CC2420 与低成本微处理器通过 SPI 接口便可访问 CC2420 的发送接收缓冲器。需要很少的外部元件便可组成无线

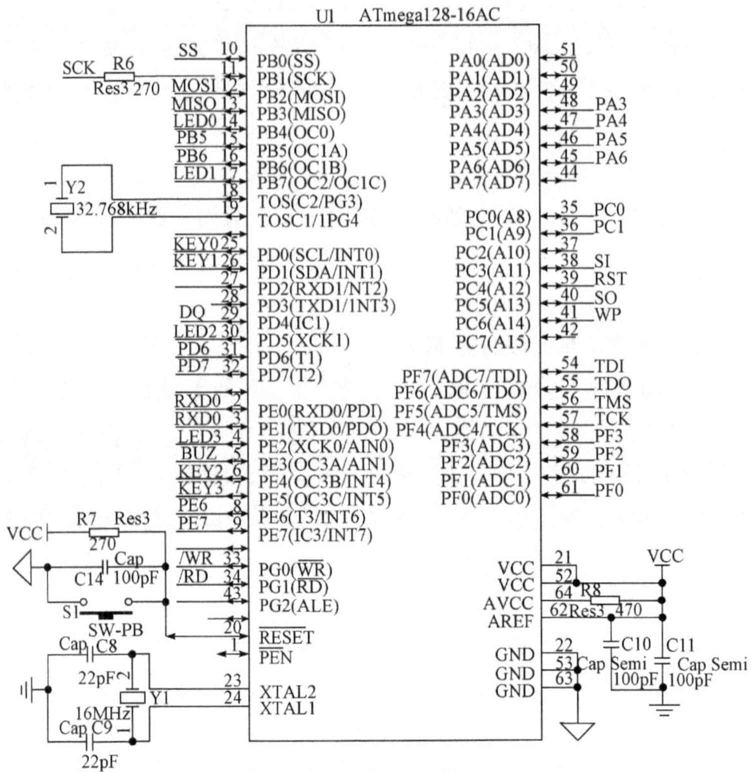

图 2-11 节点微处理器模块电路

通信电路,性能稳定且功耗极低。CC2420 的选择性和敏感性指数超过了 IEEE802.15.4 标准的要求,可确保短距离通信的有效性和可靠性。利用 CC2420 开发的无线通信设备支持数据传输率高达 250kb/s,可以实现多点对多点的快速组网。CC2420 符合欧洲 ETSI EN 300 328、EN 300 440 class 2,美国 FCC CFR47 15 部分和日本 ARIB STD-T66 标准,是在免授权的 ISM(工业、科研和医疗)频带上进行无线通信的低成本、高集中的解决方案。

CC2420 的主要性能参数如下:

① 工作频带范围为 2.400～2.4835GHz;

② 采用 IEEE 802.15.4 规范要求的直接序列扩频方式;

③ 采用 O-QPSK 调制方式;

④ 数据速率达 250kb/s,码片速率达 2MChip/s;

⑤ 超低电流消耗(RX 为 19.7mA,TX 为 17.4mA),高接收灵敏度(－94dBm);

⑥ 抗邻频道干扰能力强(39dB);

⑦ 内部集成有 VCO、LNA、PA 以及电源整流器,采用低电压供电(2.1～3.6V);

⑧ 输出功率编程可控;

⑨ IEEE 802.15.4 MAC 层硬件可支持,完全自动 MAC 层安全保护;

⑩ 与控制微处理器的接口配置容易(4 总线 SPI 接口);

CC2420 芯片的内部结构如图 2-12 所示。

CC2420 是低中频的收发器。芯片从天线接收到射频信号,首先经过低噪声放大器(LNA),然后正交下变频到 2MHz 的中频上,经过中频信号的同相分量和正交分量。两路信

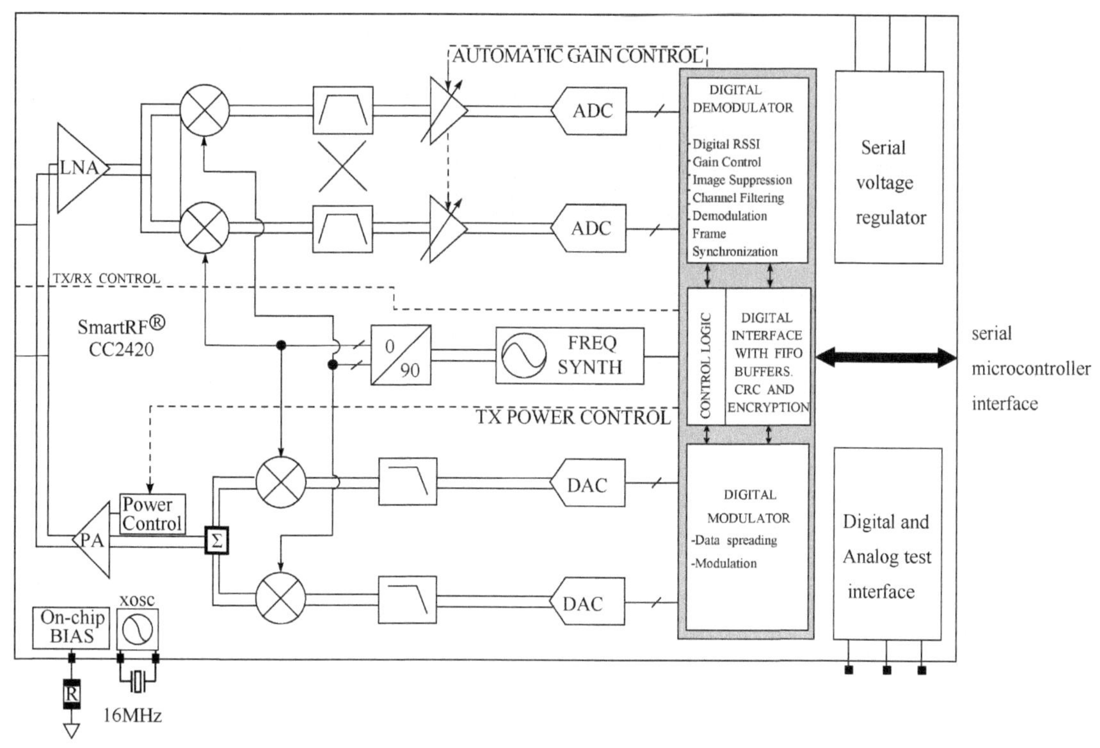

图 2-12　CC2420 内部结构

号经过滤波和放大后直接通过 A/D 转换器转换成数字信号。CC2420 发送数据时，使用直接正交上变频。基带信号的同相分量和正交分量直接被数模转换器转换为模拟信号，通过低频滤波器直接变频到设定的信道上。

无线通信模块电路如图 2-13 所示。CC2420 与微处理器连接简便，它通过 SFD、FIFO、FIFOP 和 CCA 四个引脚表示收发数据的状态，通过 SPI 接口（CSn、SO、SI、SCLK）与微处理器交换数据和接收命令；通过 RESETn 引脚复位芯片；通过 VREG_EN 引脚使能芯片电压调整器；通过柱状天线或 PCB 天线进行通信。CC2420 内部使用 1.8V 工作电压，适合于电池供电的设备；外部数字 I/O 接口使用 3.3V 电压，这样可以保持和 3.3V 逻辑器件的兼容型。它在片上集成一个直流稳压器，能够把 3.3V 电压转化成 1.8V 电压。对于只有 3.3V 电源的设备，不需要额外的电压转换电路就能正常工作。

CC2420 射频信号的收发采用差分方式进行传输，其最佳差分负载是 115＋j180Ω，阻抗匹配电路根据这个数值进行调整。采用单极天线设计时需要使用平衡/非平衡阻抗转换电路（BALUN，巴伦电路），以达到最佳收发效果。巴伦电路可以采用便宜的电阻和电感组成。C4、C6、C7、C5、L1 组成不平衡变压器，L2 和 L3 匹配射频输入输出到 50Ω，L1、L3 同时提供功率放大器和低噪声放大器的直流偏置。内部的 T/R 开关是为了切换低噪声放大器/功率放大器。CC2420 需要 16MHz 的参考时钟用于数据的收发。参考时钟可以来自外部时钟源，也可以由内部晶体振荡器产生。系统使用内部晶振，晶振接在 XOSC16_Q1、XOSC16_Q2 引脚之间。R1 偏置电阻是电流基准发生器的精密电阻，为减少电路之间的干扰，数字电源和模拟电源通过电阻隔离，且在电源附近加电容，滤去电源中的干扰噪声。

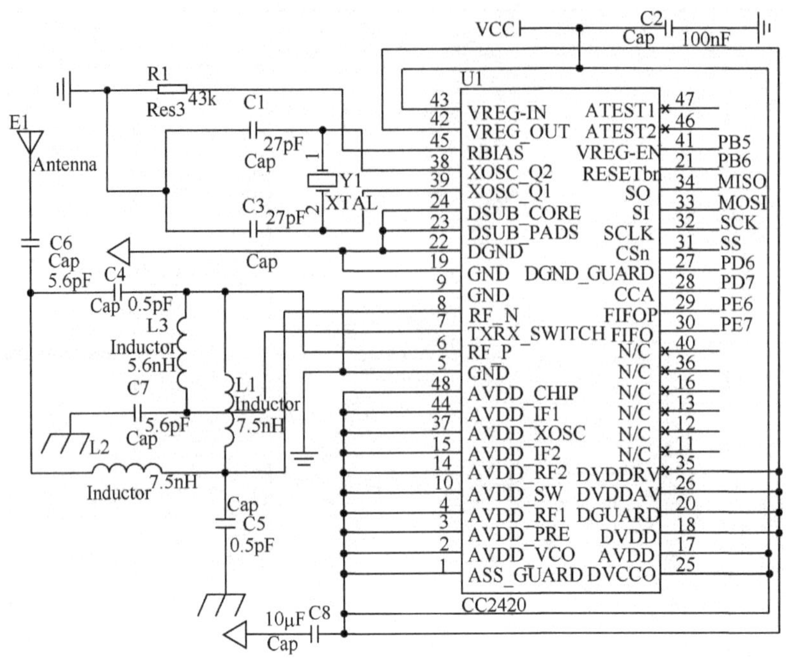

图 2-13　节点无线通信模块电路

天线可以采用外置柱状天线，也可采取将天线直接绘制在电路板上，即所谓的 PCB 天线。采用绘制的 PCB 天线，其设计尺寸如图 2-14 所示，同时也预留柱状天线接口，通过开关进行天线选择。

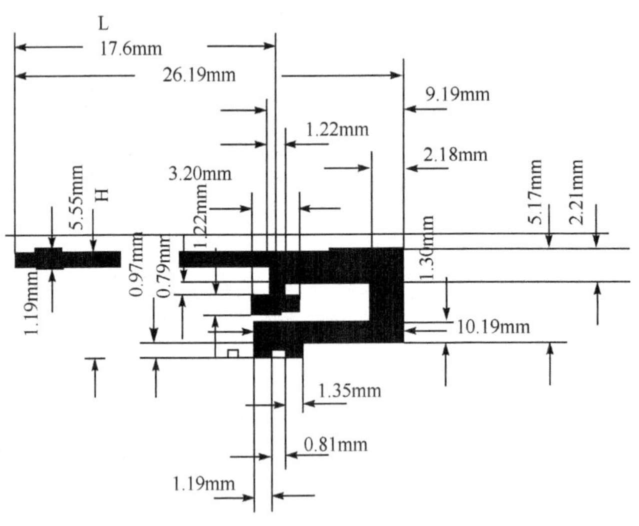

图 2-14　PCB 天线尺寸

(3) 传感器模块。

Mica 系列节点开发较早而且应用广泛。表 2-6 列出典型应用领域。

通过该表可知，该节点具有丰富的与 MicaZ 节点兼容的传感器板和数据采集板。

表 2-6　传感器板类型

传感器名称	MTS101	MTS300	MTS310	MTS400	MTS410	MTS420	MTS510	MDA300	MDA320	MSP410
加速度			•	•	•	•	•			
气压/温度				•	•	•				
宽带光				•	•	•				
GPS						•				•
磁场			•							
声音		•	•		•	•	•			•
光合感应				•	•	•				
光敏电阻	•	•					•			
相对温湿度				•	•	•		•		
RFID(13.56MHz)										
热敏电阻	•	•	•							
GPIO	•				•			•	•	
驱动器					•			•		
模拟输入	•				•			•	•	
热红外					•					•
压电蜂鸣器		•	•		•					•

表 2-7 给出相应的传感器板和数据采集板的型号及其包含的传感器。

表 2-7　传感器模块类型

型　号	传感器及传感器板
MTS310CA	光、温度、声音传感器，蜂鸣器、双轴加速度计和双轴磁强计的传感器板
MTS300CA	光、温度、声音传感器，蜂鸣器的传感器板
MDA100CA	光、温度、原型区的传感器板
MDA500CA	原型采集板

其中，与 MicaZ 节点兼容的传感器板包括 MTS310CA、MTS300CA、MDA100CA 和 MDA500CA。

图 2-15 给出 MTS310CA 传感器板的传感器分布情况。数据采集板具有灵活的外部接口，利用它可以扩展传感器类型，增加节点功能。

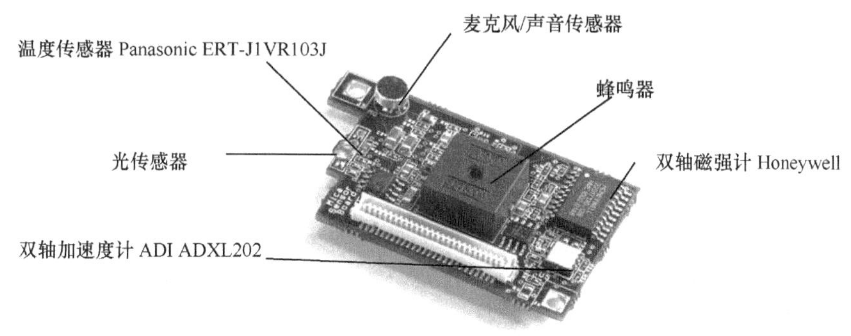

图 2-15　MTS310CA 传感器板

2）MicaZ 辅助工具

Mica 系列节点主要用于科学研究，为了方便地对节点的程序进行更新，伯克利大学和 Crossbow 公司开发了一系列编程调试工具。针对 MicaZ 节点的编程调试工具为 MIB510 和 MIB600。

（1）MIB510 编程调试工具。

MIB510 编程调试器如图 2-16 所示。

图 2-16　MIB510 编程调试器

该调试器用于连接不同种类的 Mica 节点，并用于对节点进行编程，外部接口简单，使用串行接口通信，且增加了一个功能代理芯片 Atmega16。首先在主机上下载节点程序，通过串行口下载至 MIB510 处理器，然后由该处理器下载到节点上。MIB510 上增加了一个功能代理芯片，其作用是接收主机程序，对节点进行编程，传送节点的数据或调试信息到主机。

MIB510 支持 JTAG 口的在线编程，与之相似的 MIB520 采用 USB 总线与主机相连。MicaZ 节点与 MIB510 处理器的连接方式如图 2-17 所示。

（2）MIB600 编程调试工具。

MIB600 编程调试板的外形如图 2-18 所示。

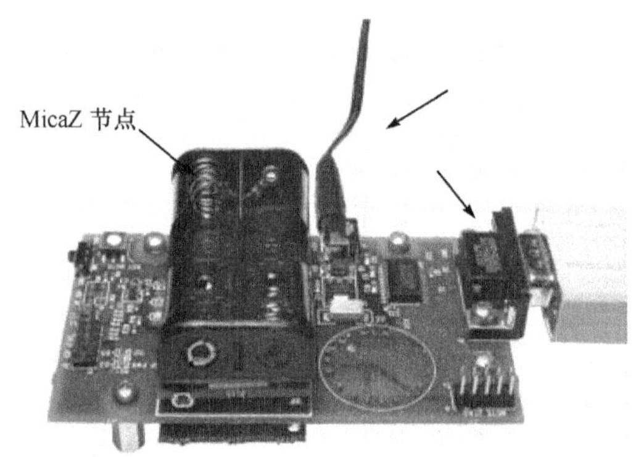

图 2-17　MicaZ 节点与 MIB510 的连接

图 2-18　MIB600 编程调试板

该板功能比 MIB510 更加强大，拥有强大的处理能力和局域网接口，可以与 Ethernet 直接互联，并可作为一个 Internet 节点上网。内置一个 AVRISP 标准编程电路，可以直接对各种节点进行在线编程。

思 考 题

2.1　传感器网络节点由哪几部分组成？

2.2　设计传感器网络通信模块时应考虑哪些因素？

2.3　传感器网络的操作系统应具有哪些特点？

2.4　传感器网络能耗主要分为几部分？

2.5　传感器网络无效能量消耗主要包括哪些方面？

第 3 章　无线传感器网络体系结构

3.1　传感器网络工作模式

3.1.1　网络的组成

无线传感器网络系统通常包括传感器节点、汇聚节点和管理节点。在监测区域随机部署了大量传感器节点，这些传感器节点采集的数据通过其他传感器节点逐跳地在网络中传输。经过多跳机制路由到汇聚节点，最后通过互联网或者卫星到达数据处理中心管理节点。用户通过管理节点对收集到的数据进行分析处理，以便作出判断或决策。

无线传感器网络的节点是通过无线通道进行连接的，因而传感器节点间具有很强的协同能力，能够通过局部的数据采集、预处理以及节点间的数据交互完成全局任务。无线传感器网络可以在独立的环境下运行，也可以通过网关连接到已有的网络设施上，这样用户就可以通过现有的 Internet 对无线传感器网络采集的数据进行远程控制，如图 3-1 所示。

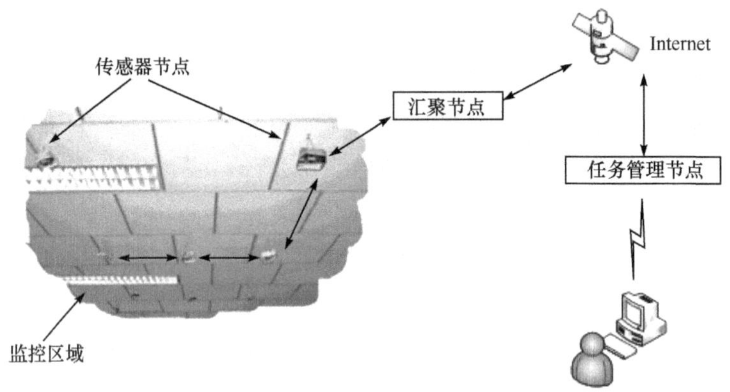

图 3-1　用户对无线传感器网络实施远程控制的示意图

无线传感器网络的节点由于分布和承担的网络功能各不相同，可以根据网络节点的组成和作用加以区分。一般来说，无线传感器网络节点可以划分为以下三类。

1）传感器节点

无线传感器网络是由大量传感器节点组成的网络系统。一般来说，传感器节点是一个微型嵌入式系统，并具有感知能力、处理能力、存储能力和通信能力。传感器节点一般由数据采集模块（即传感器模块）、处理控制模块、无线通信模块和能量供应模块四部分组成。但在不同的应用中，传感器网络节点的组成不尽相同，要根据实际情况选择适合的传感器节点。

如图 3-2 所示，数据采集模块（即传感器模块）由传感器和 AD 转换模块组成，主要负责对感知对象的信息进行采集和数据转换；处理器模块负责控制整个传感器节点的操作，存储与处理自身采集的数据以及其他节点发来的数据；无线通信模块负责与其他传感器节点通信、交互控制信息和收发数据业务；能量供应模块主要为传感器节点提供运行所需的能量，保证能量供应充足，使节点能够正常工作。

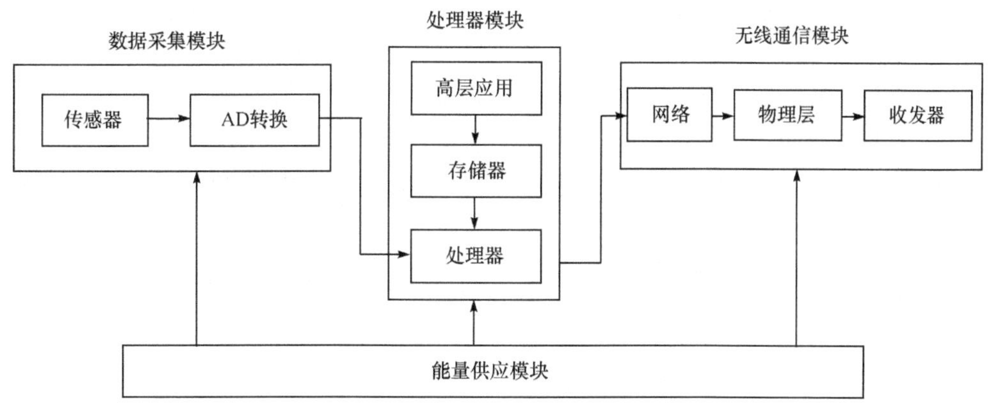

图 3-2　无线传感器网络节点结构

2）汇聚节点

汇聚节点能够连接传感器网络和 Internet 等外部网络，实现两种协议栈之间的通信转换，同时发布管理节点的监测任务，并把收集的数据转发到外部网络上，而且其处理能力、存储能力和通信能力相对较强。汇聚节点可以以不同形式存在，既可以是一个具有增强功能的传感器节点，有足够能量供给和更多的内存与计算资源，也可以是没有监测功能仅带有无线通信接口的特殊网关设备。

3）管理节点

管理节点为用户与网络之间提供交互接口，传感器节点将监测数据通过网络中其他节点以多跳的方式逐跳地传送到汇聚节点，然后通过 Internet 或卫星送达管理节点，用户通过管理节点沿着相反方向对传感器网络进行配置和管理，发布监测任务以及收集监测数据。

在无线传感器网络中，节点间的通信需要通过一定的协议实现。网络层的路由协议根据网络的拓扑结构可以大体分为两类，即平面路由协议和分簇路由协议。

在平面路由协议中，所有网络节点的地位是平等的，不存在等级和层次差异。它们通过互相之间的局部操作和信息反馈生成路由。此路由方式的优点是结构简单、易扩展，且不需要结构维护、不易产生瓶颈效应。缺点是网络中没有管理节点，缺乏对通信资源的优化管理，对网络动态变化的反应速度较慢等。

在分簇路由协议中，网络通常把具有某种关联的网络节点集合称之为簇。每个簇由一个簇头和多个簇内成员组成。在每个簇内，根据一定的机制算法选取某个节点作为簇头，用于管理或控制整个簇内成员节点，协调成员节点之间的工作，负责簇内信息的收集和数据的融合处理以及簇间转发；低一级网络簇头是高一级网络中的簇内成员，并与最高层的簇头和汇聚节点进行通信。因此，分簇路由机制中的簇头融合了组内成员的数据之后再进行转发，而且，由簇头构成一个更上一层的连通网络负责数据的长距离路由转发，这样大大减少了数据通信量，从而节省网络能量；同时，这种分簇网络结构便于管理，有利于分布式算法的应用，具有较好的可扩展性，适合大规模网络。

3.1.2　多跳通信机制

无线通信的特点及其固有功率的限制使发射机与接收机只能在有限距离上通信。如果要实现长距离通信，就要使用高能量进行传输。由于节点间的直接通信距离有限，因此，信号发射源与接收机一般不采用简单的直接通信方式，而是将中间节点作为中继器使用，可以减少所需的总能量。在无线传感器网络中，由于网络所覆盖的有效区域很广，或者所工作的环境对信号产生很强的衰减作用，因此需要采取措施连接信号发射源与接收机之间的通信。

目前，无线通信有两种常用的通信方式。一种通信方式是每个终端节点均通过一条与访问接入点相连的无线链路来访问网络，用户如果要进行相互通信，首先必须访问一个固定的访问接入点，这种网络结构称为单跳网络；另一种通信方式称为多跳网络，任何终端节点都可以同时作为访问接入点和路由器，网络中的每个节点都可以发送和接收信号，每个节点都可以与一个或者多个对等节点进行直接通信。其中，所谓的“跳”可以理解为同时通信的链路数。

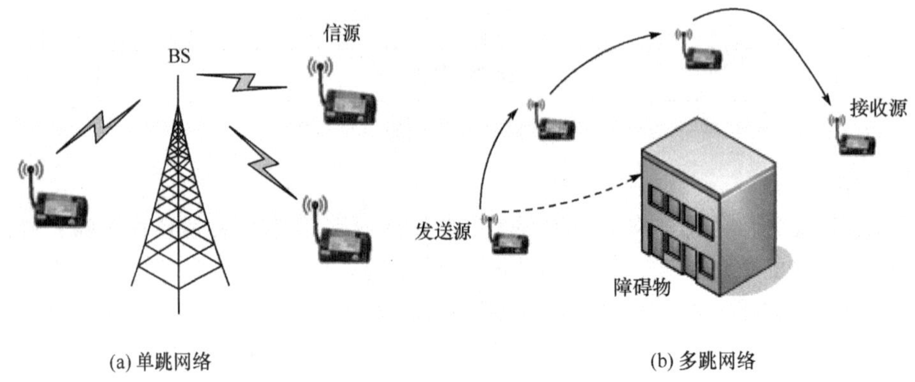

图 3-3　单跳和多跳网络通信原理

在实际应用中，通常采用中继站的方法实现这种连接，即从信号发射源发出的分组以多跳的方式传递至最终的接收者。对于多种形式的无线传感器网络，多跳通信将会成为一种应用趋势。多跳网络尤其适用于无线传感器网络，因为传感器节点本身就可以成为中继节点，而不需要额外的装置。单跳和多跳网络通信系统结构如图 3-3 所示。由于节点发射功率的限制，节点的覆盖范围有限。当它要与其覆盖范围之外的节点进行通信时，需要中间节点的转发。在无线自组网络中使用的多跳路由是由普通节点协作完成的，而不是由专用的路由设备完成。根据具体应用情况，可以在合适的位置安装一个中继节点。但是，这并不能保证从信号发射源到接收者的多跳路径总存在或者保证路径一定是最优路径。

在一般的工作环境中，通信过程中都会有距离或障碍物的限制，单跳通信技术不能满足要求，而多跳技术可以克服通信距离长或障碍物阻挡所造成的通信困难，同时，多跳技术还能提高通信的能量效率。在大部分环境中，无线信号是按平方规律衰减的，采用中继节点比直接通信所消耗的能量更少。与单跳网络相比，多跳网络的主要优势表现在：

(1) 稳定性好。在单跳网络中，若一个接入点瘫痪将会导致整个网络无法运行。而多跳网络具有自我调节和自愈特性，不依赖于单一节点。如果某个接入点或节点发生故障，多跳网络系统可绕过这些故障或通过其他方式进行网络重组，数据也将通过另外路径实现传递，网络仍可继续运行。

(2) 较强的节能能力。与单跳网络相比，多跳网络技术的主要优势为每个节点所需的功率大大降低。在多跳网络中，各个节点间的距离较短，通过多跳技术大大延长了网络节点的寿命。

(3) 具有高带宽。根据无线通信的物理特性，路程越长，可能导致数据丢失的干扰和其他因素出现的几率越高。在任何固定功率级别射频发射中，噪声导致的接收错误会随着发射器和接收器之间距离的增加而增加。因此多数联网协议使用若干可变纠错方案，牺牲带宽以便在较高的噪声级连续运行。而多跳网络通过多次“短跳”来传递数据，路程越短带宽程度越高，从而可以获得更高的带宽。

(4) 空间可再利用。空间可再利用也是多跳网络相对于单跳网络的显著优势之一。单跳网络设备必须共享同一个接入点，几种设备同时接入网络会发生严重的虚拟交通堵塞，系统速度也会随之降低。而在多跳网络中，许多设备可以通过不同节点同时接入网络，采用的更短路程传送，在减少干扰的同时实现在不同的空间中同时传输数据。

(5) 避免数据处理冲突。多跳网络可以较大程度地减轻业务执行时可能发生的冲突。这是因为链路为网状结构，每个节点可使用的链路数大大增加，且每个网络节点都具有选路功能，如果其中的某一条链路出现故障，节点便可以自动转向其他可选链路进行接入，减轻了业务执行时发生冲突的可能性。

(6) 维护方便。多跳网络简化了网络的维护与升级。每个节点有多条可选路由，其中某一链路或路由被切断时并不会影响到业务的正常执行，因而局部地区的升级与扩容将不会影响到整个网络的运行，方便网络的维护与操作。

(7) 可扩展性强。多跳网络系统比其他网络系统具有更好的可伸缩性和扩展性。如果需要增加覆盖区域，或在已有区域增加覆盖密度，只需向已有网络添加接入点或节点，接通节点的电源，然后进行网络配置，网络即可开始运行。

(8) 实现自我构建。在给某节点上电后，它就能收听邻近节点，如果它找到了一个或若干个节点就会要求加入网络。如果满足准入标准，例如安全状况，则可以获得准入。一旦无线自组织网状网络里有相当数量的节点，一个新节点几乎总是能够找到邻近节点进行通信。

3.2 网络整体结构

无线传感器网络是一个复杂多变的系统，为了更好地了解和掌握无线传感器网络技术，需要对网络的体系结构和应用框架进行分析。虽然与传统 Internet 网络在结构和功能上都不尽相同，但是无线传感器网络在进行体系结构划分时，仍可采用分层模式讨论其协议栈特点与功能。

3.2.1 OSI 分层模型

无线传感器网络的技术内涵和自身特点要求在体系结构的层面上为网络整体效能的提升提供支持，因此，无线传感器网络的优化设计成为该领域的一个研究热点。目前，典型的网络体系结构设计思想是在 Internet 网络中得到充分证明的开放系统互联参考模型，即 OSI(open systems interconnection)分层设计模型。

在 OSI 分层模型中，将网络通信和工作内容依据功能和管理需求进行层次划分而形成物理层/链路层、MAC 层、网络层和应用层等几个不同层次的独立规则体系，每一个协议层都是独立设计并且自适应维持的。基于 OSI 模式构建的无线传感器网络结构如图 3-4 所示。

这种设计方法将相对复杂的网络系统分解成多个可以独立开发的子系统，能够减少设计工作量和维护成本，并提高网络的重要属性，如能耗、时延、网络容量、抖动等。但是，由于无线传感器网络节点数量巨大且分布无序，网络状态复杂而多变，严格的 OSI 分层模型很难实现对网络资源的整体管理和调度，无法为网络应用/用户提供良好的服务质量。

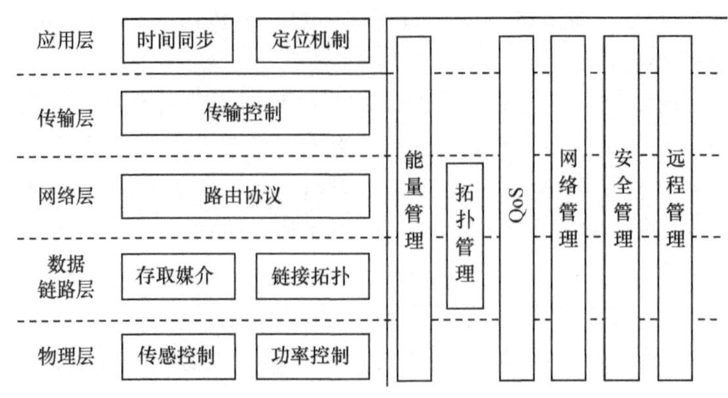

图 3-4　无线传感器网络协议体系结构图

3.2.2　网络体系结构分析

1）结构性质及分类

网络的体系结构实质上是一系列原则的集合。这些原则决定了网络的功能和特点，以及与之相对应的一组接口、功能组件、协议和物理硬件等，Internet 体系结构就是这样一些原则和标准。基于 Internet 体系结构可以对复杂网络系统进行技术、规模、应用等方面的发展。实际上，端对端的设计原则和以互操作为核心的 Internet 设计方法已经取得了重要的成就。在此基础上，大量的潜在技术被挖掘出来，同时支持着各种各样的应用。基于分层设计的原则和方法，增加了网络的互操作性，但同时也降低了网络的工作效率。Internet 体系结构的贡献并非在于单个组件的设计精美和高效率上，而是从整体上增强网络的可扩充性，使在此基础上的技术不断革新和发展。

建立网络体系结构的目标是使之为某一特定系统开发的组件可以被其他的系统利用，即系统能够满足互操作性。在无线传感器网络中构建这些可移植的、标准的部件是非常困难的。无线传感器网络的特点在于其应用的特殊性。不同的应用需求分配到传感器节点上，而这些节点的能量又十分有限。因此，实际应用决定了传感器节点的类型和采样频率、实时处理及数据存储、节点之间的信息交换协议等因素。传统的基于应用、操作系统和网络的划分方法，在无线传感器网络中可以不必严格遵守，即体系结构的设计可以进行某些跨层的设计，这会使时序、能量控制和信息流等问题跨越传统层次界线。然而，这种跨层设计也会带来一些新的问题，如跨层设计的接口问题。

无线传感器网络的体系结构设计主要包括以下内容：

(1) 设计原则。这是体系结构中容易描述但又是最重要的部分。设计原则给出系统的功能在何处分配、保持何种状态以及其他基本的设计方案。例如，端对端的设计方法把可靠性的任务交给主机来完成，而不是在路由器上执行。这样做的好处是有利于把任务设计限制在一个更容易处理的范围内。确定一个良好的设计原则是设计体系结构的前提和基础。因此，在设计无线传感器网络体系结构时必须明确设计原则。

(2) 功能模块。它类似于计算机设计中的“机器组织”或软件系统的系统分解，包含对逻辑块或功能单元的描述，包括性能和相互连通性的描述。在 TCP/IP 协议中，功能模块就是定义的一些协议和它们的互相依赖关系。这些 Internet 协议多数是以分层的形式组织的。然而，对于无线传感器网络中的组件服务，功能模块与其密切相关，并且在功能分解和互通性方面具有较大的设计工作量。

(3) 编程体系。这与计算机网络设计(如套接字)和软件领域里的应用编程接口中"指令集体系结构"的传统观点相类似。它定义了可以表达的逻辑数据类型、执行的操作和这些操作的语义。当然,这种编程接口出现在复杂系统的多层结构上。由于传感器节点本身能量有限,同时网络规模通常较大,为了保证可靠性,往往会将网络设计成最简单的网络形态。无线传感器网络的应用相关性和数据聚集等操作会为体系结构提供更为丰富的应用编程接口。

(4) 协议体系。这是一种分布式设计方法,它为每个组件提供相应的服务,并定义这些组件实体之间的信息交换。一个节点潜在地为系统提供相应功能的支持,如封装/抽取、多路复用技术/解多路复用技术、缓冲管理、事件通知、接口管理和通信机制等。网络体系结构是从特定的系统结构中抽象定义的,是独立于某个系统结构的。但是,它的实现要依赖于系统功能的实现。

(5) 物理结构。它是传感器节点互相连接和通信的集合。目前,大量的研究工作主要集中在协议体系结构的分类上,尽管在拓扑结构、数据分发、时间同步或路由等方面做了一定的工作,但没有结合组件的上下文关系进行综合考虑。还有一些研究是针对无线传感器网络的体系结构特点,提出了相应的物理结构或网络协议结构。

2) 网络协议栈的设计要求

在传统网络体系结构的设计中,分层思想已经被当做网络协议栈的一项设计准则。这种思想是将一个网络系统看成是由连续的不同逻辑实体组成的,每个实体提供的服务仅仅由它下一层实体提供的服务所决定。这种清晰的分层结构使层与层之间的关系一目了然,这对于处理复杂系统非常重要。将网络进行模块化的设计减轻了维护和系统更新的成本,同时面向服务的协议更新对于其他系统而言是透明的。计算机网络是基于开放系统互联模型的七层协议进行分层,而 Internet 则是基于 TCP/IP 协议栈。因此,无线传感器网络的协议栈需要重新设计。

(1) 端对端逐跳数据融合。TCP/IP 协议栈适合端对端的设计要求,但不适合无线传感器网络的多跳数据传输要求。因为许多传感器网络应用需要在数据包转发之前进行数据融合,这通常是在应用层中完成的。把 TCP/IP 协议作为每跳数据包传输到应用层的标准,将导致无线传感器网络整体性能的下降。而数据包是经过大量的单跳过程才到达汇聚节点的,这将产生大量端对端的响应延迟。

(2) TCP/IP 协议栈服务质量问题。TCP/IP 协议栈服务的一些属性包括传输层的数据流控制、MAC 层的节点均衡性调整、MAC 层和传输层的差错控制等。尽管有些服务对于某些特定的无线传感器网络应用是必要的,但对于另外一些应用不是必须的。如果将这些服务在无线传感器网络体系结构中执行,则可能会导致网络整体性能的下降。

(3) 新服务要求。在无线传感器网络协议栈的设计中,一些新的服务对网络的特殊应用而言十分重要,如节点寻址(位置感知)和时间同步服务等。基于属性命名的方法是一种有效的方法,因为它能够满足无线传感器网络的灵活性需求。传感器网络的某些应用有时需要定位感知策略来满足地址查询的需要,这种定位感知策略同时要求基于效率和响应延迟的 MAC 协议和网络路由协议是最优的。另外,时间同步服务对于体系结构的各层具有重要的作用,在 OSI 参考模型的 TCP/IP 协议栈中,时间同步或者交给应用层进行处理,或者假设已经预先存在时间同步。

(4) 各层的能量优化。能量问题是无线传感器网络中的核心问题,它直接决定了网络的使用寿命。从理论上讲,在设计了体系结构的协议栈后就可以针对协议栈的各层进行能量优化。

但如果采用传统的协议栈，则很难以集成的方式对能量问题进行优化。因此，需要根据应用的需求来适当调整协议。尽管未来的传感器在信息处理、存储、无线通信等方面的瓶颈问题可能会因为微机电技术的革新有一定程度的改善，但是，传感器网络的能量问题至少目前还没有真正地得以解决。因此，在设计无线传感器网络体系结构时，能量问题将会作为首要考虑的因素。

3）体系结构设计面临的挑战

尽管和 Ad-Hoc 网络以及分布式系统的体系结构组成相类似，无线传感器网络还是有其独特的特性。这些特性使设计无线传感器网络体系结构与设计传统协议栈有着本质的区别，同时也对体系结构的设计提出巨大的挑战。

（1）能量有限性。无线传感器网络的节点能量有限，使在设计网络堆栈时从物理层到应用层各层都必须考虑能量效率问题，从而使网络的整体能耗达到最优化。而基于能量优化的体系结构设计的最终目标是延长 WSN 的网络生命周期，提高网络的工作效能。

（2）特殊的寻址需求。在无线传感器网络中，局部地址是唯一的。这使节点的位置通常比其 ID 更为重要。而在实际应用中，WSN 保存和追踪节点的 ID 要消耗大量的内存资源，同时应用/用户往往关心事件在哪里发生而不是由哪个具体节点来报告该信息。因此，在体系结构设计时要充分考虑节点位置信息的重要性。

（3）以数据为中心。无线传感器网络与传统网络的差别主要有以下方面：①节点受能量限制；②数据存在大量冗余；③低传输速率；④多对一的数据流。以地址为中心的传统传输方式不能满足无线传感器网络的实际工作需求，而以数据为中心，利用数据聚合和融合获取网络所需要的信息，对于无线传感器网络才是最重要的。Ad-Hoc 网络中所提出的端对端路由机制属于以地址为中心的方式，显然不适合 WSN。因此，无线传感器网络在体系结构设计时也要以便于数据聚合与融合为前提，以提高数据传输效率为目标。

（4）基于属性命名机制。传感器节点的数量巨大，关注每个单独的节点难以实现。用户往往关注某个区域内的属性而不是某一个单独的节点。例如，查询某一区域的平均温度是多少，而不是去查询某一个特定 ID 号传感器节点处的温度。为了使以数据为核心的传感器查询变得更简单，基于属性的命名机制成为无线传感器网络首选的命名机制。

（5）分级结构——簇。为了使无线传感器网络具有可扩展性，传感器节点应当根据它们的能量级别和节点之间的相对位置以簇的形式聚合。聚合过程可以通过递归嵌套的方式形成分级簇。在一个簇内选出一个簇头来进行信息过滤、融合和聚合。例如，簇头周期性地计算其簇内节点覆盖区域内的平均温度。如果簇头节点失效或电池能量不足，就要重新进行分簇过程。另外，网络体系通信拓扑结构是不对称的，汇聚节点可以单跳到达其传感器节点，但是不能保证传感器节点能直接到达汇聚节点。所以，网络体系结构设计也要对网络的拓扑结构和节点层次进行充分考察。

在现有的结构上进行简单修改难以得到一个好的体系结构，需要结合体系结构组件综合考虑，如拓扑结构、数据分发、时间同步或者路由等相关问题。在大幅度提高组件之间的互操作性和性能的同时，必须关注为完成某些特殊任务而造成的能量损失。

3.3 无线传感器网络服务质量与体系结构

3.3.1 服务质量体系

无线传感器网络是以数据为中心的任务型网络，高效准确地完成用户定制的任务是衡量网络性能的首要标准。因此,合理使用有限的网络资源为用户提供有保证的网络服务应用,成为无线传感器网络服务质量(quality of service,QoS)体系研究的目标。

在无线传感器网络研究的初期,由于相关理论和技术的局限性,网络在通信中一般采取最大努力的传输方式将数据从传感器节点汇聚给 Sink 节点,对数据传送过程中的可靠性、传送延迟,以及网络资源的合理利用等性能都无法提供保证,有悖于以数据为中心的任务型的无线传感器网络本质。

随着研究的深入,无线传感器网络必然经历从目前的研究型网络到应用型网络的转换。广泛的应用包含着多样性的业务类型,而不同的业务类型对无线传感器网络的服务有着多样性的要求。例如,具有时效性的数据对网络传输延迟有着较为严格的要求,超时传送到 Sink 节点的数据将毫无意义,甚至成为扰乱信息而影响整个系统监测数据。对于监测控制报文等关键类型数据,则要求网络为其提供安全可靠的传输路径,确保到达信宿节点。但是,由于无线传感器网络资源稀少的特点,在网络运行期间有可能出现如传感器节点失效等原因造成的传输延迟或传输链路断裂而使报文无法正常传送的情况,显然采用一般的传输模式无法满足多样性的业务服务。

无线传感器网络的应用多种多样,它们的 QoS 需求也有很大的不同,针对不同的业务,需要不同的 QoS 支持。

对于 QoS 可以从不同的角度以不同的方式进行解释。由于 QoS 需求受网络中业务的影响,可以不从网络视角而是从其他视角来定义 QoS,例如,在时间探测和目标跟踪业务中,探测的失败或者获取事件信息出错可能来自于多个原因,有可能因为传感器播撒或网络安排不当,在事件发生的区域没有任何激活的传感器。因此,可以定义激活的传感器的覆盖范围或者数量作为衡量无线传感器网络中 QoS 的参数;或者上述错误也可能由于传感器的功能受限,如观测精度的不足或数据传输速率较低,则定义观测精度或是测量误差作为衡量 QoS 的参数。此外,有可能是由于传输过程中信息丢失造成的,可以相应定义一些与信息传输相关的参数来衡量 QoS。

然而,对 QoS 视角的分割不是绝对的。一个普通的业务需求,例如与事件探测相关的性能度量可能涉及上述全部原因。应该把重点放在基础网络怎样向业务提供 QoS 这个问题上,包括信息的处理和传输、哪些参数可以将业务需求映射到网络基础结构上,并相应地衡量 QoS 的支持。

关于无线传感器网络的 QoS,可以从以下两个方面进行解释。

(1) 特定业务 QoS。需要考虑的 QoS 参数包括 Active 传感器的覆盖范围、传感器位置排列、测量误差,以及激活传感器的最佳数量。具体业务对传感器的布置、激活传感器的数量、传感器的测量精度等都有特定的要求,这些和业务的质量有着直接关系。

(2) 网络 QoS。考虑基础通信网络怎样才能传输有 QoS 限制的感知数据,并且能够有效地利用网络资源。虽然无法分析无线传感器网络中所有设想的业务,但可以根据不同的数据传输模式分析不同类型的业务,因为每种类型中的大部分业务都有共同的需求。从网络 QoS 的视角来看,在无线传感器网络中,关心的是数据怎样传输给 Sink 节点以及由业务特性决定的处理和传输需求。

无线传感器网络的应用广泛,如环境监测、目标视频跟踪和分布式存储等。这些应用都对 QoS 有着不同的技术需求。应用层的 QoS 需求是由应用/用户指定的,如系统寿命、响应时间、数据更新度、检测概率、数据保真度和数据精度等。然而,用户的 QoS 需求往往会存在某些矛盾冲突，即改善和满足用户一个 QoS 需求的同时，会恶化或降低满足另外一个用户的 QoS 需求的能力，因此，需要网络设计者来平衡和调节。

无线传感器网络与应用相关的 QoS 需求还有覆盖、暴露、测量差错，以及最优激活的节点数目等。与网络相关的 QoS 主要应解决以下三个问题：

(1) 底层的网络如何有效地利用网络资源传输 QoS 约束的传感器数据。

(2) 通过数据传输模型分析每一类应用。

(3) 选择数据传输的模型，如时间驱动、查询驱动以及连续传输模型等。

注意到无线传感器网络与传统数据网络 QoS 需求的差别，无线传感器网络不再是端到端的应用，因此，QoS 参数都是集体参数，如集体延迟、集体分组丢失、集体带宽，以及信息的吞吐率等；带宽并非是单个传感器节点主要关注的目标，或许一群传感器节点才会关注带宽。

3.3.2 QoS 体系的通信协议

首先，与现有层次结构模型相对应的通信各层协议栈设计将打破原有思路，从传感器网络自身特点和应用服务需求出发，设计相应的 QoS 体系的各层网络协议。

1) 物理层

物理层为建立、维护和释放数据链路实体之间的二进制比特传输的物理连接提供机械的、电气的、功能的和规程的特性。物理层是通信协议的第一层，是整个开放系统的基础，向下直接与物理传输介质相连接。

在无线传感器网络中，从物理层角度分析，传感器节点是数目众多的低功耗、高效能的物理传输设备，其提供无线传输能力，完成无线信号编码译码、发送和接收等工作。而传感器节点的高失效性为基于 QoS 体系的物理层以及相关硬件设计提出新的要求，因此，如何确保比特传输的稳定性成为以数据为中心的无线传感器网络 QoS 体系研究的关键问题。

2) MAC 层

MAC 层是构建底层通信的基础结构，控制传感器节点工作模式和节点间的无线通信过程。无线传感器网络的节点数量成百上千，而这些传感器又必须在指定的一个或几个频点上进行无线数据通信，因此存在多点之间相互通信时的干扰和冲突问题。另外，为了降低传感器的节点体积和成本，导致传感器节点硬件结构简单，携带能量有限。因此，传感器网络 QoS 体系下的 MAC 协议首要考虑的是节省能量和可扩展性，其次才是考虑公平性、利用率和实时性等，这与现有的 Ad-Hoc 网络所关注的内容有所不同。

MAC 层的能量主要浪费在空闲侦听、接收不必要的数据和碰撞重传等。为了减少能量的消耗，MAC 协议通常采用"侦听/睡眠"交替的无线信道侦听机制。在睡眠状态，节点关闭通信模块以达到节能效果。

3) 网络层

网络层路由协议负责决定与监测信息由传感器节点到汇聚节点的传输路径。传感器网络 QoS 体系下的路由协议不仅关心单个节点的能量消耗，更关心整个网络能量的均衡消耗，从而决定整个网络的生存期。同时，无线传感器网络以数据为中心的特点决定了协议是根据用户感兴趣的数据建立数据源到汇聚节点之间稳定的转发路径，而不是基于节点地址的路由选择。此外，网络层研究还包括传感器网络的自扩展、自适应和自重构技术的研究，以及传感器网络中传感器节点协作和分组管理技术的研究等。

4）传输层和应用层

传感器网络 QoS 体系下传输层协议的任务是根据通信子网的特性最佳地利用网络资源，并以可靠和经济的方式为两个传感器节点提供建立、维护和取消传输连接的功能，负责可靠地传输数据。传输层主要负责数据流的传输控制，是保证通信服务质量的重要部分。应用层包括一系列基于监测任务的应用软件，为无线传感器网络提供较高的信息处理能力。

从用户的角度，整个传感器网络作为一个分布式数据库为用户提供实时所需信息。因此，信息属性查询是重要的工作内容，它包括查询数据的组成形式、查询数据的路由选择等，合理地选择查询属性和路由可以有效地节省能量。此外，如何保证数据的快速可靠传输，同时又不造成网络的拥塞和资源的浪费也是无线传感器网络 QoS 体系中有待解决的关键问题。

5）时钟同步

在无线传感器网络 QoS 体系中，同步机制是重要的技术问题。信号的协处理、数据汇总和过滤都要求传感器节点之间的时钟进行一定形式的同步。

在底层通信协议中，时间同步能够用于形成分布式波束系统，在 MAC 层完成 TDMA 调制机制；在高层应用中，节点通过时间同步可以利用时间序列的目标位置估计出目标的运动速度和方向，通过测量声音的传播时间确定节点到声源的距离或声源的位置。同步机制也是多传感器节点数据融合的基础，只有相同或相邻时间片内的监测数据才具有可融合性。不同时间的数据融合是没有意义的，甚至产生错误信息。目前，基于无线传感器网络的时钟同步方法可分为始终同步、瞬时同步、事后同步三种类型，如何利用传感器节点有限的资源和能源得到满足 QoS 需求的时钟同步信号也是传感器网络的重要研究内容。

6）传感器节点定位

在传感器网络 QoS 体系中，传感器节点定位问题是一个典型的应用问题。定位技术将位置信息加载到采集数据中，为用户提供更加准确有效的综合信息。

传感器节点的布置大部分采用随机放置的方法，考虑到数量和成本问题，每个节点都带有定位系统是不可能的。一般采用的方法是 5%～10%的节点带有定位系统（称为锚节点或灯塔节点），可以确定自身的位置。无线传感器网络节点定位问题研究方向主要包括：①如何利用这些锚节点提供的位置信息和其他节点通信之间的约束（邻接节点之间无线通信半径），使普通节点估算出自身的位置。②如何预先布置一定量的锚节点，使其他普通节点随机布置可以取得更好的效果。

无线传感器网络各协议栈对 QoS 的支持机制如表 3-1 所示。

表 3-1　QoS 支持机制的需求参数和定义

网络体系结构	QoS 需求参数	QoS 参数定义
物理层	无线单元功能	信道速度、编码、天线功率、方向性
	传感单元功能	采样精度和频率、测量精确度、传感精度
	处理单元功能	处理速度、计算功率、定位和时间同步功能
MAC 层	通信范围	数据单跳通信所能够传送的最大距离
	吞吐量	单位时间汇聚节点接收到数据帧的最大个数
	能量效率	单跳范围内成功传输一帧数据所消耗的能量
	传输可靠性	成功传输数据帧的比例
	数据冲突概率	数据传输过程中出现冲突失败的概率
	数据完整性	节点接收到数据包中包含事件发现信息的比例

续表

网络体系结构	QoS需求参数	QoS参数定义
网络层	连通保持代价	保持网络拓扑连通的能量消耗率
	平均路由代价	所有源节点到汇聚节点传送一个数据包的平均能量消耗
	路由延迟	网络所有源节点到汇聚节点的平均跳段数
	能量效率	沿路由传输一个数据包所消耗的能量
	路由维护开销	维护网络路由的能量消耗率
	路由鲁棒性	一对节点之间的最少路径个数
传输层	网络容量	网络中可以并发传送的最大数据包个数
	通信拥塞概率	传输流量负载超过链路的瓶颈容量的概率
	多对一可靠性	从所有传感数据源成功接收的单一数据包的个数占实际传输数据包个数的比例
	多对一代价	从所有发送源获取单一数据包所需的传输次数
	传输带宽	单位时间内所有传感数据源成功接收单一数据包数
	传输时延	所有传感数据源传送至汇聚节点的单一数据包中最短时间延迟
应用层	网络生命周期	从网络开始工作到其不能满足用户需求的时间间隔
	网络响应时间	汇聚节点发出查询命令到其获得响应的时间间隔
	数据时效性	传感器节点采集信息数据到相应传感数据传送到汇聚节点的时间间隔
	检测概率	现实环境中的事件被网络发现并报告给用户的概率
	数据可信度	用户从网络中所获取的数据的可信度
	数据精细度	用户从网络中所获取的数据的时空精细粒度

3.3.3 QoS体系下的管理系统

无线传感器网络是以数据为中心的任务型网络。在无线传感器网络QoS体系中,不仅包括通信协议,还应包括相应的管理策略,只有两者相结合才能真正实现无线传感器网络QoS体系。

将无线传感器网络的QoS管理平台进一步划分为7个子系统:网络拓扑管理子系统、远程控制管理子系统、网络安全管理子系统、能量管理子系统、移动管理子系统、任务管理子系统和数据管理子系统。

1)网络拓扑管理子系统

通过拓扑控制生成的良好的网络拓扑结构能够提高路由协议和MAC协议的效率,可为数据融合、时间同步和目标定位等奠定基础,有利于节省节点的能量来延长网络的生存期。所以,拓扑控制是无线传感器网络领域研究的核心技术之一。

传感器网络拓扑控制是指在满足网络覆盖度和连通度的前提下,通过功率控制和骨干网节点选择,剔除节点之间不必要的无线通信链路,形成高效的数据转发网络拓扑结构,提高网络吞吐量,降低网络干扰,节约节点资源,从而延长网络生命周期,提高网络运行能力。

网络拓扑控制研究主要包括面向网络物理拓扑层面的节点功率控制研究和面向网络逻辑层面的网络拓扑组织结构研究。节点功率控制是指通过功率调节机制调节网络中每个节点的发射功率,在满足网络连通度和覆盖度的前提下,均衡节点的单跳可达邻居数目,以达到资源优化配置的目的。网络拓扑组织结构是指根据不同的实际需求管理网络的逻辑拓扑关系,并配合相应的路由协议,以达到合理高效地使用网络、节省网络资源的目的。

2）远程控制管理子系统

远程控制管理子系统为实现用户和无线传感器网络之间的信息交互和任务执行提供保证。无线传感器网络通过基站与 Internet 相连，人们可以通过 Internet 远程控制传感器网络的工作。由于基站通常处于无人值守状态，需要基站以及基站到中心服务器的连接具有高可靠性。基站需要对可能的系统异常及时进行处理。如果系统崩溃，基站需要及时重新启动系统并主动连接中心服务器，以使远程人员能够恢复对传感器网络的控制。

远程控制管理子系统的主要任务是控制远程传感器网络的工作状态，包括监控传感器节点的工作状态以及健康情况，并依此调整节点的工作任务。节点的监控状况包括剩余能量、传感器部件的工作情况、通信部件的工作情况等。通过监控传感器节点的工作状态，可以及时调整传感器节点的工作周期，重新分配任务，从而避免节点过早失效，延长整个网络的生命周期。

3）网络安全管理子系统

以数据为中心则要求传感器网络保证任务执行的机密性、数据产生的可靠性、数据融合的高效性，以及数据传输的安全性。因此，传感器网络的安全性问题和抗干扰问题是传感器网络应用的关键性技术问题。

传感器网络安全技术主要包括机密性、点到点的消息、数据完整性识别认证等。对于无线传感器网络，由于其系统构成与应用的特点决定了它的安全与传统网络的安全技术存在明显差异。首先，与目前 Internet 的网络设备相比，传感器节点的计算能力较弱，如何通过更简单的算法保证无线传感器网络的安全是一个具有挑战性的问题；其次，有限的计算资源和能量资源往往需要系统综合考虑各种技术，如减少系统代码的数量、安全路由技术等；此外，无线传感器网络任务的协作特性和路由的局部特性使节点之间存在安全耦合，单个节点的安全泄漏必然威胁网络的安全，所以在考虑安全时要尽量减少这种耦合性。

4）能量管理子系统

在许多应用中，需要传感器网络长时间连续不间断地工作，这对传感器节点的能量供应提出很高的要求。能量管理子系统的任务是管理传感器节点如何高效地使用能量，需要从低功耗硬件电路的应用到能量高效通信协议设计等方面进行综合考虑。实践证明采用单一节能方法难以达到有效节能的效果。

在传感器网络中，不同节点对能量的需求和使用会有所不同。例如，靠近基站的节点将更多的能量用在转发数据包上，而网络边缘的节点则将主要能量用在搜集传感数据上。有些节点消耗能量比较快，成为整个网络的能量瓶颈。在实际应用中，需要预测可能的能量瓶颈点，通过能量管理子系统采取一定的节点冗余措施以保证数据传输不会因为个别节点失效而中断。因此，对于能量稀少的无线传感器网络，有效的能量管理是保证网络生存的首要问题，也是无线传感器网络 QoS 体系中的一项核心问题。

5）移动管理子系统

移动管理子系统负责检测并注册传感器节点的移动，维护在移动情况下传感器节点到汇聚节点的路由。移动管理最早在 Ad-Hoc 网络中提出，也称移动跟踪或位置管理，是移动通信的关键技术之一。其主要负责在移动环境下实时地提供移动节点的标识符（即移动节点 ID）和它的地址（即相对于网络结构的位置）之间的映射。

无线传感器网络的传感器节点并不像 Ad-Hoc 中的移动终端那样频繁高速地移动，但是，在无线传感器网络 QoS 体系中也包含移动管理子系统。首先，其继承了 Ad-Hoc 移动管理系统的功能，以适应跟踪监测节点的需求。其次，扩展了移动管理的功能，使其能够对节点的注册、下线等传感器网络特有的情况进行有效管理。传感器节点具有高时效性，在实际应用中可能频繁出现节点失效下线的情况，以及随后补充新节点以持续监测的情况。因此，继承并扩展移动管理功能对无线传感器网络 QoS 体系是必要的。

6）任务管理子系统

任务管理子系统负责平衡和调度监测任务。无线传感器网络是以数据为中心的任务型网络，因此，任务管理子系统在 QoS 体系中具有重要意义。首先，任务管理子系统为用户提供调整传感器网络监测任务的能力。用户往往会在监测一段时间后调整传感器网络的监控任务，这样的变化需要任务管理子系统和远程控制子系统的相互配合。更改指令通过 Internet 发送到基站后广播给各个传感器节点，节点通过指令对监测任务实现更改。其次，任务管理子系统还负责平衡各区域的任务。在应用中，处于监测区域边缘的节点由于只需要将收集数据发送给基站，能耗相对较少，而靠近基站的节点同时还需要路由和转发边缘数据，消耗的能量要多 2 个数量级。因此，必须在采集数据量与能耗之间取得平衡点，以有效延长网络生存周期。

7）数据管理子系统

无线传感器网络存在能量约束，减少传输的数据量能够有效地节省能量。因此，在从各个传感器节点收集数据的过程中，可利用节点的本地计算和存储能力进行数据的融合，去除冗余信息，从而达到节省能量的目的。由于传感器节点的易失效性，传感器网络也需要数据融合技术对多种数据进行综合，以提高信息的准确度。

数据融合技术可以与传感器网络中多个层次进行结合。在应用层设计中，可以利用分布式数据库技术对采集到的数据进行逐步筛选以达到融合效果；在网络层设计中，利用数据融合技术能够大大减少数据传输量。此外，还可以建立独立于其他协议层之外的数据融合协议层，通过减少 MAC 层的发送冲突和头部开销达到节省能量的目的，同时又不损失时间性能和信息的完整性。虽然传感器网络可以抽象为一个数据库，但是它与传统的分布式数据库又有很大的差异。由于传感器节点能量受限且容易失效，数据管理系统必须在尽量减少能耗的同时提供有效的数据服务。同时，传感器网络中节点数目庞大，且传感器节点产生的大量数据流使传统的分布式数据库数据管理技术无法适应。因此，有必要研究以数据为中心的数据管理系统来适应传感器网络要求通信效率高、能量消耗少的特点。

3.3.4 QoS 体系功能模块的联系

QoS 体系并不是由各模块简单堆砌而成的，模块与模块之间、通信协议与管理系统之间都是在 QoS 体系框架下相互关联、相互配合工作，最终实现 QoS 服务，以满足应用需求。

首先，各层通信协议的设计是相辅相成的。这是因为不同的应用决定不同通信层协议，而各层协议之间也是相互影响的。对于无线传感器网络，一种通信协议只有与之相配合的其他层次协议共同运行才能体现其性能的优越，提高网络的运行性能。例如，对于监测小范围区域，适合采用平面网状结构拓扑以及与之相适合的路由协议；而当监测区域较大时，则平面树状结构或层次结构拓扑较为适合，运行监测小范围区域的路由协议需相应改变。

其次，各管理子系统的运行相互配合。任何单一的子系统都难以完成管理功能实现 QoS 的需求。例如，要满足无线传感器网络节省能量、延长网络生命周期的基本需求，就需要能量管理子系统、任务管理子系统、数据管理子系统、拓扑管理子系统等协同工作。而监测任务的执行，不仅依靠任务管理子系统，还需要远程监控管理子系统和数据管理子系统的配合。在无线传感器网络 QoS 体系框架中，管理系统与通信协议也是相互联系。网络管理平台在各通信协议层嵌入各种信息接口，并定时收集各层运行状态和流量信息，协调控制网络中各个协议组件的运行。同时，从低层到高层的各层协议均通过信息接口将网络运行实时信息反馈回管理平台，成为网络管理平台正确监控网络的基础。

3.4 无线传感器网络跨层优化设计

跨层优化设计的目的是充分发掘无线传感器网络的技术潜力，实现网络性能的整体提升，使网络能够更好地满足实际应用的技术需求。如何利用网络的局部信息和决策变量实现全局优化，如何构建网络全局目标函数，以及如何利用数学语言对网络属性进行约束表达，都是网络优化设计必须解决的关键性技术问题。

3.4.1 跨层优化设计概述

为了提高网络的效能，采用不符合分层通信结构协议进行网络的设计称为跨层优化设计。它打破传统 OSI 模型中严格的协议分层束缚，建立协议层之间的接口机制，实现协议层之间信息的传递和共享。在实际应用中，对网络 QoS 参数提出了具体的技术要求，跨层优化设计可以利用协议层之间的相互依赖和影响，对协议层 QoS 支持机制进行耦合，从而以全局的方式适应特定应用所需的 QoS 和网络状况的变化，并根据系统的约束条件和网络特征来进行综合优化，实现对网络资源的有效分配，提高网络的整体性能。从图 3-4 的无线传感器网络协议体系结构图可以看出，图中左半部分为网络基于分层设计思想构建的分层协议栈体系结构。各层分工明确，但多个协议层很难做到统一规划与协调工作；右半部分为基于跨层优化设计思想建立的网络性能管理体系模式，它已经模糊了协议层的概念，能够针对特定的应用需求进行集成设计和优化。

跨层优化设计技术的不足在于，结合几个协议层调配网络的接口和参数，势必造成算法复杂度的增加。但是，对于通信资源和节点能量都十分有限、网络拓扑结构多变的无线传感器网络而言，跨层优化设计方法对提高网络效能的作用大于层间交互造成的复杂度增加的问题。

参照传统网络层次模型，无线传感器网络的跨层优化设计模型结构如图 3-5 所示。跨层优化设计的协议层相互依赖，包含每层协议栈的自适应、一般的系统约束和限制。协议栈每层的自适应机制要补偿网络状态随时间变化带来的影响，同时考虑建立可以公平对比的基本标准。

无线传感器网络节点的能量和计算能力十分有限，节点之间不能频繁地进行控制数据交互。因此，针对网络 QoS 体系，需要建立分布式与集中式相结合的网络跨层优化模型和节点管理调度模式，使具体节点能够根据监控信息和邻居节点的相互关联合理配置自身资源，也使网络整体的监控资源和通信资源得到有效分配和利用。同时，利用现代网络、无线通信、信息处理等技术对帧长、数据速率、分组长度等参数进行分析，建立能够节约能耗和保障 QoS 的无线传感器网络跨层约束优化类集，协调网络结构中的物理层、MAC 层、网络层以及传输层和应用层之间的信息交互，从网络全局的角度解决传输速率控制、拥塞控制、功率控制以及调节频率扩展等关键问题，从而在整体上优化网络性能。通过建立全局目标函数实现最优化模型，对网络中的各层协议进行优化管理。为保证在传输多媒体信息中满足用户诸如带宽、延迟、抖动等 QoS 指标需求，建立各协议层之间的交互机制调整网络其他各层的协议，从而满足用户的需求。针对各协议层 QoS 支持机制的相互关联情况，在传统分层结构的基础上设计资源共享、负载共担的跨层协议栈，实现网络 QoS 性能指标的整体均衡和关键指标的提升。

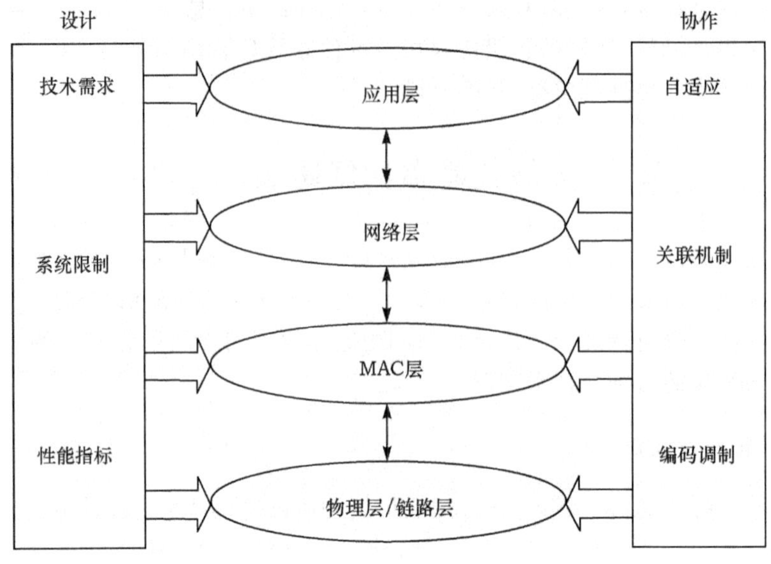

图 3-5　无线传感器网络跨层设计模型结构

3.4.2　面向 QoS 优化的跨层设计总体框架

无线传感器网络体系结构中的协议栈划分和功能不同于传统网络，如表 3-2 所示。在无线传感器网络中，一个水平层数据管理和三个垂直层(拓扑维护、覆盖维护、节点定位和时钟同步)是明显区别于传统网络的，它们是无线传感器网络的特殊功能层。无线传感器网络体系结构中最高层是应用层，无线传感器网络的业务可分为事件驱动业务、查询驱动业务、连续型业务和混合型业务。数据管理层提供数据的存储转发、网内处理等功能。从传输层到物理层类似于传统网络的通信协议栈，但运行于高度动态和资源受限的无线传感器网络环境中。传输层提供源传感器节点与接收发送器之间感知数据的传输。网络层将感知数据分组从源传感器经过选定路由传送至汇聚节点，同时也采用流量控制避免拥塞。MAC 层提供传感器节点间在通信范围内跳之间的通信，该层还负责数据包传输的调度和信道占用周期选择机制。

由于传感器节点工作状态的高度动态性(激活、休眠等)、传感器的随机分布，以及部署的高度密集性，无线传感器网络既需要一个拓扑维护层维持自身连通状态，也需要设计覆盖维护层保证目标区域最少但有足够数量的传感器节点监视。同时，无线传感器网络的用户需要把感知数据和实际物理世界中的现象关联起来，因此就需要借助无线传感器网络中的定位机制和时钟同步将网络节点的位置与任务时间与外部世界统一起来。

表 3-2　无线传感器网络协议栈划分和功能

<table>
<tr><td colspan="4">应用层
(事件驱动型业务、查询驱动型业务、连续型业务和混合型业务)</td></tr>
<tr><td>数据管理层</td><td rowspan="4">拓扑维护</td><td rowspan="4">覆盖维护</td><td rowspan="4">节点定位
时钟同步</td></tr>
<tr><td>传输层</td></tr>
<tr><td>网络层</td></tr>
<tr><td>MAC 层</td></tr>
<tr><td colspan="4">物理层
(感知能力、处理能力和通信能力)</td></tr>
</table>

1）应用层

这一层的 QoS 需求一般是由用户来指定的。

2）数据管理层

数据一般指被网络传输和处理的真实比特，而信息是指已经获得的认知或是从数据中提取处理的结论，这里的数据管理层是指能够理解“信息”的最低层。

3）传输层

在传统网络中，传输层的任务是为源端到目的端提供可靠的数据传输，是基于端到端的概念。而在无线传感器网络的传输层中需要用到“聚合”的概念，只要包含与已接收数据相关的数据分组，都可以看成是一个聚合，属于一个特殊的包。只有包含与已接收到数据不相关的数据分组才能算作另外一个聚合，属于另一个特殊的数据包。

4）物理层

物理层描述无线传感器节点各方面的性能，即感知、处理和无线通信这三大组件的性能。感知单元性能包括测量精度、感知范围、感知功率。处理单元性能包括节点定位能力、时钟同步能力、处理速度，以及计算能力。无线通信单元性能包括信道速率、编码和射频功率。一个传感器节点的物理性能会对其他各层的 QoS 需求加以资源的限制。

(1) 感知单元。测量精度影响覆盖的可靠性和鲁棒性；感知范围影响覆盖百分率；感知功率影响覆盖维护层的所有 QoS 需求。

(2) 处理单元。节点定位能力和时钟同步能力分别影响定位精度和同步精确度；处理速度决定数据管理层的处理时延；计算能力影响数据管理层的计算花费、数据抽象度和数据精确度，同时也影响节点定位/时钟同步层的服务能量消耗。

3.4.3 基于 QoS 保证的跨层设计

跨层设计为无线传感器网络 QoS 体系优化提供了有效的解决途径，它打破传统 OSI 模型中严格的协议分层束缚，建立协议层之间的接口机制，实现协议层之间信息的传递和共享。针对实际应用对网络 QoS 参数提出具体的技术要求，跨层优化设计可以利用协议层之间的相互依赖和影响，对协议层 QoS 支持机制进行耦合，从而以全局的方式适应特定应用所需的 QoS 和网络状况的变化，并根据系统的约束条件和网络特征进行全局优化，实现对网络资源的有效分配，提高网络的整体性能。

各分层协议栈之间的关系对于跨层优化设计具有重要意义，各层之间受 QoS 需求的影响存在以下四种关系。

(1) 竞争关系。两个高层 QoS 需求对底层提供的有限资源有着相同的要求。例如，给定数据管理层处理器的处理时延，要改善应用层的响应时间需要更多的 CPU 时间去处理查询信息，而改善数据更新时间则需要更多的 CPU 时间去处理感知数据，两者将竞争同一有限资源，即 CPU 时间。

(2) 对立关系。其中一个高层 QoS 需求的提高需要底层 QoS 需求的提高，而另一个高层 QoS 需求的提高需要同样底层 QoS 需求的降低。例如，提高 MAC 层的通信范围，需要物理层的射频功率更高，而提高 MAC 层的能量效率需要射频功率更低。

(3) 消长关系。在同一个底层 QoS 需求水平下，改善高层 QoS 需求中的一个会导致另一个 QoS 需求的恶化。例如，在同样的拥塞概率下，提高数据传输的可靠性需要更多冗余数据包的传输，然而，这样却增加了能量消耗。

(4) 协调关系。两个高层 QoS 需求对低层 QoS 需求的要求是和谐而非对立的，既不竞争同一资源，也不是消长关系。例如，传输层的数据传输可靠性的提高可以使数据管理层的存储丢失率和提取丢失率同时改善，且给定数据传输可靠性后两者是独立的，所以两者是协调关系。

两个高层 QoS 需求之间只有符合前三种关系时才会存在一个权衡点，如在 MAC 层的通信范围和能量效率之间就存在着权衡点。但是，如果高层 QoS 需求同时受几个底层 QoS 需求的影响，那么就不能采用此种描述方法。另外，还存在一些潜在的权衡点，如果两个 QoS 需求 a、b 之间存在着权衡点，而 A、B 是受这两个 QoS 需求影响的更高层次的 QoS 需求，改善 a(b)会使得 A(B)改善或是降低，那么 A、B 之间也会存在一个权衡点，这种规律有助于发现更高层 QoS 需求之间的隐藏的权衡关系。

根据表 3-2 所示的无线传感器网络体系结构，可以对 QoS 进行如下跨层设计：

(1) 网络的每一个功能层会把对其他功能层产生影响的 QoS 需求信息直接或间接地传递给相应的层次，如物理层的发射功率、测量精度、MAC 层的通信范围、网络层的拥塞概率等。

(2) 网络的每一个功能层对从其他功能层传递过来的影响本层性能的 QoS 需求信息进行分析，并对本层的通信做出相应的调整。例如网络层根据拓扑维护层提供的拓扑状况和 MAC 层提供的链路状况实施路由协议，以实现最小路径时延和拥塞概率。

(3) 对于会影响到多个功能层的 QoS 需求参数，要结合业务性能要求对各层进行综合考虑，对相关的性能参数进行折中考虑。如物理层的射频功率同时影响到 MAC 层的通信范围和传输可靠性、拓扑维护层的网络直径和网络容量、网络层的路径时延和拥塞概率，以及传输层的数据传输时延和数据传输可靠性。因此，在进行网络设计时就要充分考虑这些影响，在网络能量消耗、时延、可靠性之间进行有效的折中考虑。

3.4.4 跨层模型与问题求解方法

在设计跨层模型时，应该将无线传感器网络的优化设计内容分为水平优化和垂直优化两类。水平优化是指对随机分布在监控区域的网络元素采用分布式计算和控制方法建立优化建模的方法；而垂直优化是指网络针对特定应用技术需求问题对网络协议层之间的关系与接口进行分析研究，从而找到能够实现网络效能最大化的优化策略。因此，跨层优化设计属于网络垂直优化范畴，其核心思想是实现两个或两个以上协议层之间的 QoS 指标的优化和控制，以及相互信息和参数的交换和调度，从而使网络性能得到明显提升。如图 3-6 所示，各协议层的 QoS 支持机制之间存在着明显的影响和分支关系，因而，为了实现网络的跨层优化需要建立能够体现这些关系的优化模型。目前，跨层模型在构建方式上可以分为三类。

1) 协议层合并

协议层合并主要针对的是相邻协议层，其目的是基于关系和配合程度将两个或两个以上相邻的协议层合并融合，重点解决几个协议层共同关心的参数优化和资源分配问题，而将非主要参数和资源的影响忽略。无线传感器网络的 MAC 层负责相邻节点间的通信管理，而网络层路由正是通过相邻节点的彼此串联为数据向汇聚节点的传输寻求合理路径。两者的实质是对通信资源利用的两个不同方向建立联系，合并成为一个新的协议。而作为以数据为中心的

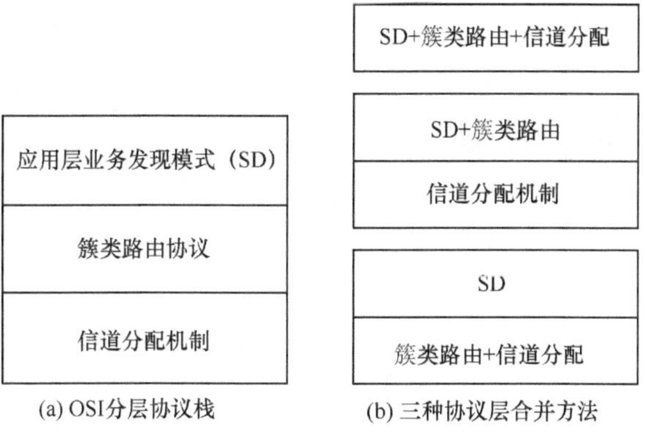

(a) OSI分层协议栈　(b) 三种协议层合并方法

图 3-6　协议层合并方法

无线传感器网络，其应用层的重要功能之一是感知和传递数据，而每个节点对数据的处理、接收和发送，正是网络层描述的主要问题。所以，应用层和网络层也是密不可分的，可以进行合并融合，实现对网络数据的集中协调和统一管理。

协议层合并可以简化协议层设计的复杂度，相关算法的计算量也会较小。但是，非主要参数的忽略可能会使合并设计的技术内容与其他非合并的协议层技术内容存在冲突或制约。

2）接口和参数共享

接口和参数共享主要针对的是不相邻的协议层，其目的是为不相邻的协议层增加接口和相应参数，协议层共同享用接口和参数，通过改造相关参数实现不相邻协议层的共同改进和优化。例如，在 OSI 分层模型中，网络传输层和 MAC 层可以被认为是不相邻的两个协议层，但两者之间仍然存在着相互关联。MAC 协议负责无线通信资源的分配和利用，数据冲突是其关心的重要问题。在传输层中，数据传输可靠性是十分重要的问题，而网络拥塞是影响传输可靠性的重要因素。数据冲突是造成网络拥塞的重要原因，而且数据冲突和网络拥塞都可以利用合理竞争机制选择、功率控制和数据融合等方法进行缓解和避免。因而，将两者共同考虑，为无线传感器网络的传输层和 MAC 层构建一个共享的接口。

接口和参数共享为网络资源的多层次、大范围的联动和优化提供有效途径，但它会增加协议算法的复杂度，占用一定的网络资源。

3）网络全局优化

网络全局优化方法是将网络资源和网络协议层综合考虑，针对各类重要网络 QoS 性能指标调用相关的协议层参数，构建实现网络整体性能提高的优化模型。因此，全局优化是水平优化和垂直优化的结合体，是系统保障网络品质的技术手段。实现网络全局优化有多种方法：①分析法，即利用拉格朗日乘子法、凸优化等方法把全局问题近似简化，得到快速收敛算法和分析结果；②最优控制法，即通过最优控制构建无线传感器网络资源的约束优化集，如效能最大化；③博弈论法，即在多用户无线传感器网络中利用博弈论纳什均衡理论协调节点的联合行为；④动态规划法，即根据无线通信环境的动态时变性设定网络实时最优策略，对网络进行动态管理和优化。

全局优化方法能够有效解决无线传感器网络的相关问题，从理论层面上最大限度地提升网络整体性能，但是，其计算代价和复杂程度相对较大，需要选择合适的切入点才能真正适用于无线传感器网络。

3.4.5 网络效能最大化模型

跨层设计是实现网络 QoS 体系优化的重要技术手段，构建网络全局优化跨层模型时需要依据统一的标准，从而使跨层模型体现网络全局性能和特点，并且准确反映应用/用户需求。在实际设计和计算中，需要设计反映无线传感器网络 QoS 体系属性的网络效能目标函数，并针对效能目标函数进行优化分解。

1）网络效能目标函数

网络效能目标函数将网络的某类效能特点作为重点考察对象，并将效能问题映射到网络的不同分层协议栈中，通过对问题的分解和规划，建立起与通信协议内容相对应的约束条件模型，以对网络相关效能的优化寻求优化方案。模型以应用/用户所关心的网络效能问题为主要研究对象，充分考虑网络的实现能力，因而具有技术实用性。

度量网络中各个节点的性能指标需要构建非线性网络效能函数模型，这种模型的优化形式就是网络效能最大化模型，它是求解网络效能目标函数的有效手段。基于网络效能最大化原理对网络跨层优化进行研究，可以将网络用户以及节点对于网络提供服务的满意程度定义为效能，针对这个效能建立相关参数的最大化模型。通过对其进行优化求解，获得网络效能目标函数的参数最优值。常见的效能函数有基于源节点的传输速率构建的函数和基于节点传输功率构建的函数。

2）网络效能函数的优化分解

网络优化分解是实现网络效能函数进行最优求解的有效手段。其基本思想是将原始的大问题分解为若干较小的子问题，如图 3-7 所示。优化分解问题可以分为两类，即原分解问题和对偶分解问题。前者建立在对原始问题的分解上，后者建立在问题的拉格朗日对偶分解的基础上。原分解方法是针对网络控制问题对应的资源子问题进行分析与求解，分解出资源子问题从而对网络现有资源的合理分配与调控。对偶分解方法是针对网络控制问题对应的代价子问题进行分析与求解，分解出代价子问题的作用是决定网络控制代价的实现形式，为控制问题寻找最优代价策略。根据最优控制理论，原分解和对偶分解可以通过引入辅助变量的方式进行相互转换。

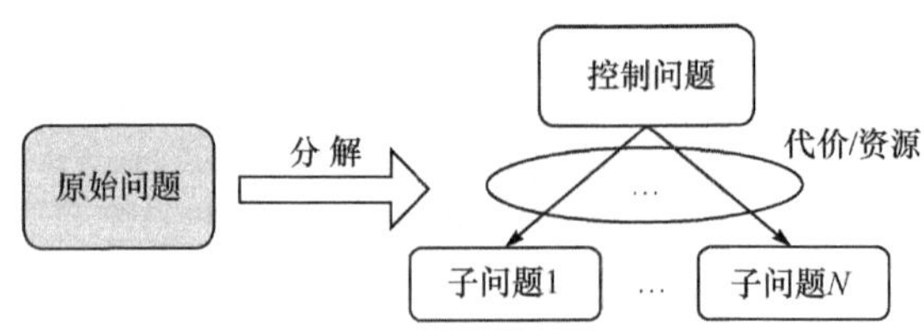

图 3-7 网络优化分解原理图

对于网络效能最大化优化问题的求解，通常采用原-对偶分解的方法将网络全局最优问题转化为更加简单、易于计算的资源与代价子问题，与其他优化方法相比，优化分解方法更加适用于运算能力和储存能力有限的无线传感器网络。

思 考 题

3.1 多跳通信机制与单跳通信机制有何异同？为什么说多跳机制更适用于无线传感器网络？

3.2 基于OSI分层模型构建的无线传感器网络协议栈分为几层？各层的主要功能和特点是什么？

3.3 无线传感器网路跨层优化设计的目的是什么？

3.4 无线传感器网络跨层模型的构建方式有哪些？如何对跨层模型进行求解？

第4章　无线传感器网络通信与组网技术

4.1　概　　述

从网络体系结构的角度看，传统的分层体系结构如OSI模型的优点是模块化，可以把源于不同层次的协议组合起来构成网络，或者扩展某一层的功能而不影响其他层，各层之间功能明确，结构清晰。目前的一些无线网络，如Ad-Hoc和Wi-Fi等，其实质仍然继承了互联网体系结构的核心思想。例如，按层次划分协议栈，上层调用下层封装的服务，在下层提供服务的基础上扩展本层服务，网络中间节点不实现任何与分组内容相关的功能，只是简单地采用存储/转发模式为用户传送分组等。

但是，在无线传感器网络中直接应用传统互联网的体系结构并不恰当，因为无线传感器网络的运行环境、组网方式，以及应用的特殊性不同于传统互联网。如无线传感器网络一般在比较恶劣的环境和条件下运行，能量供给和补充比较困难；网络节点体积小，计算能力、通信带宽和通信范围均有限；网络规模较大，通信模式多为多跳自组织等。

因此，传统的网络体系结构以及协议设计所遵循的原则已经不能适应无线传感器网络的需要。根据以上原因，传感器网络需要根据用户对网络的需求设计适应自身特点的网络体系结构。一般地，无线传感器网络体系结构具有二维结构形式，如图4-1所示，即具有横向的通信协议层和纵向的传感器网络管理面。

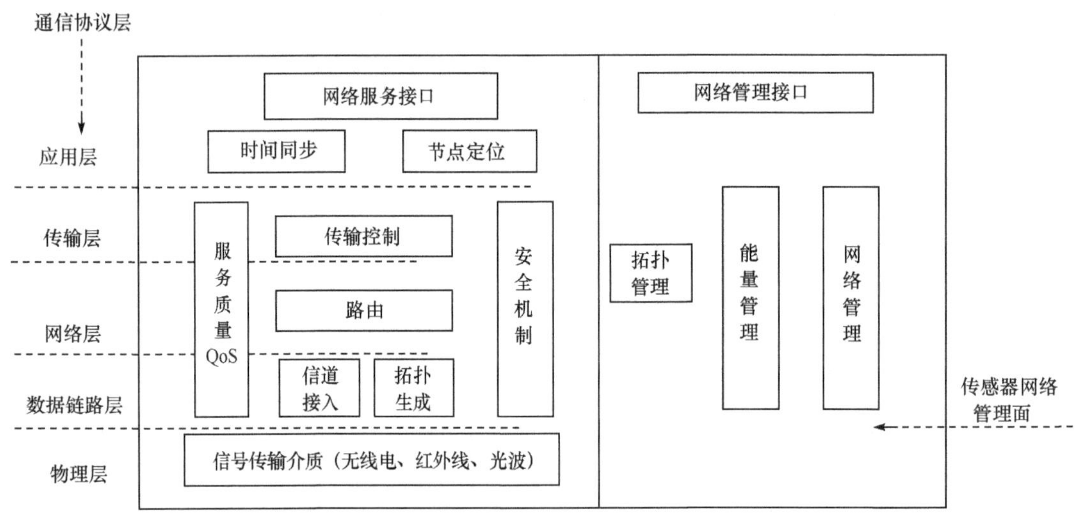

图4-1　无线传感器网络通信网络体系结构

通信协议层可以划分为物理层、数据链路层、网络层、传输层、应用层，而网络管理面则可以划分为能耗管理面、移动性管理面以及任务管理面。管理面的主要任务是协调不同层次的功能，从而在能耗管理、移动性管理和任务管理等方面获得综合最优指标。

其中，定位和时间子层在协议栈中的位置比较特殊，它们既要依赖于数据传输通道进行协作定位和时间同步协商，同时又要为各层网络协议提供信息支持，如基于时分复用的MAC协议、基于地理位置的路由协议等都需要定位和同步信息。

无线传感器网络系统通信协议的主要功能是实现网络的通信、组网、管理以及应用服务。网络的物理层和媒介介入层的设计主要用来解决节点的通信参数设定，保障网络节点具有通信的基本能力，网络层的路由技术和传输层的协议设计是数据从源节点向汇聚界节点(sink)传输的实现方案。同时，各层协议在设计与定制过程中也要参考网络的应用需求，实现网络应用服务的基本功能。

(1) 物理层。在实际应用中，无线传感器网络物理层的设计要根据实际需要而定。无线传感器网络的主要应用是数据的调制、发送与接收，因此，信号的传输介质是首先需要考虑的技术问题。目前，无线传感器网络的主要通信技术是无线电通信，在一些特殊的应用中也可以使用红外线和声波。

(2) 数据链路层。数据链路层负责数据流的多路复用、数据帧检测、媒体接入和差错控制等。数据链路层保证传感器网络内点到点和点到多点的连接，重点是介质访问控制(MAC)。MAC协议主要有两个功能，一是网络结构的建立，成千上万个传感器节点高密度地分布于待测地域，MAC层机制需要为数据传输提供有效的通信链路，并为无线通信的多跳传输和网络的自组织特性提供网络组织结构；二是在相互竞争的用户之间有效合理地分配信道资源。

(3) 网络层。网络层路由协议的功能是在网络中任意需要通信的两点间建立并维护数据传输路径。在传感器网络节点和接收器节点之间，需要特殊的多跳无线路由协议，而传统的Ad-Hoc网络大多是基于点对点的通信。考虑到传感器网络节点的非稳定性，在传感器节点中多数使用广播式通信，路由算法也基于广播方式进行优化。此外，与传统的Ad-Hoc网络路由算法设计相比，在设计时需要特别考虑无线传感器网络路由算法的能耗问题。

(4) 传输层。传输层的主要功能是负责数据流的传输控制，在网络层的基础上为应用层提供一个可靠、高质量的数据传输服务。TCP是因特网上的主要传输协议，其主要目的是在不可靠的IP层基础上为应用层提供面向连接、可靠的数据传输服务。其主要功能包括流量控制、差错控制和拥塞控制。

(5) 应用层。应用层主要使用通信和组网技术向应用系统提供服务。该层对上层屏蔽底层网络细节，使用户可以方便地对无线传感器网络进行操作。其主要研究内容包括时间同步和定位等。

① 时间同步。在无线传感器网络系统中，单个节点的能力非常有限，整个系统要实现其功能就需要网络内所有节点互相配合共同完成，而时间同步是节点合作的基础，也是无线传感器网络系统重要的基础服务之一。

② 节点定位。无线传感器网络的节点定位是指依靠有限的位置已知的节点，确定布设区中其他节点的位置，在传感器节点间建立起一定的空间关系，即确定每个传感器节点在系统中的相对位置或绝对地理坐标。节点定位功能在无线传感器网络的应用中起着重要的作用。

4.2 物理层

4.2.1 物理层概述

国际标准化组织(ISO)对开放系统互联(OSI)参考模型中的物理层做了如下定义，物理层是在物理传输介质之间为比特流传输所需物理连接而建立、维护和释放数据链路实体之间的数据传输的物理链接提供机械的、电气的、功能的和规程的特性。物理层主要负责数据的调制、发送与接收，是决定无线传感器网络的节点体积、成本以及能耗的关键环节。

在无线传感器网络中，物理层是数据传输的最底层，向下直接与传输介质相连接。物理层协议是各种网络设备进行互联时必须遵守的底层协议，对数据链路层屏蔽物理传输介质，实现两个网络物理设备之间二进制比特流的透明传输。物理层主要具有如下功能：

(1) 为数据终端设备提供传送数据的通路。数据通路可以是一个物理介质，也可以是多个物理介质连接而成。一次完整的数据传输包括激活物理连接、传送数据和终止物理连接三个环节。其中，激活是指不管有多少物理介质参与，都要将通信的两个数据终端设备连接起来形成一条通路。

(2) 传输数据。物理层要形成适合数据传输的实体，用来承载数据传输，提供数据传送服务。物理层不但要保证数据的正确传送，而且必须提供足够的带宽，以减少信道拥塞。传输数据的方式要满足点到点、一点到多点、串行或并行、半双工或全双工、同步或异步传输的需要。

(3) 具有一定的管理能力。物理层负责完成信道状态评估、能量检测、收发管理和物理层属性管理等工作。

其中，物理层的传输介质包括架空明线、平衡电缆、光纤和无线信道等。通信用的互联设备是指数据终端设备和数据电路终端设备间的连接设备，如各种插头、插座等。通常将具有一定数据处理能力和具有发送、接收数据能力的设备称为数据终端设备，又称为物理设备，如计算机、I/O 设备终端等。把介于数据终端设备与传输介质之间的设备称为数据电路终端设备，主要指数据通信设备或电路连接设备，如调制解调器等。数据电路终端设备在数据终端设备与传输介质之间提供信号变换和编码功能，并负责建立、维护和释放物理连接。

4.2.2 通信信道分配

1) 介质选择和频率分配

无线通信的介质包括电磁波和声波。电磁波是主要的无线通信介质，而声波一般仅用于水下无线通信。按照波长进行分类，电磁波可分为无线电波、微波、红外线、毫米波以及光波等。

无线电波很容易产生，可以传播很远，容易穿过建筑物，因此被广泛用于室内或室外的无线通信。在 100MHz 以上，微波沿直线传播，可以集中一点，但是如果微波塔相距太远，地表就会挡住去路，因此需要中继。无导向的红外线和毫米波广泛用于短距离通信，其收发设备容易制造，价格便宜，但不能穿透坚实的物体，防窃听安全性好于无线电系统。光波及测光的装置可以用极低的成本提供极高的带宽，容易安装；与无线电传输相比，光波传输不需要复杂的调制与解调机制，接收器电路简单，单位数据传输功耗较小。

对于一个特定的基于射频的无线系统，其载波频率的选择非常重要。因为载波频率决定传输的特性以及信道的传输容量。由于单一频率不能提供信息容量，因此，通信信号的电磁频谱要占据一定的频率范围，通常将这个范围称为频段或频带。无线电频谱是一种不可再生的资源，无线通信特有的空间独占性决定了在其实际应用中必须符合一定的规范。为了有效利用无线频谱资源，各个国家和地区都对无线电设备使用的频段、特定应用环境下的发射功率等作了严格的规定。中国无线电管理机构对频段及应用领域的规定如表 4-1 所示。

表 4-1 频段划分及主要用途

名称	甚低频	低频	中频	高频	甚高频	超高频	特高频	极高频
符号	VLF	LF	MF	HF	VHF	UHF	SHF	EHF
频率	3～30kHz	30～300kHz	0.3～3MHz	3～30MHz	30～300MHz	0.3～3GHz	3～30GHz	30～300GHz
波段	超长波	长波	中波	短波	米波	分米波	厘米波	毫米波
波长	1000～100km	10～1km	1～100m	100～10m	10～1m	1～0.1m	10～1cm	10～1mm
传播特性	空间波为主	地波为主	地波与天波	天波与地波	空间波	空间波	空间波	空间波
主要用途	海岸潜艇通信、远距离通信、超远距离导航	越洋通信、中距离通信、地下岩层通信、远距离导航	船用通信、业余无线电通信、移动通信、中距离导航	远距离短波通信、国际定点通信	电离层散射、流星余迹通信、人造电离层通信、对空间飞行体通信、移动通信	小容量微波中继通信、对流层散射通信、中容量微波通信	大容量微波中继通信、大容量微波中继通信、数字通信、卫星通信、国际海事卫星通信	再入大气层时的通信、波导通信

所以，在无线传感器网络频段的选择上必须按照相关的规定以及实际用途进行选择使用。目前，单信道无线传感器网络节点基本上采用 ISM（工业、科学、医学）波段，ISM 频段是对所有无线电系统都开放的频段，发射功率要求在 1W 以下，无需任何许可证。

频段的选择由很多因素决定，对于无线传感器网络来说，必须根据实际的应用场合来选择合适的频率波段。因为频率波段的选择直接决定无线传感器网络节点的天线尺寸、电感的集成度以及节点功耗。

2）通信信道分配

通信信道是数据传输的通路，在计算机网络中信道分为物理信道和逻辑信道。物理信道指用于传输数据信号的物理通路，它由传输介质与有关通信设备组成；逻辑信道指在物理信道的基础上，发送与接收数据信号的双方通过中间结点为传输数据信号形成的逻辑通路。逻辑信道可以是有连接的，也可以是无连接的。物理信道按传输数据类型的不同分为数字信道和模拟信道，还可根据传输介质的不同分为有线信道和无线信道。

（1）有线信道。使用有形的媒体作为传输介质的信道称为有线信道，包括双绞线、同轴电缆、光缆及电话线等。

（2）无线信道。以电磁波在空间传播称为无线信道，包括无线电、微波、红外线和卫星通信信道等。

信道上传送的信号还有基带和频带（宽带）之分。基带信号是指由不同电压表示的数字信号 1 或 0 直接送到线路上去传输；频带信号是指将数字信号调制后形成的模拟信号。通信信道通常由以下传输设备之一或他们的某种组合所组成，电话线路、电报线路、卫星、激光、同轴电缆、微波和光纤。

信道速度是指每秒可以传输的位数，又称为波特率。根据波特率一般可以将信道分成三类，即次声级、声级和宽频带级。在无线传感器网络通信中主要应用的是宽频带级。宽频带级信道具有超出 1M 波特的容量，主要应用于计算机与计算机之间的通信。

无线信道是无线通信发送端和接收端之间通路的一个形象说法，它们是以电磁波的形式在空间传播，两者之间并不存在有形的连接，信道的电波传播特性与电波所处的实际传播环境有关。

(1) 自由空间信道。自由空间传播信道是一种无阻拦、无衰落、非时变的理想的无线通道。

(2) 多径信道。在介质如超短波、微波波段以及电波的传播过程中会遇到障碍物,例如楼房、高大建筑物或山丘等,对电波产生反射、折射或衍射等。因此,到达接收天线的信号可能存在多种反射波,这种现象称为多径传播。对于无线传感器网络来说,其通信主要是节点间短距离、低功率传输,且一般离地面较近。一般认为它主要存在三条路径,即障碍物反射、直射以及地面反射。

(3) 加性噪声信道。对于噪声通信信道,最简单的数学模型是加性噪声信道。如果噪声主要是由电子元件和接收放大器引入的,则为热噪声,在统计学上表征为高斯噪声。因此,加入噪声之后的模型称为加性高斯白噪声信道模型。该模型可以广泛地应用于多种通信信道,且数学上易于处理,目前,在通信系统分析和设计中主要应用该信道模型。

(4) 实际环境中的无线信道。实际环境中的无线信道往往比较复杂,除了自由空间损耗还伴有多径、阴影以及多普勒频移引起的衰落。对于无线传感器网络这种短距离通信,要进行相应的改进才能实现信道信号传播。

4.2.3 调制解调方式

调制与解调技术是无线通信系统的关键技术之一。一般来说,信号源的编码信息含有直流分量和频率较低的频率分量,称为基带信号。基带信号一般不能作为传输信号,因此必须把基带信号转变为相对基带频率而言频率非常高的带通信号以适合于信道传输。这个带通信号称为已调信号,而基带信号称为调制信号。调制是指将来自于信源的基带信号通过改变高频载波的幅度、相位或频率,随着基带信号幅度的变化而变化,使之适用于网络信道通信的已调信号或频带信号。

(1) 调制是通信系统中的重要技术之一,主要具有如下功能:

① 信号与信道匹配。因为自然界中要传送的信号大多数为低通型信号,然而,信道大多为带通型,为使低通型信号在带通型信道传输就需要调制。因此调制的本质就是把信号的频谱搬移到信道的带通频带之内,使信号频谱与信道特性匹配。

② 电波有效辐射。根据无线电波传播原理,为了有效地把电磁能量耦合到空间,天线直径或长度至少与传输信号波长相当。因此,为了有效辐射必须进行调制。

③ 频率分配。随着通信、广播和电视等技术的发展,空间频率资源越来越紧张,为了利用频率资源,需要对频率进行分配,使通信、广播和电视等互不干涉。要使通信、广播、电视在指定的频段工作,必须依靠调制实现。

④ 减少干扰。因为干扰信号的时间、频谱位置是不断变化的,可以通过调制减少干扰的影响实现通信。另外,调制还可以将信号安排在专门设计的频段中,使滤波和放大等处理易于实现。

(2) 根据调制中采用的基带信号的类型,可以将调制分为模拟调制和数字调制。

① 模拟调制是用模拟基带信号对高频载波的某一参量进行控制,使高频载波随着模拟基带信号的变化而变化。模拟信号可以用简单的正弦波表示

$$s(t)=A(t)\sin(2\pi f(t)+\varphi(t)) \tag{4-1}$$

正弦载波有3个参量,即振幅 $A(t)$、频率 $f(t)$ 和相位 $\varphi(t)$,根据原始信号所控制参量的不同,调制方式分为幅度调制(AM)、频率调制(FM)和相位调制(PM)。由于模拟调制自身的功

耗较大且抗干扰能力及灵活性差，所以正逐步被数字调制技术替代。当前，模拟调制技术仍在上(下)变频处理中起着重要的作用。

② 数字调制是用数字基带信号对高频载波的某一参量进行控制，使高频载波随着数字基带信号的变化而变化。现在的通信系统正由模拟制式向数字制式过渡，数字调制技术成为主流的调制技术。另外，数字调制信号为二进制矩形全占空脉冲序列时，由于该序列只有“有电”和“无电”两种状态，它能用电键控制，故称为键控信号，因此数字调制方式分为幅移键控(amplitude shift keying，ASK)、频移键控(frequency shift keying，FSK)和相移键控(phase shift keying，PSK)。

解调则是将基带信号从载波中提取出来以便接受处理和理解的过程。由于噪声、衰减以及干扰的影响，所收到的信号波形实际上是失真的发送波形，这样，接收机不能完全接收到所传输的基带信号的数据。因此，接收机通常采用某种概率描述接收数据出错的程度，称为误码率(symbol error rate，SER)。对于用比特表示的数字数据，则通常使用误比特率(bit error rate，BER)来描述。误比特率表示传递到上一层的比特出错的概率。

调制对通信系统的有效性和可靠性有很大影响，采用什么方法调制和解调在很大程度上决定着通信系统的质量。

4.3 MAC 协议

4.3.1 MAC 协议概述

在无线传感器网络中，作为通信介质的无线频谱属于稀缺资源。介质接入控制(MAC)协议的主要任务就是决定局部范围无线信道资源的分配方式和节点通信时的接入控制方式，保障网络的高效通信。在 OSI 模型中，MAC 协议属于数据链路层的一部分，但 MAC 协议的主要功能是保障网络吞吐率、资源分配的稳定性和公平性、接入延迟以及能量开销等。无线传感器网络的节点能量、计算存储和通信带宽等资源都很有限，其应用功能的实现又需要多节点的协同工作，现有的传统网络 MAC 协议无法满足 WSN 的技术需求。

4.3.2 MAC 协议设计要求

对于无线传感器网络的 MAC 协议设计，一般要根据应用的要求考虑以下性能问题：

(1) 能量节省。由于 WSN 的节点采用电池供电，并且电池能量难以补充和更换，节点因能量耗尽和环境影响等容易失效，因此能量节省是无线传感器网络 MAC 协议最重要的一项性能指标。在设计 WSN 时，有效利用节点的能量，尽量延长节点的生存时间，是设计 WSN MAC 协议考虑的一个重要问题。

WSN 中造成能量浪费的主要因素有信息碰撞重传、窃听、控制消息过多、空闲侦听等。

① 信息碰撞重传。当两个邻居节点同时传送数据包时，两个数据包就会发生冲突被损坏，这时节点消耗在发送和接收数据上的能量就被浪费掉了，因此，从节能考虑这时应该将无线接收模块关闭。

② 窃听。由于无线信道的共享性，一个节点可能会接收到发送给其他节点的消息，这个节点就把能量浪费在接收无关数据上，因此当节点发现接收数据与自己无关时，应关闭无线接收模块。

③ 控制消息过多。在 MAC 协议的头字段和控制消息包中没有包含数据信息，可以认为

是一种损耗。当网络中这些消息发送过多时，也会造成节点能量迅速消耗掉。为了提高能效应该尽可能减少控制消息。

④ 空闲侦听。WSN 中的节点由于一直处在网络中却又无法预测它的邻居节点是否会传输数据给它，所以将其无线收发模块始终保持在开启状态，这是节点能量浪费的主要原因。

(2) 可扩展性。WSN 是一个动态变化的网络。这是因为节点可能随着能量的耗尽而退出网络，也可能随时被重新部署进网络，还可能由于自然原因而改变位置。因此，网络的大小、拓扑结构、节点密度是不断变化的，MAC 协议应该能够适应这些变化。

(3) 网络效率。主要指网络的延迟、公平性、信道利用率、吞吐量、冲突避免等特性。

① 延迟，指一个数据包成功地从发送端发送到接收端并正确接收所经历的时间。在 WSN 中，网络的应用决定了延迟这个指标的重要性。

② 公平性，指在网络中节点能够平等地共享信道的能力。在传统的语音、数据通信网络中，每一个用户都希望平等地发送、接收数据，因此，公平性是一项很重要的性能指标。但是，在 WSN 中公平性往往用网络中的某一应用是否成功实现来评价，而不是以每个节点平等发送、接收数据的能力来评价。

③ 信道利用率，指网络通信中信道带宽的使用情况。在蜂窝移动通信系统和无线局域网络中，信道利用率是一项重要的性能指标。相比之下，WSN 系统中处于通信中的节点数量是由一定的应用任务决定的，信道利用率在 WSN 中处于次要位置。

④ 吞吐量，指在单位时间内接收端成功从发送端接收的数据量。冲突避免机制的有效性、信道利用率、延迟、控制开销等诸多因素都会影响整个网络的吞吐量。吞吐量的重要性取决于 WSN 的应用。在某些场合下，为了获取更长的节点生存时间，满足能量节省这个性能指标，对于 WSN 系统 MAC 的设计允许降低吞吐量、延迟等性能指标。

⑤ 冲突避免，它决定了网络中的节点在何时、以何种方式访问共享的传输媒体和发送数据。在 WSN 中，这项指标直接影响到节点的能量消耗和网络性能。

4.3.3 基于竞争的 MAC 协议

网络吞吐量和能量消耗是无线传感器网络重要的 QoS 性能指标，直接影响无线传感器网络通信与工作状态。而网络通信拥塞是制约网络获得良好吞吐量和节能的重要因素。通信拥塞是指 WSN 通信处于持续过载的状态，节点对网络通信资源的需求和调用超过了网络自身容量，从而造成数据传送的失败和能量的无效消耗，通信拥塞严重制约了 WSN 的性能。造成通信拥塞的一个主要原因是分布式通信中的数据冲突问题。与有线网络相比，无线网络缺少准确掌握和调控其通信状态的工具，这就增大了网络通信过程的无序性，从而产生数据冲突问题。图 4-2 给出数据冲突问题的原理图。

如图 4-2 所示，数据冲突问题分为两类，即隐端冲突问题和显端冲突问题。隐端冲突是两个彼此无法监听对方通信状态的节点，向同一个中继节点发送数据时产生的。例如，图 4-2(a) 中的 A、B、C、D 四个节点只能分别向自己的相邻节点进行通信，B 可以与 A 和 C 分别通信，而 A 和 C 之间不能相互通信。如果在某一时隙 A 和 C 都有数据包向 B 进行发送。由于距离太远，节点 C 不能监听到 A 的信号，C 便误认为信道空闲而开始发送数据，导致两组数据包在节点 B 处发生冲突。

显端冲突问题是两个能够互相监听通信状态的节点，分别向不同的中继节点发送数据包时产生的。例如，图 4-2(b) 中节点 B 向节点 A 发送数据包，而另一边节点 C 也欲向节点 D 发

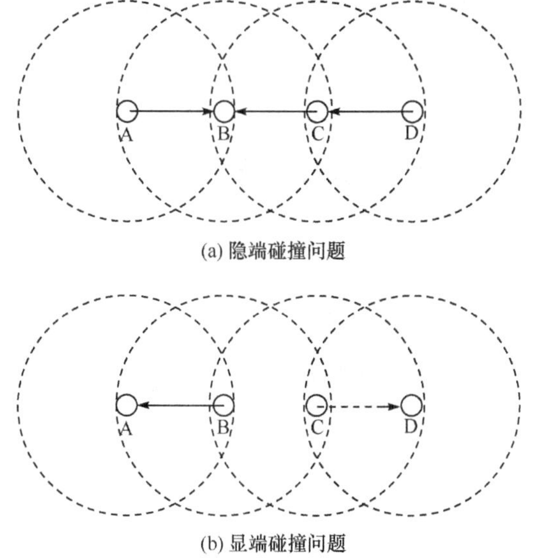

图 4-2　隐端/显端冲突问题原理

送数据包。节点 C 由于监听到 B 的发送动作，而误以为自己的发送会受影响而停止向 D 发送数据包。显端冲突并未造成真正的数据冲突，但它的出现会限制节点的正常通信行为，影响网络的吞吐量和时延，因而也变相造成了网络通信资源的浪费。

无论是隐端冲突还是显端冲突都会造成网络通信资源的浪费，导致通信拥塞问题的出现，严重影响网络的吞吐量、容量和能耗。但由于其不确定性，无线网络系统很难对数据冲突问题进行有效控制和管理。目前的无线传感器网络 MAC 协议只能在一定程度上减小冲突出现的概率，而不能彻底消除数据冲突问题。有效规避数据冲突问题的方法是采用忙音技术和基于 IEEE 802.11 的 RTS/CTS 握手技术。RTS/CTS 握手技术是发送节点与接收节点在数据发送前进行的控制消息通信，发送节点先发送 RTS(request to send)包来竞争信道，一旦信道空闲，接收节点要回复 CTS(clear to send)，从而使其他相邻节点了解信道情况，避免对即将进行的数据传输造成冲突。为了进一步避免冲突问题出现，IEEE 802.11 的分布式协调功能(DCF)还特意设计了随机退避机制。节点发送数据包前先侦听信道状态，如果信道空闲，节点等待一个帧间间隔 DIFS，若此间信道保持空闲状态，则节点在 DIFS 过后立即发送数据包；如果信道忙，则节点继续侦听信道状态直到信道空闲 DIFS 后，进入竞争窗口(执行退避算法)，计算退避时间(backoff time)。节点可以采用二进制退避算法选择退避时间 Backoff-time。Backoff-time 的表达方式如下：

$$\text{Backoff-time} = \text{rand}(0, CW-1) \times \text{Slot-time} \tag{4-2}$$

式中，CW 为竞争窗口的大小，其初始值为 CW_{min}，rand(0,CW－1)为在[0,CW－1]内均匀分布的伪随机整数，Slot-time 是时隙的单位时间长度。如果节点在 DIFS 后 CW 不为 0，则窗口值 CW 减 1，节点继续等待信道空闲；一旦 CW 递减为 0，节点同时监听到信道在 DIFS 为空闲，即可以发送数据包。多个节点同时完成退避时间后发送数据，就会出现冲突问题，导致节点发送行为失败。此时，算法认为网络信道的竞争程度加剧，节点需要将之前的竞争窗口值 CW 乘 2。如果继续发生冲突，则重复此规则，直至 CW 达到窗口最大门限值 CW_{max}。而节点成功发送数据包后，算法认为信道竞争程度有所降低，因而将该节点重新赋为竞争窗口的初始

最小值 CW_{min}。二进制退避算法描述如下：

初始状态

$$CW \leftarrow CW_{min} \tag{4-3}$$

发送失败

$$CW_m \leftarrow \min(2 \times CW_{m-1}, CW_{max}) \tag{4-4}$$

发送成功

$$CW \leftarrow CW_{min} \tag{4-5}$$

式中，m 为发送失败的次数。由于每个节点初始竞争窗口为(0，CW－1)范围内的随机整数，因而节点在下一次发送之前可能因为冲突问题而选择较长退避时间。从网络角度来看，在某一空闲时隙内多个节点同时发送数据的概率减小了，这在一定程度上规避了冲突问题。

1) S-MAC 协议

S-MAC 协议是在 IEEE 802.11 协议的基础上提出的，它是第一个为无线传感器网络设计的竞争型 MAC 协议。协议利用相应的应用程序将时间进行分帧并确定帧长度，在每帧内分为活动阶段和休眠阶段。后来又提出活动阶段的调整机制，通过调控活动时间的长度实现节能的目的。在休眠阶段，节点关闭射频模块，缓存将在这期间采集到的数据在工作阶段集中发送。在工作阶段开始时节点发送同步消息，之后通过 RTS/CTS/DATA/ACK 机制发送数据，避免冲突造成的能量浪费。利用同步消息和帧控制，相邻节点可以采用相同的工作/休眠策略，新节点也可以加入进来，这种机制在协议中称为虚拟簇。S-MAC 的基本工作机制如图 4-3 所示。

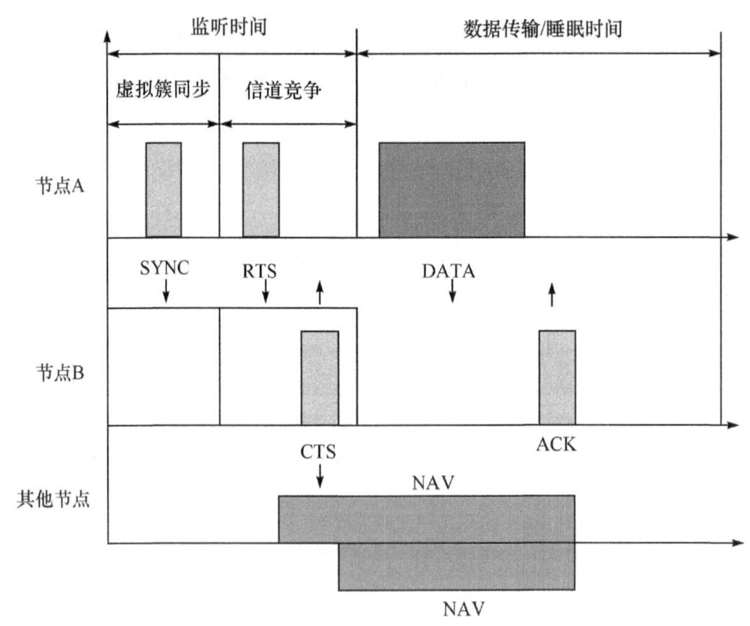

图 4-3　S-MAC 基本工作机制示意图

S-MAC 协议采用数据分包技术为较大规模信息的可靠发送提供技术支持。对于无线信道，传输差错与包长度成正比，短包成功传输的概率要大于长包。为了有效规避数据冲突，算法还采用 RTS/CTSDATA/ACK 的握手机制，通过信道集竞争和连续发送全部短包的形式，有效地提高发送成功率，减少控制开销。S-MAC 协议的优点是扩展性较好，可以适应网络拓扑结构的变化；缺点是协议实现比较复杂，需要占用大量的存储空间，这在资源受限的传感器节点中显得尤为突出。

2）T-MAC 协议

T-MAC 协议与 S-MAC 协议工作方式大体相同，也将时间分帧，并且其帧长度是固定的而工作阶段长度可变。与 S-MAC 协议不同的是定义了五种事件和一个计时器 TA，据此确定工作阶段的结束时间。五种事件分别为①帧长度超时；②节点接收到数据；③数据传输发生冲突；④节点数据或确认发送完成；⑤邻居节点完成数据交换。如果在 TA 内射频模块没有侦听到这五种事件中的任何一种，就认为信道进入空闲状态。节点关闭射频模块，转入休眠阶段。

节点周期性地短时间侦听信道以确定信道状态。如果信道空闲则节点再次休眠，如果信道忙则节点继续侦听信道，直到数据接收完毕或再次空闲节点。在发送数据时，帧前加入唤醒前导，使接收节点在帧的数据部分发送前进入工作状态以接收数据。加入唤醒前导增加了发送和接收的控制开销，但减少了空闲侦听功耗。

3）WiseMAC 协议

WiseMAC 协议通过在数据确认包中携带节点下一次信道侦听时间，节点获得邻居节点的信道侦听时间，在发送数据时，可以将唤醒前导压缩到最短。WiseMAC 算法可以很好地适应网络流量变化，它是和 WiseNET 超低功耗 SOC 芯片结合设计的。但由于节点需要存储邻居节点的信道侦听时间，会占用宝贵的存储空间，增加协议实现复杂度，尤其是在节点密度高的网络内该问题尤为突出。

4）D-MAC 协议

D-MAC 协议是在分析 S-MAC 和 T-MAC 协议自适应工作和休眠策略特点基础上提出来的，针对 S-MAC 和 T-MAC 两者存在的数据转发中断问题，提出基于摆动唤醒策略来解决这个问题的方法。从传感器节点到 Sink 节点形成一棵数据汇集树，树中的数据由子节点到父节点的传输是单向的。节点采用工作、休眠状态转换，其中工作状态分为发送和接收两部分。摆动唤醒策略调整树中每层节点的工作周期，使子节点的发送时间与父节点的接收时间重合。在理想情况下数据转发会一直进行而没有任何延迟。

5）Sift 协议

Sift 协议是一种基于事件驱动的无线传感器网络 MAC 协议，其研究对象为事件驱动的传感器网络节点，因而需要重点考察时间采样的空间相关性和事件检测的时间相关件。Sift 协议的工作原理是当共享信道的 N 个节点同时检测到同一事件时，只有 R 个节点（$R\leqslant N$）能够无冲突地成功发送数据包，从而抑制（$N-R$）个节点的数据发送，节约网络通信资源。

Sift 协议同样采用 CSMA 机制，并采用固定的竞争窗口（CW）退避算法。但节点不是在窗口中选择数据发送时隙，而是在不同时隙中选择不同的数据发送概率。其工作原理是当节点检测事件后，有消息待发时先假定有 N 个节点与其竞争信道。如果在第一个时隙内节点未发送数据包，同时其他节点也未发送数据，则减少假定竞争节点的数目，并相应增加在第二个时隙发送数据的概率。同样，若节点在第二个时隙仍未发送数据且其他节点也未发送数据时，节点将继续减少竞争节点数目，增加第三个时隙发送数据的概率。依次类推，节点在选择第 r 个时隙发送数据的概率 P_r 为

$$P_r=\frac{(1-\alpha)\alpha^{\mathrm{CW}}}{1-\alpha^{\mathrm{CW}}}\alpha^{-r},\quad r=1,\cdots,\mathrm{CW} \tag{4-6}$$

式中，α 为分布参数（$0<\alpha<1$），参数 α 的选择与 N 和 CW 值相关。

如果选择时隙过程中有其他节点发送消息，节点就进入重新开始竞争过程。Sift 协议通过非均匀概率分布将优胜节点从整个竞争节点中筛选(sift)出来。

4.3.4 基于信道分配的 MAC 协议

1）TRAMA 协议

流量自适应媒体接入(TRAMA)协议通过预定时隙的机制来权衡预定与非预定协议的优势。该预定时隙机制能为长数据信息提供无竞争时隙，并且为短周期控制信息提供随机接入时隙的机制。另外，传感器节点通过与邻居节点共享流量并且学习它们邻居的两跳拓扑来适应流量和网络环境。TRAMA 由三个子协议组成，三个子协议分别是邻居协议(NP)、调度交换协议(SEP)，以及自适应选择算法(AEA)。NP 协议用来共享拓扑信息；SEP 协议允许节点共享队列中的包类型；AEA 协议基于拓扑以及流量条件来选择用于数据传输的时隙。TRAMA 中的帧由许多时隙组成，其中随机接入控制时隙发生在一个帧的开头，而调度数据时隙则发生在帧的末尾。

为了共享拓扑信息，传感器节点选择一个随机控制时隙，并且根据 NP 协议传输它们的一跳邻居节点表。所有的传感器节点从它们的邻居节点接收信息。使用这些从邻居节点收集到的信息，一个传感器节点可以决定它两跳范围内的邻居节点的网络拓扑。

SEP 协议通过在传感器节点的邻居中分发流量信息来执行类似的功能。传感器节点在数据包内添加调度摘要。节点传输调度包在它们拥有的每个帧的最后一个时隙，并且包括传感器节点在下一个帧中由 AEA 决定的节点拥有时隙的数量、潜在接收者的位图以及传感器节点用来传输的数据时隙。位图使传感器节点降低信息的大小，并且允许传感器节点把信息传输给任意的目的节点。调度摘要提供一个候补机制以防御调度包丢失。为了进一步限制不同步调度的影响，每个节点必须侦听它的邻居节点范围内的每一个节点的最后数据信息以获得调度摘要。其中，调度摘要包含当前帧中剩余的时隙信息，而调度包则包含下一个帧的时隙信息。

每一个节点执行 AEA 来决定在哪个时隙它必须睡眠、传输或者接收。为了分配数据时隙，TRAMA 以节点唯一的 ID 号和时隙数目的哈希值作为节点的优先级别。具有高优先级别的节点在它的两跳邻居内拥有相关的时隙。如果节点有信息要传输并且它拥有这个时隙，则节点在这个时隙内传输数据。同样地，无论何时这个时隙的拥有者的调度表明它将传输数据给一个节点，这个节点都会做好接收数据的准备。否则节点转入睡眠以保存能量。

TRAMA 协议有许多优点，如对数据时隙的调度接入可以限制碰撞并且减少总能量消耗。协议可以很快适应网络的变化，并且延长传感器节点的睡眠时间。但是，TRAMA 的时钟同步存在一定的通信开销，随机和调度访问交替进行增加了延迟。该协议的实现比较困难，对节点硬件要求比较高。

2）PCMAC 协议

PCMAC 协议在初始化阶段由簇头节点收集簇内节点信息，然后通过信道分配算法计算时隙分配方式并广播该信息，簇内节点收到属于自己的时隙分配信息后便在随后的工作阶段按照分配好的时隙进行工作。PCMAC 协议在物理层方面用最小发射功率算法来实现节能。在协议中，每个节点都将其坐标信息加入路由表，并通过一跳或者多跳的方式传递给簇头节点，然后簇头通过时分配算法计算出各节点时隙分配的结果，并通过广播的方式通知簇内所有的节点。在数据发送阶段，每个节点可以在各自的时隙中无碰撞、无竞争、无串音地进行数据传输。由于每个节点发送功率减小，所以发送相同数据量所耗费的能量也相应减少。每个节点在工作阶段之后，都有一个一定长度的睡眠时间，节点在醒来之后会自动进入数据发送阶段进行数据传输，节点的工作阶段和睡眠阶段交替进行。当交替进行到一定的次数之后，簇头会根据待发数据量的多少重新计算工作阶段与睡眠阶段的时间比例。这样做会使协议更能适应整个网络的拓扑与数据量的动态变化，使协议更加高效。

4.4 路由协议

4.4.1 路由协议概述

在传统网络中，路由器提供异构网互联的机制，实现将一个网络的数据包发送到另一个网络，而路由就是指导数据包发送的路径信息。无线传感器网络的路由协议是解决无线传感器网络数据传输问题而事先约定好的一组规定和标准，是无线传感器网络的核心技术之一，其路由性能直接影响整个网络的性能。

在无线通信传输数据时，节点消耗的能量与有效传输半径的2～4次方相关，所以在无线传感器网络中直接与基站进行信息交互的传输方式将会消耗大量能量，这对以电池供电的节点来说是不可取的，通常网络采用多跳中继的数据传输方式以减小传输半径达到节能的目的。从功能上讲，路由协议是一套将数据从源节点传输到目的节点的机制。

从路由的角度看，无线传感器网络路由协议与传统的Internet网络和蜂窝移动网络有所不同，与移动自组网也不同。受节点能量和带宽资源的限制，如何提高能量效率是无线传感器网络路由的研究重点。与传统的无线网络相比，无线传感器网络具有以下几个特点：节点数量庞大，为每个节点配置一个全局的ID号是一个挑战；无线传感器网络大多数情况下属于事件驱动的应用，即多个源节点感知数据后将感知数据传输给一个指定的目的节点Sink，没有必要对网络中任何两点间都建立路由协议，这为设计高效的路由协议提供可能性；无线传感器网络的应用与路由协议密切相关，不同应用使用不同的路由协议可以简化协议，同时还可以节约能量；无线传感器网络路由协议的设计需要考虑网络中存在大量的数据冗余信息的探测和处理，以节约能量和提高带宽。

由于以上特点，满足应用需求的高效无线传感器网络路由协议设计将面临以下挑战：

(1) 节点能量的限制使节约能量成为路由协议的主要优化目标。由于无线通信时的功耗占节点工作总功耗的绝大部分。因此，设计低功耗的路由通信协议为当前路由协议设计的主要目标。

(2) 传感器网络路由协议必须具备高可扩展性。由于无线传感器网络的规模比较大，同时节点死亡和网络覆盖扩展都会对网络的拓扑产生影响，使网络的拓扑结构变换比较快，因此具备扩展性是无线传感器网络的必然要求之一。

(3) 传感器网络路由过程中需结合数据融合技术。与传统网络不同，传感器网络的目的只是获取有效的信息，不需要端到端的分组传输。在网络运行过程中，从传感器节点探测到的数据是冗余的，对于用户并不是全部有用的。在转发过程中通过数据融合，可以减少网络数据传输量以达到降低网络开销和节省能量等目的。这就要求在路由协议设计过程中考虑如何实现数据融合。

(4) 路由协议需要解决无线传感器网络中流量分布不均匀的问题。无线传感器网络通过多跳中继方式转发数据的模式使靠近基站的节点比远离基站的节点转发更多的数据，因此这些节点会由于负载过重而过早消耗掉自己的能量。所以，这种流量分布不均会造成能耗分布不均，最终导致网络的生存时间缩短。

无线传感器网络路由协议可以有多种分类方式，通常可以将路由协议分成以数据为中心的路由协议、基于分簇的路由协议(基于层次的路由协议)、基于地理信息的路由协议及基于QoS的路由协议。

(1) 以数据为中心的路由协议。以数据为中心的路由协议对感知到的信息按照属性命名，在传输过程中对相同属性的数据进行融合操作，从而减少网络中数据的传输。以数据为中心的路由协议同时集成网络路由任务和应用层数据管理任务。

(2) 层次型路由协议。分层路由中，无线传感器网络通常分成几个簇，每个簇由一个簇头节点和多个簇成员节点构成，多个簇头作为成员形成更高一级的网络。簇头负责汇集簇内成员的感知和转发其他簇头节点的数据。层次型路由协议一般可以分成单层和多层两种模式，即对传感器节点进行一次或者多次划分。

(3) 基于地理位置信息路由协议。地理位置信息路由协议假定节点通过自身设备或标定节点的地理信息计算获取自己的地理信息，建立汇聚节点到事件区域的地理位置，利用这些地理位置信息作为路由选择的依据，节点按照一定的策略转发数据到目的节点。利用节点的位置信息就能够将信息发布到目的区域，有效减少数据传输的开销。

(4) 基于QoS的路由协议。基于QoS的路由协议是指在实现路由发现和维护的同时，力求满足网络的QoS需求。这些路由协议在建立路由的同时，还考虑节点的剩余能量和数据包的优先级，并估计数据传输端到端的时延，从而为数据包设计一条最合适的路由路线。

4.4.2 层次型路由协议

层次型路由协议是一种适合于大规模网络构造且扩展性较好的一种路由协议。在层次型路由中，根据节点的能量或簇头的接近度将整个网络划分成几个簇，每个簇由一个簇头节点和多个簇成员节点构成。簇头节点负责收集和融合处理簇内成员节点数据，并转发其他簇头节点的数据。在多层次的路由协议中，将簇头节点进一步进行分簇，形成更高一级的网络。经过划分后，可以把整个网络看成是以Sink节点为簇头的一个簇。因此，簇头节点的选择对于整个网络的稳定性和功能起着至关重要的作用。

层次型路由协议主要的代表包括LEACH、PEGASIS、TEEN、APTEEN和基于虚拟网格的路由协议TTDD。

1) LEACH算法

LEACH(low energy adaptive clustering hierarchy)算法是一种自适应分簇拓扑算法。算法周期性的执行，每轮循环分为簇的建立和稳定的数据通信阶段。在簇的建立阶段，相邻节点动态地形成簇，随机产生簇头；在数据通信阶段，簇内节点把数据转发给簇头，簇头进行数据融合并把结果发送给汇聚节点。分簇的结果是簇头需要完成数据融合、与汇聚节点通信等工作，能量消耗大，LEACH算法可以通过等概率地选择节点担任簇头来均衡网络中的节点的能量消耗。LEACH算法分为两步。

(1) 簇头选择。

LEACH算法选举簇头的过程如下：

节点产生一个[0,1]的随机数，如果这个数小于阈值 $T(n)$，则发布自己是簇头的公告消息。在每轮循环中，如果节点已经当选过簇头，设置 $T(n)=0$，取消节点当选簇头资格。如果节点未当选过簇头，则以 $T(n)$ 的概率参选。在这个过程中，当选过簇头的节点数目越大，则剩余节点被选为簇头的概率越大。如果只剩下一个节点未当选时，则有 $T(n)=1$，表示此节点一定当选。

$T(n)$ 可表示为

$$T(n)=\begin{cases}\dfrac{P}{1-P\times[r \bmod (1/P)]}, & n\in G \\ 0, & \text{其他}\end{cases} \tag{4-7}$$

其中，P 是簇头在所有节点中所占的百分比，r 是选举轮数，$\mathrm{mod}(1/P)$ 代表这一轮循环中当选过簇头的节点个数，G 是这一轮循环中未当选过簇头的节点集合。

(2) 节点成簇。

当选簇头发布通告消息告知其他节点自己是新簇头，非簇头节点根据与簇头的距离选择加入该簇，并告知该簇头。簇头通过接收到的加入信息确定本簇的大小，然后产生一个 TDMA 定时消息。由于簇间存在信号干扰问题，簇头决定簇成员所用的 CDMA 编码，连同之前产生的 TDMA 定时一起发送给簇成员。簇成员接收到 TDMA 定时消息和 CDMA 编码后，在各自的时间槽内发送数据。最终簇头对来自簇成员节点的信息进行数据融合，并把结果发送给汇聚节点或者基站。

2) PEGASIS 路由算法

PEGASIS(power-efficient gathering in sensor information systems)是在 LEACH 协议的基础上建立的路由协议，该协议利用贪婪算法从距离 Sink 节点最远的节点开始依次连接下一个距离最近的节点，最终将整个网络形成一个链。在链中随机选择一个节点充当簇头，同时，采用轮流担当簇头的方式，以达到均衡负载的目的。

当某一节点被选举为链首后，需要将链首标志信息向周围节点广播。每个选择为链首的节点将作为整条链的上游节点。接收到链首标志的节点将数据传送给其上游节点，上游节点将接收到的数据和自身数据进行融合后再向上传送。最终多条链路的数据被传递到链首，由链首把各条链上传来的数据和自己的数据进行融合后，最终将融合后的信息传递给 Sink 节点。

PEGASIS 协议能够有效地避免 LEACH 协议频繁选举簇头和构造簇结构带来的通信开销，极大地减少数据传输次数和通信量。此外，每个节点均采用小功率的方式，只与最近距离的邻居节点通信，这样可以有效利用能量，提高网络的生存时间。但是，PEGASIS 的单簇方式使簇头成为关键点，如果失效将导致路由失败，并且同样要求所有节点都具有与汇聚节点通信的能力；如果链过长，数据传输时延将会增长，这对实时性要求较高的应用并不适用；此外还要求节点知道其他节点的位置，开销会很大。

为解决 PEGASIS 中由于链过长导致的时延过大的问题，研究人员进一步提出分层 PEGASIS 协议。该协议采用数据并行传输的机制，采用两种方法来避免节点间的冲突和可能存在的信号干扰，并缩短传输时延。一种是采用码分多址复用(CDMA)方式，另一种是只允许空间上分隔的节点同时传输数据。

3) TEEN 路由算法

TEEN(threshold-sensitive energy efficient sensor network)是针对 LEACH 算法实时性不强的问题提出的一种改进路由协议。但是，TEEN 不能实现周期性的采集数据。TEEN 采用与 LEACH 相同的多簇结构和运行方式；不同的是，在簇的建立过程中，随着簇头节点的选定，簇头除了通过 TDMA 方式调度数据以外，还向簇内成员广播有关数据的硬阈值和软阈值两个参数。硬阈值是被检测数据不能逾越的阈值，软阈值则是规定被检测数据的变动范围。在簇的稳定工作阶段，节点不断感知周围环境。当首次检测到数据超过硬阈值时，便打开收发器进行数据传送，同时将该检测值存入节点内部变量 SV(sense value)中。此后，只有检测到的数据值比硬阈值大且其与 SV 之差的绝对值不小于软阈值的时候，节点才向簇头上报数据，并将当前检测数据保存为 SV。如果新一轮的簇头已经确定，则该簇头将重新设定和发布以上两个参数。该协议通过利用软、硬阈值大大减少了网络中数据的传输量，较 LEACH 协议更节能。TEEN 协议的实时性较强，特别适合于需要实时感知突发事件做出快速反应的应用，它的缺点是不适用于需要持续采集数据的应用。当由于网络原因出现节点未接收到相关的阈值时，节点将不会与簇头进行通信，导致用户无法从网络中获取信息。

研究人员后来又提出了 TEEN 的扩展协议——APTEEN(adaptive periodic TEEN)。它可以根据用户需要和应用类型来改变 TEEN 的周期性和相关阈值的设定，既能周期性地采集数据又可以对突发事件做出快速反应。它的特点是随着簇头节点的确定，簇头要向簇内所有成员广播发布四类参数，即用户期望获取的一组物理参数、硬阈值和软阈值、采用 TDMA 方式为簇内所有成员广播发布每个节点分配的时间片、节点成功发送报告的最长时间周期(计数时间)。

在能量分布和网络生存时间指标方面，TEEN 和 APTEEN 的性能都优于 LEACH 协议。TEEN 和 APTEEN 的主要缺点是，构建多层簇以及设置阈值功能在具体实现上较为复杂，同时也会带来许多额外开销。

4) TTDD 路由算法

TTDD(two-tier data dissemination)路由算法也是一种层次型的路由协议，该算法提出多个 Sink 节点在网络中移动收集节点采集信息的新方法，从能耗和功能上给出比较好的解决方法。

TTDD 的基本思想是在检测到数据的多个传感器节点中选择一个作为发送数据的源节点，源节点以自身作为网格的一个交叉点构造出一个格状网。源节点首先计算出四个相邻交叉点的位置，利用贪婪算法请求最接近虚拟网格交叉点的节点作为转发节点，转发节点继续这个过程直至请求任务超时或者到达网格边缘。转发节点保存了事件和源节点信息，这些信息是以后进行数据传输的参与者。Sink 节点在本地通过泛洪方式查询附近的转发节点，转发节点中如果有相关的数据记录，该转发节点就将查询请求通过周围的转发节点传送到源节点。源节点在收到查询请求后，通过查询请求消息建立的传输路径传送请求数据到 Sink 节点。Sink 节点在等待请求数据时可以移动，为了保证数据在 Sink 移动的过程中还能到达 Sink 节点，Sink 节点为自己指定了一个代理节点。所有传送给 Sink 节点的数据必须先传递给代理节点，由代理节点转发给 Sink 节点，这样可以从一定程度上保证最后一段路径的稳定性。

4.4.3 以数据为中心的路由协议

无线传感器网络是一种以数据为中心的网络，以数据为中心的路由协议是针对 WSN 专门设计的，是 WSN 路由协议中最早被讨论的一类路由协议。在这种思想上发展出了很多路由算法，其中包括基于协商的路由算法(sensor protocol for information via negotiation, SPIN)和定向扩散(directed diffusion, DD)路由算法。

1) SPIN 路由算法

SPIN 协议是一种以数据为中心的自适应路由协议，是针对泛洪路由算法的一种改进算法。其基本思想是，考虑 WSN 中由于临近节点所感知的数据具有相似性而导致数据冗余的问题，通过节点协商的方式减少网络中传输的数据量。通过协商，节点只广播其他节点所没有的数据以减少冗余数据，从而有效减少能量消耗。

在 SPIN 协议中提出元数据的概念。元数据是原始感知数据的一个映射，可以使用比原始感知数据更少的数据位来描述原始感知数据，通过采用这种变相的数据压缩策略可以进一步减少网络中通信的数据量以节约能量。SPIN 采用三次握手协议来实现数据的交互，协议运行过程中使用三种报文数据，即 ADV、REQ 和 DATA。ADV 用于数据的广播，当一个节点有数据可以共享时，可以用 ADV 数据包通知其邻居节点；REQ 用于请求发送数据，当某一个收到 ADV 的节点希望接收 DATA 数据包时，发送 REQ 数据包；DATA 为原始感知数据包，里面装载了原始感知数据。

SPIN 有两种工作模式，即 SPIN 1 和 SPIN 2。SPIN 2 本质上和 SPIN 1 是一样的，只是在 SPIN 1 的基础上将能耗问题作为主要的考察对象。在 SPIN 1 中，当节点 A 感知到新事件后，就主动给邻居节点广播该事件的元数据 ADV 报文，报文中包含对新事件的数据描述。收到该报文的节点 B 检查自己是否拥有 ADV 报文中所描述的数据，如果没有则向 A 发送请求报文 REQ，并在 REQ 中列出节点 B 所需要 A 节点的数据列表。当节点 A 收到 REQ 报文后，就将相关的数据发送给节点 B。B 在接收到数据后，就向自己的邻居节点发送 ADV 报文，通知邻居节点自己有新的消息。邻居节点在接收到 ADV 后，检查自己是否有 ADV 中所表述的数据，如果没有则向 B 节点发送 REQ 报文以接收数据。由于 A 中保留有 ADV 的内容，A 节点不会响应 B 节点的 ADV 消息。

SPIN 2 模式考虑了节点剩余能量值，当节点剩余能量低于某个门限值就不再参与任何报文的转发，仅能够接受来自其他邻居节点的报文和发出 REQ 报文。

采用协商方式的 SPIN 协议中的节点不需要维护邻居节点的信息，一定程度上能适应节点移动的情况。但是该协议不能保证数据一定能够到达目标节点，有时不适用于高密度节点分布的情况。

2) DD 路由算法

与传统路由算法的概念不同，定向扩散协议是一种基于查询的路由算法。DD 算法是一种基于数据相关的路由算法，Sink 节点周期性地通过泛洪的方式广播一种称为“兴趣”的数据包，告诉网络中的节点它要搜集什么样的信息。“兴趣”在网络扩散过程中同时建立路由路径，节点如果采集到与“兴趣”相关的数据则通过“兴趣”扩散阶段建立的路径将采集到的“兴趣”数据传送给 Sink 节点。

该算法引入了几个基本概念，如兴趣、梯度和路径加强。其基本思想是，将整个过程分成兴趣扩散、梯度建立以及路径加强三个阶段，图 4-4 给出定向扩散算法的基本步骤。由 Sink 节点发起定向扩散的路径建立过程，Sink 节点采用泛洪的方式周期性的广播一种称为“兴趣”的数据包到网络中的所有节点，告诉网络中的节点它需要收集什么样的信息，这个过程称为兴趣扩散阶段。在“兴趣”消息的传播过程中，协议逐跳地在每个传感器节点上建立反向的从数据源到 Sink 节点的梯度场，传感器节点将采集到的数据沿着梯度场传送到 Sink 节点，梯度场的建立根据成本最小化和能量自适应原则。“兴趣”扩散的结束也就表明网络的梯度建立过程的完成。当网络中传感器节点采集到了相关的匹配数据以后，向所有感兴趣的邻居节点转发整个数据。收到该数据的邻居节点如果不是Sink节点,则采取相同的方法转发该数据。这样Sink节点就会收到从不同路径上传过来的相同数据,在收到这些数据后,Sink节点选择一条最优的路径作为强化路径,后续的数据沿着这条路径传输。

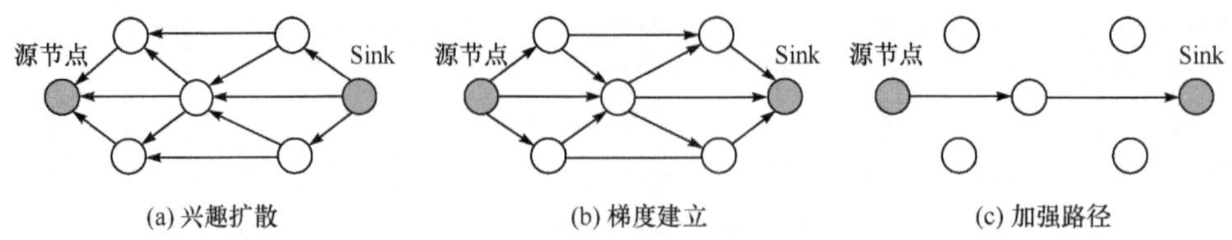

图 4-4　定向扩散算法基本步骤

4.4.4　基于地理位置的路由协议

无线传感器网络的许多应用都需要传感器节点的位置信息,如森林火灾监控、战场监控等。地理位置路由假设节点通过GPS或者已知的信标节点确定自身的地理位置信息,以及目的节点或目的区域的地理位置,利用这些地理位置信息作为路由选择的依据,节点按照一定的策略转发数据到目的节点。利用节点的位置信息可以将信息发布到指定的区域,有效地减少了数据传输的开销。基于地理信息的路由协议可以直接使用地理位置信息建立路由,节点根据位置信息指定数据转发策略。

利用地理位置信息的路由协议主要有位置辅助路由协议LAR,基于地理信息的路由协议GAF、GPSR和GEAR等。

1) LAR路由算法

LAR(location-aided routing)路由协议是一种使用地理位置信息作为辅助的路由算法,地理位置信息主要用于选取优化路径。

其基本思想是利用地理位置信息来改进基于泛洪的路由,如DSR路由、AODV路由等。在基于泛洪的路由中,当源节点S要建立到目的节点D的路径时,它向周围相邻节点广播路由请求(RREQ),当RREQ分组扩散到全网后则建立所需的路由。这种方法需要在全网范围内广播查找,使大量非相关的节点需要进行数据广播,导致路由建立开销过大,LAR使用节点的地理信息来减少参与路由建立过程中的节点数,从而降低网络路由开销。

在LAR协议中,假设源节点S确定目的节点D在t_0时刻的位置(X_d, Y_d)和平均移动速度v,可以估算出t_1时刻D可能出现的区域,该区域是一个以(X_d, Y_d)为中心,以$R=v(t_1-t_0)$为半径的圆。根据估计的区域可以限制泛洪路由搜索的范围,只有在搜索范围内的节点才转发路由请求分组,从而减少路由发现的开销。在该协议中,源节点S发出的路由请求分组中需要指明搜索范围,当节点接收到该路由请求分组后,通过比较自己的位置是否在路由请求分组指明的搜索范围内,从而决定是否转发该路由请求分组。

目标节点D在收到路由请求分组后,向源节点S回复路由应答分组。一旦S收到路由应答分组,就说明S和D之间的路径已经建立。如果在规定的时间内S没有收到路由应答分组,S就重新发送一次搜索范围比前一次更大的路由请求分组。如果仍然没有找到合适的路由,则继续扩大搜索范围。极端的情况是在全网范围内搜索路由,这就退化到一般的泛洪路由算法。

2) GPSR路由算法

GPSR(greedy perimeter stateless routing)路由算法是一种直接使用地理位置信息建立

路由路径的方法。其基本思想为使用地理位置信息实现路由(非辅助作用)的一种算法,它使用贪婪算法来建立路由。当源节点 S 需要向目标节点 D 转发数据分组时,它首先在自己的所有邻居节点中选择一个距节点 D 距离最近的节点作为数据分组的下一跳,然后将数据分组传送给它。该过程一直重复,直到数据分组到达目的节点 D 或者某个最佳主机。当最佳主机遇到问题的时候,数据分组采用边界转发策略来实现路由。

3) GEAR 路由算法

GEAR(geographic and energy aware routing)路由算法结合了定向扩散(DD)和 GPSR 算法的思想,并且在选路时考虑节点的能量因素。

GEAR 路由算法借鉴了定向扩散协议算法的思想,采用查询的方法来建立从 Sink 节点到事件区域的路由。与 DD 算法采用的泛洪方法不同,GEAR 借鉴了 GPSR 贪婪算法的思想,利用节点的地理位置信息以及节点能量剩余情况,建立查询消息到达目的区域的路径。当查询消息到达目标区域以后,查询消息则采用一种迭代地理转发机制来发送。相关的检测数据沿着查询消息的反向路径汇集到 Sink 节点。

GEAR 路由算法需要保证链路的对称性,节点周期性地广播 hello 信息来告知邻居节点自己的位置和能量信息,同时进行链路的对称性检查和判断工作。

4.5 传输层协议

4.5.1 传输层协议概述

传输层是 OSI 参考模型的第 4 层,它的主要目的是利用下层提供的服务,向上层提供可靠、透明的数据传输服务。为此,传输层技术必须实现流量控制和拥塞避免,以及无差错、有序、无丢失、无重复的数据传输功能。

无线传感器网络传输层技术是当前的一个热点研究方向,主要原因有两个方面,其一是一些应用要求传感器网络必须具备可靠的传输功能,例如,某些应用要求能够对传感器网络进行可靠的在线编程或布置任务,而另一些应用要求传感器网络能够将事件监测消息可靠地回传。另外,无线通信网络传输层的主要技术不能适应于传感器网络,因为无线通信网络的传输层技术都以标准的 TCP 技术为基础,这会消耗大量的能量、计算和存储资源,且不具备良好的容错性和可扩展性,并在网络拓扑频繁变化或网络规模和密度显著增大时不能可靠地工作。

无线传感器网络传输层的研究目标是针对具体应用设计可靠的传输协议。根据无线传感器的网络特征,其传输层必须解决以下问题:

(1) 如何降低传输层的能耗。传感器节点往往只有有限的能量资源,而且可能工作在危险的工作区域,难以补充能量。能耗直接决定了无线传感器网络的生存时间,因此传输层技术的设计必须以降低能耗为主要设计指标。

(2) 如何保证传输层技术的可靠性。不同的无线传感器网络应用对可靠性具有不同的定义。某些应用定义的可靠性是指将数据可靠地传输到每个传感器节点,而另外一些应用定义的可靠性是指可靠地监测事件的发生。因此,传输层技术应该针对具体应用要求进行可靠性设计。

(3) 如何提高传输层技术的容错性和可扩展性。传感器节点可能会因为出现故障或能量耗尽而停止工作;另外,用户可能投入更多的传感器节点。这些情况都会使无线传感器网络的规模和密度发生很大变化，因此传输层技术必须具有较强的容错性和可扩展性。

(4) 如何降低传输层技术的复杂度。传感器节点往往只有有限的计算和存储资源，它们执行任务的能力是有限的，因此传输层技术应该具有较低的复杂度。

(5) 如何协同多个传感器节点完成传输任务。虽然传感器节点只有有限的能量、计算和存储资源，但是，传感器网络具有较大的规模和较高密度，其蕴涵的总资源还是相当可观的；另外，多个传感器节点产生的数据可能具有互补性、冗余性或强相关性。因此，传输层技术必须充分地协同多个传感器节点，使它们处理和传输满足可靠性要求的最少数据，从而合理、节约地消耗能量。

为了解决数据传输中存在的各类问题，无线传感器网络传输层在设计时需要依据以下原则：

(1) 以降低能耗为重要指标设计传输层技术。传统的传输层技术无法适用于无线传感器网络，因为它们并不以能耗为重要的设计指标，会消耗大量的能量。一方面，传统的传输层技术采用积极确认机制，规定目的节点每次收到报文后积极回送确认报文，这会消耗大量的能量，并不适用于传感器网络的传输层技术；另一方面，传统的传输层技术采用源节点发现的拥塞避免机制，规定源节点根据确认报文判断网络状态，并相应地采取流量控制措施。在无线链路质量较差时，这种机制可能认为出现了网络拥塞而降低源节点的发送速率，从而降低传输性能。另外，这种机制不具备良好的可扩展性。在网络规模和密度显著增大时，目的节点数目显著增加，这种机制会消耗源节点大量的能量、计算以及存储资源，导致网内能耗分布不均匀，从而缩短传感器网络的生存时间。

(2) 根据应用设计新的可靠性模型。传统的端到端可靠性模型并不适用于无线传感器网络的传输层技术。在一些要求可靠地监测事件的应用中，源传感器组产生的大量数据具有强相关性或冗余性。只要收到充足数据，协同信息处理算法就能可靠地监测事件。因此，部分数据丢失是可以容忍的，这不会降低对事件监测的可靠性。但是，端到端的可靠性模型要求可靠地回传每个源传感器的数据，这会消耗大量的能量，而且并非必要。

(3) 设计新的错误恢复机制。传统的端到端错误恢复机制并不适用于传感器网络的传输层技术。传统机制规定目的节点发现错误后要求源节点重传。然而，为了达到节约能量的目的，传感器网络的传输层技术是基于多跳传输的，在目的节点和源节点之间数据包的传输成功率随着总跳数和单跳误包率的增大而显著降低。当单跳误包率在10%以上而且总跳数大于6时，数据包传输成功率低于50%；因此，传统的端到端错误恢复机制会造成大量的重传，这会浪费大量的能量。而且，传统机制不具备良好的可扩展性。在网络规模和密度显著增大时，端到端的连接数也显著增加。采用传统机制会增大网络负荷，浪费大量的能量。

目前，无线传感器网络传输层技术虽然取得一些进展，但仍然存在以下问题有待进一步研究：

(1) 需要设计具有较短时延的传输协议。现有的无线传感器网络传输协议都需要较长的延时才能保证可靠的传输。但是，当存在多个并发传输任务时，这样的协议不能满足无线传感器网络实际应用对时效性的较高要求。

(2) 需要考虑如何保证传输的安全性。在受到恶意攻击的情况下，可靠的传输层技术应该能够安全可靠地传输数据。需要研究如何将数据加密技术应用到无线传感器网络传输层技术设计中。

(3) 需要优化现有的传输协议，提高可扩展性和容错性，降低能量消耗并缩短响应时间。

例如，可通过调整执行任务的传感器数量或位置，更好地控制无线传感器网络的可靠性和能耗。

4.5.2 数据传输可靠性分析

数据传输是衡量无线传感器网络能效的重要因素，因而在网络设计时要充分考虑数据传输的可靠性和准确率，保证WSN相关的QoS品质。然而，实现无线传感器网络可靠数据传输较为困难，数据包在传输过程中经常会发生丢失和损坏。造成数据包丢失的主要原因包括：

(1) 受通信资源和能量的限制，WSN网络中通信链路具有很大的不稳定性和误码率，数据传输过程极易受周围环境噪声的影响。网络节点分布密度和负载也对数据传输产生影响，数据很容易因信道竞争冲突和节点死亡而丢失。在实际应用中，一个高密度、高负载的无线传感器网络中可能有50%以上的节点间通信链路是不可靠的，而一般单跳链路的数据包接收成功率只能维持在50%～90%。

(2) 无线传感器网络的通信很容易形成拥塞状态，而通信发生拥塞时，拥塞节点不能及时将缓冲区中已有的数据包发送出去，而新的数据包还会源源不断地加入缓冲区，这就导致缓冲区溢出，相应数据包丢失。

(3) 接收节点因为数据包到达过快来不及处理而造成数据包丢失。

在影响网络可靠数据传输的三个因素中，第一和第二个因素的影响最大，也最难解决。在不对网络通信资源和传输机制做任何优化调整的条件下进行数据传输，随着路由跳数的增加，下一跳节点的数据包接收成功率逐渐趋向于零，这对以数据为中心的无线传感器网络而言是严重的问题。已有的针对有线网络的可靠传输机制(例如，Internet网络中TCP协议使用的端到端ACK机制)，在设计时考虑的是数据透明的要求，主要研究数据完整到达接收端的方案和策略，而不关心与数据相关的重要信息以及应用/用户的需求信息，因而不适用于无线传感器网络的数据传输。

针对无线传感器网络的数据传输特性，一些研究者将多输入-多输出(MIMO)技术引入无线传感器网络，利用扩展通信资源的方法提高单跳传输的可靠性。MIMO技术的提出对提高WSN单跳传输可靠性有一定的改善作用，但是，其在增加传输可靠性的同时也增加了网络通信器件的复杂度及功耗开销等。由于MIMO技术并没有针对网络通信中的干扰进行设计，它对整个网络传输可靠性的提高是有限的。

4.5.3 多组传输与多径传输

针对具体的应用需求，提出多种无线传感器网络多组传输与多径传输协议。

1) 网络传输协议采用的主要技术

(1) 采用事件到汇聚点的可靠性模型。一些无线传感器网络传输协议定义了衡量传输可靠性程度的量化指标，这些指标由汇聚点根据收到的报文数量或其他特征进行估算。根据当前的可靠性程度和网络状态，汇聚点自适应地进行流量控制。

(2) 采用局部缓存和错误恢复机制。这种机制要求每个中间节点都缓存数据报文，丢失数据的节点快速向邻近节点索取数据，等到数据完整后该节点才向下一跳节点发布数据。

(3) 采用消极确认机制。这种机制要求只有当节点发现缓存中数据报文不连续排列时，才会认为丢失数据并向邻近节点发送确认报文，从而索取丢失报文。

(4) 采用由源传感器执行拥塞检测的机制。源传感器根据自身的缓存状态判断是否发生拥塞,然后向汇聚节点回送当前网络状态。

2) 网络传输协议

基于以上机制的无线传感器网络传输协议,能够利用较低的能量提供可靠的传输功能,而且具有良好的容错性和可扩展性。

(1) PSFQ 传输协议

PSFQ(pump slowly,fetch quickly)传输协议把用户数据可靠、低能耗地传输到目标传感器组。它适用于要求可靠管理传感器网络的应用,例如灾害地区环境状况的监测等。

PSFQ 协议采用以下机制保证低能耗可靠地传输:①缓存机制。每个中间节点都缓存了数据报文。②消极确认机制。只有当节点发现缓存中数据报文不连续排列时才会认为丢失数据,并向邻近节点发送 NACK 报文,从而索取丢失报文。③索取汇聚机制。NACK 报文中包含希望接收的所有数据报文序号。④局部错误恢复的快速索取和慢速发布机制。丢失数据的节点快速地向邻近节点索取数据,等到数据完整后,该节点才向下一跳节点发布数据。这是 PSFQ 协议设计的核心思路,它不但降低错误恢复的能耗,而且避免节点提前发布不连续数据引发下一跳节点提前快速索取(即错误传播),从而避免浪费能量。这种方法实现了自适应的转发模式调整。当链路情况良好时,节点的数据经常保持完整,较多地处于分组交换状态;而当链路情况恶劣时,节点经常丢失数据,较多地处于存储转发状态。

根据 PSFQ 协议的规定,用户节点将所有数据分为多个数据报文后传输,每个数据报文包含剩余跳数 TTL(time-to-live)、报告位、当前报文序号、文件末尾所在报文的序号。用户节点按顺序每隔 tmin 时间广播一个新的数据报文,直到把所有的报文都发送出去。每个节点接收到数据报文后检查是否已经缓存该报文,如果已缓存则丢弃该报文,否则将该报文的 TTL 减 1 后缓存该报文。其中 tmin 是保证数据能够传递到所有目的接收者而提供的最短时延界限。

PSFQ 协议规定每个节点用 Pump 操作向下一跳节点发布数据。所谓 Pump 操作是指如果最近缓存的新报文紧接在以前缓存的报文之后,而且 TTL＞0,则节点延迟一段时间后把新报文广播到下一跳节点,延迟时间是在 tmin 和 tmax 之间的随机变量。在延迟时间内,如果连续四次接收到与新报文序列号相同的其他报文,则放弃广播新报文。这是为了避免重复广播和浪费能量。其中 tmax 是保证数据能够传递到所有目的接收者而提供的松弛时延界限。

PSFQ 协议规定每个节点用 Fetch 操作向邻近节点索取丢失数据,即节点每隔时间 tr(tr＜tmax)向邻近节点发送 NACK 报文,直到收到所有丢失报文或者发送 NACK 报文的次数超过上限值。NACK 报文包含信号最强的上一跳节点的标识号,以及希望接收的所有数据报文序号。如果在发送 NACK 报文之前,节点已经收到来自其他节点的相同 NACK 报文,则节点取消这次发送。这样操作是为了避免重复广播和浪费能量。

如果收到 NACK 报文的节点缓存了对方丢失的数据报文,则该节点延迟一段随机时间后广播这些报文。如果该节点发现自己就是对方信号最强的上一跳节点,则减少延迟等待的时间,以便更早地进入传输阶段,从而提高错误恢复质量。只有当节点收到相同 NACK 报文的次数超过上限值,而且该节点没有缓存对方丢失的数据报文时,该节点才会中继广播该 NACK 报文,从而避免重复广播和 HACK 报文扩散,节约能量。

PSFQ 协议规定用 Report 操作索取网络状态信息。用户节点可以将数据报文的报告位设置为 1,任何接收到报告位为 1 的报文中间节点都会工作在报告模式。在路由终点的节点

(即收到 TTL=0 报文的节点)会生成报告报文。每一个中间节点会等待这个报文,并将自己的标识号和状态信息加载到该报告报文中,然后向上一跳节点发送该报文。如果节点发现自己的标识号已经包含在该报文中,就会丢弃该报文,阻止报文按照回路传播。在两种情况下中间节点会生成新的报告报文,一种是中间节点等待足够长的一段时间后没有收到报告报文,另一种是收到的报告报文已经无法容纳更多的状态信息。这时中间节点会提前向上一跳节点发送新的报告报文,然后发送旧的报告报文。

用户节点有时需要发送单个控制报文到目标节点,而采用消极确认机制的 Pump 和 Fetch 操作不能保证可靠地传输单个报文。为了解决这个问题,PSFQ 协议规定用户节点在发送单个控制报文时,需要将该报文的报告位设置为 1。目标节点接收到该报文后执行相应的操作,并采用 Report 操作将执行情况反馈给用户节点。用户节点每隔一定时间重复发送该控制报文,直到确定所有目标节点都已经执行了相应的操作。采用上述方法,PSFQ 协议实现了积极确认机制,确保了单个报文的可靠传输。

仿真和实验测试表明,PSFQ 协议能够在宽松的时延限制下将用户数据以更低能耗、更可靠的形式传输到下一组节点。此外,PSFQ 协议具有良好的伸缩性,在无线传感器网络的密度和规模增大时能够保持良好的性能。

(2) ESRT 传输协议

ESRT(event-to-sink reliable transport)传输协议把源传感器组获取的事件消息数据可靠低能耗地传输到汇聚节点。它适用于使用无线传感器网络进行可靠监测的应用,例如事件检测与跟踪。ESRT 协议适用于存在多个并发事件的应用。下面介绍 ESRT 协议在单个事件发生时的操作流程。

假设每个源传感器以报告频率 f 向汇聚节点回送事件消息报文。在当前决策周期内,汇聚节点收到 r 个事件消息报文。根据具体的应用,汇聚节点需要 R 个事件消息报文才能可靠地监测事件。相应地,可以定义 $\eta=r/R$,η 描述了当前传输的可靠性程度。当 $\eta\geqslant 1$ 时,当前传输是足够可靠的;当 $\eta<1$ 时,当前传输是不可靠的。

ESRT 协议规定汇聚节点采用基于当前传输状态的动态流量控制机制,确保传输稳定在 OOR 状态。在开始传输时,汇聚节点发送控制报文,命令源传感器组以预定的速率回送事件消息报文。在每个决策周期末,汇聚节点计算在这个周期内的可靠性程度 η,并且结合源传感器组回送的拥塞标志位判断当前的传输状态。然后,汇聚节点根据当前的传输状态和 f,计算在下一个决策周期内的 f。最后,汇聚节点发送控制报文,命令源传感器组以更新的 f 回送事件消息报文。通过以上方法,汇聚节点实现基于当前传输状态的动态流量控制机制。

ESRT 协议规定源传感器检测是否发生拥塞,并通过设置事件消息报文内的拥塞标志位,向汇聚节点回送当前网络状态。源传感器根据自身的缓存状态判断是否发生拥塞。ESRT 协议能够把源传感器组获取的事件消息数据低能耗和可靠地传输到汇聚节点,且具有良好的伸缩性和容错性。它在网络拓扑变化或传感器网络的密度和规模增大时,能够保持良好的性能。

除了上述两种典型的传输协议以外,基于多组传输和多径传输机制设计的传输协议还包括以下几种。

(1) HHR 和 HHRA 算法。

HHR 和 HHRA 是典型的逐跳可靠性数据传输方法。它们不需要考虑 MAC 协议的确认机制,只是反复向下一跳接收节点发送同样的数据包。在给定从源节点到汇聚节点的跳数后，网络理想的端到端传输概率 r 可以根据公式 $r=\prod_{i=1}^{n} r_i$ 转化为一系列逐跳传输率 r_i，其中 n 为从源节点到汇聚节点的跳数。

每一跳需要重复发送的数据包副本数为 $N_i=\dfrac{\log(1-r_i)}{p_i}$，其中 p_i 为信道差错率。而当下一跳接收节点成功接收到 N_i 个拷贝数据包中的一份后，它将重复上述机制负责将数据包继续向下一跳接收节点转发。带应答的逐跳可靠传输协议(HHRA)是 HHR 的改进算法，基本机制与 HHR 相似，只是在每次发送一份副本后，数据发送节点需要等待接收者的回传 ACK 消息。如果发送节点接收到 ACK 消息，则立即终止本跳后续数据包副本的转发过程。HHR 和 HHRA 对提高传输可靠性有一定的作用，但是，如果信道出现突发差错，则 HHR 和 HHRA 无法解决，因此只要数据传输路径上有一跳的节点信道是深衰落的，则此节点以后的数据传输都难以保障。

(2) HHB 和 HHBA 算法。

HHB 协议利用无线信道的广播特性，由发送节点向它的多个邻居节点多次发送同一数据包。多个邻居节点中任何一个成功接收到至少一个数据包，就以一定的概率 $\dfrac{1}{k(1-p_i^n)}$ 继续转发该数据包，其中 p_i 为信道差错率。此概率可以保证这些邻居节点中至少有一个节点能够成功接收数据包并继续向下一跳转发。在下一跳转发过程中，重复上述机制。带应答的广播传输协议(HHBA)是对 HHB 协议的改进，其基本机制与 HHB 协议相似，但引入逐跳 ACK 应答机制来增加传输的可靠性，同时 HHBA 的转发间隔需要大于 HHB 协议，以使接收节点能够等待 ACK 消息。一旦发送节点收到 ACK 消息，确定传输成功，则立即停止广播过程。

(3) Lazy Loss Detection 算法。

该算法的工作原理与 PSFQ 方法基本一致，只是对失败反馈机制进行改进。算法要求接收节点只有在确定数据包传输失败时，才向发送节点回传 NACK 消息，使数据传递速度得到一定的提升，但并没有提高网络传输的可靠性。

(4) ETX 算法。

ETX 算法对网络传输正反向链路的可靠性进行了综合考虑，基于 ETX 参数为数据选择一条综合可靠性最高的链路进行传输。ETX 算法的定义如下：

$$\mathrm{ETX}=\frac{1}{d_{\mathrm{f}}\cdot d_{\mathrm{r}}} \tag{4-8}$$

ETX 被用来衡量成功传递一个数据包所期望的传递次数，其中，d_{f} 表示正向链路的稳定性，d_{r} 表反向链路(ACK 链路)的稳定性。在数据传输时，网络会选择 ETX 较小的链路进行。

4.5.4 无线传感器网络与 Internet 互联

在大多数情况下，无线传感器网络都是独立工作的。对于一些重要的应用，将无线传感器网络连接到其他网络是非常必要的。例如，在灾害监测应用中，将部署在环境恶劣的灾害区域内的传感器网络连接到 Internet 上，传感器网络可以将数据通过卫星链路传送到网关，而网关连接到 Internet 上使监控人员能够取得灾害区域内的实时数据。

下面介绍传感器网络与 Internet 的互联技术，以及将传感器网络接入网格的解决方案。

1）无线传感器网络与 Internet 互联

将无线传感器网络与 Internet 互联需要解决的主要问题有三个方面，即网络互联结构、接口，以及协议。为了设计相应的解决方案，需要了解两种网络的数据流具有的不同特征。

首先，两种网络的数据流模式不同。无线传感器网络可以被视为分布式数据库，用户节点相当于数据库的前台，而传感器节点可以被视为分布的数据存储源，因此，传感器网络的数据流模式是一到多或多到一的。而 Internet 的数据流模式主要是一到一的。

其次，在产生数据流时两种网络考虑的因素不同。能量直接决定传感器网络的生存时间，为了节约能量，网络必须产生尽量小的数据流量，有时甚至需要牺牲网络的其他性能，如延迟、服务质量等。而 Internet 要求保证足够高的性能，因此允许适当地增大数据流量。

最后，两种网络的数据流的路由方法不同。为了降低通信负载和去除冗余，传感器网络避免为每个节点分配全局唯一的地址标识，而且采用基于数据融合的路由方法。而 Internet 要求为每个节点分配全局唯一的 IP 地址，并且为每个数据包独立地路由。

无线传感器网络与 Internet 互联结构设计是一项重要的工作，需要解决的问题是何种互联结构能够方便实现，并且性能良好。目前，研究人员提出两种将传感器网络与 Internet 互联的结构。

第一种互联结构利用网关作为接口，将传感器网络与 Internet 互联。这种结构称为“同构网络互联”，因为除了网关之外，所有节点具有相同的功能。这种结构是利用网关屏蔽传感器网络并向远端 Internet 用户提供实时的信息服务和互操作功能。

同构网络互联结构实际上是把与 Internet 互联的接口置于无线传感器网络外部的网关。这种结构的优点是能够在传感器网络和 Internet 之间实施中间措施，方便两种数据流的平稳对接，且易于管理，无需调整传感器网络本身；缺点是大量数据流聚集在靠近网关的节点周围，使网关附近的节点能量消耗过快，网内能耗分布不均匀，从而降低传感器网络的生存时间。其改进方案是使用多个网关。这种方案的好处是促进网内能耗均匀分布，但是，单网关或多网关方案都会造成一定程度的信息冗余，因为数据流聚集在靠近网关的节点周围，不能更好地在传感器网络内部融合。

第二种互联结构为部分节点赋予 IP 地址，作为与 Internet 互联的接口。这些接口节点可以对 Internet 端实现 TCP/IP 协议，对传感器网络端实现特定的传输协议。这种结构称为“异构网络互联”，其接口节点比其他节点具有更强的功能。这种结构的主要思路是利用特定节点屏蔽传感器网络并向远端 Internet 用户提供实时的信息服务和互操作功能。为了平衡传感器网络内的负载，可以在这些接口节点之间建立多条管道，使接口节点可以通过传感器网络内普通节点进行通信。与同构网络互联相比，异构网络互联具有更加均匀的能耗分布，并且能更好地在传感器网络内部融合数据流，从而降低信息冗余。但是，异构网络互联需要较大程度地调整传感器网络的路由和传输协议，增加设计和管理传感器网络的复杂度。

无论对于同构还是异构互联结构，传感器网络与 Internet 互联接口设计需要解决的主要问题是在接入节点移动或失效时，如何保持与 Internet 的连接。目前，移动代理技术是比较理想的解决方案之一。移动代理是一种能够执行某种任务的程序，在复杂的网络系统中能够自主地在主机之间移动。移动代理可以根据情况暂停运行，然后转移到网络的其他节点上重新开始或继续执行，最后返回结果消息。远端用户可以在移动代理中封装与 Internet 通信的功能模块，然后将该移动代理发送至传感器网络内的接入节点上运行。当移动代理所在的节点将要移动或耗尽能量时，移动代理可以携带有用信息转移到附近的合适节点上，并使其成为新的接入节点。在此期间，传感器网络与 Internet 的连接中断不会影响移动代理的工作。如果连接恢复，移动代理可将运行结果回送给远端用户。

传感器网络与 Internet 的互联协议设计也是一项重要的工作。Internet 采用 TCP/IP 协议族，然而它们并不适用于传感器网络。一种可能的办法是传感器网络采用专用传输协议，而网关或接口节点同时运行 TCP/IP 协议族和专用传感器网络传输协议，从而实现传感器网络与 Internet 的互联。另一种可能的办法是传感器网络采用改进的 TCP/IP 协议。目前已经提出应用于传感器网络领域的改进 TCP/IP 技术，主要包括在传感器网络自身定位算法基础上提出的空间 IP 地址分配技术、TCP/IP 协议包头压缩技术、在用户和汇聚点之间采用 TCP 协议、在汇聚点和传感器节点之间采用 UDP 协议等技术。这些改进技术的实现复杂度和能耗都比较高，很难在传感器网络中得到实际应用。

2）无线传感器网络接入到网格

网格是构建在分布式资源和通信网络的物理基础上，以资源共享为主要方式，为用户提供按需服务的一种基础设施。它所提供的带宽、存储容量和计算处理能力几乎是无限的，并且能够支持资源之间的互操作。网格的这些特征能够很好地支持无线传感器网络的数据处理过程。为此，通过将无线传感器网络作为传感与信息采集的基础设施融合进网格体系，构建无线传感器网格。从而使传感器网络专注于探测和收集环境信息以及低层次的数据聚集。复杂的数据处理、存储和客户服务则交给网格来完成，从而通过网格平台有效地驱动无线传感器网络“智能化“的自组织信息收集过程，为无线传感器网络广泛应用提供一个强大的用于数据感知、密集处理和海量存储的操作平台。

（1）接入平台关键要素。

为实现无线传感器网络与网格之间的互联互通，需要构建合适的接入平台将无线传感器网络融入网格体系，从而支撑无线传感器网格的应用。该接入平台具有类似于代理或网关的作用，主要具备以下特征：

① 它是一个动态的、可重配置的软件结构。

② 为网格提供通信代理，与无线传感器网络进行通信。

③ 解析、转换、存储和管理传感数据，兼容不同类型的无线传感器网络。

④ 对无线传感器网络施加驱动。

⑤ 为多传感器网络之间的通信提供网关机制。

⑥ 提供标准的 Web 服务支持。

构建接入平台后，运用标准轻量级的无状态 Web 服务来管理传感器网络的状态资源，并将松耦合、异步的消息通知给应用客户，就能够有效地构建起网格的框架。

进一步可以构建基于接入平台的无线传感器网格体系架构。底层是无线传感器网络层，主要由传感器应用、节点应用和传感器网络应用构成，通过中间件连接节点协调网络内服务，提供配置和管理整个网络的功能并进行有效的任务分配。接入层 MPAS 将不同类型的无线传感器网络平滑地接入到网格体系中，并协调管理传感数据信息资源。

（2）MPAS 设计。

MPAS 由五个基本组件构成，通信机制、解析器、WSRF 组件、驱动器和数据库。

① 通信机制。

将无线传感器网络接入网格中，首先需要解决传感器网络通信的交互问题。传感器网络和 MPAS 处于对等地位，采用 MPAS 进行通信。这样，通信过程中任何一方既要作为服务器来监听数据，又要作为客户端来发送数据。同时，为了保证通信过程中的可靠性，使用 TCP 连接方式在传感器网络和 MPAS 之间建立面向连接的 Socket 通道，并使用 SSL 加密传输。

传感器网络与 MPAS 之间的通信流程如下：

(i) 先在通信双方之间建立面向连接的 Socket 通道。

(ii) 初始化用来处理接收数据事务的会话池，使其处于就绪状态。

(iii) 双方各启动一个监听线程来监听 P2P 通信过程中的数据信息。在多传感器网络和 MPAS 通信的情况下监听到有数据信息到来时，如果会话池中存在着无状态接收会话实例，则立即激活其中的一个，并开始在这个会话实例中处理数据接收事务；如果没有则立即创建一个无状态接收会话实例。

(iv) 接收完毕后，将此会话实例去除，并将状态送还到会话池中，等待下一次被激活使用。

② 解析器。

解析器使用 XML Schema 描述传感数据协议中所有的数据域，包括传感器网络的名字、各类传感数据、节点位置等。其主要功能是对传感数据流进行划分，提取有效的传感信息，将其转化为网格中标准的传感资源。

解析器的工作流程分为三步。

(i) 使用 DTD 文件来定义 XML Schema 的格式，并检查其合法性。

(ii) 解析器读取 XML Schema，将每个数据域细节分成名称、类型和长度信息，获得解析传感数据的格式。

(iii) 解析器在获取传感数据后，使用从 XML Schema 得到的解析格式提取相应的有效传感信息，并将其转换为统一的网格资源送给 WSRF 组件处理。

通常传感数据是以十六进制的形式送入传感数据解析器的。在提取传感信息时，传感数据解析器将比特作为分界点，以完全控制协议数据的每一个比特位，这样能够不浪费任何数据流带宽，无需对无线传感器网络的设计与实现作限制，也不需要修改现有的无线传感器网络协议，能够灵活地设计传感节点与网络特性。虽然使用解析器增加了 CPU 的运行负担和降低其工作效率，但最终能有效降低能耗，延长节点寿命。

对于不同类型的无线传感器网络，通过修改其所对应的 XML Schema 内数据域中对传感数据的描述，就能够有效兼容不同类型的传感器网络。使来自不同类型传感器网络的传感数据在经过解析器的处理之后，信息表达模式与网格操作一致，从而屏蔽了不同传感器网络的传感数据模式之间的差异。

③ WSRF 组件。

WSRF 组件作为 MPAS 接入平台的核心，对解析器、驱动器、数据库和客户请求机制进行整合，并协调它们之间的交互行为。WSRF 组件的工作过程通过三个机制来实现。

(i) 通过与 MPAS 的其他组件交互来协调它们的行为。WSRF 组件从解析器获得传感资源，采用“推”的方式通过消息通知将它们送给订阅了相应主题的网格客户；对传感器网络操作配置的请求转换成为语义上的驱动操作描述送给驱动器去处理；使用数据库组件的服务来操作分布式异构环境下的传感资源。

(ii) 使用 Web 服务操作有状态的传感资源。WSRF 组件的核心是 Web 服务机制，它借助 WSRF 框架将传感资源抽象出来。网格客户使用标准的 Web 服务来操作这些传感资源，其操作流程为，首先 WSRF 框架对传感资源进行初始化，并登记主题事件，然后客户请求者使用 WSRF 框架中的 Web 服务来操作传感资源及其属性，最后销毁客户代理、Web 服务的实例、监听线程和服务管理者，结束交互操作。

(iii) 通知机制。WSRF 组件的通知机制采用 Publish/Subscribe 模式，客户在 WSRF 框架中订阅相关主题的 Web 服务，并由一个专门负责服务订阅管理的 Web 服务来管理这些订阅过程。对于多传感器网络，WSRF 组件需要使用传感器网络的名字区分不同的传感器网络，即声明要接收哪个传感器网络的数据，然后向 WSRF 订阅相关主题服务，从而“拉动”WSRF 将数据送给相应主题的客户。

④ 驱动器。

无线传感器网络进行初始化配置、分配任务以及调整自身的网络性能时都需要接收来自外界的驱动。MPAS 中的驱动器就扮演这个“驱动者”的角色，对无线传感器网络施加驱动，直接“指导”传感器网络的中间件系统完成这些部署、调整和任务分配的工作。具体的驱动流程如下：

(i) 驱动器接收 WSRF 组件提交过来的对无线传感器网络进行操作配置的语义驱动描述。

(ii) 驱动器通过使用 XML Schema 来验证语义驱动描述是否符合事先约定的无线传感器网络(对于多传感器网络，由语义驱动描述中的传感器网络的名字来指定所要操作配置的传感器网络)操作配置的语义规范。

(iii) 验证通过后，驱动器把语义驱动描述转换为能够操作无线传感器网络中间件系统的命令机制，以指导完成对无线传感器网络的调整、优化、部署和任务分配等工作。

驱动器中的命令驱动者(command actuator)是一个关键的组件。它扮演“解析者”和“工厂”的双重角色，在解析语义驱动描述的过程中提取出对传感器网络的语义操作配置元素，并将资源和这些操作配置元素组装成能够操作传感器网络中间件系统的命令机制。这些命令机制由操作指令及相关配置参数组成。

⑤ 数据库。

网格客户在 MPAS 中通过客户代理使用 OGSA-DAI 这个中间件系统以统一的方式来存取和管理异构环境下的传感数据资源，从而屏蔽分布式异构数据源的差异，同时也有效地共享传感数据资源。

在与 OGSA-DAI 中间件系统交互的服务流程中，网格客户把对数据资源的操作以高阶服务的应用方式提交给 WSRF 框架中的 OGSA-DAI 服务，由 OGSA-DAI 服务的中间件进一步使用 DAI-Core 来具体地操作数据资源，最终实现以统一的方式存取和管理异构环境下的传感数据资源。对于多传感器网络，每一个传感器网络都在数据库中对应着一张数据表，当接收到传感数据时，根据传感器网络的名字将数据资源存放到所对应的表中。

(3) MPAS 性能分析。

MPAS 能够有效地将传感数据送入网格，并能正确区分不同无线传感器网络的传感资源。在运行资源受限的情况下，要使 MPAS 成功支撑起无线传感器网络和网格之间的通信，需要对传感数据添加到 MPAS 的速率有一定限制，多传感器网络与网格之间的通信能力对 MPAS 运行资源的限制更为敏感。在保证 MPAS 拥有充足运行资源的情况下，MPAS 为支撑多传感器网络与网格通信所耗费的平均代价要小于仅支撑单传感器网络与网格通信所耗费的代价，整体收益更好。

思 考 题

4.1 无线传感器网络物理层的基本功能是什么?

4.2 无线传感器网络 MAC 协议设计的基本要求是什么?

4.3 无线传感器网络产生数据冲突的主要原因是什么?

4.4 无线传感器网络路由协议分为几种? 各自的特点是什么?

4.5 试以 LEACH 算法为例,简述无线传感器网络层次性路由协议的基本原理。

4.6 无线传感器网络中影响数据可靠传输的因素有哪些?

第5章　无线传感器网络通信技术

5.1　IEEE 802.15.4 标准

IEEE 802 系列标准是 IEEE 802 LAN/WAN 标准委员会制定的局域网和城域网技术标准，与无线有关的两个协议是 IEEE 802.11 和 IEEE 802.15。

IEEE 802.15 工作组内有四个任务组(TG)，分别制定适应不同应用要求的标准。这些标准在传输速率、功耗和支持服务等方面有所差异，四个工作组的主要任务分别为：

(1) 任务组 TG1。制定 IEEE 802.15.1 标准，又称蓝牙无线个人区域网络标准。蓝牙是一种小范围无线连接技术，能够在设备之间实现低成本、中等速率、灵活安全的数据传输。

(2) 任务组 TG2。制定 IEEE 802.15.2 标准，研究 IEEE 802.15.1 与 IEEE 802.11 的共存问题。

(3) 任务组 TG3。制定 IEEE 802.15.3 标准，研究高速率无线个人区域网络标准(WD-PAN)，目的是提供要求的物理层无线数据速率，并满足媒质接入控制层的 QoS 要求，支持低功率、低成本、近距离的多媒体应用。工作在 2.4GHz 频段，最高数据速率可达 55Mb/s。

(4) 任务组 TG4。制定 IEEE 802.15.4 标准，用于低速无线个人局域网的物理层和媒体接入控制层规范，支持两种网络拓扑，即单跳星状或当通信线路超过 10m 时的多跳对等拓扑。

IEEE 802.15.4 标准只定义了物理层和数据链路层的 MAC 子层，物理层由射频收发器以及底层的控制模块构成，MAC 子层为高层访问物理信道提供点到点通信服务接口。

5.1.1　物理层

物理层处于 OSI 参考模型中的最底层，是保障信号传输的功能层。物理层的主要功能是在一条物理传输媒介上实现数据链路实体之间的各种数据比特流透明传输。物理层定义无线信道和 MAC 子层之间的接口，提供物理层数据服务和物理层管理服务。物理层具有以下功能：

(1) 激活和关闭无线收发器。

(2) 信道功率检测。

(3) 检测接收包的链路质量指示。

(4) 信道载波侦听/冲突检测方式。

(5) 信道频率选择。

(6) 数据发送与接收。

IEEE 802.15.4 工作在工业、科学、医疗(ISM)频段，定义两个物理层标准，分别是 2.4GHz物理层和 868MHz、915MHz 物理层。两个物理层都基于直接序列扩频技术，使用相同的物理层数据包格式，其区别在于工作频率、调制技术、扩频码片长度和传输速率不同。

2.4GHz 波段为全世界统一、无需申请的 ISM 频段，有助于设备的推广和生产成本的降低。2.4GHz 的物理层采用 16 相调制技术，能够提供 250kb/s 的传输速率，从而提高数据吞吐量，减少通信时延，缩短数据收发时间，因此更加省电。868 MHz 是欧洲附加的 ISM 频段，915 MHz 是美国附加的 ISM 频段。工作在这两个频率上的设备避开了来自 2.4GHz 频段中其他无线通信设备和家用电器的无线电干扰，具体信道情况如表 5-1 所示。868MHz 上的传输速率为 20kb/s,916MHz 上的传输速率则是 40kb/s。这两个频段上无线信号的传播损耗和所受到的无线电干扰均较小,对接收机灵敏度的要求较低,能获得较大的有效通信距离,使用较少的设备即可覆盖整个区域。

表 5-1 ISM 信道分配

频段/MHz	码片速率/(kchip/s)	比特速率/(kb/s)	符号速率/(ksymbol/s)	符号	调制方式
868~868.6	300	20	20	二进制	BPSK
902~928	600	40	40	二进制	BPSK
2400~2483.5	2000	250	62.5	16ary 正交	O-QPSK
868~868.6*	400	250	12.5	20bitSPSS	ASK
902~928*	1600	250	50	5bitSPSS	ASK
868~868.6*	400	100	25	16ary 正交	O-QPSK
902~928*	1000	250	62.5	16ary 正交	O-QPSK

* 可选项,为 802.15.4—2006 新增内容。

IEEE 802.15.4 使用了三个频段定义了 27 个物理信道,其中,868MHz 频段定义了 1 个信道,915MHz 频段附近定义了 10 个信道,信道间隔为 2.4GHz 频段定义了 16 个信道,信道间隔为 5MHz。较大的信道间隔有助于简化收发滤波器的设计。

1) 物理层的帧格式

物理层帧结构由同步头、物理层包头和物理层负载三部分组成,结构如表 5-2 所示。

表 5-2 物理层帧结构

4 字节	1 字节	1 字节		长度可变
前导码	SFD	帧长度	保留位	PSDU
同步头		物理层包头		物理层负载

同步头由前同步码(前导码)和数据包(帧)定界符组成,用于获取符号同步,扩帧码同步和帧同步,也有助于粗略的频率调整。物理层包头指示净荷部分长度,净荷部分含有 MAC 层数据包,最大长度为 127 字节。如果数据包的长度类型为 5 字节或大于 8 字节,那么物理层服务数据单元(PSDU)携带 MAC 层的帧信息(即 MAC 层协议数据单元)。

2) 物理层的功能实现

物理层所有服务均通过物理层服务访问接口实现,物理层提供数据服务和管理服务。物理层数据服务通过物理层数据服务访问点(PD-SAP)实现,物理层管理服务通过物理层管理实体服务接入点(PLME-SAP)实现,物理层服务模型如图 5-1 所示。

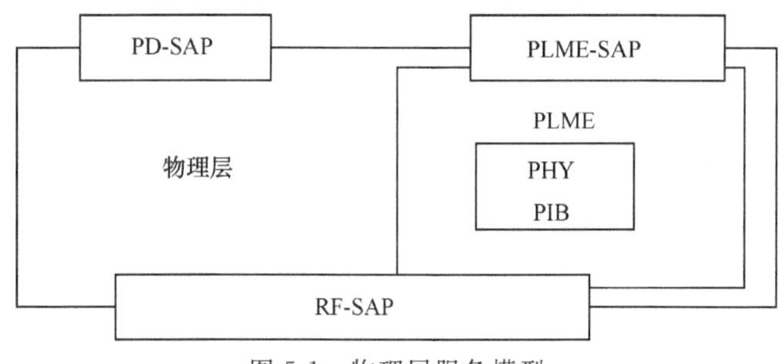

图 5-1 物理层服务模型

5.1.2 MAC 层

OSI 参考模型的数据链路层可进一步划分为 MAC 和 LLC 两个子层。LLC 子层在 IEEE 802.6 标准中定义，为 IEEE 802 标准系列所共用，而 MAC 子层协议则依赖于各自的物理层。MAC 子层使用物理层提供的服务实现设备之间的数据帧传输。LLC 子层在 MAC 子层的基础上，在设备间提供面向连接和非连接的服务，主要功能是进行数据包分段与重组，以确保数据包按顺序传输。

MAC 层具有以下功能：

(1) 若作为网络协调器产生并发送信标帧，普通设备根据协调器的信标帧与协调器同步。

(2) 支持 PAN 的构建与解体操作。

(3) 支持器件安全机制。

(4) 使用 CSMA-CA 机制访问信道。

(5) 实现并保证时间槽机制的准确性。

(6) 提供两个设备的 MAC 子层之间可靠传输。

IEEE 802.15.4 MAC 子层实现包括设备间无线链路的建立、维护与断开，确定模式的帧传送与接收、信道接入与控制、帧校验与快速自动请求重发、预留时隙管理以及广播信息管理等。

1) MAC 子层的帧格式

对 MAC 层帧格式的设计要求是在保持低复杂度的前提下实现在噪声信道上的可靠数据传输，MAC 子层数据包格式如表 5-3 所示。

表 5-3 MAC 帧格式

2 字节	1 字节	0/2 字节	0/2/8 字节	0/2 字节	0/2/8 字节	可变	2 字节
帧控制域	序列号	目的 PAN 标识符	目的地址	源 PAN 标识符	源地址	帧负载	FCS
		地址域					
MHR						MAC 负载	MFR

MAC 子层数据包由 MAC 子层帧头(MAC header，MHR)、MAC 子层负荷和 MAC 子层帧尾(MAC footer，MFR)组成。MAC 子层帧头由 2 字节帧控制域、1 字节的帧序号域和最大 20 字节的地址域组成。帧控制域给出 MAC 帧的类型、地址域的格式以及是否需要接收方确认等控制信息；帧序号域包含发送方对帧的顺序编号，用于匹配确认帧，实现 MAC 子层的可靠传输；地址域采用的寻址方式可以是 64 位的 IEEE MAC 地址，也可以是 8 位的 ZigBee 网络地址。

MAC 子层负荷长度可变。不同的帧类型包含有不同的信息(如 MAC 子层业务数据单元 MSDU(MAC service date unit))，但整个 MAC 帧长度应该小于 127 字节，其内容取决于帧类型。IEEE 802.15.4 的 MAC 子层定义了 4 种帧类型，即广播(信标)帧、数据帧、确认帧和 MAC 命令帧。只有广播帧和数据帧包含了高层控制命令或者数据，确认帧和 MAC 命令帧则用于 ZigBee 设备的 MAC 子层功能实体间控制信息的收发。

MAC 子层帧尾含有采用 16 位 CRC 算法计算出来的帧校验序列 FCS(frame check sequence)，用于接收方判断该数据包是否正确，从而决定是否采用 ARQ 进行差错恢复。广播帧和确认帧不需要接收方的确认。数据帧和 MAC 命令帧的帧头包含帧控制域，指示收到的帧是否需要确认；如果需要确认并且已经通过了 CRC 校验，则接收方将立即发送确认帧；若发送方在一定时间内接收不到确认帧，将自动重传该帧。

2）MAC 子层的功能实现

MAC 层服务模型结构如图 5-2 所示。从图中可以看出，MAC 层两个不同接入点提供不同的服务，通过公共部分子层服务接入点为它提供数据服务，通过管理实体接入点为它提供管理服务。数据服务提供了 MAC 公共部分子层、数据服务访问点 MCPS-SAP；管理服务提供了管理服务访问点 MLME-SAP。

通过服务点 PD-SAP 和 PLME-SAP，MAC 层在服务集中管理子层（service specific convergence sublayer，SSCS）和物理层之间提供一个接口。

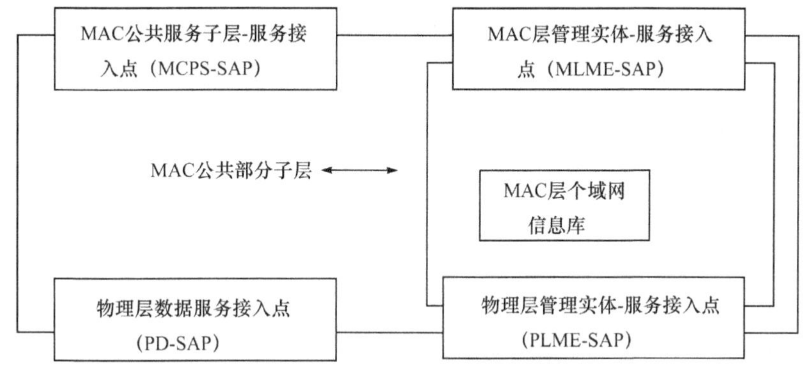

图 5-2　MAC 层服务模型

5.2　ZigBee 协议规范

5.2.1　ZigBee 协议概述

ZigBee 是由 ZigBee 联盟和 IEEE 802.15.4 工作组共同制定的一种通信协议标准。ZigBee 无线设备工作在公共频段上（全球 2.4GHz，美国 915MHz，欧洲 868MHz）。ZigBee 技术具有低速率、低功耗、低成本、时延短和高安全性等特点。

ZigBee 技术支持 20～250kb/s（2.4GHz），40kb/s（915MHz）和 20kb/s（868MHz）的原始数据吞吐率，能够满足低速率数据传输的需求。由于工作周期较短，且采用休眠模式，收发信息功耗较低，两节普通 5 号电池可使用 6～24 个月，免去了充电或者频繁更换电池的麻烦。由于对时延进行了优化处理，通信时延和休眠状态激活的时延都非常短。设备搜索时延典型值为 30ms、休眠激活时延典型值为 15ms，活动设备信道接入时延为 15ms。ZigBee 数据传输速率低，协议简单，可以有效地降低开发成本，并且 ZigBee 协议免收专利费用。ZigBee 提供三级安全模式，使用接入控制清单，防止非法获取数据以及采用高级加密标准（AES-128）的对称密码，以灵活地确定其安全性。

ZigBee 数据传输可靠性较高，采用碰撞避免机制，同时为需要固定带宽的通信业务预留专用时隙，避免发送数据时的竞争和冲突。中间访问控制层采用完全确认的数据传输机制，发送的每个数据包都必须等待接收方的确认信息。一个 ZigBee 网络可以容纳最多 65536 个从设备和一个主设备，一个区域内可以同时存在最多 100 个 ZigBee 网络。ZigBee 与现有的控制网络标准无缝集成。通过网络协调器自动建立网络，采用 CSMA-CA 方式进行信道存取。为了可靠传递，提供全握手协议，协议栈套件紧凑简单，一般控制器只需 4K ROM 即可。

ZigBee 协议栈的体系结构模型如图 5-3 所示，可以看出其主要由应用层、网络层、数据链路层和物理层组成。IEEE 802.15.4 工作组负责制定协议栈中的物理层和 MAC 层，ZigBee 联盟负责制定协议栈中的网络层和应用层。其中应用层框架包括应用支持子层（application support sublayer，APS）和 ZigBee 设备对象（zigBee device object，ZDO）。

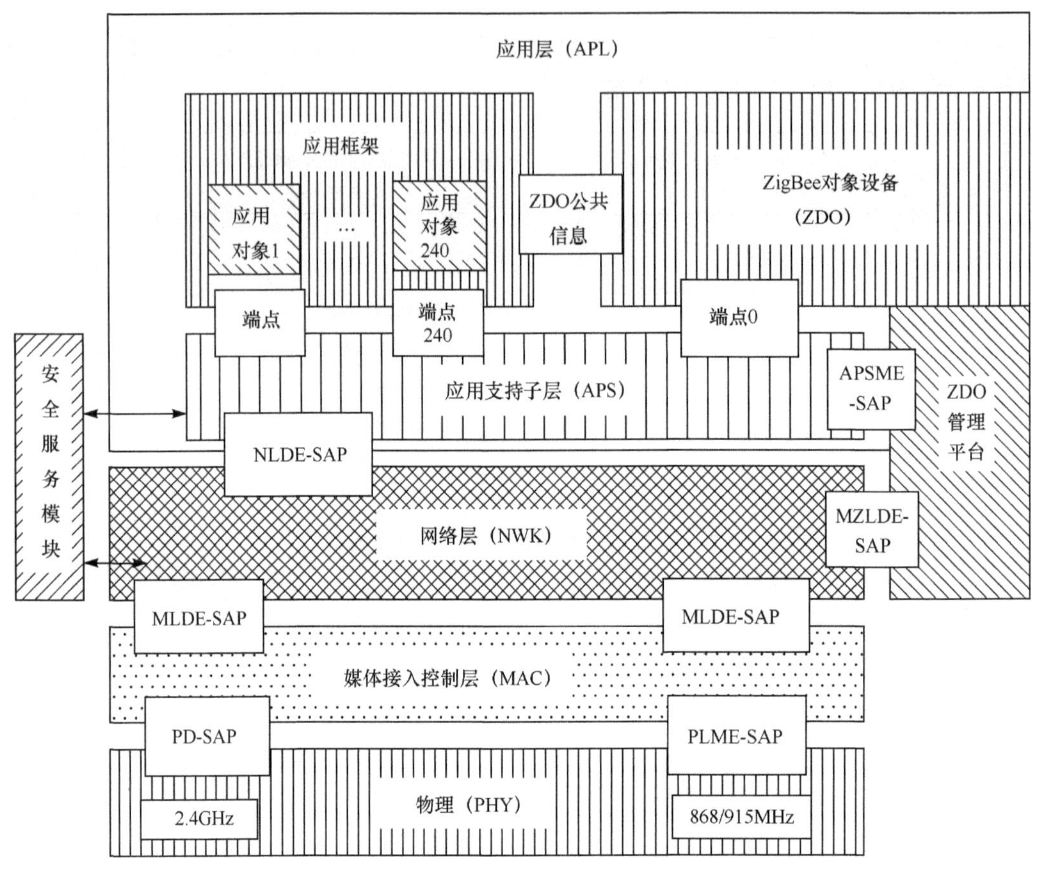

图 5-3　ZigBee 体系结构模型

ZigBee 定义三种类型的设备：

（1）ZigBee 协调器，是负责启动和配置整个网络的设备，协调器可以保持间接寻址用的绑定表格，支持关联，同时能够设计信任中心和执行其他活动，一个 ZigBee 网络中只能有一个 ZigBee 协调器。

（2）ZigBee 路由器，是负责消息转发的设备，ZigBee 网络中可以有多个 ZigBee 路由器。但星形网络不支持 ZigBee 路由器。

（3）ZigBee 终端设备，是负责执行相关功能的设备，并使用 ZigBee 网络将信息传送给其他设备。

以上三种设备根据功能又可以分为全功能设备和半功能设备，其中，全功能设备可以作为协调器、路由器和终端设备，半功能设备只能作为终端设备。一个全功能设备可以与多个半功能设备或多个全功能设备通信，而一个半功能设备只能与一个全功能设备通信。

5.2.2 ZigBee 网络层

网络层通过使用 MAC 层提供的各种功能保证 MAC 层各种功能正确执行，完成建立和维护网络的任务，并向应用层提供服务。

网络层内部在逻辑上由两部分组成，即网络层数据实体（NLDE）和网络层管理实体（NLME）。网络参考模型如图 5-4 所示，网络层数据实体通过访问服务接入点（NLDE-SAP）提供数据服务；网络管理层实体通过网络层管理实体服务接入点（NLME-SAP）提供网络管理服务，网络管理实体利用网络层数据实体完成网络维护，并完成对网络信息库（NIB）的维护和管理。

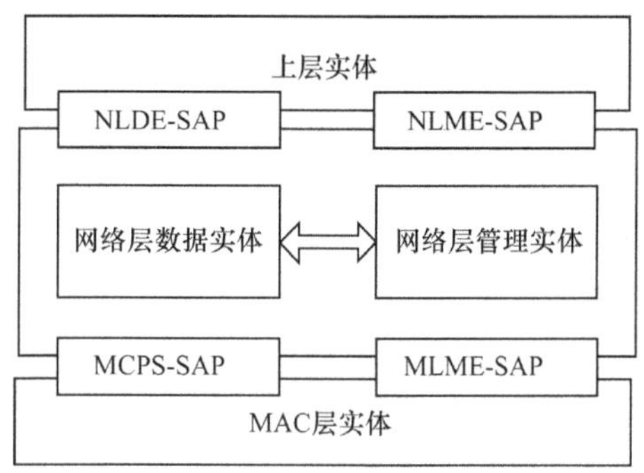

图 5-4　网络层参考模型

网络层管理实体提供网络管理服务，允许应用与堆栈相互作用，具体提供以下服务：

（1）配置和初始化设备，保证该设备有能力完成它在网络中的功能。

（2）若设备是协调器，则应能保证初始化并启动一个新网络。

（3）若设备是协调器或路由器，则应能支持其他设备的链接，也可以断开设备的链接；若设备是路由器或终端设备，则应能实现与协调器或其他路由器的链接。

（4）协调器或路由器应能够为设备分配网络地址。

（5）发现、报告和记录与其相隔一跳的邻居设备信息。

（6）发现、记录通过网络有效传送信息的路由。

（7）能够控制设备的接收电路处于接收状态的时间，使 MAC 层实现同步或直接接收。

网络层数据实体为数据提供服务，在一个或多个设备之间传送数据时，应按照应用协议数据单元的格式进行数据转换，具体提供以下服务：

（1）通过为应用支持子层协议数据单元 PDU 增加适当的协议信息，构造网络层协议数据单元 NPDU。

（2）指定拓扑传输路由，保证通信的真实性和机密性。

网络层通过 MCPS-SAP 和 MLME-SAP 接口为 MAC 层提供接口。

1）网络层帧结构

网络协议数据单元（NPDU）即是网络层帧的结构，帧格式结构如表 5-4 所示。

表 5-4　网络层帧格式

字节	2	2	2	1	1	0/8	0/8	0/1	可变	可变
帧格式	帧控制	目的地址	源地址	广播半径域	广播序列号	目的 IEEE 地址	源 IEEE 地址	多点传送控制	源路由帧	帧的有效载荷
网络层帧报头										网络层有效载荷

由表 5-4 可知，网络层帧由下列部分组成：

(1) 网络层帧头：包含帧控制、地址和序列信息。

(2) 网络层帧的可变长有效帧载荷，包含帧类型所指定的信息。

表 5-4 所示为网络层通用帧结构。并非所有帧的结构都包含地址和序列域，网络层帧的报头域还是以固定顺序出现，只有多播标志值是 1 时才存在多播控制域。

通用网络层帧格式组成部分包括：

(1) 帧控制域。

帧控制域为 16 位，包含帧类型、地址和序列以及其他控制标记，其结构如表 5-5 所示。

表 5-5　帧控制域

位	0、1	2～5	6、7	8	9	10	11	12	13～15
名称	帧类型	协议版本	发现路由	多播标记	安全	源路由	目的 IEEE 地址	源 IEEE 地址	保留

帧类型定义如表 5-6 所示。

表 5-6　帧类型

帧类型值 b1 b0	00	01	10,11
帧类型名	数据	网络层命令	保留

协议版本为 ZigBee 网络层协议标准的版本号。

发现路由包括抑制路由发现(00)、使能路由发现(01)、强制路由发现(10)、保留(11)。多(广)播标志位为 1 位，如果是单播或者广播帧则值为 0，如果是多播则值为 1。

若安全域值为 1，表明网络层具有安全操作能力，若安全域值为 0，则表明安全由另一层完成或者完全被禁止。若源路由值为 1，表明源路由在网络报头中存在，若源路由值为 0，则表明源路由在网络报头中不存在。

IEEE 目的地址是 1 时，网络帧报头包含整个 IEEE 目的地址。IEEE 源地址是 1 时，网络帧报头包含整个 IEEE 源地址。

(2) 目的地址。

目的地址域长度为 2 字节，若帧控制域的多播标志子域为 0，则目的地址域的值就是 16 位的目的设备网络地址或广播地址；若多播标志子域值是 1，则目的地址域是 16 位多播组的 ID。

(3) 源地址。

源地址域的长度为 2 个字节，其值为源设备的网络地址。

(4) 广播半径域。

当目的地址为广播地址(0XFFFF)时,广播半径和广播序号才存在,广播半径的长度为1个字节,设备接收到一次该帧,广播半径即减1。

(5) 广播序列号域。

广播序列号域的长度为1字节,每发送一个新帧,序列号值即加1。

(6) IEEE 目的地址。

若 IEEE 目的地址存在,则它将包含在网络层地址头中的目的地址域的16位网络地址相对应的64位 IEEE 地址中;若16位网络地址是广播或多播地址,则 IEEE 目的地址不存在。

(7) IEEE 源地址。

若 IEEE 源地址存在,则它将包含在网络层地址头中的源地址域的16位网络地址相对应的64位 IEEE 地址中。

(8) 多点传送控制。

多播控制域长度为1个字节,且只有多播标志子域值为1时才存在。它又分为3个子域,即多播模式(第0、1位)、非成员半径(第2~4位)和最大非成员半径(第5~7位)。

多播模式表明是使用成员还是非使用成员模式传输该帧,成员模式在目的组成员设备中使用传送多播帧;非成员模式时从非多播成员设备到多播成员设备换算多播帧。当不是目的组成员设备转播时,非成员半径域表明成员模式多播范围,接收设备是目的组成员将设置该子域值为最大非成员半径域的值。

(9) 源路由帧。

当帧控制域的源路由子域的值为1时,才存在源路由子帧域。它分为3个子域,即应答计数器(1个字节)、应答索引(1个字节)及应答列表(可变长)。应答计数器表明包含在源路由子域转发列表里的应答数值;应答索引子域表明传输数据包的应答列表子域的下一转发索引;应答列表子域是节点的2字节短地址列表,用来为源路由数据包的目的转发。

(10) 帧有效载荷。

帧有效负荷的长度是可变的,包含各种帧类型的具体信息。

数据帧的结构与通用帧结构相同,包括网络层报头和数据有效载荷。网络层报头是由控制域和根据需要适当组合得到的路由域组成。在帧控制域中,帧类型子域表示数据帧的值,根据数据帧的用途,对其他子域进行设置;根据帧控制域中的设置,路由为地址域或广播域经过适当组合得到。数据有效载荷包含字节的序列,该序列为网络层上层要求网络层传送的数据。

网络层命令帧格式如表5-7所示。

表 5-7 网络层命令帧格式

字节:2	可变	字节:1	可变
帧控制	路由域	网络层命令标识符	网络层命令载荷
网络层帧报头		网络层载荷	

网络层命令标识符域表明所使用的网络层命令,如表5-8所示。

表 5-8 网络层命令标识符

命令帧标识符	命令名称	命令帧标识符	命令名称
0X01	路由请求	0X07	重新加入响应
0X02	路由应答	0X08	连接状态
0X03	路由错误	0X09	网络报告
0X04	断开	0X0A	网络更新
0X05	路由记录	0X0B～0XFF	保留
0X06	重新连接请求		

路由请求，在无线通信范围内的其他设备发现到达目的设备的路由，目的是在网络中建立快速稳定的路由。

路由应答，用来通知路由请求的源设备已接收到请求命令。

路由错误，当设备无法传送数据帧时，用该命令通知发送数据帧的源设备，数据帧在传送时出现错误。

断开，用来通知网络中的其他设备正在离开网络或请求一个设备离开网络，该命令帧的载荷包括命令帧标识符(1 个字节)和命令选择(1 个字节)。

路由记录，记录网络中的数据包路由，该命令帧包括命令帧标识符(1 个字节)、应答计数器(1 个字节)和应答列表(可变长)。

重新连接请求，用来命令允许设备重新连接网络，该命令帧包括命令帧标识符(1 个字节)、能力信息(1 个字节)。

重新连接响应，用来通知它的短地址的子设备和重新连接状态，该命令帧包括命令帧标识符(1 个字节)、短地址(2 个字节)及重新连接状态(1 个字节)。

连接状态，该命令帧允许邻居路由器之间通信，并知道它们之间的输入链路成本，命令帧包括命令帧标识符(1 个字节)、命令选择(1 个字节)及链路状态列表(可变长)。

网络报告，将设备报告时间给协调器。该命令帧包括命令标识符(1 个字节)、命令选择(1 个字节)、EPID(8 个字节)及记录信息(可变长)。

网络更新，允许由 NIB 中的 nwkManagerAddr 参数确定的设备广播配置信息的改变到网络中的所有设备，该命令帧包括命令帧标识符(1 个字节)、命令选择(1 个字节)、EPID(8 个字节)及记录信息(可变长)。

2）网络层功能

网络层的功能包括网络维护、网络层数据的发送与接收、路由的选择及广播通信。其中，网络维护又包括建立新网络、加入网络及离开网络功能。

(1) 网络维护。

ZigBee 所有节点都具有连接和断开网络的能力。ZigBee 协调器和路由器具有以下功能：

① 允许设备用以下两种方式加入网络，MAC 层的链接命令、应用层的链接命令请求。

② 允许设备用以下两种方式断开网络，MAC 层的断开命令、应用层的断开命令。

③ 对逻辑网络地址进行分配。

④ 维护邻居设备表。

ZigBee 协调器具有建立网络的能力。

(2) 网络层数据的发送与接收。

只有当设备处于网络关联的状态时，才会在网络层上传输数据帧。如果未连接设备接收到传输帧的请求命令，则会丢弃该帧并向上层发送信息通报错误状态。

(3) 路由的选择。

ZigBee 协调器和路由器提供以下功能：

① 转发上层数据帧。

② 转发其他 ZigBee 路由器的数据帧。

③ 在路由选择和路由恢复中，使用所规范的 ZigBee 路由成本计算路径损耗。

④ 参与路由发现，为后续数据帧建立路由。

⑤ 参与本地路由恢复和点对点路由恢复。

⑥ 为终端设备提供路由发现服务。

⑦ 初始化点对点路由恢复。

⑧ 记录最佳路由，维护路由表。

⑨ 为上层及其他路由器初始化路由选择。

⑩ 根据其他路由器的要求进行本地路由发现初始化。

(4) 广播通信。

ZigBee 广播通信用来广播除路由请求命令帧以外的各网络层的数据和命令数据帧。网络中的任何设备都可以向属于该网络的其他设备进行广播。

5.2.3 ZigBee 应用层

ZigBee 应用层框架包括应用支持子层(APS)、ZigBee 设备对象(ZDO)和用户所定义的应用对象。应用支持子层的功能包括维持绑定表、在绑定的设备之间传送消息。所谓绑定就是基于两台设备的服务与需求将它们匹配地连接起来。ZigBee 设备对象(ZDO)的功能为定义设备在网络中的作用(如是 ZigBee 协调器还是终端设备)，发起和响应绑定请求，在网络设备之间建立安全机制。ZigBee 设备对象还负责发现网络中的设备，并且决定向它们提供何种应用服务。

1) 应用支持子层

应用支持子层(APS)是网络层(NWK)和应用层(APL)之间的接口。APS 包括一系列 ZDO 和用户自定义应用对象调用的服务，这些服务由两个实体实现，即 APS 数据实体(APSDE)和 APS 管理实体(APSME)。APS 层参考模型构成如图 5-5 所示。

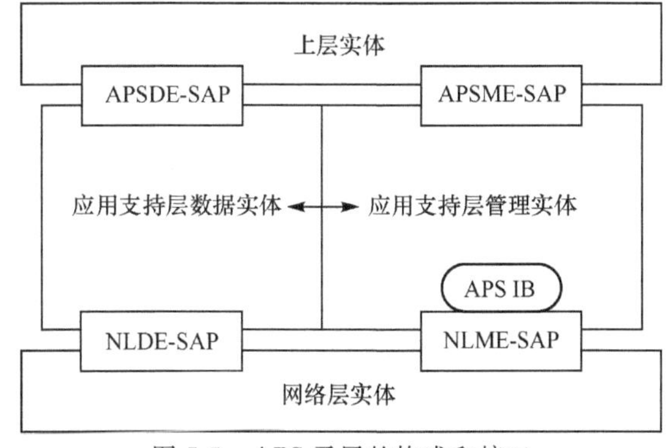

图 5-5 APS 子层的构成和接口

APSDE 通过 APSDE 服务接入点(APSDE-SAP),APSME 通过 APSME 服务接入点(APSME-SAP)。APSDE 的功能是使 ZDO 和用户定义的应用对象能够在网络中的两个或多个 ZigBee 设备之间传输应用层协议数据单元,包括生成应用数据单元及通过附加协议信息将应用 PDU 构造成 APSPDU。APSME 提供多种服务给应用对象,这些服务包含安全服务和绑定设备,并维护管理对象的数据库。

APS 层的帧格式由以下几部分组成:

(1) APS 帧头,由帧控制和地址信息组成。

(2) APS 有效载荷,包含帧类型指定的信息、可变长度等。

APS 帧结构如表 5-9 所示。

表 5-9　APS 帧结构

字节	1	0/1	0/2	0/2	0/2	0/1	1	可变长	可变长
内容	帧控制	目的地址	簇地址	串标志	模式标志	源地址	APS 计数	扩展报头	帧有效载荷
		地址域							
应用层帧报头									应用层有效载荷

帧控制域,包含帧类型、寻址、控制标志等信息。

帧地址域包括五部分,目的地址、簇地址、串标志、模式标志和源地址。

目的地址,最终接收该帧的目的端点地址。当该地址为 0X00 时,该帧的目的地址为每个设备的 ZDO;当目的地址为 0XFF 时,该帧发送给应用端点;当目的地址为 0X01～0XF0 时,该帧发送给除了端点 0X00 之外的所有活跃的端点;0XF1～0XFE 保留。

簇地址 ,只有当帧控制中的传输模式子域为 0b11 时存在该域时,目的端点不存在。

串标识符,指定由请求中源地址所指示的用于设备绑定操作的串标识符。帧控制域的帧类型指定串标识符是否存在,该域只用于数据帧,不用于命令帧。

模式标志,指定在传输帧的过程中用于设备过滤消息和帧的模式标识符。该域只用于数据帧和确认帧。

源地址,指定发起者帧的端点,值为 0X00 时,表明从每个设备的 ZDO 发起。值为 0X01～0XF0 时,表明帧从应用操作的端点发起,其他位保留。

APS 计数域用于防止接收重复帧。

可扩展报头,包含深层子域。

帧有效载荷,包含各个帧类型指定的信息。

2) ZigBee 设备对象

ZigBee 设备对象(ZDO)是在 APS 之上的一个应用。它使用 APS 和 NWK 提供的服务实现 ZigBee 终端设备、ZigBee 协调器、ZigBee 路由器等功能,ZDO 的功能包括初始化应用支持子层(APS)、网络层(NWK)、安全服务提供(SSP)及其他 ZigBee 设备层,但是它不执行端点号为 1～240 的应用端点的初始化;从终端应用中集合配置信息来确定和执行终端的功能。ZDO 包含以下 5 个对象,并通过它们实现各种功能。

(1) 设备发现和服务发现:处理设备和服务发现的相关行为与过程。

ZDO 支持在一个 PAN 中的设备发现和服务发现。

(2) 网络管理:处理网络行为,如网络发现、断开、加入网络,重新设置一个网络连接和建立一个网络。

网络管理功能将通过预先配置或者设备安装时的设置，将设备启动为 ZigBee 协调器或 ZigBee 终端设备，将提供一个存在的 PAN 加入；如果设备是 ZigBee 协调器或 ZigBee 路由器，网络管理功能将为一个新的 PAN 建立选择一个未用的信道。在网络还没有建立时，最先启动的 FFD 将成为协调器。

（3）绑定管理：处理终端设备绑定和解绑行为。

绑定管理将执行以下任务：

① 为绑定表建立资源值。

② 从 APS 绑定表中增加或删除绑定请求。

③ 支持外部应用程序的绑定请求。

④ 对于 ZigBee 协调器，支持终端设备的绑定请求。

（4）安全管理：处理安全服务，如钥匙装载、钥匙建立、钥匙传输和认证。

如果安全管理功能使能，则将做如下处理：建立钥匙、传输钥匙、请求钥匙、更新钥匙、移动钥匙和转换钥匙。安全管理功能按照安全服务规范，由 ZDO 发出的 APSME 原语执行。

（5）节点管理：处理操作功能。

对于 ZigBee 协调器和路由器，节点管理功能执行以下操作：

① 允许遥控操作命令实现网络发现。

② 提供遥控操作命令获取新的路由表和绑定表。

③ 提供遥控操作命令实现设备或命令另一个设备离开网络。

④ 提供遥控操作命令实现获取远方设备邻居的 LQI。

⑤ 允许源设备向一个初始化绑定表高速缓冲寄存器登记的能力以保持自己的绑定表。

⑥ 允许源设备工具把一个设备换成另一个设备。

⑦ 允许初始化绑定表高速缓冲寄存器备份和恢复个人绑定入口或者入口绑定表或者保持它们自己绑定表的源设备表。

⑧ 提供遥控操作命令实现允许或禁止连接一个特殊的路由器，或允许、禁止通过信托中心连接。

5.2.4 ZigBee 安全服务

ZigBee 安全体系结构使用 IEEE 802.15.4 的安全服务，利用安全服务对传输的数据进行加密处理，并提供对接入网络设备的身份认证、密钥管理等功能。ZigBee 安全体系结构包括 3 层，MAC、NWK、APS，它们负责各自帧的安全传输，而且 APS 子层提供建立和保持安全关系的服务，ZDO 管理安全性策略和设备的安全性结构。ZigBee 安全服务提供的安全性取决于对密钥的保管、使用的防护机制和加密机制的实现。

ZigBee 安全技术具有以下特点：

（1）提供刷新功能。刷新检查能够阻止转发攻击。ZigBee 设备保持输入和输出刷新计数器，当有一个新的密钥建立时，计数器就重新设置。

（2）提供数据包完整性检查功能。在传输过程中，能够阻止攻击者对数据进行修改。

（3）提供认证功能，认证保证了数据发起源的安全，阻止攻击者修改一个设备并模仿另一个设备。认证可应用在网络层和设备层，网络层认证通过使用一个公共的网络密钥实现，能够阻止外部的攻击，内存开销很少。设备层认证是在两个设备之间使用唯一的链接密钥，能阻止内部和外部的攻击，但需要很高的内存开销。

(4) 提供加密功能。阻止窃听者侦听数据。它使用128位AES加密算法,可应用在网络层和设备层上。网络层加密通过使用一个公共的网络密钥,能够阻止外部的攻击,内存开销很少。设备层加密是在2个设备之间使用唯一的链接密钥实现,能阻止内部和外部的攻击.但需要很高的内存开销。

1) 安全密钥

ZigBee技术采用对称密钥的安全机制,密钥由网络层和应用层根据实际需要生成,并对其进行管理、存储、传送和更新等。APL中两个对等实体之间的单播通信使用两个设备之间128位的网络密钥进行加密。广播帧使用所有设备共享的128位的网络密钥进行加密处理。

ZigBee技术在数据加密过程中可以使用三种基本密钥,分别是主密钥、链接密钥和网络密钥。其中网络密钥可以在数据链路层、网络层和应用层中应用。主密钥和链接密钥则使用在应用层及其子层。主密钥可以在设备制造时安装,也可以通过信任中心设置,或者是基于用户访问的数据。网络密钥可以在设备制造时安装,也可以在密钥传输中得到。链接密钥是在两个端设备通信时共享,可以由主密钥建立。主密钥是两个设备通信的基础,可以在设备制造时安装。链接密钥和网络密钥必须不断进行更新。当两个设备同时拥有这两种密钥时,则采用链接密钥来通信。网络密钥存储的开销较小,但会降低系统安全。

在安全的网络中有许多可以使用的安全服务,应当避免在不同的服务中重复使用同一密钥。在不希望因交互作用而导致安全信息泄露的情况下,应当使用链路密钥产生密钥,同时使用互不相关的密钥使不同的安全协议在逻辑上分开。

2) ZigBee各层安全

(1) MAC层安全。

当对MAC层的帧进行加密处理时,应按照IEEE 802.15.4协议和ZigBee扩充的方式进行。MAC层安全帧格式如表5-10所示。

表5-10 加密后MAC层帧结构

SYNC	PHY	MAC	Auxiliary	Encrypted MAC	MIC
	HDR	HDR	HDR	Payload	

其中,AH(auxiliary HDR)携带安全信息,MIC提供数据完整性检查,具有0、32、64、128位可供选择。对于数据帧MAC层只能保证单跳通信安全,为了提供多跳通信的安全保障必须依靠上层提供的安全服务。MAC层使用CCM*模式对发送和接收的帧进行处理,在ZigBee中使用CCM*模式,可以使整个ZigBee协议栈及MAC、NWK和APS层使用同一个密钥。

(2) NWK层安全。

NWK层帧的安全采用高级加密标准和CCM*模式,网络层的上层通过使用当前密钥、安全级别等来管理网络层安全服务。网络层的任务之一是在多跳的链路上实现信息路由,网络层首先广播路由请求,然后处理路由响应信息。广播路由信息是向所有临近设备发送,并接收临近设备的路由响应信息,在传送过程中一般使用链路密钥。若链路密钥不可用,使用当前网络密钥对发送数据帧进行安全处理,采用当前或可选的网络密钥对接收信息进行处理。此时,帧格式标明使用的密钥,接收该帧的设备可以推断出使用的密钥。NWK安全帧结构如表5-11所示。

表 5-11　NWK 安全帧结构

SYNC	PHY	MAC	NWK	Auxiliary	Encrypted MAC	MIC
	HDR	HDR	HDR	HDR	Payload	

与 MAC 层类似，帧格式中也加入了 AH 和 MIC，以保证正确传输。

(3) 应用层安全。

应用层安全是通过 APS 提供的，其服务有如下任务，一是对传输的应用层帧进行加密；二是为应用层序和 ZDO 提供密钥的建立、传输和设备管理服务，主要使用链路密钥和网络密钥，应用层安全帧结构如表 5-12 所示。

表 5-12　应用层安全帧结构

SYNC	PHY	MAC	NWK	APS	Auxiliary	Encrypted MAC	MIC
	HDR	HDR	HDR	HDR	HDR	Payload	

密钥的建立。使两个设备通过交互的方式建立链路密钥，首先在信任中心的引导下建立，初始信任信息提供了链路密钥的起点，然后交换临时数据生成共享密钥，获得链接密钥，最后确认链接密钥。初始信任可以在网络中获得，也可以通过其他方式获得。

钥匙传输服务。在设备间传输钥匙，传输过程可以是安全的或非安全的。安全方式 P 用于将信任中心的主密钥、链路密钥、网络密钥传送给其他设备。非安全方式用来给设备提供初始密钥。

设备管理服务包括更新设备和移除设备。更新设备服务提供安全方式通知其他设备有第三方设备需要更新。移除设备服务则通知有设备不满足安全需要，需要对其进行剔除。

5.3　其他无线通信标准

无线传感器网络是利用无线电射频(radio frequency, RF)、红外线(infrared ray, IR)或超声波等无线技术构成的通信网络系统。除了 ZigBee 之外，短距离无线网络技术还包括无线局域网(Wi-Fi)、蓝牙(Bluetooth)、超宽带(Ultra Wide Band)和近距离无线传输(NFC)等。

5.3.1　Wi-Fi

1) Wi-Fi 技术概述

Wi-Fi 为 IEEE 定义的一个无线网络通信工业标准，它是具有完全兼容性的 IEEE 802.11 标准子集，而且对 IEEE 802.11 标准进行了修改和补充。与传统网络相比较，Wi-Fi 协议的无线局域网具有可移动性、动态拓扑结构和易搭建的特点。IEEE 802.11 协议规定了 Wi-Fi 的基本网络结构，包括物理层、介质访问接入控制层(MAC 层)及逻辑链路控制层(LLC)。物理层定义了工作在 2.4GHz 的 ISM 频段上的两种无线射频方式和一种红外传输方式。其中无线调频方式包括直接序列扩频技术(DSSS)和调频扩频技术(FHSS)，理论值的最高速率为 2Mb/s。1997 年，发布了 Wi-Fi 的第一个版本，1999 年，工业界成立了 Wi-Fi 联盟，致力于解决符合 IEEE 802.11 标准产品的生产和设备兼容性问题，并对协议进行了完善。

IEEE 802.11，原始标准（工作在 2.4GHz，2Mb/s）。

IEEE 802.11a，物理层补充，工作在 5GHz 频段，物理层速率从 6Mb/s 提高到 54Mb/s，传输层速率可达 25Mb/s。采用正交频分复用（OFDM）技术，可为 ATM 接口提供 25Mb/s 和一些无线帧结构接口提供 10Mb/s 的服务。

IEEE 802.11b，物理层补充，工作在 2.4GHz 频段。物理层在 IEEE 802.11 标准的 1Mb/s 和 2Mb/s 传输速率的基础上，增加了 5.5Mb/s 和 11Mb/s 的高速数据传输速率。

IEEE 802.11b+，在 IEEE 802.11b 基础上通过 PBCC 技术提供 22Mb/s 的数据传输量（非标准技术）。

IEEE 802.11c，符合 IEEE 802.1d 的媒体接入控制（MAC）桥接（MAC layer bridging）。

IEEE 802.11d，根据各国无线电规定做出的调整。

IEEE 802.11e，将 QoS 功能加到 IEEE 802.11 网络上，并用 TDMA 方式取代类似 Ethernet 的 MAC 层，为数据增加了额外的纠错功能。

IEEE 802.11f，改善了 IEEE 802.11 中的切换机制，使用户能够在两个不同的交换分区之间，或在两个不同网络接入点之间保持连接功能。

IEEE 802.11g，物理层补充，工作在 2.4GHz 频段，支持 54Mb/s 的高速率传输，使用 CCK 技术以便和 IEEE 802.11b 标准后向兼容，同时采用了 OFDM 技术。

IEEE 802.11g+，在 IEEE 802.11g 基础上提供 108 Mb/s 的传输速率（非标准技术）。

IEEE 802.11h，工作在 5GHz 频段，主要目的是对 IEEE 802.11a 的传输功率和无线信道进行选择，增加更好的控制功能。

IEEE 802.11i，在安全和鉴权方面做了补充，它不是 WEP 的加强版本，而是建立在 AES 上的一个全新标准。

IEEE 802.11n，导入多重输入/输出（MIMO）技术，它是 IEEE 802.11a 的延伸版。

Wi-Fi 技术的优势主要有以下方面：

①组网简便。无需网络布线，而且无线局域网的设备得到广泛普及，不同的接入点（AP）和网络接口之间可以实现交互操作。②无线电波覆盖范围广。Wi-Fi 通信半径可达 100m，基于蓝牙技术的电波覆盖范围只有 15m 左右。③厂商进入该领域门槛较低。厂商只要在需要的地方放置“热点”，并通过高速线路将因特网接入即可。只要用户的终端设备在通信范围内即可高速接入因特网，从而节省成本。

2）IEEE 802.11 系列协议标准

IEEE 802.11 系列协议主要工作在 ISO 协议的最低两层上。IEEE 802.11 协议规定了 Wi-Fi 的基本网络结构，包括物理层、介子访问接入控制层（MAC 层）及逻辑链路控制层（LLC 层）。IEEE 802.11 系列标准的体系结构如表 5-13 所示。

表 5-13　IEEE 802.11 协议的三层结构

<table>
<tr><td colspan="5">IEEE 802.11LLC</td></tr>
<tr><td colspan="5">IEEE 802.11MAC</td></tr>
<tr><td>IEEE 802.11 PHY
FHSS</td><td>IEEE 802.11 PHY
DSSS</td><td>IEEE 802.11 PHY
IR/DSSS</td><td>IEEE 802.11 PHY
OFDM</td><td>IEEE 802.11 PHY
OFDM/DSSS</td></tr>
<tr><td colspan="3">IEEE 802.11b</td><td>IEEE 802.11a</td><td>IEEE 802.11g</td></tr>
</table>

物理层。IEEE 802.11b的物理层定义工作在2.4GHz的ISM段上的总数据传输率为11Mb/s。IEEE 802.11a的物理层定义工作在ISM频段上的总数据传输率为54Mb/s。IEEE 802.11g的物理层定义工作在ISM频段上的总数据传输速率为54Mb/s。

MAC层。Wi-Fi标准为所有的物理层定义了一个公共的MAC层,其功能是在一个共享媒体上支持多个用户共享资源,由发送者在发送数据前进行网络可用性的调节。IEEE 802.11采用监听多路访问/冲突避免(CSMA/CA)协议或分布式协调功能来避免冲突。CSMA/CA协议通过应答信号来避免冲突,只有当客户端收到网络上返回的ACK信号后才确认送出的数据已经正确达到目的地。

LLC层。采用和IEEE 802.2完全相同的LLC层,使得无线和有线之间的桥接更加方便。

5.3.2 蓝牙

1) 蓝牙技术概述

蓝牙(Bluetooth)是由爱立信公司首先提出的一种短距离无线通信技术规范。蓝牙系统采用全双工分时(TDD)传输方案实现双工传输,并使用快速确认和重传方案确保可信的数据传输。它的传输距离为10cm~10m,采用2.4GHz ISM频段和调频、跳频技术,使用前向纠错编码(FEC)、ARQ、TDD和基带协议。基带传输率为1Mb/s,推出新的EDR技术使该速率提高至3Mb/s。

作为一种小范围无线连接技术,蓝牙能够实现设备之间的低成本、低功耗的数据和语音通信。蓝牙系统以Ad-Hoc的方式工作,每个蓝牙设备都可以在网络中实现路由选择功能,形成移动自组织网络。

蓝牙系统的主要特点有:

(1) 工作在2.4GHz的ISM频段,工作频段无需申请。以2.45GHz为中心频率,最多可以得到79个1MHz带宽的信道。

(2) 当发射功率为1mW时,通信距离可达10m。发送功率为100mW时,通信距离为100m。

(3) 灵活的无基站组网方式。蓝牙技术是一种点对多点的通信协议,蓝牙组网时最多可以有256个蓝牙单元设备连接成网,其中一个主节点和7个从节点处于工作状态,其他处于空闲模式。

(4) 安全性。为了实现链路级安全,蓝牙协议提供了几种不同层次的数据加密和设备鉴权手段。在硬件方面,通过PIN码和设备地址实现不同设备之间的相互鉴权;在用户方面,可以通过使用蓝牙提供的数据加密功能提高通信的安全性。

(5) 发射功率自适应,低干扰。蓝牙发射机按最大发射功率的不同分为三个等级,即100mW(20dBm),2.5 mW(4dBm),1mW(0dBm)。

2) 蓝牙协议规范

蓝牙通信协议采用层次结构,底层结构为所有设备通用,高层则视具体应用而有所不同。层次结构使设备具有良好的通用性和灵活性。蓝牙体系结构如图5-6所示。

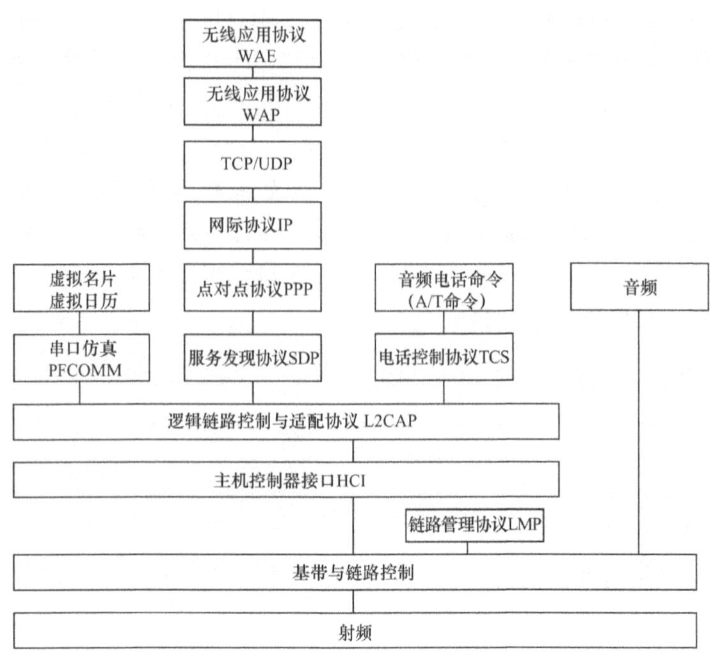

图 5-6　蓝牙体系结构

蓝牙体系结构是由底层硬件模块、中间协议层和高端应用层组成。

底层模块是蓝牙技术的核心模块,所有蓝牙设备都必须包括底层模块。底层模块是由管理层(LMP)、基带层(BB)、主机控制器接口(HCI)和射频(RF)组成,负责语音与数据无线传输的物理实现及蓝牙设备间的连接与组网。射频层(RF)主要定义在此频段工作的蓝牙接收机应满足的要求。链路管理器协议(LMP)主要用来对链路进行设置与控制,包括控制和协商基带分组的大小、通过鉴权和加密来产生、交换、检查链路和加密密钥,以保证安全性,控制蓝牙无线设备电源模式、工作周期以及微微网内蓝牙单元的连接状态。蓝牙主机控制器接口(HCI)由基带控制器、连接管理器、控制和事件寄存器等组成。作为蓝牙协议中软硬件之间的接口,HCI 提供一个调用下层 BB、LM、状态和控制寄存器等硬件的统一命令。上、下两个模块接口之间的消息和数据的传递必须通过 HCI 的解释才能进行。HCI 层以上的协议实体运行在主机上,而 HCI 以下的功能由蓝牙设备来完成,二者之间通过传输层进行交互。

中间协议层包括逻辑链路控制与适配协议(L2CAP)、服务发现协议(SDP)、串口仿真协议(RFCOM)和二进制电话控制协议(TCS)组成。其中,L2CAP 是蓝牙协议栈的核心部分,负责向上层提供面向连接和无连接的数据服务。SDP 工作在 L2CAP 层之上,为上层应用程序提供发现可用的服务及其属性的机制。RFCOMM 是一个仿真有线链路的无线数据仿真协议,在蓝牙基带上仿真 RS-232 的控制和数据信号,为使用串行连接的上层提供服务。TCS 定义了蓝牙设备之间建立语音和数据呼叫的控制指令,并负责处理蓝牙设备组的移动管理过程。

高端应用层为选用层,包括点到点协议(PPP)、传输控制协议/网络层协议(TCP/IP)、对象交换协议(UDP)、对象交换协议(OBEX)、无线应用协议(WAP)、无线应用环境(WAE)等。

5.3.3　超宽带技术

超宽带技术(UWB)也称为脉冲无线电。根据美国联邦通信委员会(FCC)的定义,超宽带

(UWB)系统的中心频率高于2.5 GHz,并且具备至少500 MHz的-10 dB频宽。频率较低的UWB系统必须具备至少20%的频宽比。

在2003年之后,国际电信联盟(ITU)的工作组开始对UWB进行测试研究,在2005年10月确定了各国和各地区UWB频谱分配的相关原则。2006年,英国、日本、韩国等开始根据ITU的规定陆续公布UWB的监管规范,以逐步开放民用超宽带产品。2007年2月28日,欧盟批准欧洲27个成员国可以使用UWB有源RFID定位系统。英国的OFCOM公布开放室内UWB民用设备的监管规定,从法律上批准UWB设备的免授权民用。

UWB无线物理层由IEEE 802 LAN/MAN标准委员会提出,涉及局域网(LAN)和城域网(MAN)的标准。目前,IEEE的超宽带通信标准有IEEE 802.15.3a和IEEE 802.15.4a,其中,IEEE 802.15.3a是基于OFDM调制技术的超宽带高速WPAN(wireless personal area networks,无线个域网)标准,数据传输速率在100兆比特每秒(Mb/s)以上,主要用于摄像机和娱乐设备的多媒体传输;IEEE 802.15.4a是基于基带窄脉冲方式的超宽带低速连接的WPAN无线技术标准。

与传统无线通信相比较,UWB具有以下特点:

(1) 频带宽,传输速率高。超宽带脉冲信号和系统的频带较宽,一般在几百MHz到几GHz,一个相同作用范围的超宽带通信系统,其速率可达无线局域网802.11b系统的10倍以上,是蓝牙系统的100倍以上,且其平均功率仅为上述系统的1/10~1/100。

(2) 结构简单,成本低。在超宽带脉冲无线通信系统中,不需要对正弦载波调制的各种电路和滤波器,因此其结构简单,成本较低。

(3) 功耗小。由于超宽带信号功率谱密度极低,超宽带通信系统具有低载获/低检测特性。优异的低功耗特性,使它适合于传感器网络的应用。

(4) 定位精度高。定位精度与其带宽成反比,超宽带系统能够达到厘米级的定位精度。

5.3.4 近距离无线传输技术

近距离无线传输(near field communication, NFC)技术是一种类似于RFID技术的短距离无线通信技术标准,提供设备之间轻松、安全、迅速、自动的通信。与RFID不同,NFC采用双向识别与连接。作为一种近距离的私密通信方式,NFC在20cm距离内工作于13.56 MHz频段,数据交换率最高可达1Mb/s,且符合ISO18092、ISO21481、ECMA、ETSITS102和190等标准。

NFC能够快速、自动地建立无线网络,为蜂窝网络、蓝牙设备、Wi-Fi设备提供一个"虚拟连接",使设备可以在短距离范围内通信。作为一种虚拟连接器,NFC可以用来在设备上迅速实现各种无线通信。只需将两个NFC设备靠近,NFC就能进行无线配置并初始化其他无线协议。NFC支持主动和被动两种工作模式和多种传输数据速率。在主动模式下,主呼和被呼各自发出射频场来激活通信。在被动工作模式下,如果主呼发出射频场,被呼将响应并且装载一种调制模式激活通信,即在一对NFC通信设备中(主呼和被呼),至少有一方是主动的。

NFC的主要特点是功耗极低,安全性较好。同时,NFC速率一般能满足两个设备之间点对点信息交换、内容访问和服务交换的需求,可以与蓝牙、无线局域网等技术有机结合提供自动接入功能。拥有NFC功能的电子设备通过射频信号自动识别数据,信息之间可以互换,为消费者实现使用简便、免安装设定、现场联机、智能化传输数据等功能。

思考题

5.1　物理层具有哪些功能?

5.2　ZigBee具有哪些特点?

5.3　简述蓝牙协议的体系结构及特点。

5.4　超宽带技术具有哪些特点?

第6章　无线传感器网络覆盖与部署技术

6.1　无线传感器网络覆盖与部署的意义

在无线传感器网络中，为了完成目标监测和信息获取的任务，必须保证无线传感器节点能够有效地覆盖被监测区域。虽然不同的应用需求和环境对无线传感器网络的组织、网络协议以及节点特性都有不同的要求，但有一个共同的基本问题即网络部署与覆盖问题。

传感器网络部署的目的是通过一定算法布置节点，以优化现有的网络资源使网络在未来应用中获得最大利用率或单个任务的能耗最少。网络部署是传感器网络正常工作的基础，只有在目标区域中布置好传感器节点，才能继续进行其他工作。

由于传感器节点部署的优劣直接影响到网络的寿命和性能，构建一套完整的节点部署评价体系是形成有效部署方案的前提。结合无线传感器网络的应用特点和系统特性，对无线传感器网络节点的部署情况进行评价时，主要应考虑以下三个指标，即网络寿命、采集信息的完整性和精确性、信息可传输性。因此，在节点部署时主要考虑三方面问题，即节能、覆盖和连接。

无线传感器网络的覆盖问题是在无线通信带宽、网络计算处理能力、传感器网络节点能量等资源普遍受限的情况下，通过路由选择及传感器节点部署策略等手段使传感器网络的各种资源得到优化分配，进而改善感知、监视、传感、通信等服务质量。覆盖问题反映了网络所能提供的"感知"服务质量，合理的覆盖控制还能够使网络的空间资源得到优化，降低网络成本和功耗，延长网络寿命，更好地完成环境感知、信息获取和数据传输等任务。

如何根据不同的应用环境和需求对监测区域进行不同级别的覆盖控制是WSN系统的重要技术问题。给定一个传感器网络，覆盖控制可以归结为通过各个传感器节点协作达到对监视区域的不同管理或感应效果。覆盖控制的关键在于探测可靠性和覆盖率。

6.2　无线传感器网络覆盖与部署问题

按照不同的标准，无线传感器网络覆盖与部署方法可以划分为多种类别，其中较常见的是按照节点部署方式和覆盖对象进行分类。按照节点部署分类，可以分为随机覆盖和确定性覆盖，以及具备移动能力的传感器网络覆盖。按照覆盖对象分类则可划分为区域覆盖、栅栏覆盖和点覆盖等。

6.2.1　按照节点部署的无线传感器网络分类

1）随机部署型传感器网络

随机部署通常采用抛撒方式批量部署传感器节点，其优点是易于实现、成本低廉，适用于恶劣环境或大规模网络。随机部署方式同样可用于预先未知监测区域情况的应用场景。目前，大多数关于无线传感器网络覆盖的研究是基于节点随机部署方式的。其主要问题是可能存在感知盲区或局部资源高度重复，网络的覆盖性、连通性等都不是最佳状态，需要通过一定的控制策略改善网络性能。

在自然环境中,由于网络环境未知,无线传感器网络本身的拓扑变化十分复杂。大多数确定性覆盖模型会给网络带来周期性和对称性的特征,从而掩盖了某些网络拓扑的实际特性,导致在实际应用中具有较大的局限性。因此,需要对目标区域内节点随机性部署后的情况进行研究,这正是无线传感器网络覆盖控制所要解决的问题。

2) 确定部署型传感器网络

确定性部署通过机器人或者人工安装的方式将节点放置在预定位置,以实现对固定监控区域的完全覆盖,适合节点没有移动能力且监控区域安全的应用,同时要求所用传感器数目较少。确定性覆盖则指在无线传感器网络的状态相对固定或无线传感器网络环境已知的情况下,根据预先配置的传感器节点位置,确定网络拓扑情况或增加关键区域的活动节点密度的一种覆盖问题。可以看出,确定性部署的覆盖问题需要通过算法计算出节点预设位置,该类算法必须预先设计,数据按照预先确定的路径进行路由。

确定性部署方式适用于环境状况良好、定点部署代价低、网络规模小的情况。采用确定性部署方式的无线传感器网络,通常具有良好的网络特性和业务特性,网络资源使用合理,可最大限度地满足用户需求并延长网络寿命。其缺点是适用条件相对苛刻,难以适应无线传感器网络广泛的应用需求。

典型的确定性覆盖方式有确定性区域/点覆盖、基于网格的目标覆盖和确定性网络路径/目标覆盖等三种类型。确定性区域/点覆盖是指无线传感器网络中已知节点具体位置,要完成对目标区域或目标点的覆盖。计算几何学中著名的艺术馆走廊监控问题就属于这类覆盖控制问题。基于网格的目标覆盖是指当需要监测的环境可以预判时,使用二维(或者三维)网格进行无线传感器网络的建模,并选择在合适的格点部署节点来完成对区域/目标的覆盖。确定性网络路径/目标覆盖考虑的是无线传感器网络中节点位置已知的情况,但这类问题与确定性区域/点覆盖的区别在于它重点考虑了如何对穿越网络的目标或其经过的路径上的各个点进行感知与跟踪的问题。

3) 具备移动能力的传感器网络

由许多携带传感器的移动机器人通过无线通信连接构成的分布式传感器网络称为移动传感器网络,机器人要完成的任务是通过通信协调它们之间的动作。在这种分布式无线移动传感器网络中,每一个网络节点由一个移动机器人构成,所有节点均具有计算、感知、通信和移动能力,这使得移动传感器网络不同于一般的分布式传感器网络。

与传统的 Ad-Hoc 网络相比,移动传感器网络的体系结构具有如下特点:

(1) 网络节点数量众多,部署密度高,单位面积的网络节点远大于传统的 Ad-Hoc 网络。

(2) 以数据为中心,移动传感器网络中只关心某个区域的某些观察值,而不会关心某个节点的观测数据。

(3) 传感器节点体积较小,其能量、计算能力和存储能力等都受到严格的限制。

(4) 节点位置容易发生变化,网络拓扑结构变换频繁。

移动传感器网络的体系结构如图 6-1 所示,系统主要分为 5 层。①应用层与物理环境交互紧密,其所提供的服务和通信构架都是针对特定的应用而设计的;②传输层负责数据流的传输控制,是保障通信质量的关键环节;③网络层主要负责路由选择与路由生成;④数据链路层负责数据成帧、媒体访问、帧检测和差错控制,该层的主要功能是使节点公平、有效地共享无线信道；⑤物理层负责数据的调制、发送和接收，该层的设计将直接影响到电路的能耗和复杂度。系统工作在 CPU 的控制下自主进行。

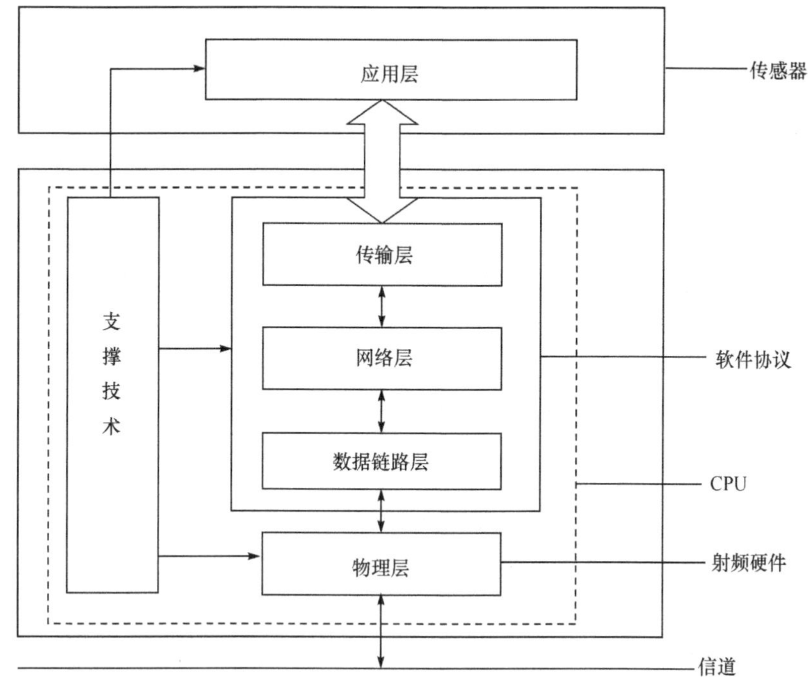

图 6-1　移动传感器网络体系结构

由于移动传感器网络的移动性特点，经常会出现网络拓扑变化的情况。与固定传感器节点组成的无线传感器网络系统相比，移动传感器网络需要解决更多的技术问题，主要包括：

(1) 移动机器人技术。如路径规划、避障、自主导航、多机器人协作等。

(2) 节点间的通信技术。包括机器人间的通信和感知信息的传输。

(3) 自定位技术。通过少量的锚节点进行分布式协同定位，以获得节点的绝对或相对位置。

(4) 节点的部署及重部署技术。研究通过节点的优化部署最大化网络覆盖区域。在某些节点失效情况下进行网络节点的重新部署，以延长网络生存时间。

(5) 多目标跟踪技术。利用机器人的移动功能，扩大跟踪范围和增加跟踪时间。

6.2.2　按照覆盖对象的无线传感器网络分类

根据监控区域内覆盖对象的不同，可以将无线传感器网络分为三类，即区域覆盖(area coverage)、点覆盖(point coverage)和栅栏覆盖(barrier coverage)。监控区域内达不到覆盖性能要求的子区域称为覆盖盲区。覆盖对象为区域时，盲区对应监控区域内的子区域；栅栏覆盖时，盲区对应穿越路径中的子路径；点覆盖时，则对应需要“关注”的随机目标。

1) 区域覆盖的无线传感器网络

区域覆盖是指在指定的区域中每一个点(二维平面上的几何点)至少能被 WSN 中的一个传感器节点的感知范围所覆盖，如图 6-2 所示。区域覆盖所指的区域是指，与一个传感器节点的感应范围相比，相对较大的连续区域。

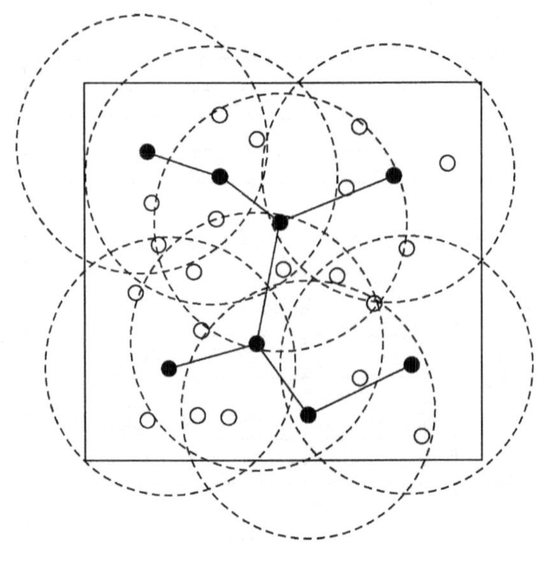

图 6-2　区域覆盖示意图

根据区域覆盖的要求不同，可以把区域覆盖问题分为 1-区域覆盖法、k-区域覆盖、基于连通的区域覆盖等。如果整个区域能被 WSN 覆盖，则称为完全覆盖或者 1-度覆盖。如果被监测区域的每个点至少在 k 个传感器的感知范围内，则称为 k-度覆盖或者称为多度覆盖。不同的应用对覆盖有着不同的要求，覆盖等级越高，网络越能获得高的传感精度和强的容错能力，网络也就能够达到更高的监测精度和鲁棒性。某些应用只需要达到 1-度覆盖即可，而另一些应用则要求网络达到 k-度覆盖。例如，进行分布式跟踪以及对跟踪目标进行类别识别需要多重覆盖。网络的覆盖度越高，其在保证可接受的最低覆盖程度（如 1-度覆盖）的同时所能承受的节点故障率也越高。

在网络部署之后，对网络覆盖度的要求也可能随着应用的变化或者环境因素的变化而发生改变。例如，一个侦测战场情况的无线传感器网络在没有侦测到被监控区域中有任何军事目标出现时，只要求 1-度覆盖或者较低度覆盖。但是，一旦发现进入监控区域的军事目标，其在目标附近的节点就要成为活跃节点，使得至少在目标附近的覆盖度较高，才能达到分布式跟踪军事目标的要求。总之，覆盖度越高，网络的容错性越强，获得的数据精确度越高。

由于传感器网络节点的密度很高，某个点或某个区域往往同时被多个节点覆盖，称为"覆盖冗余"。如果所有节点都保持工作状态，就会导致大量的冗余信息，对网络性能、节点能耗都造成负面影响。为了尽可能地减少冗余数据导致的额外能量消耗，延长网络寿命，应该在保持覆盖性能的前提下减少工作节点数，即让冗余节点处于低能耗的休眠状态。在大量传感器随机配置的情况下，比较成熟的方法是将节点划分成多个不相交的集合，各集合独立地承担整个区域的监测任务。这些集合依次被唤醒，当一个节点集工作时，其余节点集的所有传感器则处于低能耗的休眠模式。优化目标也就是寻找最大数量的不交叉集合。

2）点覆盖的无线传感器网络

如果在某些应用中只需要对有限的离散目标点进行监测，则应采用点覆盖方式，如图 6-3 所示。传感器节点覆盖了区域内的某些特殊点，即小方块为需要监测的点。

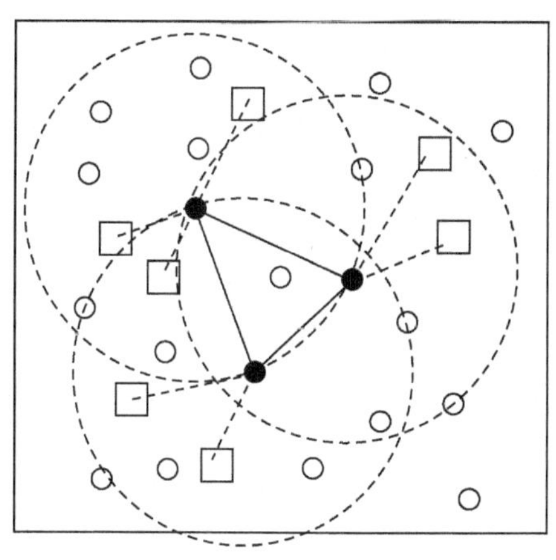

图 6-3　点覆盖示意图

对若干离散目标点的覆盖问题属于点覆盖考虑的范围，点覆盖关心的是监控区域内的一组目标点。通常是将大量的传感器节点随机部署在需要监控的有限个目标点附近，保证每个目标至少被一个节点覆盖。一般地，点覆盖问题需要确定覆盖这些离散点所需的最少节点数以及节点的位置。对于点覆盖问题的研究通常采用传统的数学规划方法，并且在研究覆盖问题时很少涉及连通性。

无线传感器网络的节点资源受限，单个节点不可能存储全网的拓扑信息。无线传感器网络点覆盖问题存在很多有待解决的关键问题，大致可归纳为以下几点：

（1）无线传感器网络对目标的覆盖能力。

由于单个节点的覆盖能力有限，在很多应用场景中，监测一个目标对象往往需要采集多个物理参量才能实现，需要多种类型的传感器节点进行协同监测。当环境条件较为复杂时，采用随机部署的方式会造成节点分布的随机性。因此，如何合理调度节点相互协作是提高网络覆盖能力的关键技术之一，也是研究的难点之一。

（2）点覆盖的节点调度问题。

合理分配节点，降低节点的能耗，在保证覆盖要求的前提下有效延长网络的生存时间，是网络节点调度必须考虑的问题。无线传感器网络的点覆盖问题主要采用单目标或多目标优化方法进行描述，这些问题往往是 NP 难问题，仅能求得问题的近似解。如何减小求解误差，提高调度算法的精度是一项重要研究内容。

（3）点覆盖节点调度算法实现。

无线传感器网络点的覆盖算法可以采用集中式、分布式方式实现，或者采取集中式与分布式相结合的混合式算法。其中，集中式算法所得到的求解结果比较精确，但 Sink 节点必须获取传感器网络的全局信息，对于大规模无线传感器网络，集中式算法很难实现。分布式算法仅仅利用单个节点的本地邻居信息，符合无线传感器网络的特征与应用要求，但精度低于集中式算法，而且很多点覆盖算法采用的数学规划模型无法利用分布式算法实现。为了兼顾集中式算法与分布式算法各自的优势，将二者结合起来的混合式算法是一种有效的解决方案。

（4）点覆盖问题的连通性。

在对无线传感器网络进行节点调度时，无论采用直接方式或基于多跳的间接方式，均要求所有处于活跃状态的传感器节点必须能够彼此通信。除了要求覆盖感知的目标点集之外，通常需要配置额外的传感器节点作为中继节点，使所有活跃节点能够形成一个连通的网络。对于无线传感器网络点覆盖的连通性问题，由于区域覆盖调度下的节点连通性条件不再适用，关键在于如何在调度节点覆盖目标点集的同时调度其余的节点使形成连通集合。

3）栅栏覆盖的无线传感器网络

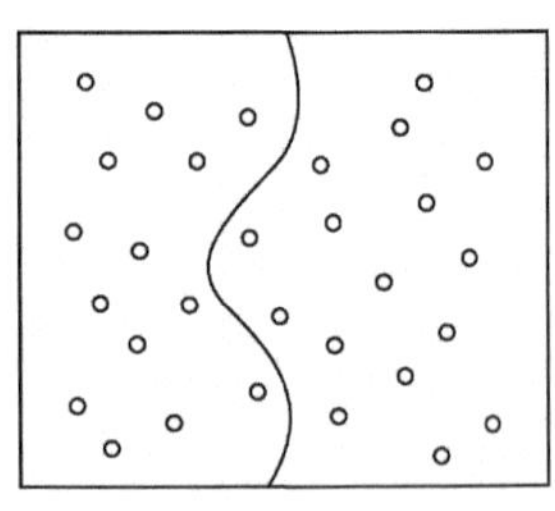

图 6-4　栅栏覆盖示意图

在战场目标监测、交通道路监测和特殊的安保监测等应用中，通常只关心某个移动目标沿某路径穿越传感器节点部署区域被监测出的概率大小，这类覆盖称为栅栏覆盖，如图 6-4 所示。在方形区域内，目标从正方形的上边沿着曲线到达正方形的下底边，这条曲线表示目标穿越传感器覆盖范围走过的路径。

栅栏覆盖考虑的是移动物体穿越传感器网络监控区域的过程中被发现、检测和识别的概率问题。其目标是找出连接初始位置和目的位置的一条或多条路径，在不同模型定义下，使找出的路径能提供对目标的不同感知、监视质量。其意义在于，一方面需要确定最佳的传感器节点部署方式，使得目标被检测发现的概率最大；另一方面是当穿越监控区域时，如何选择一条最安全的路径，这对于军事等特殊应用或者覆盖方案改进都具有重要作用。当要求有至少 k 个传感器来覆盖穿越路线时，称之为 k-栅栏覆盖。

针对栅栏覆盖的研究主要分为两种，一种是基于最大突破路径（maximal breach path，MBP）和最大支持路径（maximal support path，MSP）开展研究；另一种是基于最大暴露路径（maximal exposure path，Max-EP）与最小暴露路径（minimal exposure path，Min-EP）开展研究。前者仅考虑传感器节点对目标的感应强度，后者需要同时考虑节点对目标的感应强度和目标穿越监控区域的时间，更符合实际环境中运动目标由于穿越无线传感器网络区域的时间增加而“感应强度”累加值增大的情况。在 MSP 中，每一个点与最近传感器节点的距离最小；而在 MBP 中每一点与最近传感器节点距离最大。通过 Max-EP 方式穿越监控区域，目标被网络发现的概率最大；而采用 Min-EP 方式时目标被发现的概率最小。

与传统的覆盖方式相比，栅栏覆盖具有以下特点：

(1) 研究对象增加。在栅栏覆盖问题研究中，面向的对象不仅包含传感器网络，同时增加感知目标作为研究的对象。在单纯面向传感器网络覆盖问题研究中，解决问题的思路简洁、方法直接，但通常对网络节点拓扑结构的认知性具有较高的要求，且在覆盖策略的设计过程中需要节点的位置信息作为支持。而在栅栏覆盖研究中采取的是反向思维，从考察目标的受感程度出发，寻找目标穿越传感器网络时被监测或是未被监测的情况，再通过后续的追加布撤弥补网络覆盖的不足，这将能够避免或部分地避免获取网络拓扑信息的过程，从而有效地降低能量的消耗。

(2) 研究目标发生变化。在点覆盖或面覆盖中，研究的目标是对感兴趣的点或面进行有效的覆盖；栅栏覆盖研究的是网络中覆盖的薄弱地带，目标是得到一条穿越轨迹。前者是解决传感器网络应该如何覆盖目标，而后者则是解决如何能更好地覆盖目标。可以说，栅栏覆盖反映了给定传感器网络所能提供的传感和监视能力，是在已有覆盖的基础上对覆盖性能进行分析和提升的过程。

6.2.3　无线传感器网络覆盖应用特点

无线传感器网络覆盖控制问题不仅包括单纯的覆盖含义，更与节能通信、路径规划、可靠通信和目标定位等具体应用紧密相连。因此，可以根据相关应用属性对无线传感器网络覆盖控制问题进行分类和研究。

(1) 能效覆盖。由于无线传感器网络中传感器节点自身体积较小、电池能量资源有限，如何保证大规模网络环境下传感器节点能量的有效使用成为一项重要研究课题，它直接影响到整个网络的生存时间。采用轮换“活跃”和“休眠”节点的节能覆盖方案，可以有效地提高网络生存时间。而轮换活跃/休眠节点节能覆盖方案的关键是在保证一定网络覆盖要求的条件下，最大化轮换节点集合数目。

(2) 连通性覆盖。连通性覆盖问题是无线传感器网络覆盖控制的重要组成部分，它同时考虑了无线传感器网络的覆盖能力和网络连通性这两个相互联系的属性。连通性覆盖需要解决如何同时满足网络的传感覆盖和通信连通性问题，对于一些要求可靠通信的应用至关重要。根据具体的连通性要求，连通性覆盖又可分为两类，一类是活跃节点集连通覆盖，针对采用活跃节点集轮换机制的情况，考虑如何保证指定传感区域的覆盖和网络的连通性；另一类是连通路径覆盖，通过选择可能的连通传感器节点路径来得到最大化的网络覆盖效果。

图 6-5 给出无线传感器网络覆盖控制问题的各种协议和算法分类。可以看出覆盖对象、应用特点两种分类方法具有各自特殊的分类角度，并且在具体研究内容上有所重叠。

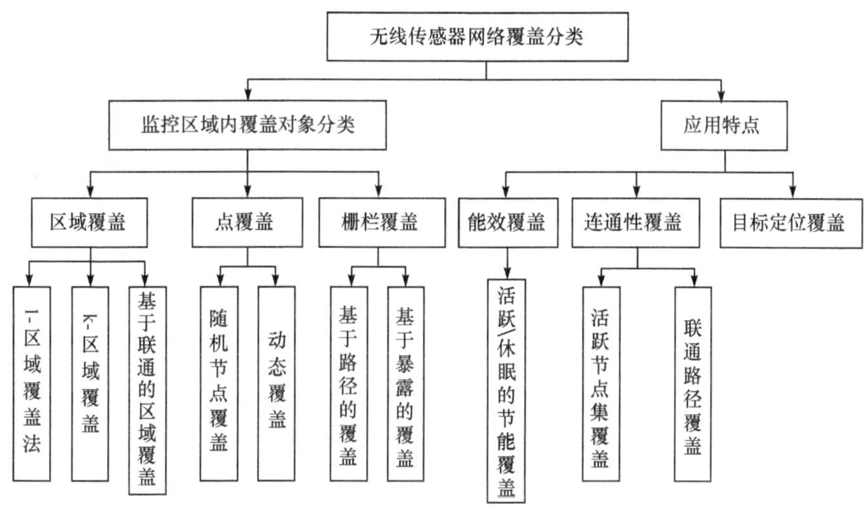

图 6-5　无线传感器网络典型覆盖算法和协议的分类

6.3　节点感知模型

6.3.1　二元感知模型(0-1 模型)

0-1 模型也称为圆盘模型、二元感知模型，它是最常用、最基本的一种感知模型。所谓 0-1 覆盖模型是指在二维平面上将传感器节点的感知范围看作是一个以节点所在位置为圆心，半径为 R_s 的圆形区域。其中，R_s 称为节点的感知半径，其大小是由节点感知单元的物理特性决定的。假设传感器节点 S_i 所在的坐标位置为(x,y)，在 0-1 覆盖模型中，对于目标区域上任意点 $P(x_p,y_p)$处发生的事件被节点 S_i 检测到的概率为

$$C_p(s)=\begin{cases}1, & d(S_i,P)<R_s \\ 0, & 其他\end{cases} \tag{6-1}$$

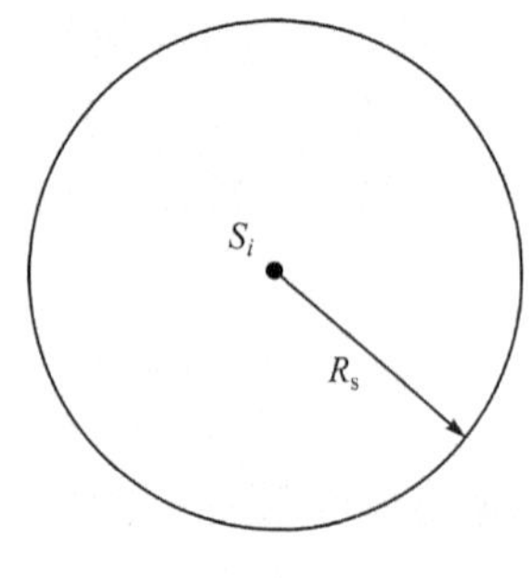

图 6-6 节点 S_i 的 0-1 覆盖模型

式中，$d(S_i,P)=\sqrt{(x-x_p)^2+(y-y_p)^2}$ 为传感器节点 S_i 与点 P 之间的欧氏距离。节点 S_i 的 0-1 覆盖模型如图 6-6 所示。

类似地，在二元感知模型中，节点在三维空间中的感知范围是一个以节点为中心，R_s 为半径的球形区域。

0-1 模型是一种理想化模型，常用于理论推导与数学证明。采用此模型对无线传感器网络的确定性覆盖控制问题进行研究，有助于简化问题的复杂度，找出无线传感器网络覆盖控制问题中的一些基本规律，为深入开展覆盖控制问题研究奠定基础。其缺点是过于简化，与实际情况偏差较大。

6.3.2 概率感知模型

0-1 感知模型是概率感知模型在理想工作环境中的一个特例。传感器节点的感知模型通常不是确定型而是概率型的，在感知范围内仅能以一定的概率实现成功的感知。实际上，传感器对目标的探测能力是随距离增大而衰减的，因而概率模型更贴近实际情况。

在概率模型中，感知概率与距离的 n 次方成反比，距离越近，感知到目标的概率则越小。假设传感器 s 有效探测目标点 p 的概率随着 s 与 p 之间欧氏距离 $d(s,p)$ 的增加而呈指数级减小，同时，传感器节点具有最低信号强度阈值，以保证目标数据能够被正确采样。则传感器的概率感知模型可表示为

$$c_{xy}(s)=\begin{cases}1, & d(s,p)\leqslant r+r_e \\ e^{-\lambda a^{\beta}}, & r-r_e<d(s,p)<r+r_e \\ 0, & d(s,p)>r+r_e\end{cases} \tag{6-2}$$

式中，$r_e(r_e<r)$ 表示传感器的非确定探测半径，$a=d(s,p)-(r-r_e)$ 和 λ、β 表示测量目标与传感器的距离较远但仍在探测范围之内时的感知概率。当 $d(s,p)$ 不大于 $(r-r_e)$ 时，点 p 被传感器探测到的概率为 1；当 $d(s,p)$ 大于 $(r-r_e)$ 而小于或等于 $(r+r_e)$ 时，点 p 被传感器 s 探测到的概率符合指数分布。图 6-7 给出了公式(6-2)中 r 和 r_e 的定义。

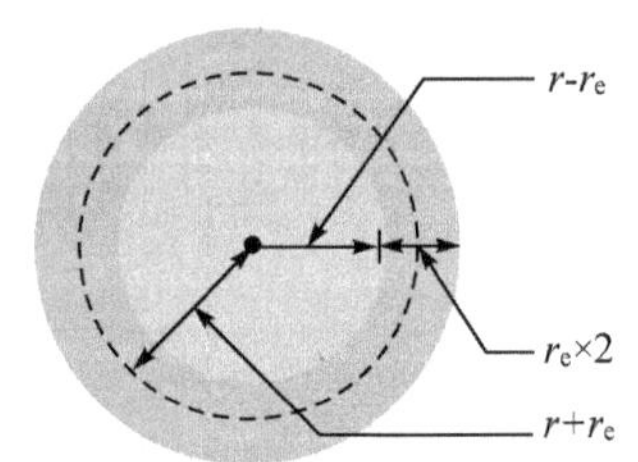

图 6-7 概率感知模型的传感器节点探测范围

图 6-8 是参数 λ 和 β 取不同数值时的传感器概率探测曲线。通过调整模型参数，式(6-2)描述的模型可以用来表达不同类型的传感器，如红外传感器和超声波传感器等。

在采用该感知模型的无线传感器网络中，传感器节点对其周边区域的感知作用不同，当节点由于某种原因失效时，在其感知范围内所有目标的被感知精度都会随之降低，甚至低于感知精度的需求。因此，覆盖控制策略必须协调好传感器节点的工作状态以及能量利用，保证区域中所有目标都满足感知需求。

6.3.3 基于误警率的感知模型

由于节点的元器件存在一定的失效和故障概率，面向区域监测的无线传感器网络应用应

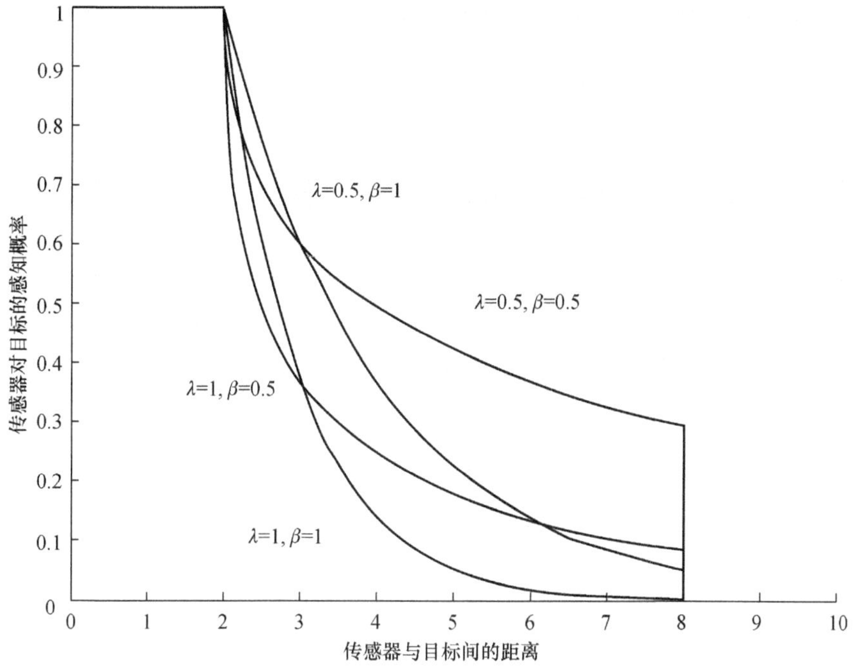

图 6-8　感测概率与距离的关系曲线

当考虑误警率(误报率)问题。典型的做法是依据 Neyman-Pearson 准则，在指定的误警率下使网络的探测概率达到最大。

假定传感器网络的工作环境具有高斯白噪声，信号以固定的传播因子衰减。所有节点均具有相同的性能，在距离 r 米时各个节点接收到的信号强度一致。所有参与目标探测的节点均具有相同的能量 e_{tr}。信号传播损耗与 $1/r^{\gamma}$ 成比例关系，这里的 γ 为传播损耗因子，通常决定于环境因素。在室内自由传播时，γ 取值通常为 2 或 4。对于节点 i，从目标所接收的能量为

$$y_i = \begin{cases} \dfrac{\beta}{R_{ti}^{\gamma/2}}, & H_1 \\ n_i, & H_0 \end{cases} \tag{6-3}$$

式中，H_1 和 H_0 分别表示目标存在和目标缺失的情形。n_i 是零均值、方差为 σ^2 的高斯噪声。β 定义为

$$\beta = \sqrt{\frac{e_{tr}}{2^r}} \tag{6-4}$$

R_{ti} 为目标(x_t , y_t)与传感器(x_i , y_i)之间的距离

$$R_{ti} = \sqrt{(x_t - x_i)^2 + (y_t - y_i)^2} \tag{6-5}$$

显然，在 H_1 状态下，运动目标所穿越的行程 $r = 2R_{ti}$ 。因此，对于第 i 个传感器，H_1 状态下的探测可能性(探测密度函数)为

$$\Pr(y_i \mid H_1) = \frac{1}{\sqrt{2\pi\sigma^2}} \exp\left\{-\frac{1}{2\sigma^2}\left(y_i - \frac{\beta}{R_{ti}^{\gamma/2}}\right)\right\} \tag{6-6}$$

在 H_0 状态下的探测概率为

$$\Pr(y_i \mid H_0) = \frac{1}{\sqrt{2\pi\sigma^2}} \exp\left\{-\frac{y_i^2}{2\sigma^2}\right\} \tag{6-7}$$

Neyman-Pearson 准则追求误报率 P_F 最小而探测概率 P_D 最大。换言之，符合 Neyman-Pearson 准则的最优决策为下述约束方程的解

$$\begin{aligned} &\max_{\vartheta} \quad P_D(\vartheta) \\ &\text{s.t.} \quad P_F(\vartheta) \leqslant \alpha \end{aligned} \tag{6-8}$$

由式(6-6)和式(6-7)可知，传感器节点 i 的似然比率为

$$L_i(y_i) = \frac{\Pr(y_i \mid H_1)}{\Pr(y_i \mid H_0)} = \exp\left\{\frac{1}{2\sigma^2}\left(\frac{2\beta y^i}{R_{ti}^{\gamma/2}} - \frac{\beta^2}{R_{ti}^{\gamma}}\right)\right\} \tag{6-9}$$

考虑对数形式的似然比率

$$\ln L(y) = \frac{1}{2\sigma^2}\left(\frac{2\beta y^i}{R_{ti}^{\gamma/2}} - \frac{\beta^2}{R_{ti}^{\gamma}}\right) \tag{6-10}$$

似然比率测试式为

$$\frac{1}{2\sigma^2}\left(\frac{2\beta y^i}{R_{ti}^{\gamma/2}} - \frac{\beta^2}{R_{ti}^{\gamma}}\right) \underset{H_0}{\overset{H_1}{\gtrless}} \ln\eta \tag{6-11}$$

式中，η 是由误警率 P_F 决定的比例因子。对应地，式(6-11)可改写为

$$\underbrace{\frac{y^i}{R_{ti}^{\gamma/2}}}_{g} \underset{H_0}{\overset{H_1}{\gtrless}} \underbrace{\frac{1}{\beta}\sigma^2\ln\eta + \frac{1}{2}\frac{\beta}{R_{ti}^{\gamma}}}_{\tau} \tag{6-12}$$

其中，τ 为阈值。对于指定的节点集，τ 的后半部分是固定和已知的。当做出决策时，得到满意率统计量 g 的数值后就能得到 y 。情形 H_0 和 H_1 可表达为

$$H_0: g \sim N\left(0, \frac{\sigma^2}{R_{ti}^{\gamma}}\right) \text{ 和 } H_1: g \sim N\left(\frac{\beta}{R_{ti}^{\gamma}}, \frac{\sigma^2}{R_{ti}^{\gamma}}\right) \tag{6-13}$$

为方便起见，定义

$$\mu_1 = \frac{\beta}{R_{ti}^{\gamma}}, \quad \sigma_1{}^2 = \frac{\sigma^2}{R_{ti}^{\gamma}} \tag{6-14}$$

则误警率为

$$P_F = \Pr(g > r \mid H_0) = \Pr\left(\frac{g}{\sigma_1} > \frac{r}{\sigma_1} \mid H_0\right) = 1 - \Phi\left(\frac{r}{\sigma_1}\right) \tag{6-15}$$

其中，$\Phi(\cdot)$ 是标准高斯累积分布函数，即

$$\Phi(z) = \int_{-\infty}^{z} \frac{1}{\sqrt{2\pi}} \exp\left(-\frac{z^2}{2}\right) dz \tag{6-16}$$

类似地，探测概率可写为

$$P_D = \Pr(y > r \mid H_1) = \Pr\left(\frac{g-\mu_1}{\sigma_1} > \frac{r-\mu_1}{\sigma_1} \mid H_1\right) = 1 - \Phi\left(\frac{r-\mu_1}{\sigma_1}\right) \tag{6-17}$$

通过式(6-11)～式(6-17)对于误警率 P_F 、探测概率 P_D 和探测阈值 η 可以建立相对应的关系。假定可接受的误警率为 $P_F = \alpha$ ，则由式(6-17)可得

$$\frac{r}{\sigma_1} = \Phi^{-1}(1-\alpha) \tag{6-18}$$

根据式(6-14)中的 μ_1 和 σ_1 的定义，可得

$$\frac{\mu_1}{\sigma_1} = \frac{\beta}{\sigma}\left(\frac{1}{R_{ti}^{\gamma}}\right)^{\frac{1}{2}} \tag{6-19}$$

从而,由式(6-17)~式(6-19)可得

$$P_{\mathrm{D}} = 1 - \Phi\left(\Phi^{-1}(1-\alpha) - \frac{\beta}{\sigma}\left(\frac{1}{R_{ti}^{\gamma}}\right)^{\frac{1}{2}}\right) \tag{6-20}$$

式(6-20)即为支持误警率的 Neyman-Pearson 概率探测模型。

图 6-9 给出了 0-1 模型、概率模型和 Neyman-Pearson 模型的效果示意图。

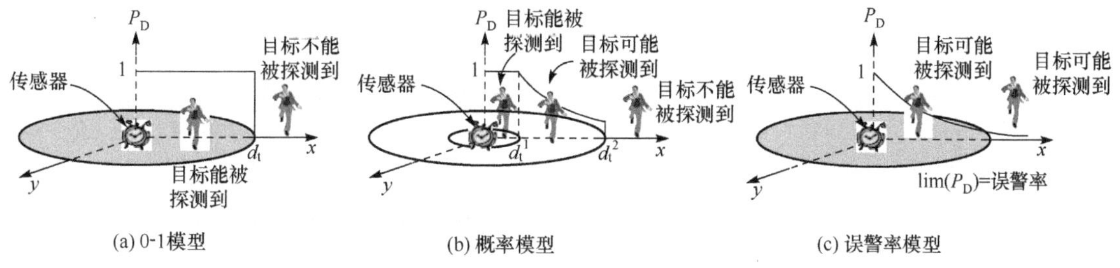

图 6-9 不同探测器感知模型效果示意图

6.3.4 方向性传感器的感知模型

在 0/1 感知模型和概率感知模型中,节点的感知是全向的。但是实际上有些传感器对目标的感知是有方向的,节点必须朝向目标所在的方向才能检测到该目标,例如视觉传感器。根据方向的个数以及方向是否可调,可将方向性传感器的感知模型分为三类,即固定方向感知模型、方向连续可调感知模型、方向个数固定感知模型。

1) 固定方向感知模型

红外、超声、视觉等传感器的感知区域受到“视角”的限制,无法形成完整的圆形区域,而是存在一定的角度。节点的感知方向受节点放置时感知部件视角所对应方向的影响,一经部署其感知方向是固定不变的。只有重新部署节点才可能改变节点的感知方向,此时的模型称为固定方向感知模型。在二维平面中,通过几何抽象可以将固定方向传感器的模型表达为具有一定角度限制的扇形区域,如图 6-10 所示。

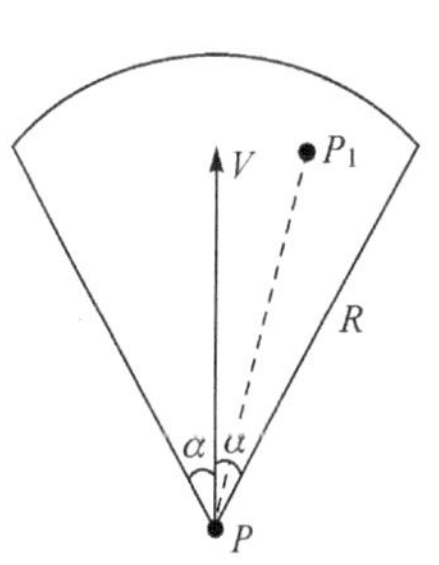

图 6-10 固定方向感知模型

固定方向感知模型可用一个四元组 $\langle P, R, \bar{V}, \alpha \rangle$ 表示。其中 $P=(x,y)$ 表示有向传感器节点的位置坐标;R 表示节点的最大感知范围,即感知半径;单位向量 $\bar{V}$ 为扇形感知区域的中轴线,即节点的传感器视角所对应的方向,称为感知方向;α 表示感知范围边界与感知方向 $\bar{V}$ 的传感夹角,2α 代表感知区域视角,记作 Fov。

特别地,当 $\alpha=\pi$,即为传统的全向感知模型,它是固定方向感知模型的一个特例。

目标点 P_1 被有向传感器节点 P 覆盖成立,当且仅当满足以下条件:

(1) $\|\overline{PP_1}\| \leqslant R$,其中,$\overline{PP_1}$ 代表点 P_1 到该节点 P 的欧氏距离;

(2) $\overline{PP_1}$ 与 $\bar{V}$ 之间夹角取值范围为 $[-\alpha,\alpha]$。

判别点 P_1 是否被有向传感器节点覆盖的简便方法如下:

如果 $\|\overline{PP_1}\| \leqslant R$ 且 $\|\overline{PP_1}\| \cdot \bar{V} \geqslant \|\overline{PP_1}\| \cdot \cos\alpha$,则点 P_1 能被有向传感器节点 P 覆盖;否则,点 P_1 不能被节点 P 所覆盖。另外,当且仅当区域 A 中任何一个点都被节点 P 覆盖时,区域 A 被有向传感节点 P 所覆盖。

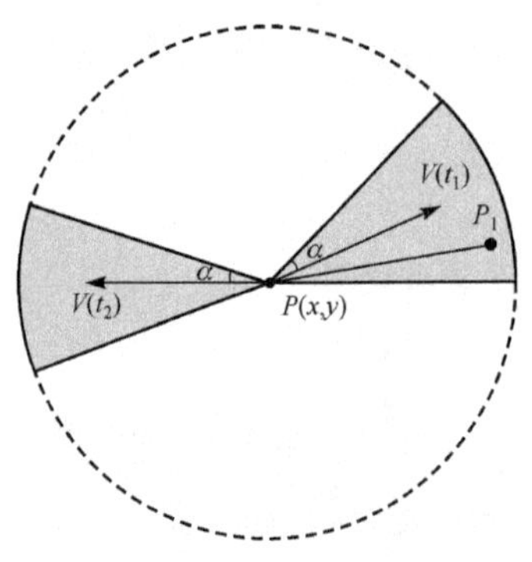

图 6-11 方向连续可调感知模型

2）方向连续可调感知模型

在实际应用中，某些有向传感器节点的感知方向具有可调整特性。例如，PTz 摄像机具有推拉摇移功能。随着其感知方向的不断调整（即旋转），有向传感器节点有能力覆盖到其感知距离内的整个圆形区域。因此，通过简单的几何抽象，可以得到有向传感器节点的方向连续可调感知模型，模型结构如图 6-11 所示。

方向连续可调感知模型可用一个四元组 $\langle P,R,\bar{V}(t),\alpha\rangle$ 表示。其中 $P=(x,y)$ 表示有向传感器节点的位置坐标；R 表示节点的最大感知范围，即感知半径；单位向量 $\bar{V}(t)$ 为扇形感知区域的中轴线，即节点在某时刻 t 时的感知方向，称为此刻节点的工作方向；$\bar{V}(t)$ 与 X 坐标轴的夹角可以取 $[0,2\pi]$ 内的任意值。α 表示感知范围边界距离感知方向 $\bar{V}(t)$ 的夹角，2α 代表感知区域视角，记作 Fov。

目标点 P_1 被有向传感器节点 P 覆盖成立，当且仅当满足以下条件：

（1）$\|\overline{PP_1}\|\leqslant R$，其中，$\overline{PP_1}$ 代表点 P_1 到该节点 P 的欧氏距离；

（2）$\overline{PP_1}$ 与 $\bar{V}$ 之间夹角取值范围为 $[-\alpha,\alpha]$。

在方向连续可调感知模型中，工作方向有无数个选择，感知区域可以围绕节点任意转动。与固定方向感知模型不同，不需要重新部署节点，可以在线实时调整感知方向，覆盖区域的调整更加灵活方便。

3）方向个数固定感知模型

在实际的设备中，由于硬件实现的限制，可调整方向的有向感知节点可能只存在有限个固定的工作方向，相应地，则存在方向个数固定的有向感知模型。在方向个数固定感知模型中，节点的感知方向有限，每个方向的感知范围与固定方向感知模型相同。任意两个感知方向所在的感知范围互不相交，所有方向的感知范围覆盖到节点周围的整个圆形区域。如图 6-12 所示，节点 P 有 8 个感知方向，当前工作在方向 $\bar{V}$ 上。

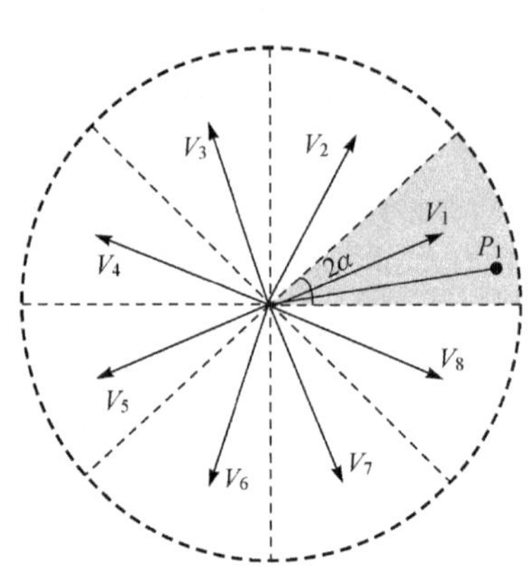

图 6-12 方向个数固定感知模型

方向个数固定感知模型可用一个四元组 $P,R,\bar{V}(t),\alpha$ 表示。其中 $\bar{V}(t)$ 为扇形感知区域的中轴线，即节点在某时刻 t 时的感知方向，$\bar{V}(t)$ 的取值为 $\{\overline{V_1},\overline{V_2},\cdots,\overline{V_n}\}$ 中的任意值，其中 n 为传感器感知方向的个数，由节点的物理特性决定。其他的符号含义与方向连续可调感知模型相同。

综上所述，现有的感知模型还很不完善，而且目前的研究主要基于圆盘感知模型，有向传感器的研究工作相对较少。

6.3.5 不规则感知模型

受节点自身电子元器件和传输介质的影响，节点的感知模型是相当复杂的。其中，节点自身电子元器件的特性主要包括天线类型、发送功率、天线的增益、接受灵敏度以及信噪比等。传输介质主要包括背景噪声、媒介类型以及如温度、湿度、障碍物等相关的环境因素。基于无线电波的传播特性，由于反射与折射、绕射(也称衍射)、散射、节点差异性等因素的存在，相同的传感器节点将随着环境的变化具有不同的感知能力，不同的传感器节点即使在相同的环境中也会具有不同的感知能力，从而在实际应用中传感器节点的感知区域具有不规则性，即每个传感器节点具有不规则感知区域模型。

假设传感器网络具有方向感知模型(通常为等方向感知模型)，传感器节点在每个方向上具有相同的感知能力或强度，即在每个方向上具有相同的感知距离，可以用节点接收到的信号强度来表示节点的感知能力或强度

$$R_{SS} = P_S - P_P - P_F \tag{6-21}$$

其中，P_S 表示节点发送功率，它与节点的电池状态、发射机类型、放大器以及天线增益有关；P_P 是路径传播损耗，它表示电磁波信号在空间传播时所产生的损耗；P_F 是阴影损耗，表示电磁波信号在传播路径上受到建筑物及其他障碍等阻挡所产生的阴影效应而导致的损耗。目前，用来刻画 P_P 的模型(如自由空间传播模型、Hata 模型等)通常都假设各个方向具有相同的属性，而损耗一般服从对数正态分布，其变化率较小，可以假设为一个固定常数。因此，式(6-21)所产生的感知模型应该为圆形或扇形区域，这与实际应用环境不符。

不规则感知模型 RIM(radio irregularity model)的基础是通信区域的不规则度概念 DOI (degree of irregularity)，它表示在无线信号传播过程中最大限度的路径损耗在单位方向的变化百分比。如图 6-13 所示，随着 DOI 的变化，感知区域变得越来越不规则。当 DOI=0 时表示无变化，意味着信号强度无差别，感知区域退化为一个理想的圆形，即 0-1 模型。

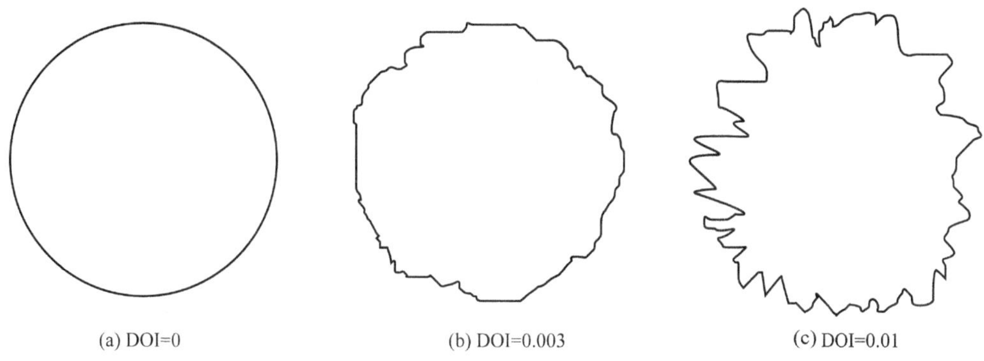

图 6-13 基于感知不规则度的节点感知区域

基于 DOI 值，式(6-21)可表示为

$$R_{SS} = P_S - P_P K_i + P_F \tag{6-22}$$

式中，P_S 表示节点发送功率，P_P 是路径传播损耗，P_F 是阴影损耗，K_i 表示传感器节点在第 i 个方向上的路径损耗系数($0 \leqslant i < 360$)，它可以通过下面的公式计算：

$$K_i = \begin{cases} 1, & i = 0 \\ K_i - 1 \pm \text{Rand} \times \text{DOI}, & 0 \leqslant i < 360 \end{cases} \tag{6-23}$$

式中，Rand 为服从 Weibull 分布的随机数。

基于式(6-23)，从任意开始方向作为 $i=0$，就可以产生其他方向上的 K_i 值。需要注意的是对于任意 K_i，当 i 不是整数时，通过已经产生的两个相邻方向上的 K_s、K_t 来插值计算

$$K_i = K_s + (i - s) \times (K_t - K_s) \tag{6-24}$$

其中，$|t-s| = 1$，$|t-i| < 1$，$|s-i| < 1$。

即使在相同的环境中，节点的电池状态和硬件条件的变化也会导致感知模型的差别，通过引入发射功率差异 VSP(variance of sending power)的概念可以修正这种差异。VSP 表示不同传感器节点的发送功率百分比变化情况，通常满足正态分布。这样，通过引入 DOI 和 VSP，式(6-21)可表达为

$$P_{SS} = P_S \times (1 + \text{Rand} \times \text{VSP}) - P_P \times K_i + P_F \tag{6-25}$$

式中，P_S 表示节点发送功率，P_P 是路径传播损耗，P_F 是阴影损耗；VSP 为节点发射功率差异，定义为不同装置发射功率的最大百分比差异；Rand 为服从 Weibull 分布的随机数。

6.3.6 多边形感知模型

多边形模型可以使用多个顶点把区域边界进行模型化，相对于圆形模型和扇形模型，它更适合描述不同形状的感知区域。在多边形模型下可以近似地描述一个传感器节点的通信和感知区域的形状，然后计算多边形模型下传感器节点在不同方向的通信和感知范围，通过部署算法的拓扑控制机制估计一个传感器节点周围的任意点通信和感知覆盖率。

不规则圆形感知区域中的一个传感器节点可以近似地由一系列点的坐标形式表示，即 $[(R_1,\theta_1),\cdots,(R_i,\theta_i),\cdots,(R_x,\theta_x)]$，其中 (R_i,θ_i) 是列表中的第 i 个顶点，代表该节点的极坐标。R_i 是径向坐标，表示第 i 个顶点与传感器中心节点之间的距离，θ_i 是角坐标从 0° 开始逆时针到达第 i 个节点的角度(在笛卡儿坐标系下，为平面的 x 轴正半轴)，$x \geqslant 3$，$1 \leqslant i \leqslant x$。

首先定义以下几个变量：

S_n 为传感器节点 n；

$\text{Loc}(S_n)$ 为在某一区域内 S_n 节点的坐标；

$\text{Ployc}(S_n)$ 为在多边形模型下 S_n 节点的通信区域；

$\text{Rot}(S_n)$ 为在某一区域内 S_n 节点顺时针从 0° 开始的旋转角度；

$\text{Areac}(S_n)$ 为被 $\text{Ployc}(S_n)$ 覆盖的通信区域。

在多边形感知模型中，传感器节点 S_n 的通信与感知区域形状可以分别使用多边形模型 $\text{Ployc}(S_n)=[(R_{C_1},\theta_{C_1}),\cdots,(R_{C_x},\theta_{C_x})]$ 和 $\text{Ployc}(S_n)=[(R_{S_1},\theta_{S_1}),\cdots,(R_{S_y},\theta_{S_y})]$ 来表示。图 6-14(a)给出使用多边形模型来近似传感器节点 S_n 的不规则圆形感知区域的示例。图 6-14(b)中，在多边形模型下 S_n 节点的感知区域可表示为

$$\begin{aligned}\text{Ployc}(S_n) &= [(R_{S_1},\theta_{S_1}),\cdots,(R_{S_{16}},\theta_{S_{16}})] \\ &= \begin{bmatrix}(25,0°),(20,15°),(35,30°),(50,50°),(60,70°),(65,90°), \\ (60,110°),(50,130°),(35,150°),(20,165°),(25,180°), \\ (15,210°),(20,230°),(10,270°),(20,310°),(15,330°)\end{bmatrix}\end{aligned} \tag{6-26}$$

由于传感器节点的感知区域的形状是不规则圆形，当节点 S_n 布置在某一区域，被节点 S_n 覆盖的区域将取决于 S_n 节点的旋转角度。例如，图 6-14(a)和(b)表明在一定范围内被节点 S_n 覆盖的感知区域的旋转角度分别设置为逆时针方向的 0°和 30°，显然其对应的感知区域并不相同。根据实际情况可以给出如下定义：

(1) 给定一个传感器节点 S_n，$\text{Loc}(S_n)$，$\text{Ployc}(S_n)$ 和 $\text{Rot}(S_n)$，在多边形模型下节点 S_n 覆盖的通信区域可以定义为

$$\text{Areac}(S_n) = \{\text{Loc}(S_n),[(R_{c_1},\theta_{c_1}+\text{Rot}(S_n)),\cdots,(R_{c_x},\theta_{c_x}+\text{Rot}(S_n))]\} \tag{6-27}$$

(2) 给一个节点传感器 S_n，$Loc(S_n)$，$polyc(S_n)$ 和 $Rot(S_n)$，在多边形模型下节点 S_n 覆盖的感知区域可以定义为

$$Areac(S_n)=\{Loc(S_n),[(R_{S_1},\theta_{S_1}+Rot(S_n)),\cdots,(R_{S_y},\theta_{S_y}+Rot(S_n))]\} \quad (6\text{-}28)$$

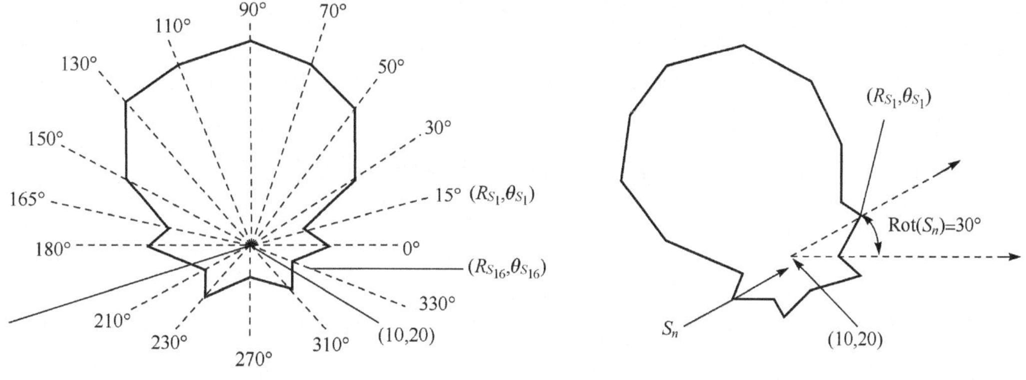

(a) 不规则感知区域的多边形近似 (b) 基于多边形模型的节点感知区域

图 6-14 基于多边形感知模型的方向性感知区域

在图 6-14 中，如果设置节点 S_n 坐标在(10, 20)处，则两个子图所表达的覆盖范围可分别描述如下：

对于图 6-14(a)

$$Areac(S_n)=\{(10,20),[(25,0°),\cdots,(15,330°)]\} \quad (6\text{-}29)$$

对于图 6-14(b)

$$Areac(S_n)=\{(10,20),[(25,30°),\cdots,(15,360°)]\} \quad (6\text{-}30)$$

6.3.7 近似圆盘感知模型

近似圆盘模型能够更贴近实际地描述传感器网络节点模型，其原理可概括为，如果两个节点的间距小于或等于阈值 $d(d\in[0,1])$，则以一条边进行连接。令 V 作为二维空间平面 R^2 上的一组节点，$d\in[0,1]$作为一个参数。这种对称的欧几里德模型(V, E)适用于任何一对节点，其中 $u,v\ni V$。

$$-(u,v)\in E, \quad |uv|\leqslant d$$
$$-(u,v)\notin E, \quad |uv|\geqslant 1$$

式中，$|uv|$ 是节点 u 和节点 v 之间的欧几里德距离。上述定义被称为基于参数 d 的近似圆盘模型。

6.4 无线传感器网络覆盖评价指标

通过运用不同的网络节点部署算法和覆盖控制算法，能够实现节点能量的高效控制，提高感知服务质量，并延长网络整体生存时间。然而，进行覆盖和部署控制也会增加网络负担，比如传输、存储、管理和计算等。因此，覆盖算法的性能评价指标对于分析一个覆盖算法的可用性与有效性至关重要，其中重要的指标是覆盖质量，它反映了网络对物理世界的感知能力。

针对不同的应用需求，无线传感器网络的覆盖质量可以包含以下几个指标，覆盖率(k 重

覆盖率与总覆盖率)、覆盖场强、覆盖一致性、曝光度等。

6.4.1 覆盖率

网络对目标区域或目标点的覆盖程度是衡量无线传感器网络覆盖控制算法优劣的重要标准。在 0/1 感知模型下,覆盖程度通常定义为所有传感器覆盖的总面积与目标区域总面积的比值,其中节点覆盖的总面积取集合概念中的并集。覆盖率定义为所有节点覆盖总面积与目标区域总面积的比值。

如果节点 s_i 的覆盖区域为 A_i ,区域总面积为 A ,则覆盖率为

$$p=\frac{U_{i=1,\cdots,n}A_i}{A} \tag{6-31}$$

式中,节点覆盖总区域取每个节点覆盖区域的并集。显然,区域的总覆盖率小于或等于 1。落在障碍物中的网格点的探测概率均赋值为 1。由于传感器部署中存在节点探测区域重叠的情况,其覆盖区域并集的几何形状很不规则,式(6-31)描述的覆盖率求解方法实用性较差。也可以将探测区域均匀采样,抽取若干有效网格点(除障碍物之外)的探测概率作为覆盖率的评价因素。

设抽取的有效网格点总数为 N,覆盖场强达到最低探测概率的网格点数目 k,则网络的有效覆盖率定义为

$$p=\frac{\text{GridNum}(k)}{N} \tag{6-32}$$

其中, GridNum(k) 表征第 k 个网格点满足探测概率覆盖要求的程度;如果满足条件则其值为 1,否则其值为 0。

由于覆盖率指标无法准确反应节点部署的均匀性,出现了平均重叠覆盖率的概念。首先定义传感器节点 i、j 在像素点(x,y)重叠的概率为 $P_{\text{int}}(x,y,c_i)$,则有

$$P_{\text{int}}(x,y,c_i)=\begin{cases}1, & \text{若}(x,y)\in c_i,\text{且}(x,y)\in c_j,i,j\in[1,N],i\neq j\\0, & \text{其他}\end{cases} \tag{6-33}$$

节点 i 的平均重叠覆盖概率定义为

$$\text{CE}=\frac{\bigcup\limits_{i=1,\cdots,N}A_i}{\sum\limits_{i=1,\cdots,N}A_i} \tag{6-34}$$

覆盖率可作为网络服务质量的一种度量,而覆盖效率则衡量节点感知范围的利用率,定义为区域中所有节点覆盖范围的并集与节点覆盖范围总和的比值。节点利用率的计算公式为

$$\text{CE}=\frac{\bigcup\limits_{i=1,\cdots,N}A_i}{\sum\limits_{i=1,\cdots,N}A_i} \tag{6-35}$$

上式不仅能够反映出整个网络的覆盖情况,而且能够反映出节点的冗余度问题。覆盖效率越高则节点的冗余越小,覆盖效率越低则节点的冗余越大。

作为传感器网络的重要评价标准,覆盖率的提高对于保障目标的有效监测具有重要意义。在实际部署区域,尽可能地覆盖所有区域对感知对象信息的获取是有利的,这将增加用户获取信息完整性。需要注意的是,覆盖率并不等同于所使用的网络通信范围。多跳通信比单跳通信扩大了网络的覆盖率,可以增加网络范围,但对于给定的节点通信范围,多跳网络通信协议增加了节点的电源消耗,因而也降低了网络的生命期。另外,由于需要最小节点密度,也会增

加节点部署的成本。

6.4.2 联合探测/丢失概率

在无线传感器网络中，一个探测目标被有效探测的概率通常是多个无线传感器节点共同工作的结果。记 $p(i,j)=1-m(i,j)$，$m(i,j)$ 为丢失概率(miss probability)，设 $S=\{s_1,s_2,\cdots,s_n\}$ 为无线传感器集合，则探测目标 j 处的联合丢失概率为

$$m_e(j)=\prod_{i\in S}m(i,j)=\prod_{i\in S}(1-p(i,j)) \tag{6-36}$$

当且仅当 $m_e(j)<m_{\text{th}}(j)$ 时，$m_{\text{th}}(j)$ 为目标点 j 处的丢失概率阈值，目标点 j 可以被有效探测。如果传感器 i 距离目标点 j 过远，探测概率过小，则实际上可以忽略传感器 i 对目标点 j 的探测概率。即只有当传感器 i 对目标点 j 的探测概率 $p(i,j)$ 大于目标点 j 处的探测概率阈值的某个百分比 η 时，才将其计入对目标点 j 的联合探测概率。

点 P_j 被整个网络感知到的概率 $C(P_j)$ 可定义为

$$C(P_j)=1-m(j_e)=1-\prod_{i=1}^{K}(1-p(i,j)) \tag{6-37}$$

式中，K 为覆盖点 j 的传感器节点个数，$p(i,j)$ 为传感器节点 s_i 对点 j 的探测概率。

根据式(6-37)可以计算区域 R 中任一点的探测概率分布。图 6-15 为传感器节点在 100×100 单位区域 R 中的分布图和区域 R 中 30 个随机部署节点的概率模型联合探测概率分布图。

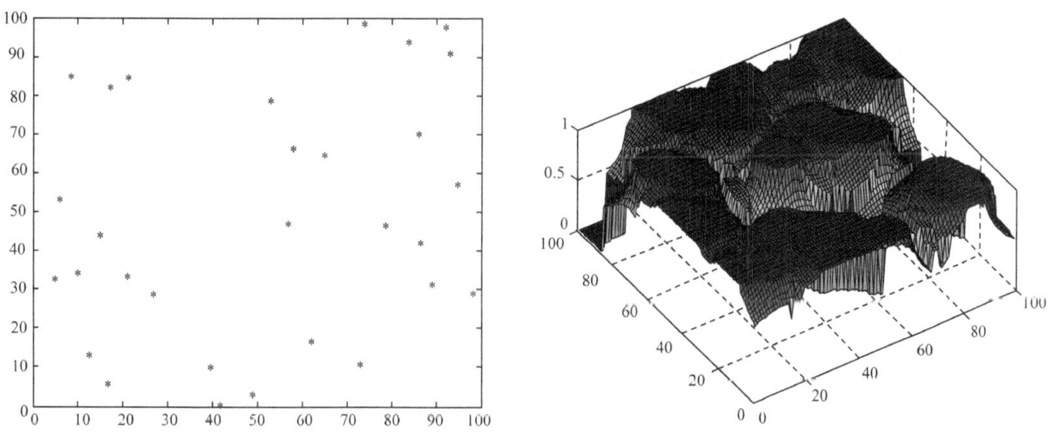

图 6-15 30 个节点随机部署及其概率探测模型下的覆盖效果

显然，如果能够部署足够的节点，有可能使探测区域内任一点的探测概率均大于所设定的阈值。然而，考虑到节点成本，所需要的节点数量也是评价部署算法的重要因素。因此，除了满足指定覆盖率之外，最少数量的节点也是部署算法的重要目标。

6.4.3 覆盖场强一致性

覆盖场强表征传感器网络部署区域中覆盖强度的空间分布情况，表现出的是网络中所有传感器感知质量的叠加效果。传感器区域 F 中任意一点 q 的传感器覆盖场强 $I(F)$ 定义为区域内所有传感器在 q 处的有效传感度量之和。

假定区域内有 n 个处于工作状态的传感器 s_1 ，s_2 ，…，s_n ，记 $S(s_i,q)$ 为传感器 s_i 在 q 处的覆盖质量，则 q 点处的覆盖场强可以表示为

$$I(F,q)=\sum_{i=1}^{n}S(s_i,q) \tag{6-38}$$

若采用 0-1 模型，则点 q 处的覆盖场强等于其覆盖重数 k 。对于概率感知模型，可定义覆盖场强等于 q 点周围传感器节点对于 q 点处的联合探测概率，而不是周围节点探测概率的叠加。

假定区域被划分为 N 个格点，所要求的联合探测概率为 p_{req} 。显然，最佳结果是所有网格点上的探测概率均等于 p_{req} ，因此将整个区域的覆盖场强一致性定义为

$$E=1-\frac{\sum_{i=1}^{N}|p_i-p_{\text{req}}|\cdot F_{\text{acum}}}{N\cdot p_{\text{req}}} \tag{6-39}$$

式中，F_{acum} 为逻辑变量，其取值为

$$\begin{cases}F_{\text{acum}}=0, & p_i\geqslant p_{\text{req}}\\ F_{\text{acum}}=1, & p_i<p_{\text{req}}\end{cases} \tag{6-40}$$

即满足探测概率要求的网格点将被认为是符合一致性要求的。

6.4.4 覆盖重数

在需要较强监测能力或较高容错率的应用环境中，需要考虑多重覆盖，即某一事件是否被 K 个节点覆盖。覆盖程度关注目标区域的整体覆盖情况，而多重覆盖则侧重于局部的重点观测。

覆盖重数表示某个区域覆盖的冗余程度，如果这个区域在 K 个节点的传感覆盖范围之内，则其覆盖重数就是 K ，其数学表达式为

$$K_A=\sum_{i=1}^{N}K_i\,,\quad K_i=\begin{cases}1, & A\subseteq A_i\\ 0, & A\cap A_i\neq A\end{cases} \tag{6-41}$$

式中，K_A 表示 A 区域的覆盖重数，A_i 为节点 i 的传感范围，K_i 表示第 i 个节点感知范围是否覆盖 A 区域，覆盖时 K_i 为 1，否则为 0。

6.4.5 覆盖均匀性

节点均匀分布的传感器网络工作时能量的消耗相对比较均衡，可以避免过早出现失效节点，实现平衡能量负载的作用。无线传感器网络的覆盖均匀性通常用节点间距离的标准差来表示，标准差的值越小则覆盖均匀性越好。

$$U=\frac{1}{N}\sum_{i=1}^{N}U_i \tag{6-42}$$

$$U_i=\left(\frac{1}{K_i}\sum_{j=1}^{K_i}(D_{i,j}-M_i)^2\right)^{1/2} \tag{6-43}$$

式中，U 代表均匀性，N 是节点总数目，K_i 表示第 i 个节点的邻居节点个数，$D_{i,j}$ 表示第 i 个节点与第 j 个节点之间的距离，M_i 表示第 i 个节点与其传感范围相交的所有节点的距离平均值。

6.4.6 覆盖时间和平均移动距离

覆盖时间是指目标区域被完全覆盖或者跟踪时，所有活动节点从启动到就绪所需要的时

间。在包含移动节点的覆盖中，则是指移动节点运动到最终位置所需要的时间。在突发事件监测中，覆盖时间是一个重要的节点覆盖质量考核指标。可以通过算法优化和改进硬件设施来减少覆盖时间。

平均移动距离是指覆盖方案中每个移动节点到达最终位置所移动距离的平均值。这个距离越小系统消耗的总能量就越少。在实际应用中，不仅要减少节点移动的平均距离，而且要尽量减少节点间能量消耗的差异。该指标采用节点移动的平均距离和标准方差来表示更为准确。该标准差越小，系统中节点消耗的能量越均衡，越可以使传感器网络避免因某个节点能量过多消耗而影响监测性能。

6.4.7 其他评价指标

对于无线传感器网络的覆盖与部署算法性能的评价还有其他指标，如动态性、可扩展性、算法执行的复杂程度等。

动态性是无线传感器网络的特点之一，是指网络适应动态变化的能力。传感器网络的可扩展性则表现为网络在传感器数量、网络覆盖区域、生命周期、时间延迟、感知精度等方面发生变化时的适应性。由于无线传感网络的使用环境一般比较特殊，硬件资源也有限，网络中可能会出现如节点失效、新节点加入、节点根据需要移动等情况，因此，设计算法时必须考虑动态性和兼容性的情况。对于大范围的传感器网络，覆盖算法必须具备良好的可扩展性才能够更好地提高网络的整体性能。高效的网络覆盖和节点部署算法可以为网络提供良好的可扩展性，使网络保持良好的工作状态。

6.5 传感器网络节点部署策略与算法

采用合理的节点部署算法和策略能够实现无线传感器网络节点的合理部署，有效改善传感器网络的覆盖范围，使空间资源分配得到优化，提高网络的感知精确度和可靠性，降低节点的能量损耗。

6.5.1 传感器网络节点的随机撒布

在沙漠、战场等危险环境中，通常采用随机布撒方式，比如从飞机上将节点抛洒到目标区域中。这种部署的随机性主要体现在两个方面，一方面是节点落在目标区域内的位置具有随机性；另一方面是由于环境等因素的影响，落在区域内节点的状态具有一定的随机性，某些节点可能在坠落过程中毁坏或失效。

随机撒布节点往往不能获得较好的覆盖度。由于节点位置以及状态的随机性，可能会出现节点集中在部分区域内的情形，尤其是在小部分区域节点过度聚集而在其他区域只有少量节点的情况下，覆盖度很低，因而不能满足应用要求。为了扩大网络覆盖面积，可以考虑使用具有移动能力的传感器节点，在随机撒布节点后，采取动态调整节点位置的方法来提高网络的覆盖度，从而提高网络的感知精度和可靠性。虽然目前大部分传感器节点不具备移动能力，但随着研究的深入，具备一定移动能力的传感器节点将得到应用。例如，将静态传感器节点与移动机器人相结合，为传感器节点增加移动能力。

6.5.2 基于几何格点和剖分的节点部署

依托网络格点的部署算法将目标区域划分为网格，网格划分可以是均匀的，也可以是不均匀的。将目标区域划分为网格或进行几何剖分的优点有：

(1) 能够适度简化问题，将解空间限制为有限的候选点集，从而可以方便使用一些经典的线性规划或者人工智能方法求解；

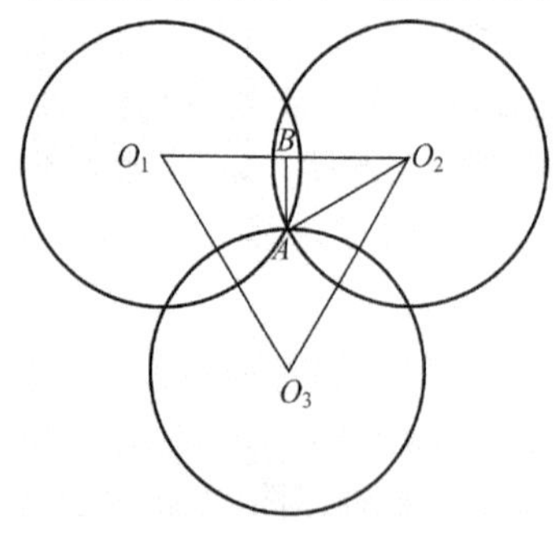

图 6-16　基于正三角形格点的部署

(2) 在可控成本的前提下达到对目标区域的全覆盖，并且适用于不规则的传感器网络区域。其缺点是只适用于同构型传感器网络，不适用于异构网络的情况。

1) 基于正三角形格点的部署

在使用传感器网络节点覆盖目标区域时，基于网络格点的节点部署比随机分布具有明显的优势。覆盖同样的区域，当节点的位置服从三角形格型分布时，所需的节点数最少。由于大多数情况下 WSN 节点的初始分布是随机的，因此，如何从随机分布的节点中构造类似网格型的结构具有重要意义，目前已提出多种构型方法。常用的是使用正三角形格型结构进行节点的部署，如图 6-16 所示，O_1 、O_2 、O_3 点是部署节点的位置，r 为覆盖半径。

2) 基于方形网格的部署

对于给定的传感器区域 $F(L\times S)$，设节点感应区域半径为 r，基于方形网格的部署方法按如图 6-17 所示进行网格划分。距底边 $r/2$ 长度处作一条平行于底边的直线 L_1，距离左边界 $r/2$ 处作一条平行于左边的直线 L_2，L_1 与 L_2 交于点 A，以点 A 为起点，以 $\sqrt{2}r$ 长度等分 L_1 至右边界，在各个等分点作垂直于底边直线，再以 $\sqrt{2}r$ 长度等分 L_2 至上边界，分在各个等分点作平行于底边直线，目标区域就被划分成了如图 6-17 所示的正方形网格。将传感器节点部署在各正方形的顶点，这样就将传感器节点以正方形网格的方式部署在目标区域中。

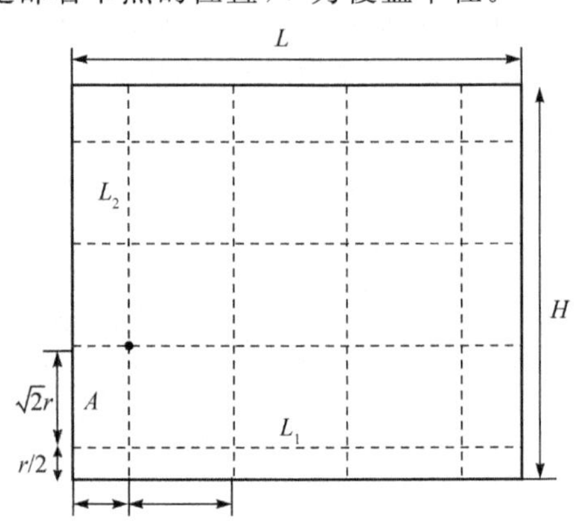

图 6-17　正方形网格划分

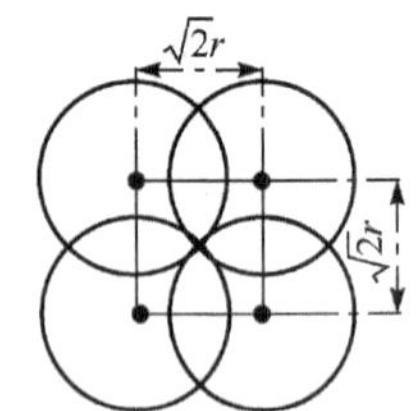

图 6-18　四个圆形成的公共交点

图 6-18 给出由四个圆形成公共交点的过程。由图可以看出，边长为 $L=\sqrt{2}r$，四个圆只有一个公共点，此时其覆盖面积为

$$S_4 = 2(2+\pi)r^2 \tag{6-44}$$

3) 基于菱形网格的部署

与正三角和正方形网格对比，菱形网格既能充分利用传感器的感知和通信能力，又能确保传感器区域内无缝连通和无缝覆盖，在无缝覆盖传感器区域内所需要的节点数量最少。

如图 6-19 所示，每个传感器节点位于菱形网格的顶点上。节点数 N 由下面公式给出：

$$N = \frac{F}{\delta} = \frac{F}{\frac{3\sqrt{3}}{2}r^2} = \frac{2F}{3\sqrt{3}r^2} \tag{6-45}$$

式中，F 为传感器区域的面积，$\delta = \frac{3\sqrt{3}}{2}r^2$ 为每个节点的有效覆盖面积，r 为传感器节点的感知或通信半径。

通过计算可知，菱形网格的覆盖面积要大于方形网格。

4）基于 Delaunay 剖分的节点部署

假设 V 是二维实数域上的有限点集，边 e 是由点集中的点作为端点构成的封闭线段，E 为 e 的集合。那么该点集 V 的一个三角剖分 $T=(V,E)$ 是一个平面图 G，该平面图满足条件：

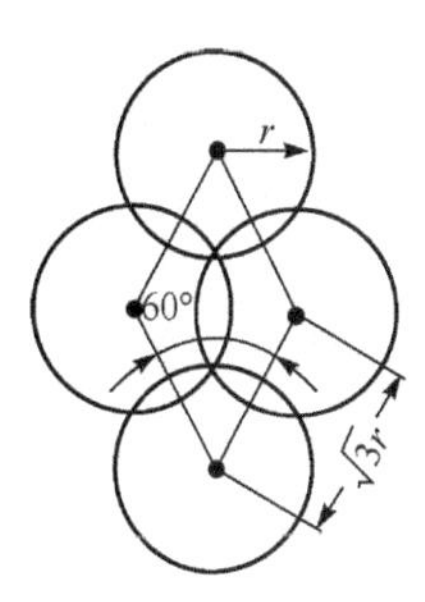

图 6-19　菱形网格

（1）除了端点，平面图中的边不包含点集中的任何点。

（2）没有相交边。

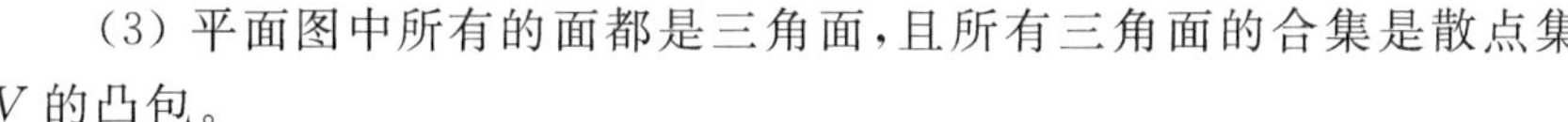

（3）平面图中所有的面都是三角面，且所有三角面的合集是散点集 V 的凸包。

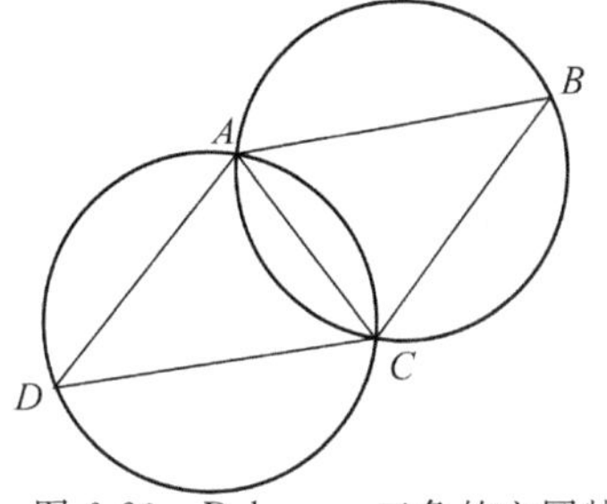

图 6-20　Delaunay 三角的空圆特性

Delaunay 三角剖分要求网格中的每个三角形的外接圆在其内部不包含给定集合的任何点，从而使 Delaunay 三角剖分不但唯一而且最优。

假设集合 E 中存在一条边 e（两个端点为 a，b），若满足下列条件则称为 Delaunay 边，存在一个圆经过 a，b 两点，圆内不含点集 V 中任何其他点。如果点集 V 的一个三角剖分 T 只包含 Delaunay 边，则该三角剖分称为 Delaunay 三角剖分。

要满足 Delaunay 三角剖分的定义，必须符合两个准则：

（1）空圆特性。Delaunay 三角网是唯一的（任意四点不能共圆），在 Delaunay 三角形网中任一个三角形的外接圆范围内不会有其他点存在。空圆特性如图 6-20 所示。

（2）最大化最小角特性。在散点集可能形成的三角剖分中，Delaunay 三角剖分所形成的三角形的最小角最大，即 Delaunay 三角网是最接近于规则化的三角网。两个相邻的三角形构成凸四边形的对角线，在相互交换后，六个内角的最小角不再增大，如图 6-21 所示。

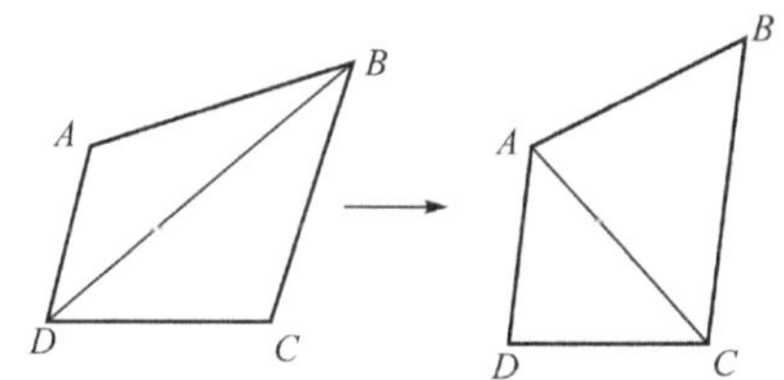

图 6-21　Delaunay 三角剖分的最大化最小角特性

Delaunay 剖分的主要特性如下：

（1）最接近。以最近邻的三点形成三角形，且各线段（三角形的边）皆不相交。

（2）唯一性。不论从区域何处开始构建，最终都将得到一致的结果。

（3）最优性。任意两个相邻三角形所形成的凸四边形的对角线如果可以互换的话，那么两个三角形六个内角中最小的角度不会变大。

（4）最规则。如果将三角网中每个三角形的最小角进行升序排列，则 Delaunay 三角网的排列得到的数值最大。

（5）区域性。新增、删除、移动某一个顶点时只会影响临近的三角形。

（6）具有凸多边形的外壳。三角网最外层的边界形成一个凸多边形的外壳。

在初始部署形成的节点位置集合基础上，采用 Delaunay 三角算法生成探测区域中的节点部署候选位置。图 6-22 显示了对初始部署节点集合进行 Delaunay 三角剖分的结果。由于

Delaunay 剖分的空圆特性，在所生成的 DT 三角外接圆中，有一部分圆不包含已有的节点。这些圆心将是新增节点的候选部署位置。

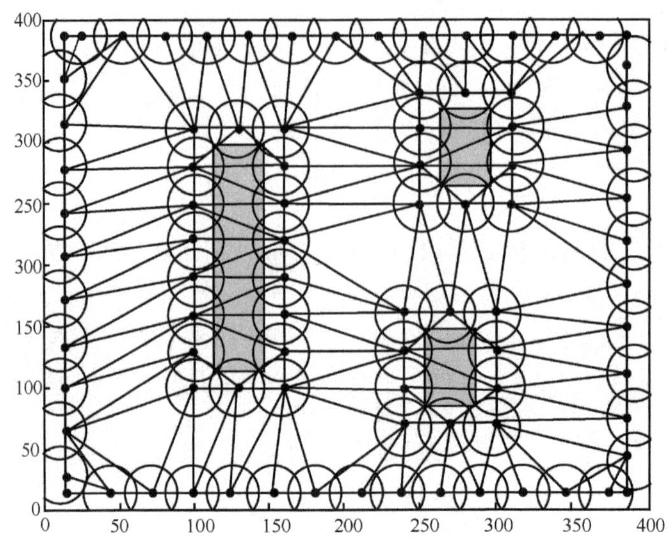

图 6-22　初始部署点的 Delaunay 三角剖分

除了落在障碍物内的位置，这些圆心将按照外接圆的半径大小降序排列，加入候选位置列表。一种简单的候选位置评价机制是由 DT 三角形外接圆半径的大小决定候选位置的优先次序。对候选位置进行评价时，也可以考虑如下有关净增覆盖的因素：

(1) DT 三角形外接圆的半径大小即可用覆盖面积；

(2) 相邻节点的覆盖区域重叠面积；

(3) 与探测区域边沿和障碍物所形成的重叠区域面积；

(4) 重点监测区域的加权系数；

(5) 与传统系统探测器的重叠区域。

综合以上因素，净增覆盖的计算公式为

$$W = (\pi R_{\text{ext}}^2 - \sum_{j=1}^{J} q_j - \sum_{n=1}^{N} O_j) + \omega \times \sum_{k=1}^{K} H_k + \eta \times \sum_{m=1}^{M} D_m \tag{6-46}$$

式中，R_{ext} 为 Delaunay 三角外接圆的半径，q_j 为候选位置的传感器覆盖区域与现有节点发生重叠子区域，假设共有 J 个子区域，O_n 为候选位置与障碍物或探测区域发生重叠的子区域，假设共有 N 个。类似地，H_k 为候选节点与重点区域的重叠部分，ω 为重点区域的加权因子，D_m 为候选位置与传统系统探测器重叠的区域，其数量分别为 K 个和 M 个。

具体的算法步骤如下：

(1) 生成探测区域和障碍物多边形的转折点向量表，连接线段构成区域封闭图形；

(2) 按照给定的探测概率计算传感器节点的感知半径；

(3) 沿着探测区域和障碍物边沿生成节点初始部署点集；

(4) 从已部署点集构造 Delaunay 三角形的顶点集 V_{DT} ；

(5) 对集水盆 $W_{\max}$ 中的 Delaunay 三角形求取外接圆，并按圆半径大小对 V_{DT} 排序得到 $V_{\text{Candidate}}$ ；

(6) 对 $V_{\text{Candidate}}$ 中的所有点 P_i 进行计算净增覆盖值；

(7) 在具有最大净增覆盖值的候选位置上部署节点，修改已部署节点集；

(8) 若节点数已到达限值，或覆盖率满足要求则停止；否则返回步骤(4)继续执行。

6.5.3 移动传感器网络的部署策略

具有移动能力的节点可以构建移动传感器网络，能够形成更合理的网络部署方案，对移动目标形成更准确的监测与跟踪。同时，移动传感器节点的引入使静态传感器网络的覆盖性能分析变得复杂。随着节点的移动，先前无法被检测到的区域或目标有可能被感知到，而原来被感知的区域或目标也可能脱离节点的感知区域。

在移动传感器网络部署方面，最典型的节点移动方式是基于吸引力和排斥力的人工势场和虚拟力方案。此外还出现了有限移动性节点的部署、最小曝光路径搜索覆盖策略等。

1) 基于虚拟势场法的部署

势场算法(potential field algorithm，PFA)的基本思想是节点受到既不会让节点间相距太近的斥力，也不会让节点间相距太远的引力，这样就保证了覆盖度和连通度。该算法使节点间通过力的相互作用达到平衡稳定状态。

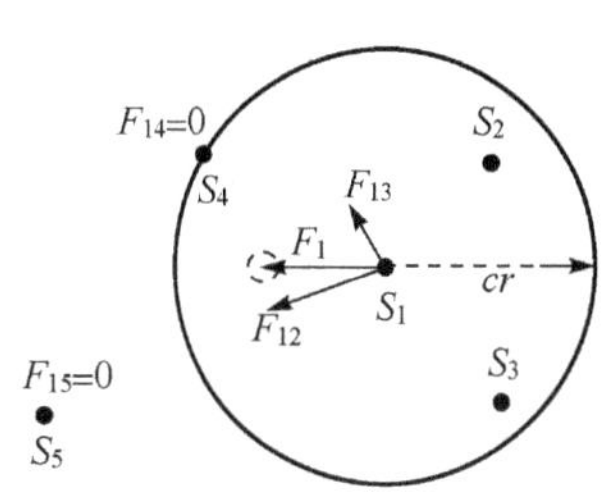

图 6-23　同构节点受力分析

在传感器网络中，虚拟力算法假设传感器节点、障碍物和需要重点测量的热点区域均可对节点施加引力或斥力。这里不考虑障碍物和热点区域对传感器节点的作用力，只考虑节点间的作用力 F_{ij}。图 6-23 给出了同构节点间的受力分析。

在虚拟力算法中，传感器节点之间相互作用力的属性采用距离阈值 d_{th} 进行调整，受力 F_{ij} 与距离 D_{ij} 之间的关系如下式所示：

$$F_{ij}=\begin{cases}(W_A(D_{ij}-d_{\text{th}}),\alpha_{ij}), & d_{\text{th}}<D_{ij}\\ (W_R(\dfrac{1}{D_{ij}}-\dfrac{1}{d_{\text{th}}}),\alpha_{ij}+\pi), & d_{\text{th}}>D_{ij}\\ 0, & \text{其他}\end{cases}\tag{6-47}$$

其中，α_{ij} 为传感器节点 S_i 到 S_j 的方位角，W_A 为虚拟力的引力系数，W_R 为虚拟力的斥力系数，用于调节虚拟力算法部署优化后的传感器节点的密集程度。

采用虚拟力算法时，通常将传感器节点抽象成势力场中的粒子。当两节点间距离很近(小于某一指定距离时)时，节点间表现为斥力，在斥力的作用下两节点相互远离；当两节点间的距离很远(超过某一指定距离)时，节点间的力表现为引力，在引力的作用下两节点相互靠近。按照一定的规则设定节点间力的作用和距离之间的关系，计算出节点所受的合力。在合力作用下移动节点，就可以有效地避免节点的过分密集或者稀疏。在整个网络中，某个节点所受的力为所有节点对其作用的合力(矢量)，该节点在合力的作用下移动到合适的位置，使整个监测区域的节点分布比较均匀，完成良好的部署。图 6-24 给出虚拟势场及其作用力的示意，其中黑圆点表示传感器节点，箭头代表节点移动的方向。

2) 基于最小曝光路径搜索的覆盖增强策略

对移动目标来说，最可能存在的覆盖盲区或盲点就是最小曝光路径。为此，需要通过在搜寻到的最小曝光路径上再次部署传感节点，以求最大限度地提高被监测目标的最小曝光值。

最小曝光路径搜索算法的基本思想是任意目标在传感区域内的移动路径，均可以由若

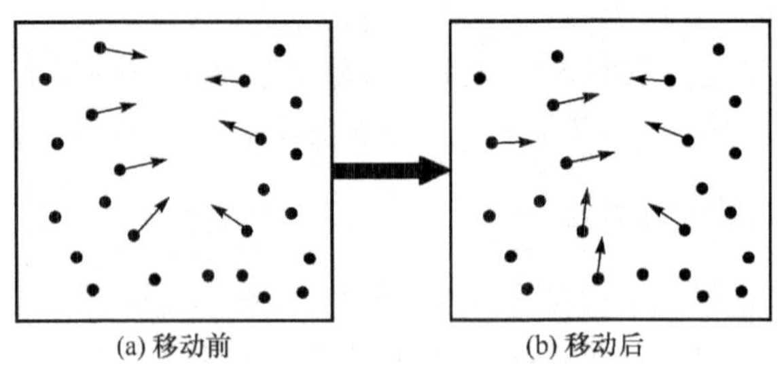

图 6-24 虚拟势场及其作用力

干连接两个邻接网格中心点的线段组成分段直线进行模拟。通常每个网格有 8 个邻接网格，因此，移动目标在任一网格中心点时，分别有沿对角线向左上、左下、右上、右下、向左、向右、向上、向下 8 种方向选择。当网格划分足够密集时，分段直线可以逼近目标移动的任意曲线。

搜索到最小曝光路径后，可以根据实际需求和既定的覆盖要求调整传感器节点的部署，提高对移动目标的覆盖质量，最大程度地减少被覆盖区域的盲区。假设传感器节点具有自定位能力，所有传感节点的感知角度、传感半径相同，并且传感器节点为随机部署。算法由重复 N 次的单步动作循环组成，直到满足既定的最小曝光度要求。从最小曝光路径上找出路径线段曝光度最小线段，并在此处新部署一个节点。

算法的具体步骤如下：

(1) 运行最小曝光路径搜索算法，找出被监测区域的最小曝光路径；

(2) 设点 V_i 是最小曝光路径所经过的网格集合中的一点，计算 V_i 的 PES_i，即 V_i 所对应的线段的曝光度；

(3) 遍历最小曝光路径途径网格的所有传感节点，寻找线段曝光度的最小值 $\min(\{\text{PES}_i\})$，对应的网格中心点处即为所求的最优部署点；

(4) 在最优部署点处部署一个新节点；

(5) 重新运行最小曝光路径搜索算法，重新寻找被监测区域的最小曝光路径；

(6) 重复执行上述五个步骤，直到最小曝光值达到预先设定的目标值。

3) 有限移动性的部署

鉴于节点移动消耗的能量远大于感知和通信的情况，研究者提出限制节点移动范围的部署策略。最有限的移动性即为一次移动，节点只能翻转或跳跃一次到有限距离的新位置。

有限移动性部署的典型策略是将初始部署的网络描述为虚拟图，每个网络格点对应图中的一个顶点，如图 6-25 所示。在图 6-25(a)中，有些区域是没有被传感器节点覆盖到的空白区域，如区域 1、6、11、16，有些区域则有多个节点，如区域 2、4、5、7，这就需要节点进行移动来使覆盖更加完善。又由于节点移动的有限性，这里仅能移动一次。因此，直接由附近区域的节点移动至空白区域，仍然会有空白区域得不到覆盖。在只有一个节点的区域中，这个节点移动出去之后，可以由其他区域移动进来一个节点来进行补充，这样的单节点区域具有传递节点移动的特性。从而覆盖问题可以转化为将节点传送到目标区域的问题，有多个节点的区域是传送源区域，可将多余的节点传送出去；有一个节点的区域是传送者(如图 6-26 中区域 9、13、14、15)，它们组成传送路径；没有节点的区域即为目标区域，最终要达到的效果是使目标区域有一个节点。

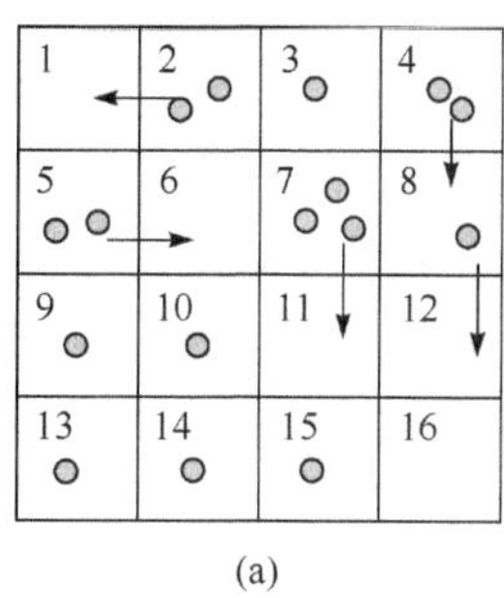

(a)

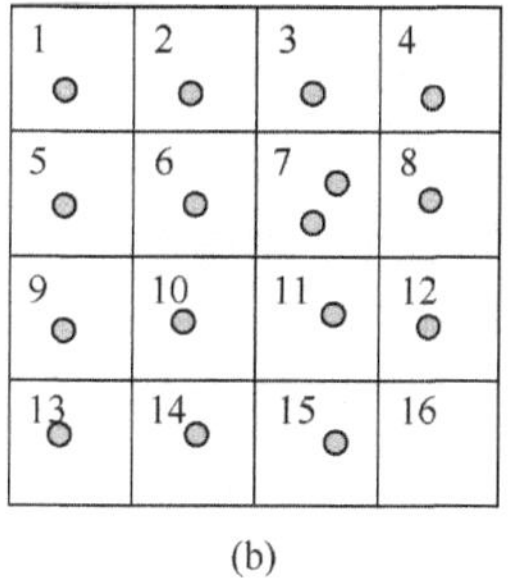

(b)

图 6-25　初始部署后的虚拟图

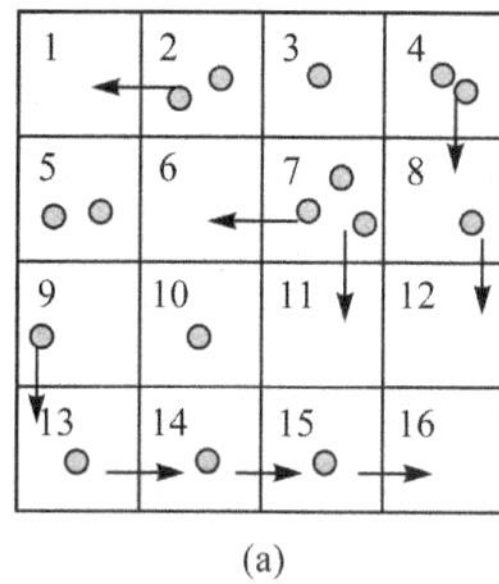

(a)

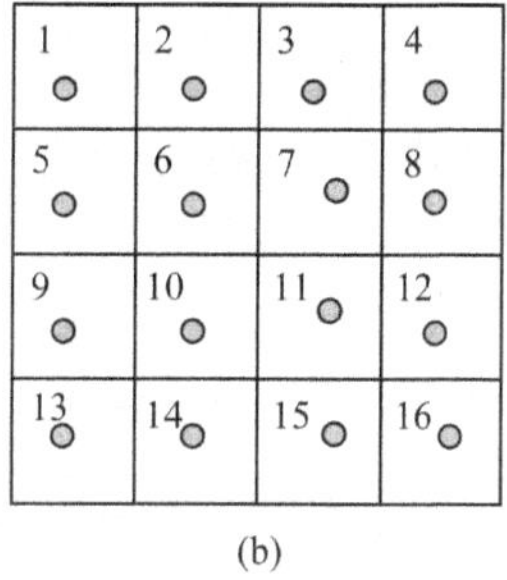

(b)

图 6-26　节点传送路径

相应地，上述问题转化为求该虚拟图的最小代价的最大流问题。求一条途径时先用合适算法计算出最大流，检查是否有可能在流量平衡的前提下通过调整流量，使总代价即移动次数得以减少，并据此进行调整。调整后得到一个新的最大流。由此求出的移动方案是解决该问题的一个最优解。

针对具有有限能量和移动能力的 WSN 节点，还出现分布式覆盖算法和在线分布式两步法。前者依据能量约束为每个移动节点分配非均衡、随时间变化的区域，然后将周边环境划分为有限大小、归一化的 Voronoi 区域，根据移动控制算法为木地优化函数生成梯度，其目标函数反映节点簇和不同覆盖准则的全局能量，从而能够限制每个移动节点的速度，实现其在网络内的能量节约和平衡。后者针对全向但感知半径有限的节点优化部署问题，支持复杂环境，其策略是基丁离散时间梯度算法，采用两步法寻找局部最优，第一步进行粗优化，节点可分簇在平面内移动或改变感知半径以适用环境简化模型，所获得的节点位置映射于网络，并用于第二步的细优化；通过节点的移动，第二步可以在线分布式进行，可利用整个网络或简化的网络。

4）其他移动节点部署策略

关于移动节点的部署还有一些其他部署策略。

例如，基于并行微粒群算法的 WSN 节点优化部署策略。该策略是通过并行框架降低算法的计算时间和运算复杂度，能够有效实现移动节点的优化部署。另一种是基于最小覆盖重叠的移动部署策略，在随机部署后计算覆盖重叠变化因子，并令节点向覆盖重叠减小最快的方向移动，通过算法的不断迭代运行，使节点之间的覆盖重叠区域不断减小，从而保证传感器网络的覆盖率得到有效改善。

此外，将分布式模糊算法用于控制移动节点的运动，在初始的随机部署之后，根据邻居节点的状态计算新节点的理想位置以获得良好的覆盖,这是一种有效的部署策略。

由于移动机器人作为WSN节点将会形成较高的代价,有研究者提出机器人仅把节点作为负载,并根据局部准则将节点卸下,放置于部署位置;节点则为机器人提供导航方向信息,指向机器人访问最少的位置,这是一种新的移动节点部署策略。

6.6 无线传感器网络覆盖技术面临的挑战

6.6.1 覆盖空洞及修复

当无线传感器网络中某些节点因能量耗尽或发生故障时,将导致网络原有覆盖区域缺失或者数据无法送达基站的现象,称为“覆盖空洞”现象。按照节点的探测能力与能量状态,传感器网络的空洞可划分为覆盖空洞和能量空洞。在节点均匀分布或非均匀分布的传感器网络中,都有可能出现空洞。网络空洞会使WSN不能采集完整有用的数据,进而导致网络的生存周期结束,造成网络资源浪费。模拟实验表明,如果采用节点均匀分布策略,当出现空洞而致使网络失效时,可能有高达90%的能量被浪费,大大缩短了网络的使用寿命。

为了保持传感器网络的感知、通信等服务质量,应采取措施对网络的覆盖度进行实时监测,及时发现网络的覆盖或能量空洞,并采取相应的修复措施保证网络的正常工作。因此,必须通过传感器网络本身或将其他设备引入网络,实现对网络空洞的监测和修复。

目前,对于无线传感器网络覆盖空洞的监测与修复方法主要分为三种。

(1) 依靠无线传感器网络自身进行监测。节点部署后把其位置信息发给基站,基站根据已部署节点的信息预测下一节点的位置,可以监测到网络空洞。该方法的缺点是不适合于随机部署自组织式的传感器网络,且能量消耗较大,可实现性差。

(2) 采用移动节点监测和修复空洞。移动节点在一定时间内可以保证网络较好的覆盖率,但其能量和移动距离均十分有限,频繁移动将迅速导致节点能量耗尽而死亡,因而不适于进行空洞监测和修复。

(3) 采用移动机器人进行空洞监测和修复。这是一种有效的方法,但其弱点是对地形的适应能力较差,仅适用于近似平面的部署区域,而且有限数量的机器人难以实现网络的全面监测和快速修复。

解决能量空洞的主要方法是最大限度地均衡网络负载,主要的解决方法有:

(1) 能量控制和功率控制。能量控制方式将区域划分为若干小区域,根据网络中不能再传输数据时节点的剩余能量来重新分布节点的初始能量。而功率控制则属于一种优化策略,根据与基站的距离远近控制发射功率,在保证成功传输数据的前提下,远离基站的节点发射功率大,而基站附近的节点发射功率较小,从而很好地避免能量空洞。

(2) 数据压缩和融合。造成能量空洞的根本原因是大量的单向数据流,在无线传感器网络内部采用数据压缩和融合机制可以减少单向数据流量,减轻Sink附近节点的负载。但是,即使采用融合策略,Sink节点附近的节点承担转发的任务依然很重。

6.6.2 传感器网络的重部署

无线传感器网络的重部署方法主要分为两大类。一类是利用移动传感器节点的移动特性实现传感器网络的再部署能力。处于覆盖密集区域的移动节点在不影响该区域覆盖性能的情况下,通过各种方式(如位置移动)尽可能参与到其他覆盖薄弱区域的监测中去，从而使得整个网络具有较高的覆盖性能，保证对监控区域或移动目标监测数据的可靠性和完整性。

另一类是放置额外的传感器节点。额外传感器节点的放置可以看作是一个选址问题，即传感器节点应该被放置在哪些位置，才能使监控区域内的盲区总和尽量少，同时还需要考虑放置节点的成本和每个节点所能覆盖的区域。这类问题属于 NP 难问题，目前没有很好的解决方法。通常采用的方法是，首先由贪婪算法、遗传算法和随机算法等多项式近似算法计算出新节点的位置，然后再由人工或机器人摆放新的节点。

额外传感器节点的放置问题可以描述为，给定传感器节点的感知半径，如何用最少数目的节点覆盖监控区域内的所有盲区；或者在给定传感器节点数目的情形下如何放置节点，从而取得监控区域的最大化覆盖。该问题类似于选址覆盖问题中的集覆盖（set covering location problems，SCLP）和最大覆盖问题（maximal covering location problems，MCLP），其中 SCLP 属于 NP-complete 问题，MCLP 属于 NP 难问题。SCLP 和 MCLP 都属于混合整数规划类型，寻找这类问题最优解的经典算法有分支定界法和割平面法。然而，这些方法只能解决小规模的覆盖问题，实际问题有数千甚至上亿的约束和变量，用这些经典的算法将受到计算时间和空间的限制。目前主要采用启发式算法寻求该问题的解，如拉格朗日松弛算法、贪婪算法、遗传算法和混合算法等。

尽管额外传感器节点的放置问题在描述上与选址覆盖问题非常相似，但后者的研究通常基于 1-覆盖的情形（即被覆盖的对象只要被覆盖即满足要求）。而对于前者，监控区域内每个盲区可能具有不同的覆盖度，达到覆盖性能要求所需要的传感器节点数目也不同，这导致后者得到的算法难以直接应用于额外传感器节点的放置问题。

6.6.3 三维空间传感器网络部署

目前，无线传感器网络的研究主要集中于二维平面，而现实世界中存在大量的三维传感器网络应用。例如，在战场环境监控中，将传感器节点部署在山地或者丛林等复杂环境中，就必须考虑三维空间中网络的部署问题。

相对地，目前对三维空间中的部署问题研究还比较薄弱。基于二元感知模型，三维传感器网络的覆盖可以看作是体积相等、可互相重叠的球体对空间的覆盖。三维无线传感器网络的最优部署问题是指通过计算确定节点在空间中的部署位置，使覆盖目标空间所需的节点数最少。因此，三维传感器网络的最优部署问题等价于寻找三维空间中最节约的球覆盖形式，即三维球覆盖问题。而求解三维空间中任意形式的球覆盖是一个复杂的问题，至今在理论上还没有完全解决。

6.6.4 复杂环境下的传感器网络部署

1）水下传感器网络的部署

水下传感器网络在水环境监测、海洋数据收集、海底探测、灾害预测等方面具有重要的应用。由于水中环境的特殊性，主要采用水下移动传感器网络部署技术。

水下传感器网络领域的主要研究内容包括水下节点设计、节点互联和动态组网，即点、线、面的层次结构。节点设计包括移动机构、水声通信单元、水下传感器及水下姿态和定位导航装置等。节点互联包括节点间通信、链路分配及相对位置和姿态计算等。动态组网则主要是根据节点连通情况进行路由策略和拓扑控制等。

由于工作环境和通信媒介的差异，与地面无线传感器网络相比，水下移动传感器网络研究面临的困难可归纳为如下几点：

(1) 物理层数据传输带宽窄，通信速率低。水声通信存在传播延迟大、传播损失大、易发生多径干扰以及误码率高等缺点。

(2) 能源管理更严格。水下网络节点电池无法充电，也无法应用太阳能电池，而水声通信较电磁波通信发射功率大许多。

(3) 成本控制。专用水声通信设备都在几万元以上，这也是水下传感器网络无法大规模应用的瓶颈。

(4) 维护困难。水下环境复杂，传感器节点容易损坏和腐蚀，使传感器网络的维护更加困难。

(5) 通信复杂。高延迟的水声通信使得水下传感器网络的链路控制更加困难，基于电磁波的射频通信链路与路由控制方法无法直接应用于水声通信中。

(6) 运动控制难度高。水声通信具有方向性，为保证数据通信的连贯性和节省网络通信能量，水下移动节点需要比较精确的定位与姿态保持；同时，受水下环境的限制和节点移动特性的影响，水下传感器网络需要进行三维环境的定位。

2) 室内传感器网络的部署

随着"物联网"、"智慧地球"等概念的兴起，无线传感网络、遥测和遥控技术已经深入人们社会和生活的各个方面，尤其是越来越多地部署于室内环境。与一般意义上的无线传感器网络不同，面向室内环境应用的无线传感器网络监控面积小、区域众多(不同楼层和房间)、节点总数较少而分布密集，并且需要考虑室内存在移动目标和障碍等因素。但是，有时候部分节点的功耗无须考虑，因为电源是可再生的(如采用有限供电)。

室内无线传感器网络节点可分为功能单一的传感器节点、执行器节点、兼具传感与执行功能可独立工作的电气设备节点，以及具有强大计算与存储功能的通用处理平台节点(如 PC)等四大类节点。这种由形态结构和功能各异的节点构成的室内无线传感器网络是一个异构网络。

室内环境中的无线传感器网络系统部署问题具有如下特性：

(1) 节点异构化，不再完全由同类的节点组成。

(2) 网络节点不是完全静止的。一方面由于某些办公电器或家电产品在环境中的位置并不固定；另一方面，室内环境中存在移动节点，如可以控制室内环境中所有电器的中央遥控器。

(3) 节点部署需要考虑的因素更加复杂。无线信号传播具有反射、绕射和散射等形式，在室内环境将产生更加显著的影响。

室内无线传感器网络面临的挑战主要有以下方面：

(1) 室内部署的环境复杂。室内部署的无线传感器网络节点将受到各种环境因素的制约，室内物品的放置、材料结构和建筑物类型等因素都将对节点的通信性能产生影响。天线高度、门的开关、人的行为都将影响信号的传播。

(2) 移动节点的管理与高效路由算法的设计。

(3) 工程应用实施问题，即如何使来自不同厂商的各种设备以及传感器/执行器系统方便地互连。

(4) 连通性保障难度较高。室内节点的部署必须依存于室内物品，节点的位置、天线高度的差异、障碍物的存在也会导致节点通信性能的变化。室内复杂环境，在保证感知区域完全覆盖的情况下实现节点间通信链路的连通具有较高的难度。

3）异构传感器网络及其部署

相对于同构无线传感器网络，异构无线传感器网络是指由多种不同类型传感器节点构成的传感器网络。根据传感器网络的组网与工作特点以及传感器节点的结构特性，传感器网络的异构特性可以归为四个方面：

（1）感测异构性。如果传感器的类型不同，则传感器节点的数据传感能力和传感器节点的信息感知范围不同。

（2）计算能力异构性。例如，节点具有不同的信息压缩、不同的数据存储能力和聚合能力。

（3）通信能力异构性。例如，通信链路有差别、传输速率不同、节点的通信范围不同等。

（4）节点能量异构性。包括初始能量配置不同、节点在网络中能量消耗不均匀造成的异构。

通过在无线传感器网络中加入适量的异构节点，能够提高网络的数据传输成功率，并延长网络寿命。对于异类节点的部署问题，主要从减小能量消耗或费用最小化方面考虑，较少考虑环境的限制以及路由和能耗的因素。

思考题

6.1 无线传感器网络节点部署时主要考虑哪些指标？

6.2 对无线传感器网络覆盖质量进行评价的主要指标有哪些？

6.3 简述随机部署节点方法的优缺点。

6.4 无线传感器网络覆盖技术面临哪些挑战？

第 7 章　无线传感器网络管理技术

7.1　网络管理概述

随着计算机和通信技术的迅速发展,无线传感器网络的规模和应用范围正在逐渐扩大,网络类型、服务种类和设备来源越来越复杂化。在这种环境下,资源的分布和共享程度日益扩大,任何微小故障都可能导致用户应用的失败。如何尽早发现并排除潜在的故障隐患以及有效地管理网络是网络设备和网络服务提供者共同关心的重要问题。事实上,网络的可管理性已成为衡量网络性能和服务质量的重要指标。

简单地讲,网络管理的目标是保障传感器网络具有最高效率和可靠的工作性能,包括数据收集、数据处理、数据分析和动作控制等。

7.1.1　无线传感器网络管理面临的问题

在无线传感器网络初期,研究重点多集中在 MAC 协议、路由协议、时间同步和定位等基本的网络技术上,而无线传感器网络管理技术在很长一段时间内被忽视。随着研究和应用的深入,无线传感器网络管理越来越受重视。这是因为无线传感器网络中节点数量多,应用环境复杂,网络资源有限,而且要保证高效率和可靠的工作性能,因而网络管理的引入是非常必要的。从数据存储来看,无线传感器网络可以视为一种分布式数据库,通过数据库的方式进行数据管理,将存储在网络中的数据逻辑视图与网络实现进行分离。美国加州大学 Bekeley 分校的 TinyDB 系统和 Cornell 大学的 Cougar 系统是目前具有代表性的传感器网络数据管理系统。

由于无线传感器网络存在能量约束,通常希望减少传输的数据量以节约能量。在各个传感器节点收集数据的过程中,可以利用节点的本地计算和存储能力进行数据融合,避免不必要的数据传输,将数据综合以提高信息的准确度。在设计传感器网络时,数据融合技术可以与网络中多个协议层进行结合。只有面向应用需求设计针对性强的数据融合方法,才能最大限度地获益。

与传统网络管理相比,由于无线传感器网络技术的特殊性,使网络管理面临着严峻的挑战,主要包括以下几个方面:

(1) 无线传感器网络的资源非常有限,节点的能量、处理能力、内存大小、通信带宽等都比一般网络低,这就要求无线传感器网络管理要尽量做到高效率和低能耗。

(2) 无线传感器网络的系统构架与应用环境密切相关,有限的资源使其不能像传统网络一样适应不同的应用环境,而为每个应用环境设计专用系统代价又比较大。因此,无线传感器网络管理系统应该能根据应用环境合理地分配资源和优化系统,降低其实际应用的门槛。

(3) 受资源限制和环境影响,无线传感器网络通常表现为动态网络,拓扑变化频繁。例如,能量耗尽或者人为破坏等因素导致节点停止工作、无线信道受环境等影响导致网络拓扑不断发生变化,都使得网络故障在无线传感器网络中是一种常态。因此,无线传感器网络管理系统应该能及时收集并分析网络状态,并根据分析结果对网络资源进行相应地协调与整合,保证网络的整体性能。

(4) 由于节点在硬件资源和能量储备上难以完全平等，使得无线传感器网络产生异构化。这就要求管理系统充分考虑到异构节点的特点，合理分配任务，以达到系统效率的最大化。

7.1.2 无线传感器网络管理系统设计要求

拓扑结构变化频繁，节点能量消耗快、不易补充等特点对无线传感器网络的管理提出了更高的要求，主要考虑以下几个方面：

(1) 节省能量，即管理系统必须进行轻量级操作，不能过多干扰节点运行，以降低节点功耗，延长网络寿命。

(2) 健壮性和适应性，管理系统应该能够及时发现并自适应网络状态的变化，具有自我配置和自我修复功能。

(3) 无线传感器网络管理系统的数据模型必须具有一定的伸缩性，在考虑内存限制的条件下，适应相应的管理功能。

(4) 无线传感器网络管理系统应该对网络具有一定的控制功能，以便容易维护网络。例如，节点上的传感器开关，采样频率的设置，射频的开关等。

(5) 网络管理系统应该具有一定的可扩展性，以便更好地适应不同应用场景和不同规模的网络。

7.1.3 无线传感器网络管理系统的分类

无线传感器网络管理系统的具体实现形式可以是一个框架、协议或者算法，其实现细节、基本框架等各不相同。按照控制管理结构进行分类，其主要有以下几类：

(1) 集中式架构，Sink 节点作为管理者收集所有节点的信息并控制整个网络。

(2) 分布式架构，即在无线传感器网络中有多个管理者，每个管理者控制一个子网，并和其他管理者直接通信，协同工作以完成管理功能。

(3) 层次式架构，集中式和分布式架构的混合，采用中间管理者来分担管理功能，但站点之间不直接通信，每个中间管理者负责管理它所在的子网，并把相关信息从子网发给上层管理站点，同时把上层管理站点的网关指令传达给它的子网。

网络监测是无线传感器网络管理的重要内容之一，根据监测方式的不同，管理系统可进行如下分类：

(1) 被动式监测，即管理系统只是被动地，或者在管理人员发出查询命令时才收集并记录网络状态信息，供网络管理人员做事后分析。

(2) 反应式监测，即管理系统收集网络状态信息，侦测预先设定的相关事件是否发生，自适应地根据监测结果对网络进行重配置。

(3) 先应式监测，即管理系统主动地查询并分析网络状态，预测和侦测相关事件的发生，并采取相应动作维护网络性能。

7.2 网络拓扑结构管理

良好的网络拓扑结构不但能够提高路由协议和 MAC 协议的执行效率，为数据融合、时间同步和目标定位等方面奠定基础，而且有利于节省节点的能量以延长网络的生存时间。对于自组织无线传感器网络，网络拓扑控制则是其核心技术之一。

7.2.1 网络拓扑结构管理概述

无线传感器网络的拓扑结构是各种协议运行和应用的基础，然而，由于无线传感器网络的功率低、链路不稳定等特性，使得网络拓扑结构、网络运行鲁棒性控制等成为了网络拓扑设计领域的重要问题。

1）网络拓扑结构的定义

无线传感器网络拓扑结构设计的目的是保证部署在监控区域内的传感器节点能够覆盖整个区域，并且各个节点之间是相互连通的，具有灵活的通信能力和良好的自组织能力。

在满足网络覆盖和连通度的前提下，通过功率控制和骨干节点选择，删除节点之间不必要的无线通信链路，产生一个高效的数据转发网络拓扑结构。传统意义上的拓扑控制分为层次型拓扑结构控制和节点功率控制。功率控制机制调节网络中每个节点的发射功率，在满足网络连通度的前提条件下均衡节点的单跳可达邻居数目。层次型拓扑控制利用分簇机制使一些节点作为簇头节点，由簇头节点形成一个处理并转发数据的骨干网，其他非骨干网节点可以暂时关闭通信模块，进入休眠状态以节省能量。

2）拓扑控制与无线传感器网络的关系

在无线传感器网络中，传感器节点是体积微小的嵌入式设备，受能量有限约束，具有有限的计算能力和通信能力。因此，不仅要设计能量高效的 MAC 协议、路由协议以及应用层协议，还需要设计网络拓扑控制机制。

表 7-1 列出了拓扑控制与无线传感器网络的关系。

表 7-1 拓扑控制与无线传感器网络的关系

涉及内容	影　响
网络的生存时间	保证网络连通性和覆盖率，合理高效地利用网络能量，延长网络的生存时间
节点间通信	合理地配置发射功率，确保网络的连通性，提高网络通信效率
路由协议	决定活动节点，确定邻居关系
数据融合	选择骨干节点进行数据融合
节点失效	提高网络的鲁棒性

针对无线传感器网络面临的环境复杂多变，其节点密集部署、能量有限、容易失效，无线链路容易受到干扰等特点，要求拓扑控制算法适应面向具体应用的无线传感器网络。

3）拓扑控制网络结构

无线传感器网络拓扑控制是指在满足一定的条件下，通过控制节点功率和选择骨干网节点建立一个可靠的通信链路，形成优化的数据转发网络结构。

无线传感器网络的拓扑控制机制实际上是一种组网技术，存在多种形态和组网方式。按照组网形态可分为集中式、分布式和混合式。集中式结构与移动通信的蜂窝结构类似，实行集中管理；分布式结构实现自组织网络接入连接，分布管理，这与 Ad-Hoc 网络结构类似；混合式结构是集中式和分布式结构的组合，按照节点功能及结构层次可分为平面网络结构、分级网络结构、混合网络结构和 Mesh 网络结构。下面对结构层次进行介绍。

(1) 平面网络结构。

平面网络结构是指所有节点为对等结构，每个节点均包含相同的 MAC 协议、路由协议、管理和安全协议等功能特性。这种结构是无线传感器网络中最简单的一种拓扑结构，具有网络拓扑结构简单、易维护、鲁棒性好等特点，是一种 Ad-Hoc 网络结构形式。

平面网络结构没有中心管理节点，采用自组织协同算法形成网络，组网算法比较复杂。其结构如图 7-1 所示。

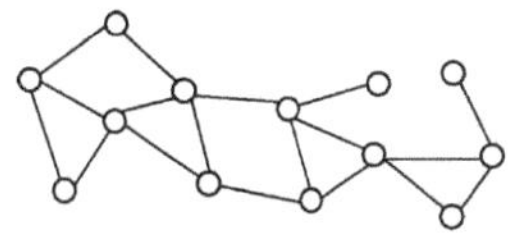

图 7-1　无线传感器平面网络结构图

(2) 分级网络结构。

分级网络结构是无线传感器网络中平面结构的一种扩展拓扑结构，也称作层次网络结构。分级网络结构由网络上层和网络下层两个部分构成。网络上层为具有汇聚功能的中心骨干节点组成，采用平面网络结构，节点之间是对等结构；网络下层为一般传感器节点，可能没有路由、管理及汇聚处理等功能，通常是信息采集节点。一般情况下，分级网络常常被划分为若干簇，每个簇按功能分为簇头和成员节点。分级网络机构具有扩展性好、集中管理方便、系统建设成本低、网络覆盖率和可靠性高等特点，同时集中管理开销比较大，对硬件要求比较高，提高了硬件成本，并且一般传感器节点之间难以直接通信。无线传感器分级网络结构如图 7-2 所示。

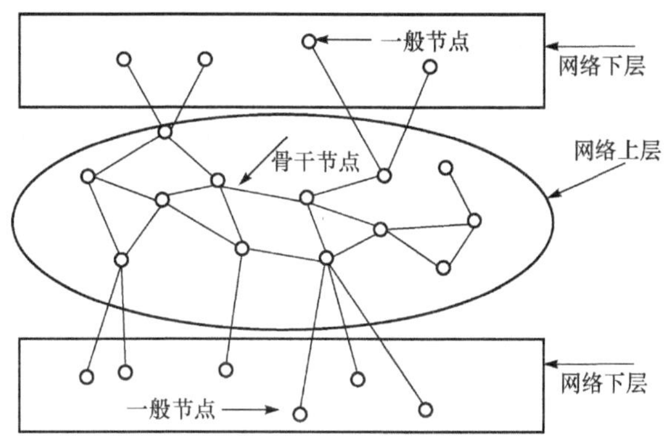

图 7-2　无线传感器分级网络结构

(3) 混合网络结构。

混合网络结构是网线传感器网络中平面结构和分级结构的一种混合拓扑结构，网络骨干节点和一般传感器节点之间采用分级网络结构，网络上层的骨干节点之间和网络下层的一般传感器节点之间都采用平面网络结构。与分级网络结构不同，混合网络结构的一般传感器节点之间可以直接通信，且不需要通过汇聚骨干节点来转发数据。因此，这种结构比分级网络结构的功能更加强大，所需硬件成本更高。混合网络结构如图 7-3 所示。

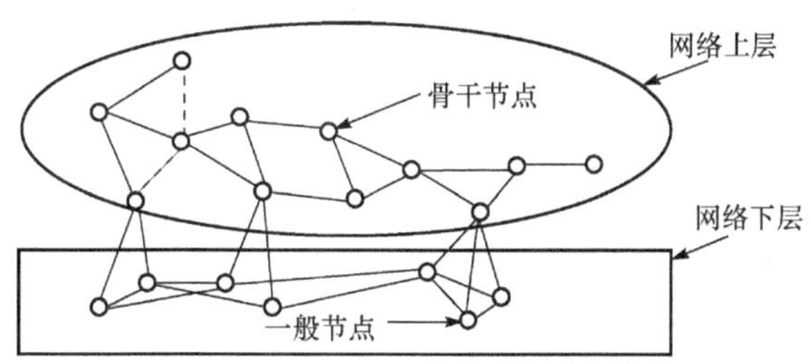

图 7-3　无线传感器混合网络结构

（4）Mesh 网络。

Mesh 网络结构作为一种新型的无线传感器网络结构，是一种规则分布的网络结构。这种结构只允许最近的邻居节点间进行通信，不同于完全连接的网络结构。图 7-4(a)和(b)分别描述了二者的结构特点。

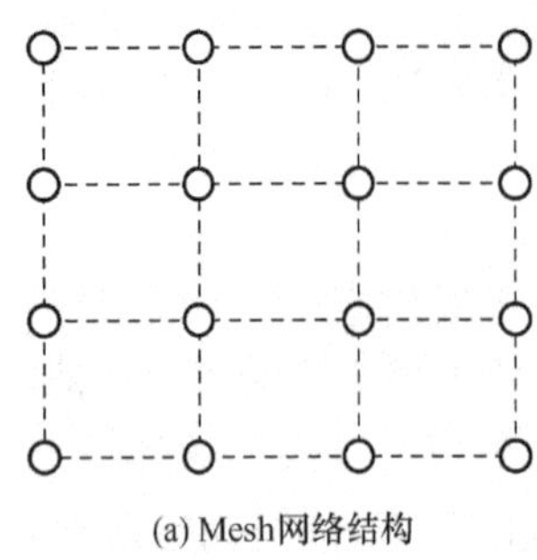

(a) Mesh网络结构

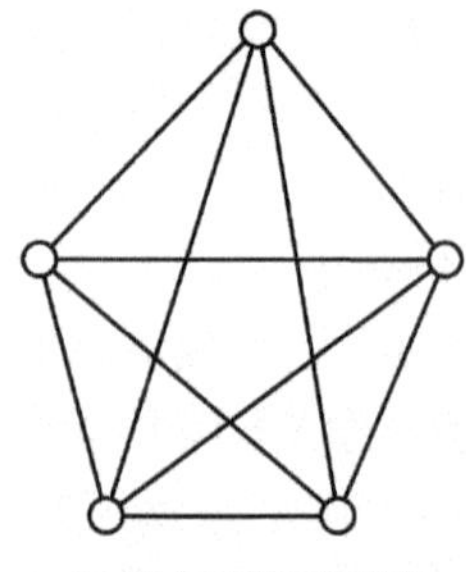

(b) 完全连接网络结构

图 7-4　Mesh 网络结构与完全连接网络结构

Mesh 网络内部的传感器节点一般都是相同的，属于对等网络的范畴。大规模的无线传感器网络（比如传感器节点分布在一个地理区域上）可采用 Mesh 网络作为结构模型，充分发挥节点之间存在多条路由路径的优势，提高网络对于单点或单个链路故障的容错能力和鲁棒性。从理论上讲，Mesh 网络结构的通信拓扑是规则结构，但是节点实际的地理分布不一定是规则的。在执行任务的时候，Mesh 网络结构的优点是簇头节点可以被指定，同时还可以执行额外的功能，如果簇头节点因能量耗尽而失效，那么另外一个节点补充并接管原簇头执行的功能。

总之，无线传感器网络的拓扑结构直接影响网络通信协议设计的复杂度和性能的发挥，是构建高性能无线传感器网络的重要组成部分。

7.2.2　基于分簇层次性拓扑结构

实验表明，在空闲状态与收发状态时传感器节点无线通信模块的能量消耗是相当的。在保证原有覆盖范围内数据通信的前提下，依据一定机制选择某些节点作为骨干网节点，构建一个连通网络负责数据的路由转发，然后打开其通信模块，并关闭非骨干节点的通信模块，这样就能够大幅降低无线通信模块的能量开销，这种拓扑管理机制称为分簇算法。

把整个网络划分为相连的若干区域，每个区域中的节点又可以划分为骨干网节点和普通节点两类。骨干网节点称为簇头节点，管辖周围的普通节点，而普通节点是簇内节点。簇头节点需要协调簇内节点的工作，负责数据融合和转发，能量消耗相对较大，通常采用周期性地选择簇头节点的方法以均衡网络中节点的能量消耗。

层次型拓扑结构适用于无线传感器网络，其主要特点有：簇头节点负责数据融合，减少了节点间的数据通信量；分簇式拓扑结构有利于分布式算法的应用，适合大规模部署网络；在相对长的时间内，大部分节点关闭通信模块，延长了整个网络的生存时间等。

目前，已经提出了多种自组织成簇算法，下面对这几种算法进行简单介绍。

1) HEED(hybrid energy-efficient distributed clustering)算法

LEACH 算法模拟了节点数量较少的无线传感器网络，且簇头与数据汇聚节点之间的距离不远。然而，对于有几千甚至上万个节点组成的大规模无线传感器网络，如果簇头距离汇聚节点很远，能量消耗就很快，这样会影响网络的覆盖范围，缩短网络的生存时间。另外，考虑到节点的具体地理位置，LEACH 提出的簇头选举机制将不能保证簇头均匀地分布在整个网络中。因此，研究人员在 LEACH 算法的基础上提出了 HEED 算法。

HEED 算法对 LEACH 算法簇头分布不均匀的问题进行了改进。利用簇内平均最小可达能量(average minimum reachability power，AMRP)作为衡量簇内通信成本的标准，节点以不同的初始概率发送竞争消息，节点的初始概率 CH_{prob} 公式

$$CH_{prob}=\max(C_{prob}+E_{resident}/E_{max}, p_{min}) \tag{7-1}$$

其中，C_{prob} 和 p_{min} 是整个网络统一的参量，影响算法的收敛速度，通常取值为 $p_{min}=10^{-4}$，$C_{prob}=5\%$；$E_{resident}/E_{max}$ 代表节点剩余能量与初始能量的百分比。簇头竞选成功后，其他节点根据在竞争阶段收集到的信息选择加入该簇。

与 LEACH 算法不同，HEED 算法确定了以能量开销为标准的簇头选择机制，通过考虑成簇后簇内的通信开销，引入剩余能量作为参量，使得选出的簇头更适合担当数据转发任务。这样形成的网络拓扑结构更合理，网络的能量消耗更均衡。

2) GAF 算法

(1) GAF (geographical adaptive fidelity)算法。

GAF 是建立在节点实际地理位置基础上的分簇算法，通过把检测区域划分成虚拟单元格，将节点按照位置信息划入相应的单元格，并在每个单元格中定期选举产生一个簇头节点，只保持簇头活动，而其他节点进入睡眠状态。GAF 算法主要包括两个阶段。

① 虚拟单元格划分。

虚拟单元格由节点的地理位置信息和通信半径决定，并且相邻单元格中的任意两个节点都能直接通信。

已知节点储存了整个监测区域的位置信息和本身的地理位置信息，通信半径为 R。假设虚拟单元格是边长为 r 的正方形，基于相邻两个单元格内的任意两个节点需要直接通信的约束条件，通信半径 R 和虚拟单元格边长 r 之间需要满足下列条件：

$$r^2+(2r)^2\leqslant R^2 \tag{7-2}$$

解此不等式则有

$$r\leqslant \frac{R}{\sqrt{5}} \tag{7-3}$$

图 7-5 给出了虚拟单元格在 GAF 算法中的划分过程。在同一虚拟单元格内，节点有同等的机会转发分组，因此，只需要选出一个节点保持活动状态。

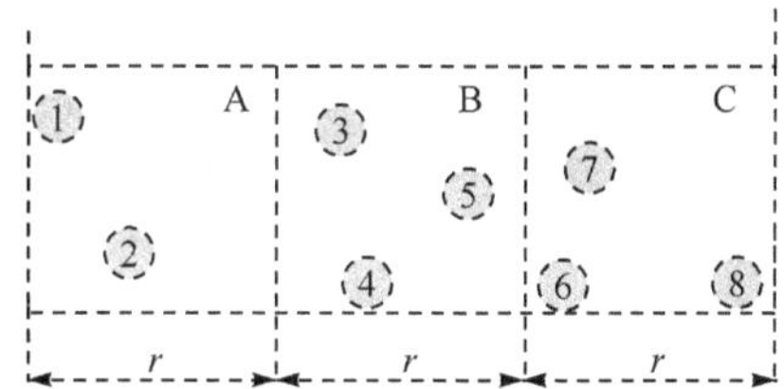

图 7-5 GAF 算法中虚拟单元格划分过程

② 虚拟单元格簇头的选择。

节点周期性地在睡眠状态和工作状态之间进行切换，每次从睡眠状态切换到工作状态之后与本单元格内其他节点交换信息，竞争簇头。如图 7-6 所示，每个节点处于发现、活动和睡

眠三种状态。在网络初始化时，每个虚拟单元格内的所有节点处于发现状态。通过发送消息，每个节点通告自己的位置、ID等信息，获得彼此的信息。然后，每个节点设置自身定时器为某个区间内的随机0值 T_d，以决定节点是否当选为簇头：如果定时器超时，节点发送消息声明它进入活动状态，则成为簇头节点；如果节点在定时器超时之前收到来自同一单元格内其他节点成为簇头的声明，竞争簇头失败，则进入睡眠状态。

簇头设置定时器为 T_a（活动状态时间）：在 T_a 超时之前，簇头节点定期发送广播包声明自己处于活动状态，抑制处于发现状态的节点进入活动状态；当 T_a 超时后重新回到发现状态。处于活动状态或者发现状态的节点设置定时器为 T_s，并在 T_s 超时后重新回到发现状态。处于活动状态或者发现状态的节点如果发现本单元格中出现更适合成为簇头的节点时，会自动进入睡眠状态。此外，节点处于侦听状态也会消耗很多能量，这时可以让节点在传感器网络拓扑算法中尽量保持睡眠状态。

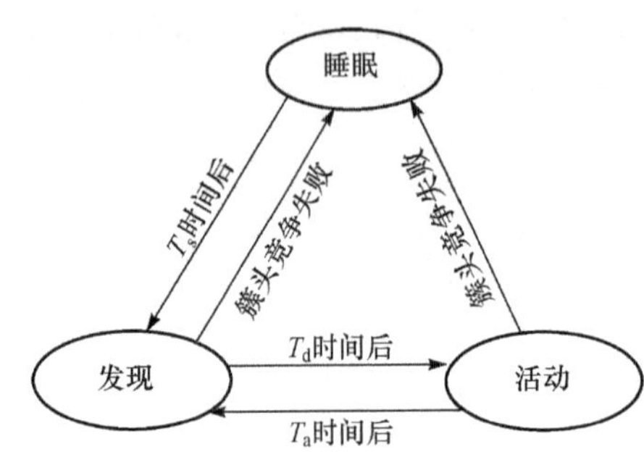

图 7-6 GAF算法中节点状态转换图

GAF算法包含节点状态转换机制和按虚拟单元格划分簇等思想，然而，受传感器节点自身体积和资源有限的影响，基于地理位置分簇的算法对传感器节点要求比较高。另外，GAF算法基于平面模型，没有考虑到实际网络中节点之间的邻居并不能代表节点之间可以直接通信的问题。

(2) 改进的GAF算法。

GAF算法是基于单元格划分簇的经典算法。随机选择的簇头承担比其他节点更多的数据处理和通信任务，能量消耗会更多。因此，合理的簇头选择方式是选择剩余能量较多的节点作为簇头。

就簇头选择而言，改进的GAF算法有两种选择机制，分别是完全型簇头选择算法和随机型簇头选择算法。主要原理是，节点根据建立起来的虚拟单元格中相关信息量的多少决定簇头选择机制。

① 完全簇头选择算法。

完全簇头选择算法以每个节点在单元格中的ID为基础，同一单元格中的节点必须保持严格的时间同步。节点通过按照编号依次发送和接收通告消息的方式选举簇头，在这个过程中，通告消息要包括同一单元格中剩余能量最多的节点编号和其最大剩余能量值。

为了描述方便，假设同一个单元格内存在 n 个节点，编号依次是 $0,1,\cdots,n-1$ 。设置初始时刻为 T_r，所有节点的每次通告信息消耗时间为 T_s。如图7-7所示，单元格中有四个传感器节点，即在簇头选举过程中，节点按照编号依次发送和接收通告消息，通告消息包含节点已知的虚拟单元格中的剩余能量最多的节点编号和最大剩余能量值。

假设其中某个节点的编号为 p ，簇头选举过程如下：

(i) 在 $(T_r+(p-1)\times T_s)$ 时刻，节点 $p-1$ 发送通告消息给节点 p 。这个通告消息可以用 $M=(E_{max},m)$ 表示，其中，E_{max} 和 m 分别代表当前单元格中编号从0到 $p-1$ 节点中最大的剩余能量值和相应的节点ID。节点 p 估计出执行完毕时的自身剩余能量 E_p ，计算 $E_{max}=\max(E_{max},E_p)$ 。如果 $E_{max}=E_p$，则 $m=p$，消息集合 $M=(E_{max},m)$ 更改为 $M=(E_{max},p)$。

(ii) 在 (T_r+pT_s) 时刻，节点 p 发出通告消息 $M=(E_{max},m)$ ，然后关闭通信模块。

(iii) 在 (T_r+nT_s) 时刻，单元格中所有节点都打开通信模块，接收第 n 个节点发送的通

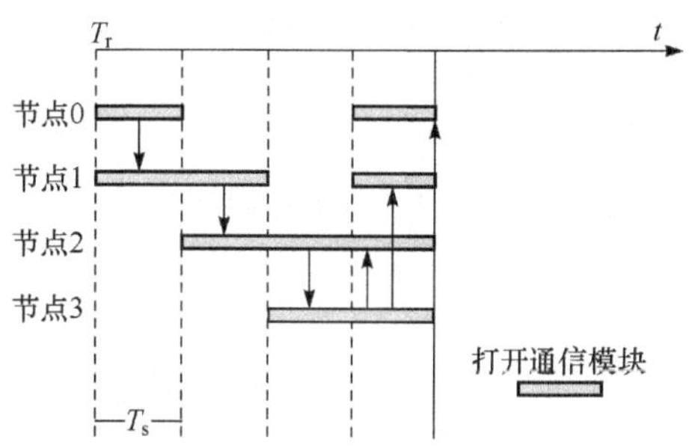

图 7-7 GAF 改进簇头节点选举机制

信消息 $M=(E_{\max},m)$ 。经过此步骤,同一单元格中的全部节点均获悉簇头节点的 ID 和剩余能量值,不是簇头的节点关闭通信模块。然后,进行新一轮的簇头节点选举。

② 随机簇头选择算法。

在实际的无线传感器网络中,如果单元格内的节点不能获得大量的信息,只具有自己的 ID 和能量信息,此时不能采用完全型簇头选择算法,可以应用随机簇头选择算法。

假设簇头选举在 T_r 时刻进行,对于任意节点 p ,以与节点的剩余能量成正比的概率 p 发送测试消息。如果测试消息发送成功,节点 p 就会发送消息 $M=(E_p,p)$,其中 E_p 为节点 p 的剩余能量;如果测试消息发送不成功,节点 p 进入侦听状态。在一个时槽内,如果没有节点成功地发送消息,即没有节点赢得本次竞争,就会重新开始新一轮选举;如果有一个节点成功发送消息,就会赢得本轮次的簇头选举。其他节点侦听到 $M=(E_p,p)$ 消息,得知簇头节点,然后加入该簇。实验证明通过随机竞争方式选举簇头节点,单个节点发送探测消息的平均次数接近 e 。

与 GAF 算法相比,以上两种簇头选举算法都是用划分虚拟单元格的方式将网络成簇,充分考虑了节点的剩余能量在簇头选举中的重要性,有利于延长无线传感器网络的生存时间。

3) TopDisc 算法

TopDisc(topology discovery)算法是基于图论中最小支配集问题的经典算法,解决了骨干网络拓扑结构的形成问题,其主要特点是利用颜色区分节点状态。首先,查询消息携带发送节点的状态信息并在网络中传播;其次,TopDisc 算法依次为传播过程中的每个节点标记颜色;最后,根据各个节点标记的颜色找出簇头,并通过反向寻找查询消息的传播路径在簇头之间建立通信链路。

关于如何标记节点的问题,TopDisc 算法提供了三色算法和四色算法两种方法,即利用颜色标记方法寻找簇头,并利用与传输距离成反比的延时使得一个作为簇头的黑色节点覆盖更大的区域。

(1) 三色算法。

节点用白、黑和灰三种颜色标记三种状态:白色节点代表未被发现的节点;黑色节点代表成为簇头的节点;灰色节点代表簇内节点。所有节点在骨干网形成之前都被标记为白色,由一个初始节点发起 TopDisc 三色算法,算法执行完毕后所有节点都将被标记为黑色或者灰色。算法的具体步骤如下:

① 初始节点将自己标记为黑色,并广播查询消息。

② 白色节点收到黑色节点的查询消息时变为灰色,灰色节点等待一段时间后再广播查询消息,等待时间的长度与它和黑色节点之间的距离成反比。

③ 当白色节点收到一个灰色节点的查询消息时,先等待一段时间,等待时间的长度与这

个白色节点到向它发出查询消息的灰色节点的距离成反比。如果在等待时间内又收到来自黑色节点的查询消息，节点立即变为灰色节点，否则节点变为黑色节点。

④ 当节点变为黑色或灰色后，它将忽略其他节点的查询消息。

⑤ 通过反向查询信息的传播路径形成骨干网，黑色节点成为簇头，灰色节点成为簇内节点。图 7-8 为三色算法执行完毕后网络局部拓扑结构图。

(2) 四色算法。

四色算法扩大了簇间间隔，分别用白、黑、灰和深灰四种颜色表示节点处于四种不同状态。其中白、黑、灰三种颜色的含义与三色算法中的相同，不同之处是深灰色节点表示未被覆盖的节点，距离黑色节点有两跳的距离，而且白色节点收到灰色节点的请求消息时变成深灰色。

四色算法的具体过程如下：

① 初始节点将自己标记为黑色，并广播查询消息。

② 白色节点收到黑色节点的查询消息时变为灰色，灰色节点等待一段时间后再广播查询消息，等待时间的长度与它和黑色节点之间的距离成反比。

③ 当白色节点收到一个灰色节点的查询消息时变为深灰色，然后继续广播这个消息，同时等待一段时间，等待时间的长度与它到灰色节点的距离成反比。深灰色节点在这段时间内没有收到黑色节点的查询消息，则它自己成为黑色节点，否则节点变为灰色节点。

④ 当白色节点收到来自深灰色节点的查询消息时等待一段时间，等待时间长度与它到发送此查询消息的深灰色节点的距离成反比。如果在这段时间内又收到来自黑色节点的查询消息，节点变成灰色节点，否则节点变为黑色节点。该节点变色后将立即广播查询消息。

⑤ 变为灰色或黑色的节点不再响应其他节点的查询消息。

⑥ 通过反向查询信息的传播路径形成骨干网，黑色节点成为簇头，灰色节点成为簇内节点。

基于四色算法生成的网络局部拓扑结构如图 7-9 所示。

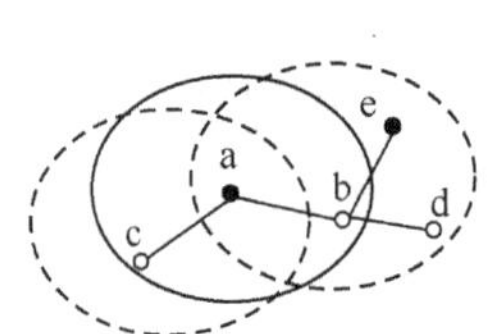

图 7-8 三色算法生成的网络局部拓扑结构

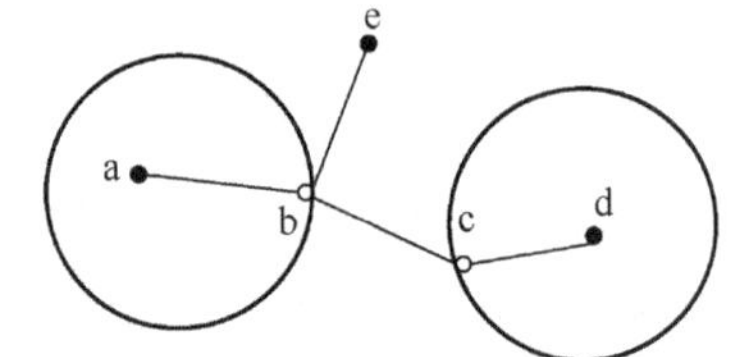

图 7-9 四色算法生成的网络局部拓扑结构

TopDisc 算法利用图论中的经典算法成簇，使节点在密集部署的无线传感器网络中迅速形成分簇结构，并在簇头之间建立树型关系。TopDisc 算法的主要缺点包括构成的层次型网络灵活性不强，重复执行算法的开销过大，没有考虑节点的剩余能量问题等。

7.2.3 基于功率控制的拓扑结构

功率控制机制也称功率分配问题，是指在保证网络拓扑结构连通、双向连通或者多连通的基础上，无线传感器网络中节点通过设置或动态调整节点的发射功率，均衡节点单跳可达的邻居数目，使得网络中节点的能量消耗最小，延长整个网络的生存时间。目前，基于功率分配问题的算法有 COMPOW 等统一功率分配算法，LTNT/LTLT 和 LMN/LMA 等基于节点度数的算法，CBTC、LMST、RNG、DRNG 和 DLSS 等基于邻近图的近似算法。

当传感器节点部署在二维或三维空间时，无线传感器网络的功率控制是一个 NP 问题。因此，解决功率分配的问题就是要寻找一个近似最优解的问题。下面介绍基于节点度的算法和基于邻近图的近似算法。

1）基于节点度的算法

节点度数的定义为，所有距离该节点一跳的邻居节点的数目。基于节点度的算法是指在给定节点度的上限和下限需求的情况下，动态调整节点的发射功率，使得节点的度数落在上限和下限之间，其目的是利用局部信息来调整相邻节点间的连通性，从而保证整个网络的连通性，同时保证节点间的链路具有一定的冗余性和可扩展性。

下面介绍两种典型的基于周期性动态调整节点发射功率的节点度算法，即本地平均算法（local mean algorithm，LMA）和本地邻居平均算法（local mean of neighborhood algorithm，LMN）。

（1）本地平均算法。

本地平均算法具体步骤如下：

① 在初始阶段，每个节点的发射功率均设置为 TransPower，并定期广播一个包含自己 ID 的 LifeMsg 消息。

② 如果节点接收到 LifeMsg 消息，就发送一个 LifeAckMse 应答消息。该消息中包含了所应答的 LifeMsg 消息节点的 ID。

③ 每个节点在下一次发送 LifeMsg 时，首先检查已经收到的 LifeMsg 消息，利用这些消息统计出自己的邻居数 NodeResp。

④ 如果 NodeResp 小于邻居数下限 NodeMinThresh，那么节点在这轮发送中将增大发射功率，但发射功率不能超过初始发射功率的 B_{max} 倍，如式（7-4）所示；同理，如果 NodeResp 大于邻居节点数上限 NodeMaxThresh，那么节点将减小发射功率，用式（7-5）表示，其中 B_{max}，B_{min}，A_{inc} 和 A_{dec} 是四个可调参数，影响着功率调节的精度和范围。

$$\begin{aligned}\text{TransPower}=\min\{&B_{max}\times\text{TransPower},A_{inc}\\&\times(1-(\text{NodeMinThresh}-\text{NodeResp}))\times\text{TransPower}\}\end{aligned}\tag{7-4}$$

$$\begin{aligned}\text{TransPower}=\max\{&B_{min}\times\text{TransPower},A_{dec}\\&\times(1-(\text{NodeResp}-\text{NodeMaxThresh}))\times\text{TransPower}\}\end{aligned}\tag{7-5}$$

（2）本地邻居平均算法。

与本地平均算法 LMA 类似，在本地邻居平均算法 LMN 中，每个节点发送 LifeAckMsg 消息时将自己的邻居数放入消息中，发送 LifeMsg 消息的节点在收集完所有 LifeAckMsg 消息后，将所有邻居的邻居数求平均值作为自己的邻居数。由此可知，本地邻居平均算法 LMN 与本地平均算法 LMA 的不同之处仅仅在于邻居数 NodeResp 的计算方法上。

以上两种算法不仅能保证收敛性和网络的连通性，通过少量的局部信息实现一定程度的优化效果，而且对无线传感器节点的要求不高，不需要严格的时钟同步。这两种算法的不足有：需要进一步研究合理的邻居节点判断条件，如何对从邻居节点得到的信息根据信号的强弱给予不同的权重等。

2）基于邻近图的算法

为了叙述清晰，将图用集合表示为 $G=(V,E)$，其中 V 代表图中顶点的集合，E 代表图中边的集合。E 中的元素可以表示为 $l=(u,v)$，$u,v\in V$。

首先，给出一些基本定义：

(1) (u,v) 和 (v,u) 是两组不同的边，即边是有向的；

(2) $d(u,v)$ 表示节点 u 、v 之间的距离，r_u 代表节点 u 的通信半径。可达邻居集合 N_u^R 代

表节点 u 以最大发射半径可以达到的节点集合，由节点 u 和 N_u^R 以及这些节点之间的边构成可达邻居子图 G_u^R；

(3) 定义由节点 u 和 v 构成边的权重函数 $w(u,v)$ 满足如下关系。

如果 $w(u_1,v_1) > w(u_2,v_2)$，则有如下三种情况：

$d(u_1,v_1) > d(u_2,v_2)$

$d(u_1,v_1) = d(u_2,v_2)$，且 $\max\{\mathrm{id}(u_1),\mathrm{id}(v_1)\}>\max\{\mathrm{id}(u_2),\mathrm{id}(v_2)\}$

$d(u_1,v_1) = d(u_2,v_2)$，$\max\{\mathrm{id}(u_1),\mathrm{id}(v_1)\}=\max\{\mathrm{id}(u_2),\mathrm{id}(v_2)\}$，且 $\min\{\mathrm{id}(u_1),\mathrm{id}(v_1)\}>\min\{\mathrm{id}(u_2),\mathrm{id}(v_2)\}$

① 邻近图。

定义 由一个图 $G=(V,E)$ 导出的邻近图 $G'=(V,E')$ 是指对于任意一个节点 $v\in V$，$w\in V:\max\{d(u,w),d(v,w)\}<d(u,v),\forall u,v\in V:(u,v)\in E'$，给定其邻居的判别条件 q，E 中满足 q 的边 (u,v) 属于 E'。

经典的邻近图模型有 RNT(relative neighborhood graph)、Delaunay 三角剖分、GG(gabriel graph)、YG(Yao graph)以及 MST(minimum spanning tree))等。下面以 RNT 为例说明邻近图的拓扑性质。

图 $G=(V,E)$ 的 RNT 定义为 $G'=(V,E')$，其中当且仅当不存在一个节点 w，使得它到节点 u 或者节点 v 的距离比节点 u 和节点 v 之间的距离更近时，节点 u 和节点 v 之间存在一条边。用数学语言表示为，当且仅当不存在 $w\in V:\max\{d(u,w),d(v,w)\}<d(u,v)$ 时，有 $\forall u,v\in V:(u,v)\in E'$。由此可知，RNT 实质上是删除了任意三角形中的最长边，如图 7-10 所示，两节点间不包括即将连通的两个节点外的其他节点。

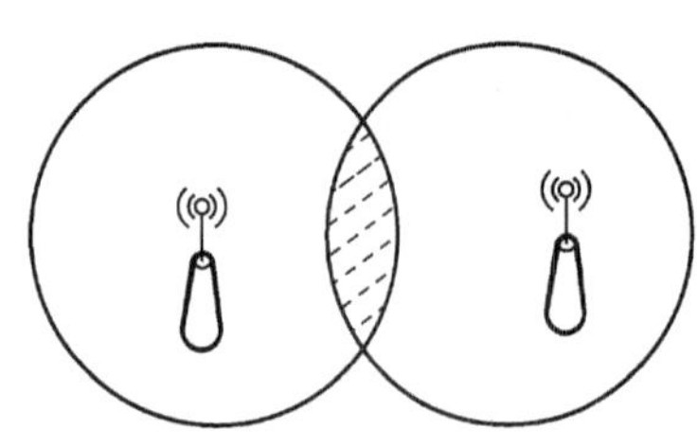

图 7-10 阴影区域不包含其他节点

② 基于连通和双向连通集中式算法。

无线传感器网络中两个节点形成的边是有向的，为了避免单向边的存在，一般的方法是基于邻居图算法形成网络拓扑之后，对节点之间的边进行增删，使最后得到的网络拓扑是双向连通的。基于邻近图算法的目的是使节点确定自己的邻居集合，调整适当的发射功率，建立起一个连通网络，最终节省能量。

(i) 连通性。

将网络表示为图 $G=(V,L,T,\gamma,E)$，其中，V 是节点集，$L:V\rightarrow C$，$C=R\times R$，表示平面上所有节点的位置，$T:V\rightarrow R$ 表示每个节点所用的发射功率，$\gamma:C\times C\rightarrow R$ 表示任意两个坐标系之间的路径损耗，$E=\{(u,v):P(u)-\gamma(L(u),L(v))\geqslant S\}$ 表示当且仅当节点 u 的发射功率足够大，在路径损耗后，到达节点 v 的接收功率比给定的常数接收灵敏度 S 大时，图存在边集。然后，利用贪婪算法得到 T，使得图 (V,E) 是连通的，而且 $\max\limits_{u\in V}T(u)$ 在所有可能的 T 中是最小的。

寻找连通图 (V,E) 的具体过程如下：

首先，每个节点设置自己的发射功率为 0，开始形成自己的连通分量，反复地连通那些两个分量之间有“最廉价”连接的分量，直到有一个分量被保留下来为止，最后形成的图就是连通的。最简单的一种实现方法是以代价增加的顺序遍历所有的节点对 (u,v) 的列表，并检验这两个节点是否属于不同的分量。如果属于则赋给这两个节点能够通信的最小发射功率，它们就是连通的。连通图的形成过程如图 7-11 所示。

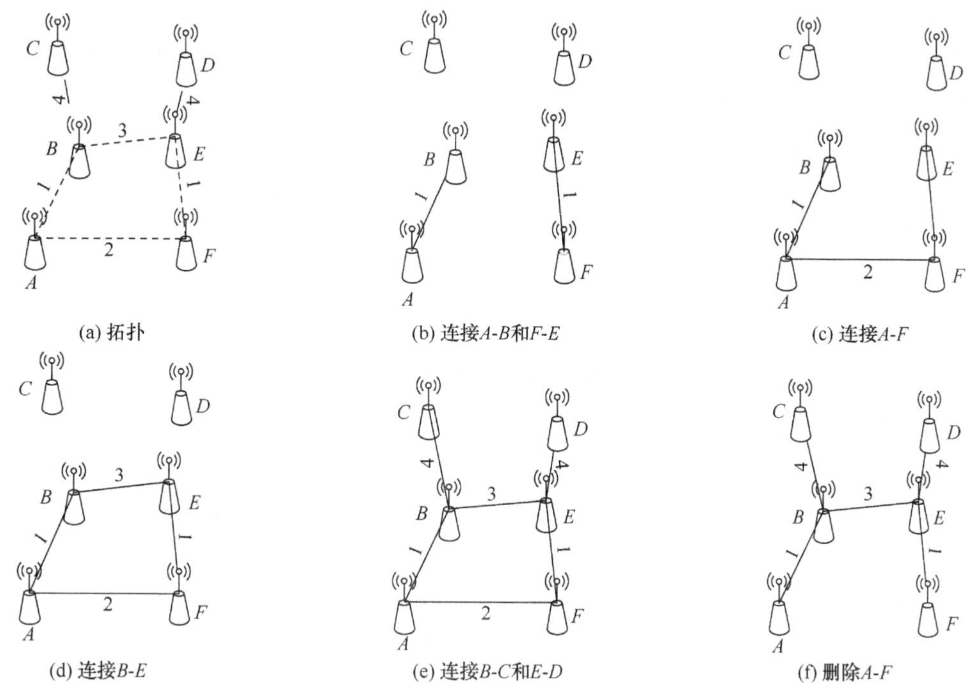

图 7-11 连通图形成过程

(ii) 双向连通性。

双向连通问题可以表述为寻找使连通图变成双向连通所需要的一组最小功率增量。实现双向连通问题可以使用贪婪算法,然后再应用相应的后处理阶段。

针对节点发射功率不一致的情况,DRNG(directed relative neighborhood graph)算法和DLSS(directed local spanning subgraph)算法是两种较早的应用邻近图思想的网络拓扑解决方案。它们在经典的邻近图 RNG、LMST 等理论基础上,考虑了网络的连通性和双向连通性问题。以原始网络拓扑双向连通为前提,保证优化后的网络拓扑也是双向连通的。

7.2.4 启发式节点唤醒和休眠机制

无线传感器网络是面向应用的事件驱动网络,骨干网节点在没有监测到事件时不必一直保持在活动状态。在传感器网络的拓扑控制算法中,除了传统的功率控制和层次型拓扑控制之外,还包括启发式节点唤醒和休眠机制。这里主要介绍两种常见的睡眠调度算法。

1) STEM 算法

STEM(sparse topology and energy management)算法是一种低占空比的节点唤醒机制,采用监听信道和数据通信信道的双信道。根据不同的环境,STEM 算法可以演化为 STEM-B(STEM-BEACON)算法和 STEM-T(STEM-TONE)算法。具体分析如下:

(1) STEM-B 算法。当一个节点给另一个节点发送数据时,它作为主动节点先发送一串唤醒包。目标节点在收到唤醒包之后发送应答信号,并自动进入数据接收状态。主动节点接收到应答信号后,进入数据发送阶段。

(2) STEM-T。节点周期性地进入侦听阶段,探测是否有邻居节点要发送数据。当一个节点与某个邻居节点进行通信时,它就发送一串唤醒包,发送唤醒包的时间长度必须大于侦听的时间间隔，以确保邻居节点能够收到唤醒包，进而节点直接发送数据包。

STEM 算法依赖节点的唤醒速度。实验结果表明，节点的睡眠周期、部署密度和网络的传输延迟之间存在密切关系，要根据具体情况进行调整。

2）ASCENT 算法

基于 ASCENT(adaptive self-configuring ensor networks topology)算法可以均衡网络中骨干节点的数量，保证数据通路的顺畅。当节点在接收数据时发现丢包严重，就向数据源方向的邻居节点发出求助消息。节点探测到周围的通信节点丢包率很高或者邻居节点发出的帮助请求时，就主动由休眠状态变为活动状态，帮助邻居节点转发数据包。

ASCENT 算法包括三个阶段，分别是触发、建立和稳定阶段，如图 7-12 所示。触发阶段如图 7-12(a)所示，在汇聚节点与数据源节点不能正常通信时，汇聚节点向它的邻居节点发出求助信息。建立阶段如图 7-12(b)所示，当节点收到邻居节点的求助信息时，通过计算决定自己是否成为活动节点。如果成为活动节点就向邻居节点发送通告消息，同时这个消息是邻居节点判断自身是否成为活动节点的因素之一。稳定阶段如图 7-12(c)所示，数据源节点和汇聚节点之间的通信恢复正常，活动节点个数保持稳定，此时网络达到稳定状态。

通过 ASCENT 算法可以使网络在环境变化时动态地改变拓扑结构，该算法的特点是节点只根据本地的信息进行计算，不依赖于无线通信模型、节点的地理分布和路由协议。但是，ASCENT 算法只对网络中局部优化机制进行分析，没有考虑更大规模的节点分布和负载平衡等问题。

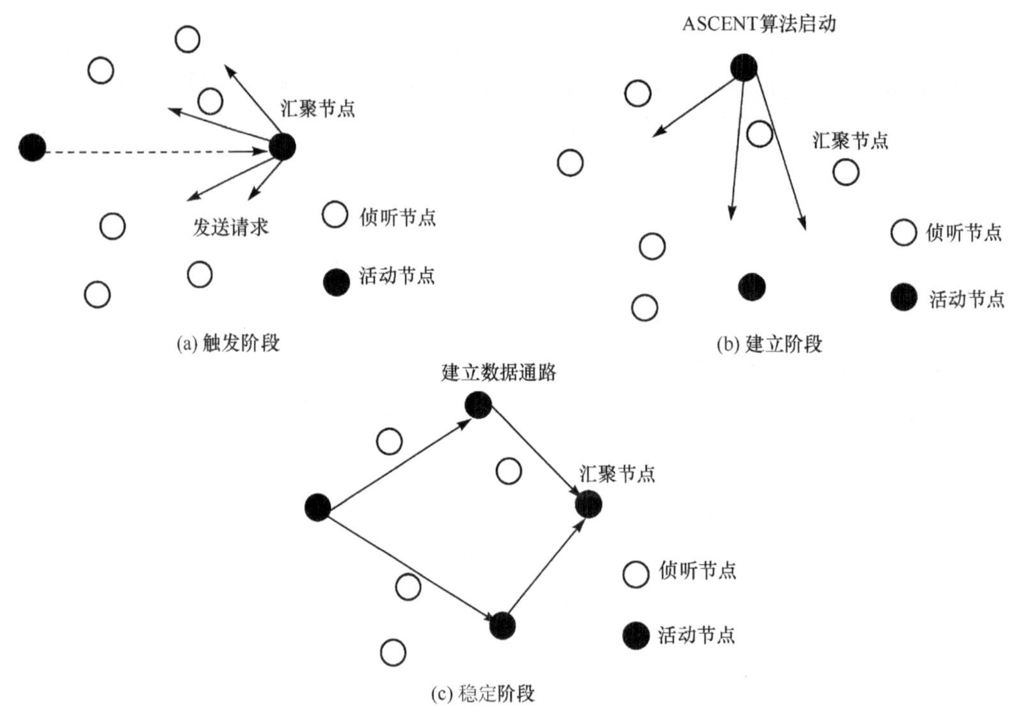

图 7-12　ASCENT 算法

在启发式节点唤醒和休眠机制方面，CCP、SPAN、CONNECT、FPA/VPA 等算法都是比较有效的调度机制。但是，它们对网络和节点的要求相对苛刻。启发式节点唤醒和休眠机制能够使节点在没有事件发生时设置通信模块为睡眠状态，而在有事件发生时及时自动醒来并唤醒邻居节点，形成数据转发的拓扑结构。这种机制重点在于解决节点在睡眠状态和活动状态之间的转换问题，不能够独立作为一种拓扑结构控制机制，因此需要与其他拓扑控制算法结合使用。

7.3 能量管理

7.3.1 能量管理概述

无线自组网、蜂窝等无线网络的首要目标是良好的通信服务质量和高效地利用无线网络带宽，次要目标是节省能量。然而，对无线传感器网络而言，传感器节点采用电池供电，在具体的工作环境中，节点数量大，工作环境通常比较恶劣，并且很可能需要一次性部署，更换电池比较困难。因此，高效使用传感器节点的能量，尽量延长整个网络系统的生存期是一个重要目标。设计低功耗的无线传感器网络是节省电源、最大化网络生命周期的关键性技术之一。

无线传感器网络的能量管理主要体现在传感器节点电源管理和有效的节能通信协议设计等方面。在典型的传感器节点结构中，除了供电模块以外，有很多模块与电源单元发生关联，都存在能量消耗问题。从网络的协议体系结构来看，能量管理机制是一个覆盖从物理层到应用层的跨层设计问题。

传感器节点通常由处理器单元、无线传输单元、传感器单元和电源管理单元四个部分组成，如图 7-13 所示。传感器单元的能耗与应用特征相关，采样周期越短、采样精度越高，则传感器单元的能耗越大。为了降低传感器单元的能耗，可以在应用允许的范围内适当延长采样周期，降低采样精度。事实上，传感器单元的能耗要比处理器单元和无线传输单元的能耗低得多，几乎可以忽略。因此，通常只讨论处理器单元和无线传输单元的能耗问题。

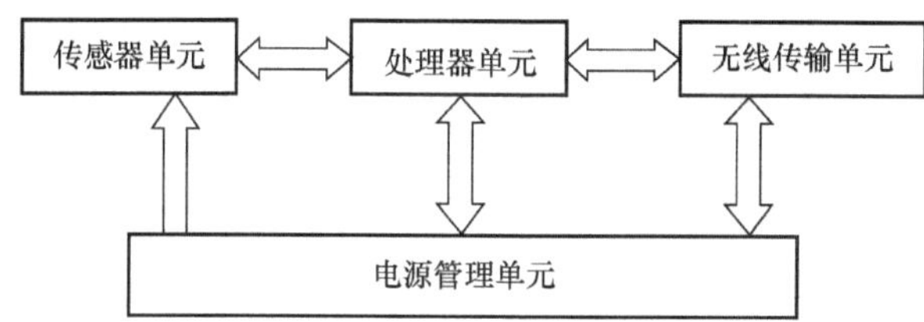

图 7-13 传感器网络节点单元模块构成

(1) 处理器单元能耗。处理器单元包括微处理器和存储器，用于数据存储与预处理。节点的处理能耗与节点的硬件设计、计算模式等因素紧密相关。目前对能量管理的设计都是建立在应用低能耗器件的基础上，在操作系统中使用能量感知技术可以进一步减小能耗，延长节点的工作寿命。

(2) 无线传输能耗。无线传输单元用于节点间的数据通信，它是节点中能耗最大的部件。传感器网络的通信能耗与无线收发器以及各个协议层紧密相关，体现在无线收发器设计和网络协议设计的每一个环节。

7.3.2 硬件能耗设计

1) 传感器的能量类型

传感器节点对能量的需求很大，电池容量小，通过充电获取能量是一项复杂困难的工作。因此，必须严格控制传感器节点的功耗。节点的主要耗能部分是控制器、射频前端和存储器，且与传感器的类型有关。表 7-2 给出了不同电池能量密度的比较，表 7-3 给出了其他供电能源的功率密度比较。

表 7-2　不同电池能量密度比较

能　源	能量密度
电池(锌空气)	1050～1560mW/cm^3
电池(锂充电电池)	300mW/cm^3(在 3～4V)

表 7-3　其他供电能源的功率密度比较

能源	振动	噪声	被动的人工供电系统	核反应	太阳能(户外)	太阳能(室内)
功率密度	0.01～0.1mW/cm^3	3×10^{-6} mW/cm^2 在 75dB 9×10^{-4} mW/cm^2 在 100dB	1.8mW(鞋的后跟里嵌入压电发电机)	80mW・h/cm^3 10^6mW・h/cm^3	15mW/cm^2(阳光直射) 0.15mW/cm^2(多云天气)	0.006mW/cm^2(标准办公桌) 0.57mW/cm^2(<60W 桌灯)

以体积为 1mm^3 的“智能微尘”为例,假设每条指令微控制器的能量耗能为 1nJ,此种电池可以存储大约 1J 的电能。如果满足该电池给节点供电一天的要求,则节点连续耗能为 1/(24×60×60)W≈11.5μW。因此,节点要在如此低的功率下工作,电流控制器是必不可少的。减少器件功耗的主要方法是降低芯片的功耗,设计低功耗芯片是提高传感器节点能量效率的基础。

2) 控制器的能量消耗

(1) 离散工作状态的基本功耗。

嵌入式控制器通常采用多工作状态,以有利于控制。以 Intel StrongARM,Texas Instrument MSP 430 和 Atmel ATmega 为例,比较控制器在离散工作状态时的基本功耗情况。

Intel StrongARM:在正常模式下,处理器的所有设备被充分供电。功耗达到 400mW。在空闲模式下,CPU 时钟控制器关闭;外围设备的时钟正常工作。一旦有任何中断发生,系统将恢复正常状态。功耗达到 100mW。在休眠模式下,只有实时时钟正常工作。定时中断之后系统被唤醒,耗时 1600ms。功耗达到 50μW。

Texas Instrument MSP 430:以具有多种工作模式为特征,一个完全运行模式,在 1MHz 和 3V 条件下的总功耗约为 1.2mW。该系列有四个休眠模式。最深度休眠状态为 LPM4,只消耗 0.3μW,但是在这种模式下只有外部中断才能唤醒控制器。再下一个高级状态 LPM3,时钟仍然正常工作,因此可以用来唤醒系统,该状态只消耗 6μW。

Atmel ATmega:大体上与 MSP 430 类似但存在细微差别,Atmel ATmega 128L 具有六个不同的工作模式。在空闲模式和运行模式下,它的功耗在 5～15mW 变化,而在断电模式下,功耗为 75μW。

(2) 动态电压调整。

能量/功率连续自适应调整的主要目的是调整控制器的最佳运行速率以估算执行任务的时间,并且任务必须在给定的期限内完成。例如,首先将控制器切换到完全工作模式,接着在最高速率下估算完成任务的时间,然后尽快转到休眠模式。

动态电压调整的目标是在期限内恰好完成任务。较低的速率(较低的时钟频率下运行控制器是遵循的基本原理),使得供电电压也随之减小,但仍能保证正常工作。相比全速下的功耗，动态电压调整的功耗更少。

由于实际功耗 P 与电压 V_{DD} 的平方成正比，所以可以通过降低功耗的途径减小电压，而且频率 f 同样影响功耗。因此，实际功率 P 与电压 V_{DD} 和频率 f 的关系可以表示为 $P \propto f \cdot V_{DD}^2$ 。

采用动态电压调整时必须保证控制器在准则下工作。每个设备都有对应的最小和最大时钟频率，而每个时钟频率必须遵循最小和最大阈值。因此，当控制器不执行处理操作时，切换到休眠状态是唯一的选择。此外，可变电压要求采用高效的直流-直流转换器。

控制器的动态电压调整实现起来并不容易。在相当长的一段时间内，电路有的部分必须保持高功耗工作，比如放大器的功耗是由通信距离决定的，不能通过此途径降低功耗。但是，利用动态电压调整权衡频率/电压与性能并不是唯一途径，可通过类似的最优化技术权衡"参数与性能"策略的一个最近点。以参数可能包括调制与或码选择的无线通信为例，其最优化技术包括动态调制调整、动态码调整和动态调制码调整。

3）存储器

数据存储的选择顺序依次是计数器、内部 RAM、外部数据存储器。从能量角度考虑，微控制器内的片上存储器和闪存是最合适的存储器。

片上存储器存取功耗最小化存储模块经常占用系统的部分功率预算，因此，为了节省能耗必须使存储器存取功耗最小化，通过软件设计技术提高存储器系统工作效率，同时减少程序的功率或能量耗散。由于存储器既是系统的功率瓶颈又是系统的性能瓶颈，使存储器存取功耗最小化的软件设计不仅能提高系统性能，而且能节省功率。对于无线传感器网络节点系统，与存储器相关的功率最小化技术主要体现在以下三个方面：

（1）尽可能采用存取功耗低的存储器；

（2）最小化一个算法所需要的存储器存储次数；

（3）最小化一个算法所需要的总存储量。

闪存的结构和使用对节点的使用周期有很大影响。以 Mica 节点的读/写功耗为例，闪存读取数据消耗 1.111nA·h，而写入消耗 83.333nA·h。写入操作还与数据访问的间隔有关，可能是一个字节，也可能是一段内容，这使得该操作比较复杂。在考虑重写整个芯片需要的功耗时，擦除和写入的功耗又是不同的。对于不同类型的存储器，二者的功耗也是有差异的，其比率可以达到 900:1。因此，闪存的写入操作是既耗时又耗能的，应当尽量避免。

7.3.3 状态调制机制

部署在监测区域执行任务的节点在大部分时间处于非工作状态，为了减少能量消耗，最理想的办法是使其断电。然而，当执行外部操作或定时时又必须将节点唤醒。从这个角度考虑，完全断电是不可取的。因此，可以采用多工作状态技术，即根据具体应用确定其工作状态，从而降低功耗并减少功能，提高无线传感器节点能量效率。可以用一个状态表示机器处于完全工作状态以及按功能分级设置的休眠/功耗/唤醒时间（即恢复完全工作状态所需时间）。诸如控制器、射频前端、存储器和传感器等这些传感器节点的部件均可以采用这样的模式，然而，不同模式支持不同特性和数量的休眠状态。比如，控制器的状态包括"运行"、"空闲"和"休眠"。无线调制解调器可以调节发射机和接收机的开关状态，也可以控制传感器和存储器的开关。

1）多种关闭状态

传感器节点是根据具体的应用环境设计的，不同的节点设备具有不同的能量模式。以

StrongARM SA-1100 处理器为例，它有“运行”、“空闲”和“休眠”三种能量消耗模式，每种模式具有相应水平的耗能状况：运行模式是处理器的一般工作模式，包括全部能量供应激活，所有时钟均运行，以及所有资源均工作；空闲模式允许软件暂停 CPU 调用，而继续侦听中断服务请求，CPU 时钟停止，并保存所有处理器的相关指令，中断产生时处理器返回运行模式，并继续从暂停点开始工作；睡眠状态节省的能量最多，提供的功能最少，大部分电路的能量供应被切断，睡眠状态节点守候预排成序的唤醒事件。

大部分能量感知设备支持多种断电模式，提供不同级别的能耗和功能。按照设备能量状态把多个设备的嵌入式系统进行组合就会具有一系列能量状态。在实际操作中，开放式接口又称为高级设置和能量管理接口(advanced configuration and power management interface, ACPI)规范受到了 Intel、Microsoft 和 Toshiba 公司的支持，制定了 OS 与具有多种能量状态设备连接并提供动态能量管理的标准。ACPI 支持系统资源的有限状态模型，并指定了软硬件的控制接口。ACPI 控制整个系统的能耗和各设备的能量状态。遵守 ACPI 规范的系统具有五个全局状态：SystemStateS0(工作状态)、SystemStateS1、SystemStateS2、SystemStateS3、SystemStateS4。其中 SystemStateS1～SystemStateS4 对应四种不同程度的睡眠状态。类似地，遵守 ACPI 规范的设备具有四种状态：PowerDeviceD0(工作状态)，以及 PowerDeviceD1～ PowerDeviceD3。睡眠状态根据能耗、进入睡眠需要的管理代价和唤醒时间加以区分。

图 7-14 表示基本传感节点的构成。各节点包括嵌入式传感器、A/D 转换器、带有存储器的处理器和 RF 电路。OS 通过基本设备驱动控制节点的每个部分，并根据事件统计情况决定设备的开启和关闭，进行能量管理。由图可知，传感网络由分布在矩形区域 R 上的 η 类传感节点组成，区域尺寸为 $W \times L$，各节点可见度半径为 ρ。

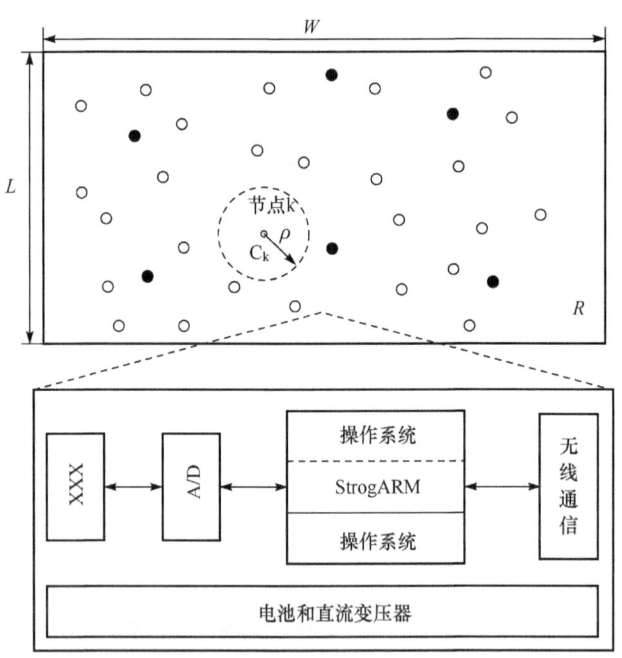

图 7-14　传感网络和节点体系

2）传感节点的构成

表 7-4 列举了传感节点与五种不同睡眠状态相关的各部分能量模式。各节点睡眠模式对应于越来越深的睡眠状态，其特征可以描述为渐增的延迟和渐减的能耗。传感器节点可以根据工作环境的需要选择以下的睡眠状态：

（1）状态 s0 是节点的完全激活状态，节点可传感、处理、发送和接收数据。

（2）状态 s1 中，节点处于传感和接收模式，而处理器处于待命状态。

（3）状态 s2 与状态 s1 类似，其不同点是处理器断电，当传感器或无线电接收到数据时会被唤醒。

（4）状态 s3 表示仅是传感模式，除了传感前端外均关闭。

（5）状态 s4 表示设备的全关闭状态。

表 7-4　传感节点有用睡眠状态

状态	Strong ARM	存储器	传感器，A/D	无线电
s0	激活	激活	开	发送，接收
s1	空闲	睡眠	开	接收
s2	睡眠	睡眠	开	接收
s3	睡眠	睡眠	开	关
s4	睡眠	睡眠	关	关

能量管理是根据观测事件进行状态转换的策略，以使能量效益最大化。从这个意义上讲，能量唤醒模型与 ACPI 标准的系统能量模型是相同的。消耗的能量、进入睡眠的管理花费和唤醒时间用来区分睡眠状态。因此，睡眠状态越深能耗越少，但唤醒时间就越长。

3）状态切换策略

一般地，分级休眠状态间的切换需要消耗时间和能量，休眠态越深，唤醒并恢复到完全工作状态或者其他浅休眠状态所需要的时间和能量就越多。因此，就功耗而言，保持空闲状态比进入深休眠状态有利。图 7-15 表示出休眠模式节省能源和额外功耗的关系。在时间 t_1，为了减少 P_{active} 和 P_{sleep} 之间的切换就必须设置诸如微控制器等部件的休眠状态。如果在时间 t_{event} 内传感器节点部件处于工作状态且有事件发生，那么空闲状态消耗的总能量为 $E_{active}=P_{active}(t_{event}-t_1)$。假设部件切换到休眠状态需要的切换时间为 τ_{down}，且这个阶段的平均功耗为 $(P_{active}+P_{sleep})/2$。那么，休眠状态所需要的总能量为

$$E_{sleep}=\tau_{down}(P_{active}+P_{sleep})/2+(t_{event}-t_1-\tau_{down})P_{sleep}$$

因此，在这个过程中节省的能量可表示为

$$E_{saved}=(t_{event}-t_1)P_{active}-(\tau_{down}(P_{active}+P_{sleep})/2+(t_{event}-t_1-\tau_{down})P_{sleep}) \quad (7\text{-}6)$$

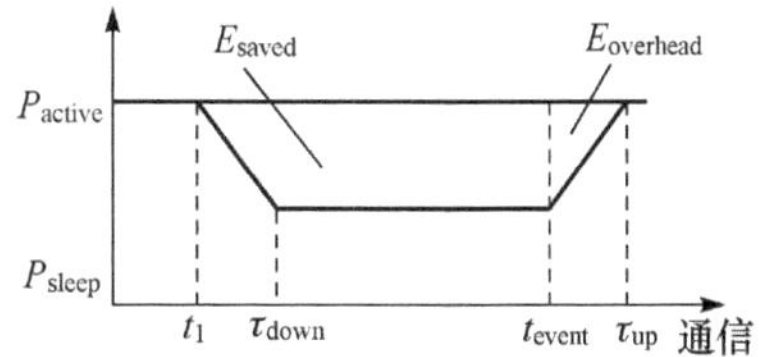

图 7-15　休眠模式节省的能源和额外功耗

若有事件需要处理，同理假设在处理事件前的 τ_{up} 时间段内平均功耗为 $(P_{active}+P_{sleep})/2$，则需要额外的功耗

$$E_{overhead}=\tau_{up}(P_{active}+P_{sleep})/2 \tag{7-7}$$

显然，若使得切换到休眠状态有意义，则额外功耗 $E_{overhead}$ 和节省的能量 E_{saved} 之间的关系必须满足 $E_{overhead}<E_{saved}$，即发生下一事件的时间间隔足够大，由以上推导可得

$$t_{event}-t_1>\frac{1}{2}\left(\tau_{down}+\frac{P_{active}+P_{sleep}}{P_{active}-P_{sleep}}\tau_{up}\right) \tag{7-8}$$

7.3.4 通信能耗

通信能耗主要指无线收发机实现一对节点间的数据发送和接收所消耗的能量。无线收发机可以在多种模式下工作，其中最简单的模式是全开或关闭。出于降低功耗的考虑，在大部分时间内无线收发机是关闭的，保持在一个低占空比的工作状态下，只有在需要数据发送、接收等操作时才激活。不同状态之间的转换会增加复杂性，使得额外消耗的时间和功率存在复杂的关系。下面基于发送和接收每比特的功耗模型讨论无线收发机的功耗性能问题。

1）发送能耗模型

发射机的能耗主要体现在两个方面：天线的发射功率和电子元件的功耗。天线的发射功率是指发射机的能耗用于产生射频信号，这部分能耗与调制方式的选择和目标距离有关，由发送功率 P_{tx} 决定。电子元件功耗是指电子元件执行必要的频率合成、频率转换和滤波等操作消耗的能量，这部分能耗与电子元件的型号有关，基本上是固定的。因此，在发送分组时控制能耗的关键因素之一是 P_{tx}。

研究表明发送功率是一系列参数的函数，包括每比特数据的能量与噪声比 E_b/N_0、带宽效率 η_{BW}、距离 d 和路径损耗系数 γ 等。

假设 P_{amp} 表示放大器的自身功耗，可表示为一个与发射功率无关的固定功率电平 α_{amp}，加上一个比例偏移 $\beta_{amp}P_{tx}$，即

$$P_{amp}=\alpha_{amp}+\beta_{amp}P_{tx} \tag{7-9}$$

式中，α_{amp} 与 β_{amp} 是常量，由处理器技术和放大器的结构决定。

例如，对于 μAMPS-1 节点，$\alpha_{amp}=174\text{mW}$，$\beta_{amp}=5.0$。因而，对于 $P_{tx}=0\text{dBm}=1\text{mW}$ 的发射功率，功率放大器的效率 η_{PA} 由下式给出：

$$\eta_{PA}=\frac{P_{tx}}{P_{amp}}=\frac{1\text{mW}}{174\text{mW}+5.0\times1\text{mW}}\approx0.55\%$$

该模型说明在最大输出功率条件下，放大器的效率 P_{tx}/P_{amp} 最高。然而最大功率没有普遍的意义，因此这样的设计并不是最佳的。

除了放大器之外，传输中也要保证向其他电路供电，例如基带处理器，这里用 P_{txElec} 表示。

发送一个长度为 n 比特的分组（包括所有报头）所需能量取决于发送分组的时间（由标称比特率 R 和编码率 R_{code} 决定），以及发送期间的总功耗。此外，若发射机在发送分组前必须开启，则需要额外的启动能耗（通常由压控振荡器和锁相环决定）。考虑上述因素后则有下式成立：

$$E_{tx}(n,R_{code},P_{amp})=T_{start}P_{start}+\frac{n}{RR_{code}}(P_{txElec}+P_{amp}) \tag{7-10}$$

式(7-10)表明，发送功耗与调制方式的选择无关。基于 IEEE 802.11 的硬件测试表明，上式与调制方式存在一定关联，但对于总发送功率而言，1Mb/s 与 11Mb/s 之间的差别小于

10%，所以此简化是可以接受的。另外，假设用于编码的额外功耗仅与编码率有关，该假设也是可以接受的。在该模型中，没有考虑天线效率，即假设天线是理想的。否则天线与发射功率之间有额外的功率损耗。

在发送过程中，利用前向纠错编码技术可以显著提高模型性能。因为编码功耗可以忽略，所以前向纠错编码仅增加了比特位，近似用码率的倒数表示。

2）接收能耗模型

与发射机类似，接收机也可以全开或全闭。当接收机全开时，它可能出于接收分组的运行状态，也可能出于监听信道准备接收的空闲状态。显然，当接收机关闭时功耗是可以忽略的。实际上空闲状态与接收状态间的功耗差别很小，所以，在多数应用中认为二者的功耗是相同的。

与发送情况相似，当接收机已经关闭时（此处对于发送和接收而言启动时间是相同的），接收一个分组消耗的能量 E_{revd} 有一个启动分量 $T_{\text{start}}P_{\text{start}}$；$E_{\text{revd}}$ 的另一个分量与接收分组的时间 $\frac{n}{RR_{\text{code}}}$ 成正比。在实际接收中，该时段内必须向接收电路供电，需要的功耗（一般是定值）为 P_{txElec}，例如驱动射频前端的低噪声放大器。最后一个分量是每比特解码时的额外功耗，该解码功耗实际上取决于具体的 FEC。综合这些分量后有：

$$E_{\text{revd}}=T_{\text{start}}P_{\text{start}}+\frac{n}{RR_{\text{code}}}P_{\text{txElec}}+nE_{\text{decBit}} \tag{7-11}$$

对此模型而言，解码功耗相对比较复杂，因为它与大量的硬件和系统参数有关，例如，在专用硬件中解码（比如利用一个专用的 Viterbi 解码器解卷积码）或利用微控制器的软件。解码功耗还与供电电压、每比特的解码时间（实际上取决于处理速率，而速率又受技术影响）、应用的约束长度，以及其他参数有关。对于不同的调整方式，仅间接增加了发送分组的时间。

7.3.5 拓扑结构能耗分析

目前，对于移动性且采用电池供能的无线传感网络的研究主要集中在层间的通信协议方面，其中包括提高网络拓扑结构的能效性。在无线传感网络中，经常通过牺牲网络性能来换取网络的能效性。目前常见的节能措施包括采用特殊节点、协作信号处理和数据融合等。

LEACH 协议是一种应用于无线传感网络的通信协议，目的是通过在节点中随机轮换簇头以平衡能耗负担在网络中的分布。LEACH 协议采用局部协调的方式，对动态网络具有可扩展性和鲁棒性，并采用数据压缩来减少传输到基站的数据量，同时协议还采用局部数据融合方法以节约网络能耗。SPIN 是以无线节点间能量有效通信为目的的一组协议。该协议主要用于解决传统无线通信问题，例如，由泛洪法引起的网络内爆、传输范围重叠，以及节能等问题。SPIN 协议通过非常小的元数据信息包的协商来实现有效通信，相比传统方式冗余较少，解决了内爆和重叠问题。同时，每个节点拥有单独的资源管理器，在节点能量较低时可限制节点活动，以解决资源盲目性问题。

7.3.6 路由协议能耗分析

如果把网络看做一个图，每条链接表示消耗能量的代价值，能量高效性路由可以描述为一个简单的问题：选择一个算法计算图中的最小代价路径，即通过对 Dijkstra 的最短路径算法进行修改获得最小总发射功率。在路由中能量或功率的效率可以由多个指标来表示，例如用链接的能量代价和每个节点的可用电池容量表示，如图 7-16 所示。

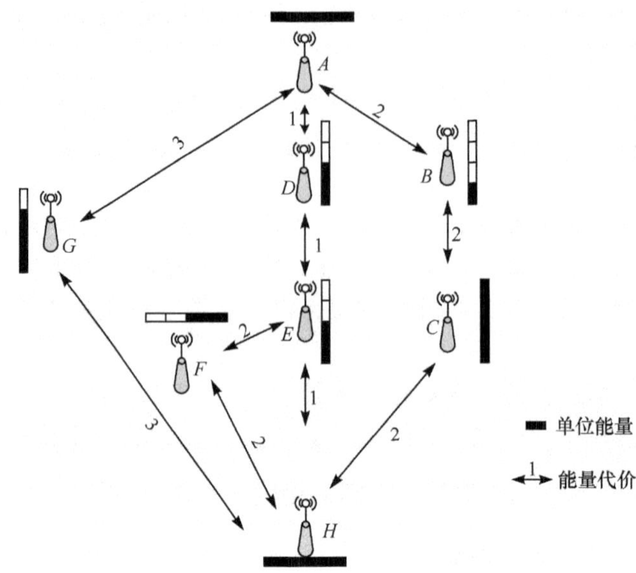

图 7-16 节点 A 和 H 之间通信的路由

在量化通信路由的能量或功率的效率时，可从以下几个方面考虑：

(1) 每个数据分组(或每比特)的最小能量。

最直接的方法是考虑在多跳路径上从源节点到目的节点传输一个数据分组所需要的总能量(包括所有的开销)，目标是通过选择一个好的路由使每个数据分组获得的总能量都最小。

通过最小化跳数显然达不到这个目标，因为跳数少的路由可能会包含覆盖长距离的大发射功率。在图 7-17 中，最小能量路由是 A-D-E-H，需要 3 个单位的能量。最小跳数路由是 A-G-H，需要 6 个单位的能量。

(2) 网络生存期最长。首先明确网络生存期的定义主要有以下几种方式：

① 到第一个节点失效的时间；

② 到有一个节点没有被网络覆盖的时间；

③ 到网络被分割成几个互不相连的孤立区域(至少有两个节点之间不能互相进行通信)的时间。

WSN 的任务不是传输数据，而是观测(也可能是控制)。因此，能量高效性的目标是网络在尽可能长的时间里完成它的任务。

(3) 考虑可用电池能量的路由。

因为节点电池的能量供给有限，它是网络生存期的一个重要因素，所以在做出路由决定的时候要考虑有关电池状态的信息。

(4) 最大总可用电池容量。

选择可用电池容量之和最大的路由，以避免路径绕远。

考虑图 7-17 中的中间节点，路由 A-D-E-F-H 有 6 个单位的总可用容量，但是因为节点 F 并不是实际真正需要的，所以这个路径必然会增大消耗。应该放弃 A-D-E-F-H 路由，因为它包含了 A-D-E-H 这个子集，最后选择了路由 A-B-C-H。

(5) 最小电池消耗路由选择(minimum battery cost routing，MBCR)。

MBCR 并不是直接研究给定路径上的可用电池容量之和，而是研究节点传输信息时遇到的“阻力”。这个阻力随着电池的消耗而增大，例如，阻力或路由代价可以看做是电池容量的倒数。那么，路径的代价就是这些倒数之和，原则上是选出具有最小代价的路径。因为取倒数会赋给低电池容量节点较高的代价，所以，这种方法能自动避开节点能量快要耗尽的路由。在图 7-17中，路由 A-B-C-H 的消耗代价是 $1/1+1/4=1.25$，而路由 A-G-H 的消耗代价只是 $1/3$。所以选择了这个路由，防止节点 B 消耗不必要的能量。

(6) 最小-最大电池消耗路由(min-max battery cost routing, MMBCR)。

这个方法与上一个方法的目的类似，都是要保护低电池能量的节点。它不使用电池能量的倒数和，而是简单地使用路径上所有节点的电池能量倒数中最大的一个作为这条路径的代价，然后使用代价最小的路径。这样就通过使最大值最小来选择最优路径。

使用路径上最小的电池量，然后再使这些值最大也能达到同样的效果。这就是一个最大与最小化的问题。

在图 7-17 的例子中，可以选择路由 A-G-H。

(7) 有条件的最大-最小电池容量路由(conditional max-min battery cost routing, CM-MBCR)。

另一种方法是有条件使用实际的电池功率。如果在路径上所有节点的电池量都超过给定的阈值，那么就选择传输每比特信息所需能量最小的路由。如果没有这样的路由，那么就选择能使最小电池量最大的路由。

(8) 最小化功率方差。

为了保证较长的网络生存期，有一种方法是均匀地使用所有的电池，以避免某些节点过早地消耗完能量而分割网络。因此，要选择能够减少不同路由之间电池量方差的路由。

(9) 最小发射功率路由(minimum total transmission power routing, MTTPR)。

该方法研究几个节点直接发送信息到目的节点，并且会在它们之间造成互相干扰的情况。如果信号与干扰加噪声比(signal to interference plus noise ratio)大于给定阈值，那么发射就会成功。目的是寻找一个赋给每个发射节点的发射功率值(已知信道损耗)，使所有发射成功，而且所有功率值的和最小。MTTPR 当然也适用于多跳网络。

无线传感器网络节点能量有限，通信协议必须考虑能量问题。在传感器网络协议设计中，应该首先考虑高效的能量利用，以延长网络的生存周期。在传感器网络中，无效能量损耗主要来自以下四个方面：节点接收并处理不相关数据；节点之间不需要发送数据，而接收节点一直在侦听空闲信道；由于侦听和空闲消耗的能量几乎一样，过度侦听会浪费节点的能量；控制信息过多，将会导致消耗较多的能量。

7.4 网络安全技术管理

7.4.1 网络安全技术概述

1) WSN 安全需求

在进行无线传感器网络安全设计时，需要考虑无线传感器网络的独特性。通信安全和网络服务安全是无线传感器网络安全需求的主要方面。

(1) 数据机密性。所有敏感信息在存储和传输过程中都要保证其机密性，不得向任何非授权用户或系统泄露信息的真实内容。因此，数据机密性是网络安全中的一个重要问题，其内容主要包括保证敏感信息的感知信息无泄露和保证敏感的协议信息无泄露两个方面。

(2) 数据完整性。在数据机密性的前提下,数据完整性是确保接收者收到正确数据的一种手段。通过数据完整性鉴别,确保数据不会因为传输过程发生任何改变,排除恶意的中间节点对信息进行截获、篡改和干扰以及正常的数据丢失或者差错率对信道的影响。只有解决数据完整性鉴别问题,才能保证接收到的数据和发送出的数据一样。

(3) 真实性。由于攻击者可以通过插入伪造的数据包等手段改变网络数据流,接受者仅防范数据包被篡改是不够的。要解决此问题,一方面需要对数据进行鉴别,确保每个数据包均有正确的来源;另一方面对所有操控实施认证,让接收者验证数据以确认该数据来自声明的发送者。

(4) 数据新鲜性。数据新鲜性是指接收方接收的数据是发送方最新发送的数据,其目的是为了防止攻击者窃听通信双方正常的通信包后,重新发送这些数据包以欺骗接收者完成与上次相同的通信流程,即所谓的重放攻击。此外,网络传输延迟造成的数据包错序提交或数据时效过时,也会引起数据新鲜性问题。

2) 网络服务安全需求

网络服务安全需求体现在可用性、自组织和其他组件的安全三个方面。其中,可用性是居于首位的,自组织以及其他组件的安全用来保证实现这一重要目标。

(1) 可用性需求。由于资源的约束性,传统计算机网络的安全算法和协议无法进行完全移植到无线传感器网络。例如,安全协议和算法相关的计算会加重传感器节点的能量消耗,严重影响到传感器节点的寿命,削弱整个网络的可用性;安全协议会引起通信量的增加,导致通信冲突的增加,影响通信信道的可用性等。

(2) 自组织需求。无线传感器网络没有用于网络管理的服务器和路由器等固定基础设施,必须自组织地支持多跳路由、密钥管理、节点间信任关系建立,相应的安全策略也要符合自组织要求。以密钥管理问题为例,由于整个网络的动态特性,节点和基站之间不可能直接预安装共享密钥,所以需要建立基于加密技术的共享密钥分配机制,即首先在节点中预分配秘密信息,然后撒布网络,通过算法或协议建立共享密钥,实现安全通信。

(3) 传感器自身的安全需求。时间同步、定位及网内融合等都是传感器网络应用中基本的服务。例如,为了节能单个传感器节点往往需要周期性睡眠,当数据传输时,邻近传感器节点必须同步苏醒。在保证 QoS 或者网络测量等应用中,传感器节点间可能需要测量端到端传输延迟。在跟踪应用中,节点的协同操作也需要时间同步服务。时间同步服务对于某些安全机制,如数据新鲜性保证、广播认证操作等起着至关重要的作用。

7.4.2 网络安全分类

与传统计算机通信网络一样,无线传感器网络的安全威胁主要来自于各种攻击。在传统计算机通信网络中,攻击者的目标主要是网络设备如路由器或者网络终端计算机,以及网络通信设备等。因此,安全技术总是针对网络设备和网络通信进行保护。

由于传感器节点多部署在非受控区域,无线信道的广播特性和自组织的组网特性使得传感器网络容易受到攻击者的被动攻击和主动攻击。例如,传感器网络的通信会受到监听、篡改、伪造和阻断攻击,如图 7-17 所示。传感器网络作为一种耗尽型网络,传感器节点的能源有限,系统功能极易受到拒绝服务攻击。攻击者针对单个传感器节点的攻击行为对整个传感器网络行为的影响有限,但是对分层或异构的传感器网络中的骨干节点(如数据融合节点、基站和网关等)进行攻击,就会对网络性能产生很严重的破坏。

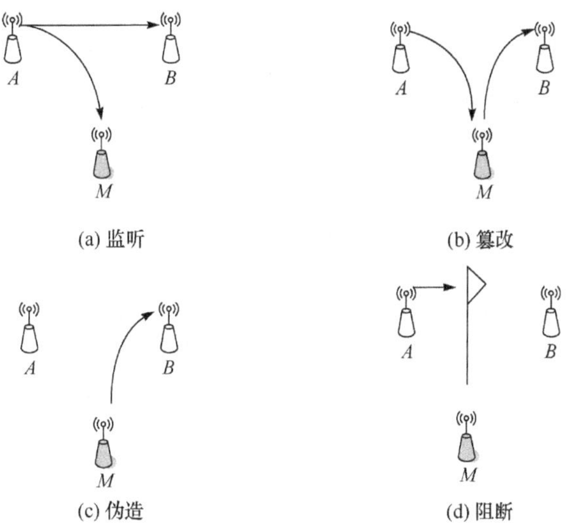

图 7-17　无线网络中 4 种通信安全威胁

攻击行为可分为外部攻击和内部攻击,以来自网络外部或者内部区分。外部攻击者通常不是传感器网络的授权用户,而内部攻击者(如恶意的内部节点)则可能拥有网络的所有秘密信息,比如加密密钥,因此安全危害更大。外部攻击也可以通过俘虏合法传感器节点转为内部攻击。因此,传感器网络的安全机制不但要阻止外部攻击,而且要提高系统对内部攻击的安全性,使整个系统的安全性能不至于因内部攻击急剧下降。

从攻击的动机、行为及目的等方面考虑,传感器网络的进攻威胁可分为传感器节点安全威胁、通信安全威胁和系统安全威胁。

1) 传感器节点威胁

传感器节点主要面临两种威胁,即欺骗和控制威胁。

(1) 欺骗。欺骗主要来自环境和网络。来自环境的欺骗通常是指攻击者知晓传感器节点所在地理环境及其感知兴趣,然后在该地理位置伪造环境假象,使得传感器节点采集虚假信息。比如,在森林火灾监测传感器网络应用中,传感器节点会感知环境温度湿度的变化情况,判断是否发出火灾预警信号。攻击者很容易在一个或者少数传感器节点的感知位置通过伪造火焰或者提高环境温度等行为,欺骗传感器节点采集火灾预警信号。防范这种威胁的主要手段是采用基于冗余的安全数据融合。来自网络的欺骗是指发生在网络通信过程中的网络威胁。

(2) 控制威胁。对于网络属主而言,最具威胁的攻击行为可分为物理控制和逻辑控制两种。在逻辑控制中,攻击者可以通过监听节点的通信,分析获知节点的身份 ID 等关键信息后,冒充该节点在网络内发动其他攻击。消除或降低逻辑控制可能性的基本方法是通过加密机制和安全协议隐藏节点关键信息。在物理控制中,攻击者从网络部署的环境中直接获取传感器节点,实施以下攻击:

① 直接停止服务。比如取出节点的电池使节点失败,从而退出网络系统。如果节点是网络的骨干节点,将威胁网络的可用性。

② 物理剖析。通过对节点的硬件和软件进行分析,进攻者可以获得节点中存储的机密信

息，如身份 ID、会话密钥等。同时，还能获得相关网络协议的工作原理。攻击者通过物理剖析，能够轻易地克隆伪造和篡改合法节点功能，使之成为变节节点，最大限度扰乱网络功能。

抵御控制威胁的有效方法是直接采用防分析、防篡改的硬件设计。考虑到传感器节点成本以及部署数目，目前的网络安全研究主要集中于采用安全策略提高整个网络系统抗俘获方面。

2）通信安全威胁

通信攻击可分为四种基本攻击行为：监听、篡改、伪造和阻断，这四种攻击又可分为被动攻击和主动攻击两类。

被动攻击主要是指通过在通信传输介质上的窃听行为发起的一组消息监听攻击，达成消息机密性攻击和流量分析攻击，并通过监听记录节点间的交换消息包，然后分析消息头、消息大小以及流模式，窃取重要的敏感信息。被动攻击不会打扰合法应用信息收集的攻击行为，不易被合法用户察觉。

主动攻击包括信息篡改、伪造攻击以及 DoS 攻击。信息篡改包括改变、延迟和重排消息或数据存储；冒充和信息重放是两种伪造攻击实例；阻断攻击就属于 DoS 攻击。主动攻击会妨碍合法应用，因此容易被合法用户察觉。

被动攻击是很难被发现的，可通过加密网络通信的手段进行预防；对于浏览分析攻击的方式，不仅需要加密，还需要对安全路由进行分析。与被动攻击相比，主动攻击的方式多，代价低，机动多变，更加难以防范。目前，实现基于认证的安全保护机制，辅以攻击监测工具及时发现主动攻击行为并及时恢复其所造成的破坏是针对主动攻击的主要对策。

传感器网络的通信攻击一般分为三种类型：重放攻击、DoS 攻击和 Sybil 攻击。

(1) 重放攻击。在攻击时效上，分为当前通信运行时内攻击和运行时外攻击；在攻击目标上，可以对消息包的源接收点实施延迟重放，或者冲击其他节点。

(2) DoS 攻击。具有试图阻止网络服务合法使用特点的攻击，以及任何能够减小或者削弱网络设计能力的攻击行为都属于 DoS 攻击的范畴。与网络通信有关的 DoS 攻击可以分为：

① 阻塞攻击。简单阻塞一个或者一组传感器节点的通信信道，是一种标准的 DoS 攻击，只需用传感器网络选定的频率传送无线信号以占用信道即可。攻击区内的所有节点都无法进行正常的收发操作。

② 冲突攻击。攻击者可故意违反通信协议相关规定，简单地连续发送消息以期产生冲突。被冲突的消息将不得不进行重传。

③ 路由攻击。在多跳环境中，恶意节点简单地丢弃路由数据，可使预定接收者接收不到该数据包。

④ 泛洪攻击。恶意节点对网络中的敏感节点发送许多连接请求，使得敏感节点在处理连接请求时消耗资源，最终导致敏感节点的资源耗尽而失效。

(3) Sybil 攻击。单个节点以多种身份出现在网络中，使自己成为路由节点，结合其他攻击方法发起攻击。

3）系统安全威胁

无线传感器网络必须要保护多种服务，包括多跳自组织路由、定位、数据融合和时间同步等服务，甚至包括安全服务。攻击者只要通过扰乱这些服务就能达到其攻击目的。比如，通过字典攻击、检测攻击及暴力攻击危害密钥的管理功能，使安全机制失效；通过发起不必要的通信，剥夺能量受限节点的睡眠，快速消耗关键节点的电能，最终导致整个网络的通信崩溃，这样的攻击称为能量消耗攻击。

7.4.3 WSN网络安全设计策略

与传统的网络安全问题不同，关于无线传感器网络安全问题的解决思路和方法由网络自身的特点决定。

1）有限的储存空间和计算能力

传感器节点资源有限的特性导致很多复杂、有效、成熟的安全协议和算法不能直接从传统的计算机网络进行移植。公私钥安全体系是目前商用安全系统理想的认证和签名体系，但从存储空间方面来看，一对公私钥的长度达到几百个字节，还不包括各种中间计算需要的空间；从时间复杂度上看，用功能强大的台式计算机一秒钟只能完成几次到几十次的公私钥签名/解签运算，这对内存和计算能力都非常有限的传感器网络节点来说则无法完成。即使是对称密钥算法，对密钥过长、空间和时间复杂度大的算法也不适用。

2）缺乏后期节点布置的先验知识

进行实际组网时，节点往往被随机部署在一个目标区域中。在部署之前，任何两个节点之间是否存在直接连接是未知的，无法使用公私钥安全体系的网络，因此要实现点到点的动态安全连接存在诸多困难。

3）布置区域的物理安全无法保证

传感器网络往往要散布在无人监管的区域，其工作空间本身就存在不安全因素。节点很可能遭到物理上或逻辑上的俘虏，所以传感器网络的安全设计必须要考虑及时撤除网络中被俘节点的问题，以及因为被俘节点导致的安全隐患扩散问题，即因为该节点的被俘导致更多节点被俘，最终导致整个网络被俘或者失效。

4）有限的带宽和通信能量

目前，传感器网络采用的是低速、低能耗的通信技术。在一个没有持续能量供给的系统中，要想在无人值守的环境长时间工作，必须要考虑各个设计环节的节点问题。低功耗要求安全协议和安全算法所带来的通信开销不能太大。这是在常规有线网络中较少考虑的因素。

5）不仅是点到点的安全，更是整个网络的安全

Internet的网络安全一般是端到端、网到网的访问安全和传输安全。而传感器网络往往是作为一个整体来完成某项特殊的任务，每个节点既完成监测和判断功能，又要担负路由转发功能。与其他节点通信时，每个节点存在信任度和信息保密的问题。除了点到点的安全通信之外，传感器网络还存在信任广播的问题：当基站向全网发布查询命令时，每个节点都能够有效判定消息确实来自于有广播权限的基站，这对资源有限的传感器网络而言是难于解决的问题。

6）应用相关性

传感器网络的应用领域广泛，不同的应用对应不相同的安全需求。在金融和民用系统中，对于信息的窃取和修改比较敏感；对于军事领域，除了信息可靠性以外，还必须充分考虑对被俘节点、异构节点入侵的抵抗能力。所以，传感器网络必须采用多样化的、精巧的、灵活的方式解决安全问题。

在传感器网络中，网络部署区域的开放性以及无线电网的广播特性导致安全隐患的产生。网络部署区域的开放性是指传感器网络一般部署在应用者无法监控的区域内，可能受到无关人员或者敌方人员的破坏。无线电网络的广播特性是指通信信号暴露在物理空间上，任何设

备在调制方式、频率、振幅、相位上都和发送信号相匹配，就可获得完整的通信信号。这种广播特性使得传感器网络在一定的部署密度下容易实现网络的连通特性，表现出较高的部署效率，但同时也带来了安全隐患，即信息泄露和空间攻击。

针对进攻者的攻击行为，传感器网络节点可以采用各种主动的和被动的防御措施。主动防御指在网络遭受攻击以前节点为防范攻击采取的措施，如对发送的数据采取加密认证处理，对接收的数据包进行数据解密、签名认证、完整性鉴别等一系列的检查。被动防御指在网络遭受攻击以后，节点为减小攻击影响而采取的措施，如在遭到拥塞干扰时关闭系统，然后通过定期检查攻击实施情况，在攻击停止或间歇时迅速恢复通信。表 7-5 列出了传感器网络在网络协议各个层次中可能受到的攻击方法和主要的防御手段。

表 7-5　传感器网络攻击手段

网络层次	攻击方法	防御手段
物理层	拥塞攻击	宽频(跳频)、优先级消息低占空比、区域映射、模式转换
	物理攻击	破坏证明、节点伪装和隐藏
链路层	碰撞攻击	纠错码
	耗尽攻击	设置竞争门限
	非公平竞争	使用短帧策略和非优先级策略
网络层	丢弃和贪婪破坏	使用冗余路径、探测机制
	汇聚节点攻击	使用加密和逐跳认证机制
	方向误导攻击	出口过滤；认证、监视机制
	黑洞攻击	认证、监视、冗余机制
	Wormhole 攻击	认证、监视、冗余机制
	泛洪	网络分级、广播半径限制、组播
	Sybil 攻击	无线资源监听、随机密钥分发
传输层	泛洪攻击	客户端谜题
	失步攻击	认证

1）物理层的攻击和解决方案

(1) 拥塞攻击。

无线环境是一个开放的环境，所有无线设备共享这样的开放空间。如果两个节点发射的信号在一个频段或者频点上很接近，就会彼此产生干扰影响正常通信。攻击节点往往通过在传感器网络工作频段上不断发送无用信号，使得攻击节点在通信半径内的所有传感器节点不能正常工作。如果这种攻击节点达到一定密度就会导致整个无线网络面临瘫痪。

拥塞攻击对单点频点无线通信网络非常有效。攻击者可以通过获得或者检测目标网络的通信频率的中心频率，在这个频点附近发射无线电波实施干涉。要抵御单频点的拥塞攻击，比较有效地方法是使用宽频和调频，即在检测到所在空间遭受攻击以后，传感器节点通过统一的策略跳转到另一个频率进行通信。

对于全频长期持续拥塞攻击的解决方案是转换通信模式，比如红外线和光通信等无线通信方式均可以作为有效的通信模式。全频持续拥塞攻击一般不会被攻击者使用，因为在实施方面有很多困难：全频干扰设备体积庞大、设计复杂；在某些应用环境下，不容易进行持续的能量供给；要达到大范围覆盖的攻击目的，单点攻击需要强大的功率输出，多点攻击要求达到一定的覆盖密度；实施地点通常在敌我双方的交叉地带，这就意味着敌我双方的通信设备都不能正常工作。

针对全频长期持续拥塞攻击，可采用以下解决方案：

① 根据攻击者使用能量有限的持续攻击这一现象，传感器节点定期监测攻击是否存在，调整工作方式；在监测到被攻击时，不断降低自身工作的占空比。当感知到攻击终止以后，恢复到正常的工作状态。

② 为了节省能量，攻击者会采用间歇式拥塞攻击方法，传感器节点就可以利用攻击间歇进行数据转发。对于局部的间歇式拥塞攻击，首先，传感器节点在间歇期使用高优先级的数据包通知基站。然后，基站接收到所有节点的拥塞报告后，映射出整个拓扑图中受攻击地点的外部轮廓，并将拥塞区域通知到整个网络。最后，节点将拥塞区视为路由空洞，通过其他路由进行数据通信。其工作过程如图 7-18 所示。

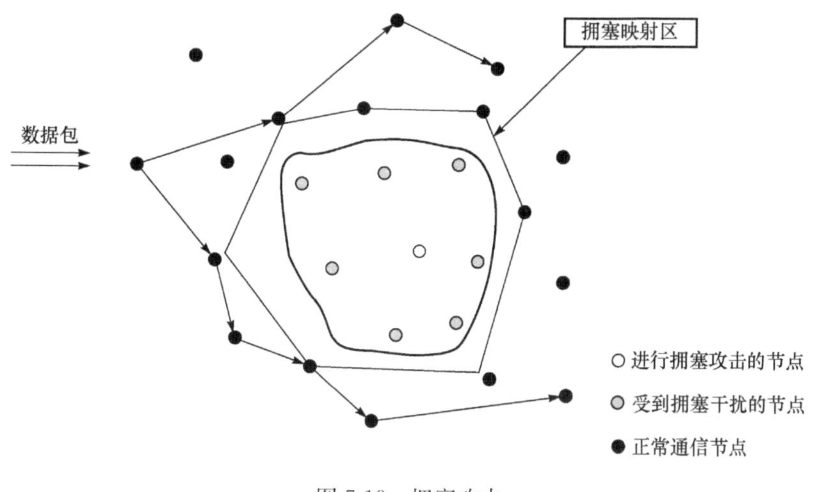

图 7-18　拥塞攻击

(2) 物理破坏。

传感器网络节点分布范围广，不可能保证每个节点都是物理安全的。攻击者通过俘获节点对其在物理上进行分析、修改，然后利用被俘节点干扰网络正常工作。如果攻击者通过分析获得节点内部敏感信息和上层协议机制，网络的安全就面临严重威胁。

防止物理破坏采用的解决方案如下：

① 增加物理损害感知机制。节点可根据自身收发数据包的情况、外部环境的变化和部分敏感信号的变化，判断是否遭受到物理侵犯。例如，节点上的位移传感器通过依据自身位置的移动情况，判断是否遭到物理破坏。如果节点感知到被破坏，就采取销毁敏感数据、脱离网络、修改安全处理程序等具体策略，防止攻击者分析系统的安全机制，使得网络剩余节点免受安全威胁。

② 加密存储敏感信息。密钥是现代安全技术中确认信息的保证，所以要严格保护认证密钥、通信加密密钥和各种安全启动密钥。攻击者不容易读取系统动态内存中的信息，经常采用静态分析系统非易失存储器的方法。因此，敏感信息尽量存放在易失存储器上，或者对存储在非易失存储器上的敏感信息行加密处理。

2）链路层的攻击和防御

（1）碰撞攻击。

如果两个设备同时进行信息发送，那么输出信号就会相互叠加而不能被分离。对于任何数据包而言，只要有一个数据在传输过程中发生冲突，整个包就都会被丢弃。这种冲突在链路层协议中称为碰撞。

碰撞攻击防御措施如下：

① 使用纠错密码。为了解决低质量信道的数据通信问题，可以在通信数据包中增加冗余信息以纠正数据包中的错误位。纠错的纠正位数与算法的复杂度以及数据信息的冗余度相关，通常使用1～2位纠错码。针对瞬间攻击的碰撞攻击，由于影响个别数据位，可使用纠错编码。

② 使用信道监听和重传机制。在信息发送前，节点随机监听一段时间，在预测信道为空闲时开始发送，以降低碰撞概率。对于有确认的数据传输协议，如果对方表示没有收到正确的数据包，就会重传数据。

（2）耗尽攻击。

耗尽攻击是指利用协议漏洞通过持续的方式使节点能量资源耗尽的攻击方式。如果利用错包重传机制，使节点不断重复发送上一包数据，最终会导致节点资源耗尽。例如，在IEEE802.11的MAC协议中使用RTS、CTS和ACK机制，恶意节点通过向某节点持续发送RTS数据包，使得该节点不断发送CTS回应，直至节点资源被耗尽。

耗尽攻击防御措施如下：

在降低网络效率的代价下，限制节点发送速度，并且节点自动抛弃多余的数据请求；在协议中制定执行策略，忽略过度频繁的请求，或者限制同一个数据包的重传次数，以避免恶意节点无休止干扰导致正常节点的能源耗尽。

（3）非公平竞争。

在通信机制中，由于网络数据包优先级控制的存在，使得恶意节点能够不断地发送高优级的数据包占据信道，导致其他节点在通信过程中处于劣势。非公平竞争是一种弱DoS攻击方式，攻击者需要完全了解传感器网络的MAC层协议机制，然后利用MAC协议来进行干扰性攻击。

非公平竞争的防御措施：采用短包策略，在MAC层中不允许使用过长的数据包，以缩短每包占用信道的时间；弱化优先级之间的差异，或者不采用优先级策略，选择竞争或者时分复用方式实现数据传输。

3）网络层的攻击防御

无线传感器网络是一个大规模的对等网络，其中的每个节点既可以作为终端，也可以是路由节点。由于节点之间的通信通常经过多跳的方式，给攻击者造成更多的机会破坏数据包的正常传输。要进行网络层的攻击，攻击者必须完全了解网络的物理层、链路层以及网络层。例如，攻击者通过俘获物理节点进行代码分析等手段获得了网络细节，并在被俘节点中安插了恶意代码后重新布置在目标网络中，使其成为网络的一部分。

（1）丢弃和贪婪破坏。

恶意节点作为网络的一部分会被当做正常的路由节点使用。在冒充数据转发节点的过程中，恶意节点可能随机丢掉其中的一些数据包，即丢弃破坏；也可能将自己的数据包以很高的优先级发送，从而破坏网络通信秩序。

解决的办法是使用多路径路由。即使恶意节点丢弃数据包，数据包仍然可以从其他路径送到目标节点。多路径增加了数据传输的可靠性，同时也会引入网络的安全问题。

(2) 方向误导攻击。

恶意节点在接收到一个数据包后，通过修改源地址和目的地址，选择错误的路径发送信息，从而导致网络的路由混乱。特别地，如果恶意节点将收到的数据包全部转向网络中某一个固定点，必然会导致通信阻塞和该节点因能量耗尽而失效。

方向误导攻击的防御方法与网络层协议相关。对于层次式路由机制，使用在 Internet 上抵制方向误导攻击的过滤方法。通过认证源路由的方式确认一个数据包是否是发送于它的合法子节点，直接丢弃不能认证的数据包，达到保护目标节点的效果。

(3) 汇聚节点攻击。

在一般的传感器网络中，节点并非完全对等。基站节点、汇聚节点、基于簇管理的簇头节点都会承担更多的责任，在网络中的地位相对比较重要。攻击者可利用路由信息获知这些节点的物理位置或者逻辑位置展开攻击，威胁网络安全。

抵御汇聚节点攻击的方法，一种是加强路由信息的安全级别，对传输数据进行加密和认证保护，采用逐跳认证的方法抵制异常包的插入；增加对地理信息传输的加密强度，重点保护位置信息；另一种是弱化节点异构性，增加重要节点的冗余度，以保证系统关键节点被破坏时，通过选举机制和网络充足方式进行网络重构。

(4) 黑洞攻击。

黑洞攻击即 Sinkholes 攻击，具体指根据路由算法技术设法诱使几乎所有通往衰竭节点的数据，在对方中心创造一个“污水池”。例如，攻击者欺骗或重放一个虚假信息给通过衰竭节点的一条高质量路线。如果路由协议使用一个端到端确认技术来核实路线的质量，一个强有力的 Laptop 类攻击者可能供给一条特高品质路线，以单跳方式提供足够的能量到达目的地。黑洞攻击的演示如图 7-19 所示，假设 M 为恶意节点，S_1，S_2，S_3 为源节点，D_1，D_2，D_3 为目的节点，A，B，C 为 M 的邻居节点。在各自的通信中，数据{S_1->D_1}，{S_2->D_2}，{S_3->D_3}都经过 M 所在的区域。在正常状态下，节点 M 加入路由后应该转发所有从邻居节点传来的数据包。如果 M 拒绝转发所有的数据包，就造成一个信息的黑洞。通常，M 会选择性的转发数据包。

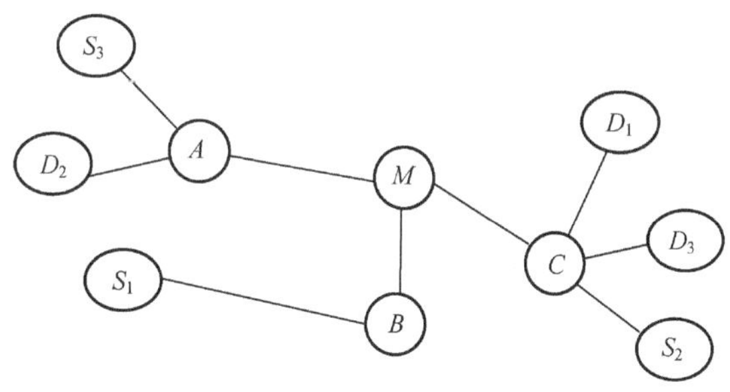

图 7-19　黑洞攻击

Sinkholes 攻击破坏力大，难以防范，在集成的路由协议中情况更为严重。多路径路由、通信认证等方法可以抵御 Sinkholes 攻击。例如，作为抵抗 Sinkholes 攻击的 Geo-路由协议，把拓扑结构建立在局部信息和通信上，通信通过接收节点的实际位置自然地寻址，阻止创造污水池。

(5) Wormhole 攻击。

Wormhole 攻击通常指两个恶意节点相互串通合谋进行攻击。一般情况下,一个恶意节点位于 Sink 节点附近,另一个恶意节点离 Sink 较远。较远的那个节点声明自己与 Sink 附近的节点可以建立低时延和高宽带的链路,从而吸引周围节点将其数据包发到它那里。在这种情况下,远离 Sink 的那个恶意节点就变为一个 Sinkhole。Wormhole 攻击还可以和其他攻击结合使用。其过程如图 7-20 所示。

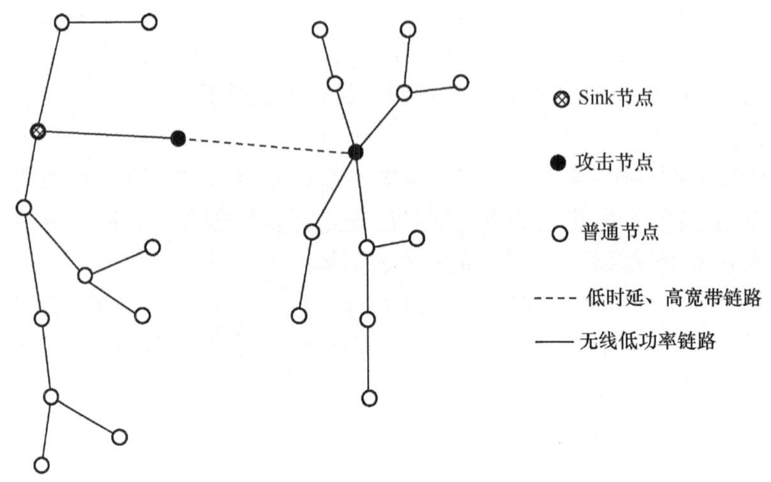

图 7-20 Wormhole 攻击

解决 Wormhole 的方案与解决黑洞攻击的方案相同。

(6) 泛洪攻击。

网络层的泛洪攻击又称为 Hello flood 攻击。多数路由协议需要节点定时发送 Hello 数据包,声明自己是他们的邻居节点。恶意节点能以足够大的功率广播 Hello 包,收到这样数据包的节点就会认为恶意节点是自己的邻居。在路由过程中,大量的节点发送数据包给恶意节点。Directed Diffustion ,LEACH,TEEN 等协议容易受这类攻击。

一种减少 Hello 泛洪攻击的方式是验证链接是否是双向的。然而,如果攻击者有一台高度敏感接收器,一个信任的接收节点为了防止 Hello 攻击,对每个节点来说也许只能选择有限的邻居节点。

(7) Sybil 攻击。

Sybil 攻击是指单个节点以多个身份出现在其他节点面前,更易于成为路由中的节点,然后结合其他攻击方法达到攻击的目的。攻击过程如图 7-21 和图 7-22 所示。

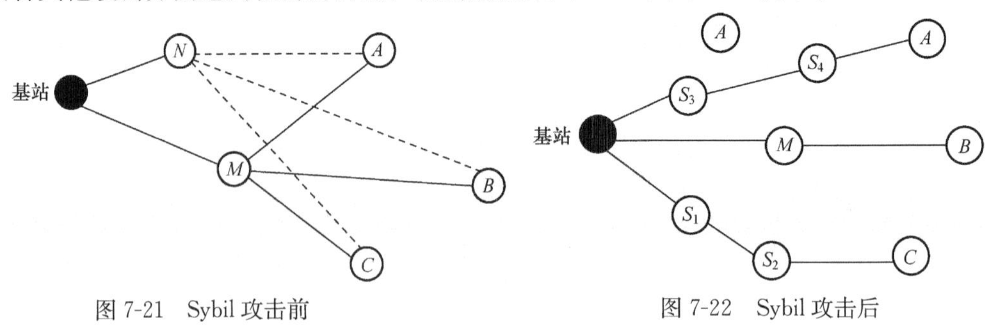

图 7-21 Sybil 攻击前　　图 7-22 Sybil 攻击后

解决这类攻击的有效方法是密钥发布分发。

4）传输层和应用层的攻击与防御

传输层用于建立无线传感器网络与 Internet 或者其他外部网络的端到端的连接。受资源的限制，节点无法保存维持端到端连接的大量信息，并且节点发送应答消息会消耗大量能量。因此，目前关于传感器节点上传输层协议的安全性研究并不多见。Sink 节点是传感器网络与外部网络的借口，传输层协议一般采用传统网络协议，也可以采用有线网络传输层中的安全技术。应用层提供了各种实际应用，面临的安全问题也各不相同，主要利用密钥管理和安全组播保障无线传感器网络的安全。

7.4.4 网络安全框架协议分析

传感器网络的安全协议族是最早提出的无线传感器网络安全框架之一，包含 SNEP（secure network encryption protocol）和 μTESLA（micro timed efficient streaming loss-tolerant authentieation protocol）两个安全协议。SNEP 协议提供点到点的通信认证、数据机密性、完整性和新鲜性等安全服务，它的设计目标是控制被毒化的节点，防止它扩大破坏。μTESLA 协议则提供对广播消息的数据认证服务。

1）SNEP 协议

SNEP 是一种低通信开销的安全网络加密协议。SNEP 协议采用基站和节点之间预共享主密钥的安全引导方式，即假设每个节点都和基站之间共享一对主密钥，其他密钥都是从此密钥衍生出来的。SNEP 提供了数据机密性、完整性、点到点认证性和新鲜性认证等安全机制，这些安全机制都是通过信任基站完成的。

（1）数据机密性。

WSN 节点间通信的机密性是 WSN 能够安全应用的前提。通信消息保持机密性的方法是对其消息进行加密处理。通过对加密算法进行改进，SNEP 协议实现的机密性不仅具有加密功能，还具有语义安全特性。

语义安全特性是针对数据机密性提出的，它的含义是指相同的数据信息在不同的时间、不同的上下文，经过相同的密钥和加密算法产生不同的密文。实现语义安全性的方案很多，密码分组链加密模式具有先天的语义安全特性，因为每块数据的密文是将自身的明文块与前段密文迭代异或产生的。计数器模式也可以实现语义安全，因为每个数据包的密文与其加密时的计数器值相关。在计数器模式中，通信双方共享一个计数器，计数器值作为每次通信加密的初始化向量（initial vector，IV）。每次通信时的计数器值不同，相同的明文加密后必定产生不同的密文。

SNEP 协议采用 CTR 的加密方法实现语义安全机制，其加密公式为

$$E=\{D\}(\mathrm{Kenc},C) \tag{7-12}$$

式中，E 表示加密后的密文，D 表示加密前的明文，Kenc 表示加密密钥，C 表示计数器，其值作为加密时的初始向量。

（2）完整性和点到点认证性。

SNEP 协议中消息完整性和点到点认证是实现通信消息不被更改的保证。其安全特性是通过消息认证（message authentication code，MAC）协议实现的。消息认证码的认证公式定义如下：

$$M=\mathrm{MAC}(\mathrm{Kmac},C\parallel E) \tag{7-13}$$

式中，Kmac 表示消息认证算法的密钥，$C\parallel E$ 为计数器值 C 和密文 E 的连接，表明消息认证

码是对计数器和密文一起进行运算。

消息认证的内容既可以是明文也可以是密文，SNEP采用的是密文认证。用密文认证方式可以加快接收节点认证数据包的速度，接收节点在收到数据包后可以马上对密文进行认证，若发现问题则直接丢弃，不需要对数据包进行解密后再进行认证。明文认证过程则是接收节点必须先解密数据包再对数据包认证，会延长辨认错误数据包的时机，浪费节点各类资源，同时使系统对拒绝服务攻击更加敏感。另外，节点间逐跳认证只能选择密文认证的方式，因为中间没有端到端的通信密钥，不能对加密的数据包进行解密。

Kenc和Kmac这两个密钥都是通过主密钥Kmaster按照相同的、不可逆的算法推算出来的。SNEP协议没有定义推演算法，实现者可以按照相应规则自己生成，也可以使用μTESLA协议中定义的单向散列函数F来生成加密密钥Kenc和认证密钥Kmac：

$$\text{Kmac}=F^{(1)}(\text{Kmaster}),\text{Kmac}=F^{(2)}(\text{Kmaster}) \tag{7-14}$$

(3) 新鲜性认证。

通信消息的即时性可使接收者知道接收到的是新或旧消息，这对接收者分析当前情况起到了关键的作用。SNEP协议通过使用CTR模式加密数据，支持数据通信的弱新鲜性。所谓弱新鲜性是指一种单向的新鲜性认证，也就是双方通信节点通过计数器可以知道消息是连续从接收节点或发送节点发送出来的。

假如节点A给节点B连续发送10个请求数据包($R_{A_1},\cdots,R_{A_{10}}$)：

A——B：$\{R_{A_1}\}(\text{Kenc},C_1)$，$\text{MAC}(\text{Kmac},C_1\parallel\{R_{A_1}\}(\text{Kenc},C_1))$

A——B：$\{R_{A_2}\}(\text{Kenc},C_2)$，$\text{MAC}(\text{Kmac},C_2\parallel\{R_{A_2}\}(\text{Kenc},C_2))$

$\vdots$

A——B：$\{R_{A_{10}}\}(\text{Kenc},C_{10})$，$\text{MAC}(\text{Kmac},C_{10}\parallel\{R_{A_{10}}\}(\text{Kenc},C_{10}))$

通过计数器的值($C_1,\cdots,C_{10}$)，节点B能够知道这10个请求数据包是按按顺序从A发送出来的。收到10个请求包后，节点B会将请求交给其上层进行处理，并将相应消息回复给A，A从B收到10个RSP消息：

B——A：$\{\text{RSP}_{A_1}\}(\text{Kenc},C_1')$，$\text{MAC}(\text{Kmac},C_1\parallel\{\text{RSP}_{A_1}\}(\text{Kenc},C_1'))$

B——A：$\{\text{RSP}_{A_2}\}(\text{Kenc},C_2')$，$\text{MAC}(\text{Kmac},C_2\parallel\{\text{RSP}_{A_2}\}(\text{Kenc},C_2'))$

$\vdots$

B——A：$\{\text{RSP}_{A_{10}}\}(\text{Kenc},C_{10}')$，$\text{MAC}(\text{Kmac},C_{10}\parallel\{\text{RSP}_{A_{10}}\}(\text{Kenc},C_{10}'))$

A同样根据计数器的值($C_1',\cdots,C_{10}'$)可以判断这10个响应包是从B按顺序发送出来的，并且对重放攻击能有效抑制，即实现了弱新鲜性认证。这种新鲜性认证存在一个问题，即A不能判断它所收到的响应包是针对它发出的哪个请求包的回应。如果A收到的回复消息不是按照其请求包发送顺序给出的，那么它将不能为每个请求回送正确的响应。为此，SNEP定义了强新鲜认证方法。

SNEP协议实现强新鲜性认证使用了Nonce机制。Nonce是唯一标识当前状态的、任何无关者都不能预测的数，通常使用随机数发生器产生。SNEP协议在其强新鲜认证过程中，在每个安全通信的请求数据包中增加Nonce段，以此唯一标识请求包的身份。此外，为了保证安全性，Nonce要足够长，减少碰撞相同的概率，以避免被敌方人员预测出来。如上例，节点A在发送给B的消息中增加一个Nonce N_A，B在对该消息应答时候让N_A参加回应包的消息认证计算，并返回给A。这样A就可以通过响应包的认证码得知这个回应是针对N_A标示的请求消息给出的，而不需考虑回应的顺序问题。强新鲜性认证会增加安全通信开销和计算开销，如果在要求不高的任务应用中就可以不使用该认证。在计数器同步的时候,强新鲜性认证是必需的,否则将可能受到拒绝服务攻击。

在 SNEP 协议中,使用了 Nonce 机制的通信过程描述如下:

A——B: N_A, $\{R_k\}$(Kenc, C), MAC(Kmac, $C_1 \parallel \{R_k\}$(Kenc, C))

B——A: $\{RSP_k\}$(Kenc, C'), MAC(Kmac, $N_A \parallel C' \parallel \{RSP_k\}$(Kenc, C'))

在网络开始传送正式信息前,节点与基站间共享一个主密钥,这是预先定义的。主密钥通过轻量级对称加密算法 RC5 伪随机函数产生加密密钥、消息认证码密钥和 PNG 密钥。然后,每个节点都有一个计数器,并采用计数器模式的加密方法在保证数据机密性的同时实现了语义安全。将通信双方共享的计数器的值作为每次通信加密的初始化向量,因为每次通信时的计数器值不同,相同的明文必定产生不同的密文。

其次,SNEP 通过消息认证码协议对计数器和密文一起运算实现了消息完整性和点到点认证。其形式化描述为 M=MAC(Kmac, $C|E$),其中,C 代表计数器值,E 代表密文,Kmac 为认证密钥。借助于计数器模式和 Nonce 随机数机制,SNEP 协议还实现了数据新鲜性认证。

SNEP 具有以下特点:

(i) 在每条传输的信息中占有 8Bytes 的校验头,大大减小了系统的开销,适应了无线传感器网络能量少、计算能力差的特点;

(ii) 用计数器来保证数据的及时性和不被伪造,而且这个计数器存在于发送端和接收端,以便减少通信开销;

(iii) 实现了语义上的安全,也就是说即使攻击者收集了密文,也不能推出明文,语义上的安全是通过对原始信息进行散列实现的。

2) μTESLA 协议

μTESLA 协议提供了广播认证,防止了恶意节点身份伪造的攻击。它针对基站需要向所有节点广播数据包,实现了网络中点对多点的广播认证。μTESLA 协议的主要思想是先广播一个通过密钥 Kmac 认证的数据包,然后公布密钥。保证在密钥公布之前,攻击者无法伪造正确的广播数据包。此外,该协议通过全网共享密钥生成算法实现了秘密共享,单向散列函数及密钥链机制保证了密钥安全和容忍数据包丢失的特性。μTESLA 协议在设计过程中主要解决了以下技术问题:

(1) 共享密钥问题。认证广播协议的密钥和数据包都通过广播方式发送给所有的节点,所以必须防止恶意节点同时伪造密钥和数据包。为此,节点必须能够首先认证公布的密钥,进而用密钥认证数据包。μTESLA 协议采用全网共享密钥生成算法的方法,取代了 TESLA 协议中共享密钥池的方法,真正的密钥池只在广播者(基站)中存放。这样无论实际的密钥池有多大,对节点来说都只需要存放相同的一段代码,大大节省了节点的存储空间。

(2) 密钥生成算法的单向性问题。全网共享的秘密是密钥生成算法,若正常节点被俘获,将暴露这个密钥的生成算法。密钥发布包是明文广播,所以恶意节点和正常节点一样可以获得密钥明文。μTESLA 协议为了防止恶意节点根据已知密钥明文和密钥生成算法推测出新的认证密钥,使用单向散列函数来解决密钥生成问题。这样,即使恶意节点拥有了算法和已经公开的密钥,仍然不能推算出下一个要公布的密钥是什么。

(3) 密钥发布包丢失问题。无线信道是一个没有质量保证的信道,数据冲突和丢失的可能性很大。如果一个节点丢失了密钥发布包,就会导致一个时间段内收到的广播数据包不能被正确认证。μTESLA 协议之所以称为容忍包丢失的流认证协议,主要是因为引入了密钥链机制，解决了丢失给认证带来的问题。该机制要求基站密钥池中存放的密钥不是相互独立的，而是单向密钥生成算法经过迭代运算产生出来的一串密钥。已知祖先密钥，可以用单向密钥生成函数产生所有的子孙密钥。这样即使中间丢失了几个发布的密钥，仍然可以根据最新的密钥把它们推算出来。

（4）时间同步和密钥公布延迟问题。TESLA 算法在发送一个广播包的同时公布前一包密钥，这样能够保证一包一密，攻击者没有机会用已知密钥伪造合法的广播包，但一包一密在广播频繁的时候导致信道拥塞，而在不频繁的时候导致认证延迟时间太长。为了解决拥塞和延迟问题，μTESLA 协议使用了周期性公布认证密钥的方式，一段时间内使用相同的认证密钥，这对于广播包频率较高的应用特别高效，对于频率低的应用也不会增加认证延迟。周期性更新密钥要求基站和节点之间要维持一个简单的同步，这样节点可以通过当前时钟判断公布的密钥是哪个时间段使用的密钥，然后用该密钥对该段时间内接收到的数据包进行认证。密钥使用时间和密钥公布时间之间的延迟是需要权衡的，太长可能导致节点需要大量的存储空间来缓存收到的广播包，太短会频繁切换密钥导致通信消耗过大，延迟时间的定义可以根据广播包的发送频率确定。

（5）密钥认证和初始化问题。节点对每个收到的密钥首先要确认它是从信任基站发送出来的，而不是一个恶意节点制造的。密钥生成算法的单向特性为密钥的确认提供了很好的手段。节点用单向密钥生成算法对新收到的密钥进行运算，如果能得到原来收到的合法密钥，并且满足时间同步要求，那么新收到的密钥就是合法的。这个初始认证是通过协议初始化过程完成的。TESLA 协议解决这个问题的方法是节点通过非对称密钥算法进行初始认证密钥和同步时间的协商，而 μTESLA 使用 SNEP 协议来进行初始认证密钥和同步时间的协商。

μTESLA 协议的运行过程包括基站安全初始化、网络节点加入安全体系和节点完成数据包的广播认证三个过程。

基站一旦在目标区域内开始工作，首先进行初始化和进行密钥池的生成，并确定密钥同步时钟。密钥池的尺寸和密钥同步周期 T 一般根据实际的存储空间、网络生命周期以及广播频率来确定。一旦密钥池密钥使用殆尽，需要重新启动一次初始化和节点同步过程。

基站完成广播安全初始化后，就开始接受节点的加入。每个节点通过 SNEP 协议与基站之间建立同步。节点的加入过程可以穿插在整个网络运行的任何时段，而认证广播的过程在基站初始化完成以后即可进行。

μTESLA 协议主要涉及的技术包括单向密钥生成函数，RC5-CBC 消息认证算法以及随机数发生器的构造。

3）INSENSE 容侵路由协议

无线传感器网络容侵路由协议的主要思想是在路由设计中加入容侵机制，该方法主要考虑如何承受攻击而非对抗攻击。

INSENSE 容侵路由协议采用 μTESLA 协议中的单向序列和加密的消息鉴别码算法，及时发现入侵者，用基站寻找建立路由和用基站向每个节点发送请求信息来增强网络的健壮性，使网络具有一定的对抗攻击能力和自我修复能力。另外，多径选择策略也可以在一定程度上增强网络的容侵性。

INSENSE 容侵路由协议主要包括以下三个原则。

（1）该协议用来及时发现入侵者，由于入侵行为的检测非常耗时，所以该协议采用了容侵的路由机制。在路由初始化阶段，每个节点保留了多条到基站的路由。

(2) 针对节点能源受限的问题,用基站来寻找和建立路由,基站的任务就是计算路由。基站的每个节点发送请求信息,收到请求信息的节点再向它的邻居节点转发请求信息,并把向它发送请求信息的节点标记为邻居节点,每个节点只转发一次信息;节点向基站发送应答信息;基站计算出每个节点到基站的路由,当基站计算出所有的路由信息后,它会向节点发送一个前向转发表,在这个转发表中包括了节点到基站的几条不同路由。

(3) 该协议用于入侵者未检测出的情况下,减小入侵者所造成的破坏。在协议中基站对节点采用单向认证,减小入侵者提供的错误路由信息、洪泛反馈信息或不断向邻居节点转发请求信息等所造成的破坏。而且,只允许节点与基站间进行通信,因此入侵者不能与邻居节点直接进行通信。当它不得不通过基站进行通信时,基站就可以判断出它是入侵节点。

容侵路由协议 INSENSE 也存在一些缺点,如没有把节点的能耗问题作为设计目标,而且入侵行为的检测非常耗时,过多地依赖于基站等。另外,该协议还不能很好地承受无线传感器网络中所面临的各种安全攻击。

思考题

7.1 分别利用本地平均算法和 Delaunay 三角剖分算法说明网络的拓扑性质。

7.2 以 IRIS 节点为实例,比较传感单元、处理单元和无线传输单元的能耗大小。

7.3 传感器网络受到的进攻威胁主要有哪些? 其相应的防范措施有哪些?

7.4 无线传感器网络协议栈层次中可能受到的攻击方法和主要的防御手段有哪些?

第 8 章　无线传感器网络关键技术

8.1　时间同步机制

8.1.1　时间同步机制概述

无线传感器网络是计算机系统与物理世界联系的桥梁，对物理世界的观测必须建立在统一的时间标度上，时间同步技术是无线传感器网络系统正常运行的必要条件，且同步精度直接决定了其他服务的质量。

在集中式系统中，由于任何模块或进程都可以从系统全局时钟获取时间，因此，系统内的任何两个事件都有着明确的先后关系，时间同步不存在问题。而在分布式系统中，由于物理上的分散性，系统无法为彼此相互独立的模块提供一个统一的全局时钟，而是由各个模块或进程维护其各自的本地时钟。由于计时速率和运行环境存在不一致性，即使所有的本地时钟都在某一时刻被校准，经过一段时间后也会出现失步。时间同步是通过对本地时钟的某些操作为分布式系统提供一个统一时间标度的过程。

无线传感器网络的节点之间相互独立并以无线方式通信，每个节点维护一个本地计时器，计时信号一般由廉价的晶体振荡器提供。由于晶体振荡器制造工艺存在差别，并且在工作过程中容易受到电压、温度以及晶体老化等多种偶然因素的影响，每个晶振的频率很难保持一致，进而导致网络中节点的计时速率存在偏差，造成了网络节点的时间失步。为了维护节点本地时间的一致性，进行时间同步操作是必要的。

无线传感器网络时间同步包括物理时间和逻辑时间两个方面。人类社会的绝对时间称为物理时间，事件发生的顺序关系称为逻辑时间，是相对的概念。无线传感器得到的数据必须具备准确的时间和位置信息，否则收集的信息是不完整的。传感器节点的 TDMA 定时、休眠周期的同步、数据融合等都要求传感器节点的时间是同步的。在传感器节点间时间同步的前提下，用时间排序的目标位置检测可以预测目标的运行速度及方向，通过测量声音的传播时间能够确定声源的位置以及节点与声源之间的距离。

无线传感器网络诸多方面均依赖于时间同步的应用和协议：

(1) 节点状态切换。为了节省能量，无线传感器网络中节点的状态是在通信、休眠和空闲等状态之间不断变化的，为了使全网节点的状态变化连贯一致，需要全网节点保持统一的时间。

(2) 时分多路复用。无线传感器网络中的时分多路复用技术是通过给每个节点分配时间来完成节点之间的通信，这需要网络中所有传感器节点保持统一的时间。

(3) 节点定位：在某些节点定位算法中，定位信号发出和到达的时间差异是需要测量的，这也需要网络中所有的传感器节点保持统一的时间。

(4) 节点数据融合：数据融合算法利用每个事件发生的时间来预测物体的运动速度，对事件发生地点进行定位。如果网络中节点的时间不能保持同步，就无法进行数据融合。

在无线传感器网络中，时间同步的分类有四种形式。

(1) 排序、相对同步与绝对同步。时间同步可分为三个不同的层次。第一个层次是最简单的，时间同步需求是能够实现对事件的排序，即对事件发生的先后顺序进行判断。第二个层次为相对同步，节点维持其本地时钟的独立运行，动态获取并存储它与其他节点之间的时钟偏移和时钟漂移。根据这些信息实现不同节点本地时间值之间的相互转换，达到时间同步的目的。相对同步并不是直接修改节点的本地时间，而是保持本地时间的连续运行。第三个层次为绝对同步，节点的本地时间和参考基准时间保持一致，除了正常的计时过程对节点本地时间进行修改外，节点本地时间也会被时间同步协议所修改。

(2) 外同步与内同步。外同步是指同步时间的参考源来自于网络外部。典型的外同步为时间基准节点通过外接 GPS 接收机获得 UTC(universal time coordinated)时间，而网内的其他节点通过时间基准节点实现与 UTC 时间的间接同步；或者为每个节点都外接 GPS 接收机，从而实现与 UTC 时间的直接同步。内同步则是指同步时间的参考源来自于网络内部，例如，网络内某个节点的本地时间。

(3) 局部同步与全网同步。局部同步与全网同步通常根据不同的应用需要来划分，局部同步往往只需要部分与该事件相关的节点同步，例如事件触发类应用。需要网络内所有节点的时间同步称为全网同步。

(4) 发送者-接收者同步与接收者-接收者同步。在进行发送者-接收者同步时，发送者在信息中输入信息发送时间，而接收者在接收到信息后记录下接收时间，并利用这些时间信息计算出收发双方的时钟偏移，进而达到收发双方的时间同步。接收者-接收者同步时，发送者发送一个同步信息到多个接收者，这些接收者通过对同一个信息时间的比较，计算出它们之间的时钟偏移，从而达到接收者-接收者同步。

时间同步是无线传感器网络的关键基础服务之一，需要重点解决以下三个方面的问题。

(1) 如何设计时间同步协议，使得同步精度尽可能高，即同步误差尽可能小。

(2) 如何设计满足低功耗的时间同步协议，尽可能地延长网络寿命。

(3) 如何设计可扩展性强的时间同步协议或算法，以适应不断扩大的网络规模和逐渐增强的系统动态性。

无线传感器网络时间同步的重要约束是价格和体积，因为无线传感器网络中节点的成本不能太高，而且节点的微小体积不能安装本地振荡器和无线通信模块以外的用于同步的器件。无线传感器网络中大部分节点是无人看管的，且只具有十分有限的能量。即使只进行侦听通信也会消耗能量，时间同步机制必须考虑这些所耗费的能量。目前网络的时间同步机制通常只注重最小化同步误差来达到最大的同步精度，而很少考虑计算和通信所耗费的能量。由于无线传感器体积、能量和价格等方面的约束以及网络的特点，使得 GPS、NTP 等现有常规同步机制不适用于无线传感器网络的应用，因此，需要修改或重新设计其他的同步时间机制以达到无线传感器网络的要求。

8.1.2 时钟模型

1) 硬件时钟模型

在计算机系统中，通常用晶体振荡器的脉冲作为衡量时钟的标准，大部分传感器节点的计时装置都有类似结构：一个计数寄存器和一个给定频率的晶体振荡器，晶体振荡器每发出一个振荡，脉冲寄存器就增加 1。要知道当前时间只需要访问寄存器并且读取寄存器的计数值即可，时间分辨率就是两个计数的间隔。

时钟的数学模型如下：

$$c_i(t) = \sigma\int_{t_0}^{t} \omega(t)\mathrm{d}t + c_i(t_0) \tag{8-1}$$

其中，$\omega(t)$ 是传感器节点晶体振荡器的频率，σ 是由根据晶体振荡器物理属性确定的常量，t 是时间变量，$c_i(t)$ 是在时间为 t 时的时钟读数，$c_i(t_0)$ 是开始时的时钟读数。

受到晶体老化、温度变化、供电电压变化等多种因素影响，晶体振荡器的振荡频率易呈现不稳定性。时钟的变化速率由 $\gamma(t) = \mathrm{d}c_i(t)/\mathrm{d}t$ 表示。当 $\gamma(t) = \mathrm{d}c_i(t)/\mathrm{d}t = 1$ 时，变化速率为 1，认为此时为理想时钟。在日常应用中，由于外界环境变化，自身受到各种因素的影响，晶体振荡器易产生波动，难以构造理想时钟。在满足一定约束条件下，晶振频率的波动范围定义在某一范围内，定义如下：

(1) 速率恒定模型：假设时钟变化速率 $\gamma(t) = \mathrm{d}c_i(t)/\mathrm{d}t$ 是恒定不变的，即晶体振荡器的频率没有发生波动。在日常应用中，如果时钟的变化非常小，可以忽略不计，也认为是速率恒定模型。

(2) 漂移有界模型：定义时钟速率 $\gamma(t)$ 相对于理想变化速率 1 的偏差为时钟漂移 $\rho(t)$，$\partial(t) = \gamma(t) - 1$，具有明确的上下界，满足约束条件 $-\partial_{\max} \leqslant \partial(t) \leqslant \partial_{\max}$，$\forall t$。在工程设计中，漂移有界模型经常用作鉴定时钟的精度或者误差的上下界。

(3) 漂移变化模型：假定时钟漂移的变化率 $\beta(t) = \mathrm{d}\partial(t)/\mathrm{d}t$ 是在 $-\beta_{\max} \leqslant \beta(t) \leqslant \beta_{\max}$ 范围内的。时钟漂移变化主要由温度和供电电源电压等因素引起，大部分情况下变化速率比较缓慢，可以通过一些补偿算法加以修改。

如果一些稳步变化的物理量(如温度、电池电压或晶体本身)影响到晶体振荡器，那么漂移变化有界模型是合理的。节点未来任意时刻时钟漂移的上下界可以根据该模型当前的时钟漂移估测出来，使补偿时钟漂移变为可能。

2) 软件时钟模型

通常是用计数器记录时钟脉冲个数来表示节点的本地时钟。本地时间的节点一般不能通过时间同步协议直接修改，而是根据本地时间 $\theta(t)$ 构造一个虚拟的软件时钟，这是为了保持本地时间的连续性，其实质是把一个用于硬件时钟的时间 $\theta(t)$ 转换成真实时间的函数 $c(\theta(t))$ 作为这个虚拟的软件时钟。一个简单的虚拟软件时钟的例子为 $c(\theta(t)) = t_0 + \theta(t) - \theta(t_0)$，它开始于实际时间 t_0，然后以与本地时钟相同的速度进行计时。考虑到时钟漂移补偿等问题，真实的虚拟软件时钟更加复杂。

8.1.3 基于接收者和接收者的时间同步机制

基于接收者和接收者的时间同步机制充分利用了无线数据链路层的广播信道特性，以一个节点作为辅助节点，由该节点广播一个参考分组，在广播域内接收到广播消息的一组节点通过比较各自接收到消息的本地时间，实现它们之间的时间同步。

1) RBS 时间同步机制

RBS(references broadcast synchronization)时间同步协议是基于接收者和接收者时间同步机制的协议，基本原理如图 8-1 所示。发送节点广播一个参考分组，广播域中的两个节点都能够接收到这个参考分组，每个接收节点分别根据自己的本地时钟记录接收到参考分组的时刻，然后交换它们记录的参考分组的接收时间。两个接收时间的差值相当于两个接收节点间的时间差值，其中，一个接收节点根据这个时间差值更改它的本地时间，从而达到两个接收节点的时间同步。

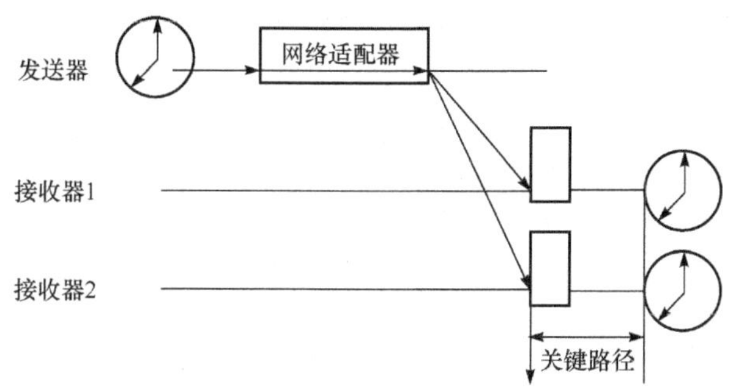

图 8-1 RBS 时间同步机制基本原理

在 RBS 机制中，并不通过发送节点的时间值，而是通过广播同步参考分组来实现接收节点间的相对时间同步，参考分组本身不需要携带任何时标，也不需要知道是何时发送出去的。

影响 RBS 机制性能的主要因素包括接收节点间的时钟偏差、接收节点的个数、接收节点的非确定性因素等。为了提高时间同步的精度，RBS 机制采用了统计技术，通过多次发送参考消息获得接收节点之间时间差异的平均值。对于时钟偏差问题，采用了最小平方误差的线性回归方法进行线性拟合，拟合直线的斜率就是两个节点的时钟偏差，直线上的点表示节点间的时间差。经过对时钟偏差的补偿后，节点间的同步误差可以在较长时间内保持在较小的范围内。

RBS 机制利用信道的广播特性实现接收节点时间的同步，去除了时间同步误差中所有发送节点引入的部分，与采用往返时间的时间同步机制相比具有更高的同步精度。RBS 机制可以构造局部时间，对于需要时间同步但不需要绝对时间同步的无线传感器网络应用是有价值的。

无线传感器网络的范围一般比单个节点的广播范围大，在这种情况下，RBS 机制也能发挥作用。如图 8-2 所示，非邻居节点 A 和 B 同时发送一个同步脉冲，它们之间不能直接互相通信。节点 4 处于两个广播域的交集处，能够接收节点 A 和节点 B 发送的消息，把它们的时钟信息关联起来。对于两个接收节点，RBS 机制需要 3 个发送消息和 4 个接收消息。对于单个广播域内的 n 个节点和 m 个广播消息，RBS 机制的复杂度是 $O(mn)$。在无线传感器网络中，发送节点往往也需要同步。用于多跳网络的 RBS 机制需要依赖有效的分簇方法，保证簇

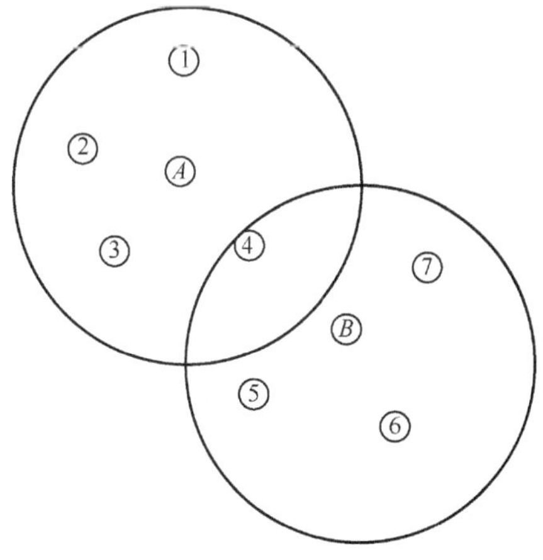

图 8-2 RBS 多跳时间同步简单拓扑结构图

与簇之间具有相同的节点以便簇与簇之间进行时间同步。在多跳网络中，RBS 机制的同步误差随跳数的增加而增加。

2）自适应 RBS 时间同步机制

自适应 RBS(adaptive references broadcast Synchronization)时间同步机制是一种基于 RBS 同步协议的自适应时间同步协议。自适应 RBS 时间同步协议在传感器节点启动模式下进行，需要同步的节点发送一个请求分组。该分组被广播到发送传感器节点上，此时传感器节点会启动同步机制，并周期性循环执行。该机制的执行过程如下：

(1) 发送节点广播 n 个参考分组，每个分组包含两个计数器，记录循环次数和当前循环中参考分组的号码。

(2) 当接收节点接收到一个参考分组时，根据本地时钟记录接收时间。接收节点利用线性拟合方法把 n 个接收时间拟合为一条曲线。

(3) 接收节点给发送节点返回一个分组，其中包括曲线斜率和曲线上的一点。返回的分组在一定的时间间隔内抖动，这样不同接收节点返回的分组就不容易发生碰撞。

(4) 发送节点把这些斜率组合起来，然后广播包含自身和所有返回消息的接收节点之间的相对时钟歪斜斜率的分组。

(5) 每一个接收节点接收到这个分组之后，可以计算它在一个特殊发送节点的广播区域内相对于其他接收节点的斜率，从而得到发送节点广播区域内的所有接收节点的时钟歪斜和时钟偏移量。

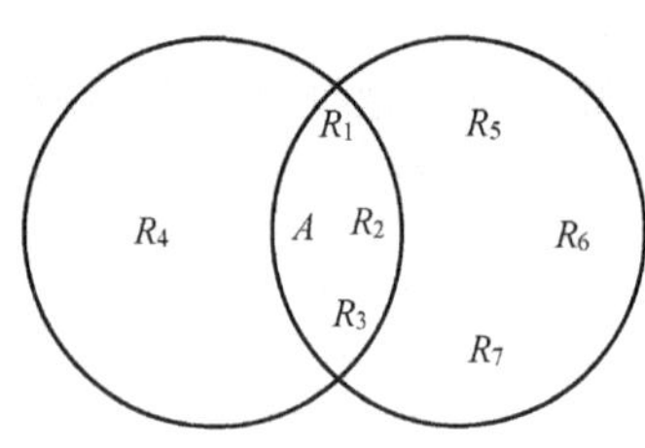

图 8-3　自适应多跳时间同步

自适应 RBS 时间同步机制中的多跳同步与 RBS 机制中的不同，它不要求在两个广播域的交界处必须存在节点，而是利用分层技术来实现多跳同步。通常不需要任何同步的发送节点叫做第 0 层的发送节点，一个在第 0 层发送节点广播消息的传感器节点，可以作为距离第 0 层是第二跳的需要同步的传感器节点的发送者，以此类推。如图 8-3 所示，节点 R_1，R_2，R_3 和 R_4 是在发送节点 A 的广播区域内，使用单跳协议，节点 R_1、R_2、R_3、R_4 彼此之间进行同步，假设 R_2 是第一个结束参考广播的节点，R_2 就变成第 1 层的发送者。

8.1.4　基于发送者和接收者的双向时间同步机制

基于发送者和接收者的双向时间同步机制类似于传统网络的 NTP(network time protocol)时间同步协议，目的是在整个传感器网络范围内提供节点间的时间同步。待同步节点向基准节点发送同步请求包，基准节点回馈包含当前时间的同步包，待同步节点估算时延并校准时钟。

1）TPSN 时间同步机制

TPSN(timing-sync protocol for sensor networks)时间同步协议采用层次型网络结构，在网络中与外界通信获取外界时间的节点称为根节点。根节点可装配如 GPS 接收机等复杂硬件部件，并作为整个网络系统的时钟源。TPSN 同步机制主要分为两个阶段：第一阶段是分级阶段，目的是建立分级的拓扑网络。每一个节点被赋予一个级别，第 i 级的节点至少要能够和一个第 $i-1$ 级的节点通信。只有一个节点定为零级，即根节点；第二阶段是时间同步阶段，目的是实现所有树节点的时间同步。第 i 级的节点同步第 $i-1$ 级的一个节点，最后所有的节点都与根节点同步，从而达到整个网络的时间同步。

在分级阶段，根节点被赋予级别 0。根节点通过广播级别发现分组启动分级阶段，其中广播级别发现分组中包含了根节点的级别和 ID，根节点的邻节点收到这个级别发现分组（其中包含的级别为 0）之后，将分组中的级别加 1 作为自己的级别，然后继续广播带有自身级别的级别发现分组（其中包含的级别为 1）。以此类推，直到网络中每一个节点都被赋予了一个级别。节点一旦建立了自己的级别，就忽略任何其他级别发现分组，以防止网络产生拥塞。

在时间同步阶段，采用双向的消息交换来实现时间同步。层次结构建立以后，根节点通过广播时间同步分组启动时间同步阶段。第 1 级节点收到这个分组后，各自分别等待一段随机时间，通过与根节点交换消息同步到根节点。第 2 级节点侦听到第 1 级节点的交换消息后，后退和等待一段随机时间，并与它在分级阶段记录的第 1 个级别的交换消息进行同步。等待一段时间的目的是保证第 2 级节点在第 1 级节点的时间同步完成后才启动消息交换。这样，每个节点与层次结构中最靠近的上一级节点进行同步，最终所有节点都同步到根节点。

图 8-4 中给出了相邻节点间同步的消息交换过程。

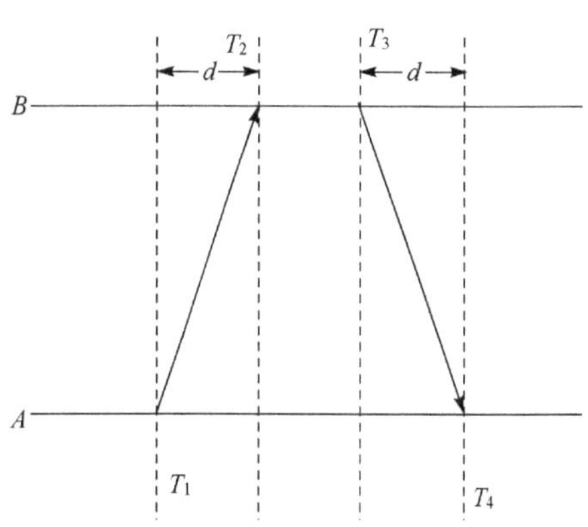

图 8-4　节点 A 和节点 B 之间的消息交换

其中，T_1 和 T_4 分别是由节点 A 的本地时钟读取的数据，T_2 和 T_3 分别是由节点 B 的本地时钟读取的数据。节点 A 在 T_1 时间发送同步请求分组，该分组中包含了节点 A 的级别和时间 T_1，节点 B 在 T_2 时间收到这个同步请求分组。这里，$T_2=T_1+\Delta+d$，其中，Δ 为节点间的相对时钟漂移，d 为消息传输延迟。节点 B 在 T_3 时间发送应答分组给节点 A，节点 A 在 T_4 时间（$T_4=T_3-\Delta+d$）收到这个应答分组，由于在应答分组中包含了节点 B 的级别和时间 T_1、T_2、T_3 的信息，这样节点 A 就可以根据式(8-2)计算出时钟漂移和传输延迟，从而修正自己的时钟与节点 B 同步。

$$\begin{cases}\Delta=\dfrac{(T_2-T_1)-(T_4-T_3)}{2}\\ d=\dfrac{(T_2-T_1)+(T_4-T_3)}{2}\end{cases}\tag{8-2}$$

在 T_4 时刻，若在节点 A 的本地时间上增加修正量Δ，就达到和节点 B 之间的瞬时时间同步，此时刻称为同步点。

TPSN 协议是一个典型的时间同步协议，可以在同步瞬时达到很小的同步误差。其原因是采用了双向报文来估计消息传输延迟。双向报文传输延迟越短，同步误差越小，当双向报文传输完全对称时具有最小的同步误差。

2) LTS 时间同步机制

LTS(lightweight tree-based synchronization)时间同步机制用于低成本、低复杂度的无线传感器网络中实现传感器节点的时间同步。该协议侧重最小化同步的能量开销，减少时间同步协议的复杂度，同时具有鲁棒性和自配置的特点。在出现节点失败、动态调整信道和节点移动的情况下，LTS 算法仍能够正常工作。LTS 时间同步机制又分为集中式和分布式两类多跳时间同步算法。

(1) 集中式多跳同步算法。

集中式多跳同步算法是单跳同步算法的线性扩展，其基本思想是首先构造一个包括所有节点、具有较低深度的生成树 T，然后以树根为参考节点，依次向叶节点进行逐级同步，最终达到全网同步。根节点通过同步其邻居子节点启动时间同步过程；然后每个子节点再与它的子节点同步，如此反复，直到树的叶节点都被同步。在集中式多跳同步算法中，根节点初始化同步，所有节点采用相同频率进行重同步，算法的运行时间正比于生成树的深度，优化的生成树具有较小的深度，沿着所有树枝进行同步操作，叶节点几乎能够同时完成时间同步。在 n 个节点组成的网络中，多跳同步需要 $n-1$ 个节点对间的同步。多跳同步的通信复杂性和精度与生成树的构造方法以及树的深度相关；重同步频率与时钟漂移以及单跳同步精度相关。由于LTS算法只沿生成树的边进行成对同步，所以成对同步次数是生成树边数的线性函数，这与简单地将成对同步扩展到多跳同步的方法相比，减少了成对同步的开销，但也在一定程度上降低了同步的精度。集中式多跳算法中参考节点是树的根节点，如果需要则可以进行再同步。通过假设时钟漂移被限定和给出需要的精确度，参考节点计算单个同步步骤有效的时间周期。

(2) 分布式多跳同步算法。

在分布式多跳同步算法中，任何节点需要重同步时都可以发出同步请求。从参考节点到需同步节点路径上的所有节点采用节点对的同步方式，逐跳实现与参考子节点的时间同步。在该算法中，节点需要根据自己的时钟漂移和同步精度确定重同步的发起时刻。由于离参考节点较远节点的同步误差较大，相应的重同步频率也较高。同步请求沿着到参考点的路径传送，中间节点被动地实现了时间同步，不需要产生同步请求。该算法的优点是一些节点可以减少传输事件，不需要频繁的同步。所以，节点可以决定它们自己的同步，节省了不必要的同步。另外，让每个节点决定再同步可以推进成对同步的数量。对于每个同步请求，沿着参考节点到再同步发起者的路径的所有节点都需要同步，因此，为了减少开销可以进行同步请求消息的合并，以及节点以不同概率沿着不同路径发送同步请求消息，使更多节点被动地与参考节点同步。

当需要完成所有节点的时间同步时，采用集中式多跳同步算法更为有效。当部分节点需要频繁同步时，分布式机制需要相对少量的成对同步。LTS算法与TPSN协议的区别在于LTS只需要与其直接父节点同步。LTS算法的同步次数是节点高度(与根节点的距离)的线性函数，降低了交换的信息量，同时也降低了同步精度。LTS算法的精度与生成树的深度相关，构造和维护深度小的生成树需要一定的计算量和通信开销，同时算法还依赖从节点到参考节点的路由消息，错误的路由消息可能导致同步失败。

LTS算法与其他算法的主要区别是该算法不以提高精确度为目的，而是减小同步的复杂度。通常假设以同步精确度作为限制，目的是以最小复杂度算法满足所需要的精确度。传感器网络的最大时间精确度相对较低，可以利用简单的同步方法。

3) Tiny-Sync和Mini-Sync时间同步机制

Tiny-Sync算法和Mini-Sync算法是两种用于无线传感器网络的时间同步算法。在通常情况下，节点 i 的硬件时钟是时间 t 单调非递减函数，用来产生实时时间的晶体频率依赖于周围环境条件，在相当长一段时间内可以认为保持不变。节点之间时钟频偏和时钟相偏经常存在差异，但时钟频偏或相偏之间的差值在一段时间内保持不变，因此，根据节点之间的线性相关性可以得出

$$t_1(t) = a_{12}t_2(t) + b_{12} \tag{8-3}$$

式中，a_{12} 和 b_{12} 分别表示两个时钟之间的相对时钟频偏和相对时钟相偏。

Tiny-Sync 算法和 Mini-Sync 算法采用传统的双向消息设计来估计节点时钟间的相对漂移和相对偏移。节点 1 给节点 2 发送探测消息，时间戳是 t_0，节点 2 在接收到消息后产生时间戳 t_b，并且立刻发送应答消息。最后，节点 1 在收到应答消息时产生时间戳 t_r，利用这些时间戳的绝对顺序和式(8-3)可以得到下面的不等式：

$$t_0(t) < a_{12}t_b(t) + b_{12}$$
$$t_r(t) > a_{12}t_b(t) + b_{12} \tag{8-4}$$

三个时间戳（t_0，t_b，t_r）称为数据点，在 Tiny-Sync 和 Mini-Sync 算法中利用这些数据点进行工作。随着数据点数目的增多，算法的精确度也提高。每个数据点遵循相对漂移和相对偏移的两个约束条件。图 8-5 描述了数据点加在 a_{12}、b_{12} 上的约束。Tiny-Sync 在每次获得新的数据点时，首先和以前的数据点比较，如果新的数据点计算出的误差大于以前数据点计算出的误差则抛弃新的数据点，否则就采用新的数据点，而抛弃旧的数据点。这样，时间同步只需要存储三四个数据点，就可以实现一定精度的时间同步。

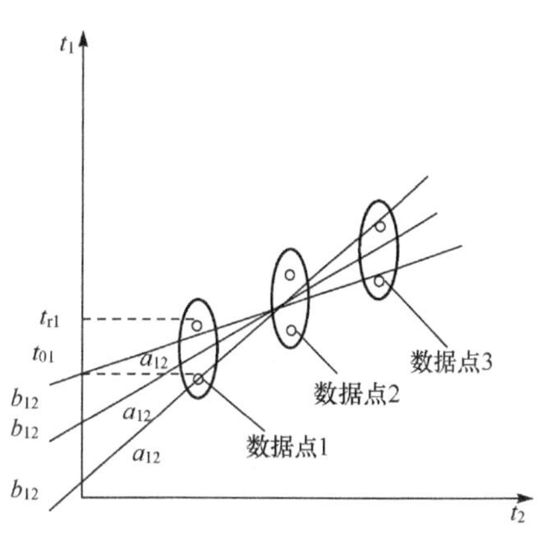

图 8-5　探测消息的数据点关系

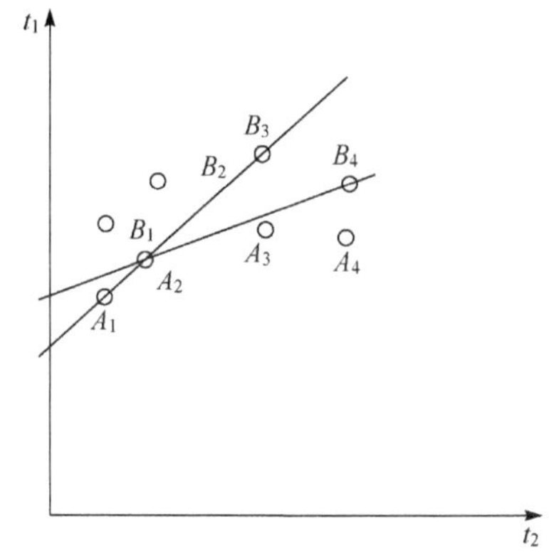

图 8-6　忽略某些数据点的情况

如图 8-6 所示，在收到前两个数据点（A_1，B_1）和（A_2，B_2）后，计算出频偏和相偏的最初估计值，在收到数据点（A_3，B_3）之后，约束 A_1、B_1、A_3 和 B_3 被储存，A_2、B_2 被丢弃，后来接收到的数据点（A_4，B_4）可以和（A_2，B_2）联合构成更好的估计，但是此时（A_2，B_2）已经丢弃了，只能获得次优估计。因此，Tiny-Sync 算法在产生正确结果的同时可能错过最优的结果。

Mini-Sync 算法是 Tiny-Sync 算法的延伸，Mini-Sync 算法是为了克服 Tiny-Sync 算法中丢失有用数据点的缺点而提出的，该算法通过建立约束条件来确保仅丢掉将来不会有用的数据点，并且每次获取新数据点后都更新约束条件。事实上，只有 A_j 满足下列约束条件：

$$m(A_i,A_j) > m(A_j,A_k),\quad 1 \leqslant i < j < k$$

这样的数据点是以后有用的数据点，$m(A,B)$ 表示通过点 (A,B) 直线的斜率。

8.1.5　基于发送者和接收者的单向时间同步机制

为了避免往返传输时间估计，减少交换消息的数量，同时兼顾可扩展性、能量消耗和估算成本，产生了基于发送者和接收者的单向时间同步机制。在基于发送者和接收者的单向时间同步机制中，基准节点广播含有节点时间的分组，待同步节点测量分组的传输延迟，并且将自己的本地时间设置为接收到的分组中包含的时间加上分组传输延迟，这样所有广播范围内的节点都可以与主节点进行同步。

1) DMTS时间同步机制

延迟测量时间同步机制DMTS(delay measurement time synchronization)是基于同步消息在传输路径上所有延迟的估计,实现节点间的时间同步。DMTS以牺牲部分时间同步精度来换取较低的计算复杂度和能耗,是一种轻量级的能量有效的时间同步机制。接收节点通过精确地测量从发送节点到接收节点的单向时间延迟,并结合发送节点中的时间戳计算出时间调整值。DMTS机制的时间广播分组的传输过程如图8-7所示。DMTS为了较准确地测量发送方到接收方的单向时间延迟,采取了以下方法:

(1) 发送方在检测到信道空闲时才给即将广播的时间分组加上时间戳 t_1 ,并立即发送,用来避免发送端的处理延迟和MAC层的访问延迟对同步精度产生的影响。

(2) DMTS通过数据发射速率和发射数据的位数对发射延迟进行估计,发射延迟包括发射前导码和起始符的时间以及发射数据的时间、发送的信息位个数、发送每比特位所需要的时间。

(3) 接收方在MAC层给同步分组标记一个到达时间戳 t_2 ,并在接收处理完成时再标记一个时间戳 t_3 ,通过这两个时间戳的差值来估计接收处理延迟。

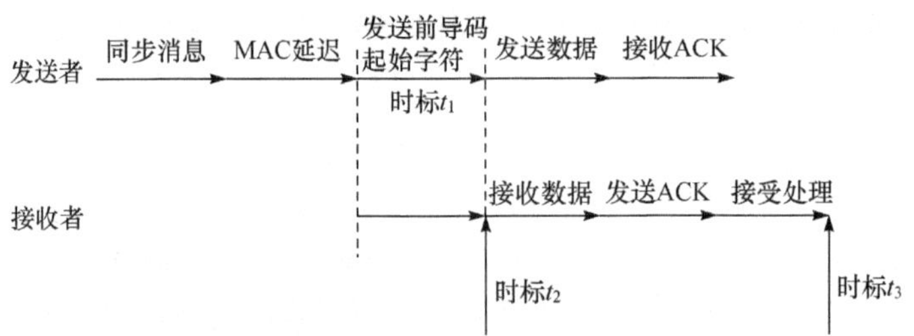

图8-7 DMTS时间同步机制分组传输过程

DMTS协议在多跳网络中采用了层次型分级结构来实现全网范围内所有节点的时间同步。在该协议中定义了时间源级别的概念,即其他节点和主节点之间的跳数距离。主节点的时间级别是0,主节点广播范围内邻节点的时间级别为1;时间级别为 i 的节点广播范围内的邻节点时间级别为 $i+1$,以此类推每个节点的类别。主节点周期性广播它的时间,与主节点直接或间接同步的节点在给定时间内广播且仅广播一次它的时间。在一段时间间隔内,节点收到时间广播分组时,检查发送该分组的节点级别是否低于自己的级别。如果是低于自己的级别,就与这个广播时间进行同步,否则丢弃该分组。这样,主节点的时间以最小跳数传播到整个网络内所有节点的个数之和,没有冗余数据包传输。在节点最大级别为 N 的传感器网络中,时间同步的最大误差是单跳同步误差的 N 倍。由于多跳网络的每一跳误差可能为正也可能为负,多跳同步误差的总和可以抵消部分单跳误差。

在传感器网络应用中,往往需要传感器节点与外部时间进行同步,这就要求时间主节点能够与外部网络通信,从而获得了世界标准时间值。通常选择基站作为默认的时间主节点,因为它有更好的能源支持,并且便于与外部网络进行通信。时间主节点选取也可以采用节点ID最小的策略。

DMTS机制通过使用单个广播时间分组,能够同步广播单跳广播域内的所有节点而无需复杂的运算和操作,是一种灵活、轻量和能量高效、能够实现全部网络节点时间同步的机制。与RBS机制相比,DMTS机制的计算开销小,需要传输的消息跳数少,能够与外部世界标准时间进行同步。但是它的同步精度相对较低。DMTS机制在实现复杂度、能量高效与同步精度之间进行了折中，能够应用在对时间同步要求不是很高的传感器网络中。

2）FTSP 时间同步机制

FTSP(flooding time synchronization protocol)时间同步机制综合考虑了能量感知、可扩展性、鲁棒性、稳定性和收敛性等方面的要求。FTSP 算法使用单个广播消息实现发送节点与接收节点之间的时间同步，在完成 SYNC 字节发射后给时间同步消息标记时间戳并发射出去；SYNC 字节类似 DMTS 算法中的起始符。消息数据部分的发射时间可通过数据长度和发射速率求出。接收节点记录 SYNC 字节最后到达的时间，并对位偏移进行计算。在收到完整消息后，接收节点计算位偏移产生的时间延迟，通过偏移位数与接收速率得出。接收节点计算与发送节点间的时钟偏移量，然后调整本地时钟和发送节点时钟同步。

FTSP 算法对时钟漂移和偏差进行线性回归分析，算法考虑到节点时钟晶振频率在特定时间范围内是稳定的，因此，节点间时钟偏移量与时间呈线性关系。通过发送节点周期性广播时间同步消息，接收节点取得多个数据对，并构造最佳拟合直线 L。在误差允许的时间间隔内，节点可直接通过 L 计算某一时间点节点间的时钟偏移量而不必发送时间同步消息进行计算，从而减少了消息的发送次数。

FTSP 机制还考虑了根节点的选择、根节点和子节点的失效所造成的拓扑结构的变化以及冗余信息处理等方面问题。每个节点通过一段时间的侦听和等待进入时间同步的初始化阶段，如果收到了同步消息，则节点用新的时间数据更新线性回归表以及周期性广播同步消息。如果没有收到消息，该节点就宣布自己是根节点。但是，这样可能会造成多个节点同时宣布自己为根节点的情况，所以 FTSP 机制中选择 ID 编号最小的节点作为根节点。如果新的全局时间和旧的全局时间存在较大的偏差，根节点切换就存在收敛性问题，这需要潜在的新根节点收集足够多的数据来精确估计全局时间。

对于冗余消息的消除，FTSP 机制采用的方法是根节点逐个增大消息的序列号，其他节点只记录收到消息的最大序列号，并用这个序列号发送自己的消息。例如，假设节点 N 有 7 个邻居节点，这 7 个邻居节点之间能够相互通信，并且都在根节点的通信范围之内，但 N 节点不在根节点的通信范围之内。这样根节点发送的消息就到达不到节点 N，但节点 N 能收到 7 个相邻节点发送的消息。N 节点没有必要全部接收 7 个节点发送的同步消息，而是在收到一个节点发送的消息之后，记下该消息的最大序列号，并且把数据放到回归表中。

FTSP 协议的重要特点是其健壮性、实用性较强，整个网络的同步性能不会因为个别节点的失效而受到影响。FTSP 协议没有建立拓扑结构，而是采用泛洪的方法对基准节点的时间进行广播。在时间基准节点正常工作时，每隔一段时间将广播一个包含报文流水号指示 seqNum 的报文。接收报文的节点根据文中 seqNum 的值可以判断出报文的有效性。若为有效的新报文，则按照单跳 FTSP 的方法在缓冲区中记录新的同步点，否则将其丢弃。随后，这些节点计算出当前时间基准节点的时间，组织并广播一个新的报文去继续同步其他节点。此过程反复进行，直至网络中所有节点都和时间基准点同步。

由于无线传感器网络在不同的应用环境中表现出不同的特点，对时间同步的要求也存在差异。在分析无线传感器网络时间同步算法时，一般在开销、精度、协议复杂度和网络结构等方面对比。假设在同步广播域内有一个根节点，n 个子节点，设定 FTSP、Mini-Sync、RBS 单跳同步均需要 k 个包以完成线性拟合。这几种同步机制和算法的性能对比如下。

(1) 开销对比。

单跳时间同步的开销见表 8-1。单跳同步开销和同步间隔时间的长短都会影响整个网络的同步开销。由于晶振可在一定时期内保持稳定，相对于 DMTS 算法、TPSN 算法和 LTS 算法，其他算法都估计了晶振的频移，同步间隔时间大大延长。

表 8-1　单跳时间同步的开销

	TPSN/LTS	RBS	Mini-Sync	DMTS	FTSP
发送分组数量	$2n$	$K\times(n+1)$	$K\times 2n$	1	K
接收分组数量	$2n$	$K\times(n+1)$	$K\times 2n$	n	K

(2) 精度对比。

基于接收者和接收者的时间同步机制排除了发送端对同步精度的影响，具有较高的时间同步精度，对于基于发送者和接收者的双向时间同步机制，如果采用在 MAC 层消息开始发送到无线信道的时刻打时标的方法，也能带来很高的同步精度。DMTS 协议是以牺牲精度的代价来换取能量节约的，适合于对精确度要求不高的应用环境，而 FTSP 协议由于增加了对位偏移产生的时间延迟的估计，具有比 DMTS 算法更高的同步精度。

(3) 协议复杂度。

基于发送者和接收者的单向时间同步机制利用根节点的广播信息实现同步，子节点之间、子节点和根节点之间不进行任何交互，因此 DMTS 协议的复杂度比较低。由于 FTSP 协议中利用线性回归的方法拟合回归曲线，增加了协议的复杂度；基于发送者和接收者的双向时间同步机制，子节点和根节点之间必须进行交互以取得同步，它们通过两次消息交换才能实现时间上的同步，所以，该类协议的复杂度也相对较高。在基于接收者和接收者的时间同步机制中，任意一个子节点都要计算其相对于其他所有子节点的频率差和相位差才能达成同步，因此算法的复杂度较高。

(4) 网络结构。

从分级结构上讲，只有 RBS 机制是无分级的。在同步方式上，RBS 是接收—接收模式，其他都是发送—接收模式。由于 TPSN 机制采用了分级方式和传统的同步方式，同步效果比较好，但是增加了能耗和复杂度，因此，需要考虑无线传感器网络的具体应用环境以便对算法进行选择。

8.1.6　时间同步机制的误差来源及性能指标

1) 时间同步机制的误差来源

所有网络的时间同步机制均依靠节点间的某种信息交换。传输时间或物理信道接入时间等网络的动态不确定性会使很多系统中的同步任务具有挑战性。当网络中的节点产生时间戳并发送给另外一个节点时，携带时间戳的包在到达它的目的接收者和解码之前将面临着各种延迟。这些延迟破坏了节点间本地时钟的比较，进而破坏了节点间的时间同步。

一般把网络时间同步的误差来源分解成如下 4 个部分。

(1) 发送时间。发送者创建消息的时间，包括操作系统的消耗和传输消息到网络接口的时间。

(2) 接入时间。每个包发送之前在 MAC 层面临着很多延迟，如等待空闲信道，或者 TDMA 中的时隙，它主要来自于 MAC 层的调度。

(3) 传输时间。发送者和接收者的网络接口之间传输信息所消耗的时间。

(4) 接收时间。接收者的网络接口接收消息并传送给主机所消耗的时间。

已经提出了多种适用于无线传感器网络环境的时间同步协议，这些协议可以有效地实现传感器节点点对点的时间同步或传感器节点的全局时间同步。传感器节点点对点的时间同步是指邻居节点间获得高精度的相互时间同步，而传感器节点的全局时间同步是指整个无线传感器网络中所有节点共享一个全局时钟。

2）时间同步机制的性能指标

无线传感器网络时间同步算法的性能一般包括网络精确度、可扩展性、稳定性、效率、健壮性、同步期限、同步有效范围、成本和体积等指标。

(1) 精确度。同步精确度的高低是指同步误差的大小，即一组传感器节点之间的最大时间差量，或相对外部标准时间的最大时间差量。精确度的需求依赖于时间同步的目的和应用，对于某些应用，只需要知道时间和消息的先后顺序就可以了，而其他应用则要求同步精确到微秒。

(2) 可扩展性。无线传感器网络需要部署大量的传感器节点，时间同步机制应该能够适应这种网络部署范围或节点密度的变化。

(3) 稳定性。无线传感器网络因环境影响以及节点自身的变化会导致网络拓扑结构的动态变化，时间同步机制应该能够在网络拓扑结构的动态变化中保持同步的连续性和精度的稳定性。

(4) 效率。达到时间同步精度所经历的时间和消耗的能量。需要交换的同步消息越多，经历的时间越长，网络消耗的能量就越大，同步的效率则相对越低。

(5) 健壮性。无线传感器网络可能在复杂监测区域内长时间无人管理，一旦某些节点损毁或失效，在整个无线传感器网络中，时间同步机制应该继续保持有效且功能健全。

(6) 同步期限。节点需要一直保持时间同步的时间长度。无线传感器网络需要在各种时间长度内保持时间同步，包括瞬间同步以及伴随网络存在的永久同步。

(7) 同步有效范围。时间同步机制可以给网络内所有的节点提供时间，也可以给局部区域内的部分节点提供时间。对于面积较大的无线传感器网络，由于可扩展性的原因，能量和带宽的利用是昂贵的，全面的时间同步有很大难度。另外，大量节点达到同一时间需要收集来自遥远节点的用于全面同步的数据，对于大规模的无线传感器网络是难以实现的，而且直接影响了同步的精确度。

(8) 成本和体积。时间同步可能需要特定的硬件，在无线传感器网络中需要考虑部件的价格和体积。

8.1.7 时间同步机制的主要应用

时间同步是无线传感器网络的基本中间件，它对其他中间件以及各种应用都起着基础性作用，一些常见的应用如下。

1）低功耗 MAC 协议

主动发送分组与被动监听无线信道消耗的能量是相当的，因此尽可能地关闭无线通信模块是无线传感器网络 MAC 层协议设计的一个基本原则。为了节省能量，只有在交换无线信息时短暂苏醒，在快速完成通信后再次进入休眠状态。如果 MAC 协议采用最直接的时分多路复用方法，达到上述目标可以利用占空比的调节，但参与通信的双方需要首先实现时间同步，而且同步精度越高，防护频带越小，对应消耗的能量也越低。所以低功耗 MAC 协议的基础是高精度的时间同步。

2）测距定位

如果无线传感器网络中的节点保持时间同步，则很容易确定节点间的信号传输时间。由于信号在介质中的传播速度是一定的，距离信息很容易根据传输时间信息得到。因此，时间同步直接决定了测距的精度。

3）协作传输的要求

一般情况下，由于无线传感器网络节点的传输功率的局限性，无法和远方基站直接通信，有时很难实现直接放置大功率的节点。因此，通过网络内多个节点同时发送相同的信息，利用电磁波的能量叠加效应，远方基站将会在瞬间感应到一个功率很强的信号，以此实现直接向远处节点传输信息的目的。同时，实现协作传输的基本前提是精确的时间同步，需要新型的调制解调的方式。

4）多传感器数据压缩与融合

当传感器节点的分布相对集中时，多个传感器节点将会接收到同一事件。如果基站节点直接对发给它的所有事件进行处理，将浪费很多的网络带宽。另外，由于计算开销远低于通信开销，所以正确识别一组临近节点所侦测到的相同事件，然后对重复的信息进行整理压缩后再传输将会节省大量的电能。为了能够正确判断重复信息，可以为每个事件标记一个时间戳，通过该时间戳可以鉴别重复事件。精确的时间同步能更有效地识别重复事件。

8.1.8 时间同步机制面临的问题

无线传感器网络时间同步面临的主要问题是信息传输的不确定性。传输延迟达不到要求的时间同步的精度，同时还容易受网络负载、处理器负载等因素的影响。设计高精度的时间同步协议，需要仔细测量、分析和补偿信息的传输延迟。如图 8-8 所示，传输延迟分为以下几种：

(1) 发送时间。发送者用于装载和将信息转给发送者 MAC 层的时间，主要由操作系统的系统调用时间以及当前处理器负载等决定的，不确定性很高。

(2) 访问时间。发送者 MAC 层从获得信息到可以在无线信道传送的等待时间，由于每个发送者竞争无线信道的使用权由无线信道当前的负载决定，所以不确定性很高。

(3) 传送时间。发送者发送信息的时间，是指从信息发送的第一个字节一直到发送最后一个字节需要的时间，主要由信息长度和发送速度决定，具有确定性。

(4) 传播时间。信息从发送者发出一直到接收者收到所需要的时间，主要由发送者和接收者的距离以及传播媒介的属性决定，具有确定性。

(5) 接收时间。接收者接收信息的时间，与传送时间完全相同，并在时间上与传送时间交叠。

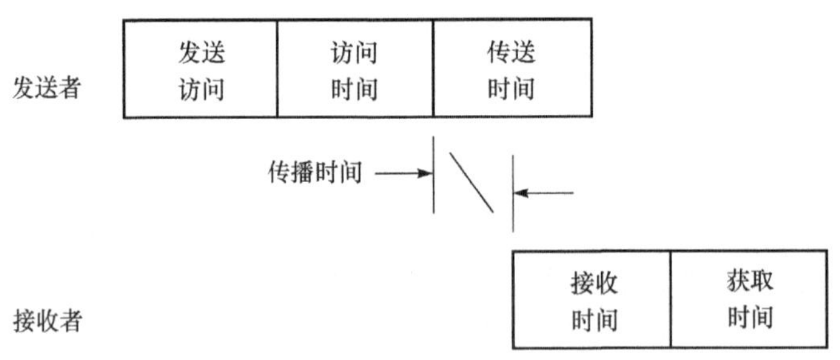

图 8-8 信息传输延迟的划分

(6) 获取时间。接收者用于处理收到信息的时间，与发送时间属性相似。

同步精度受到传输延迟的不确定性影响，为了提高同步精度，可以采用各种不同的时间同步协议来避免传输延迟的不确定性。

8.2 无线传感器网络定位技术

8.2.1 无线传感器网络定位技术概述

大多数情况下传感器节点是随机部署的(如飞机撒放)，传感器网络中的大部分节点位置无法事先确定，而位置信息是传感器节点采集数据中不可或缺的一部分，没有位置信息的数据几乎没有意义，确定采集数据的节点位置及事件发生的地点是传感器网络基本功能之一。因此，传感器节点定位技术成为传感器网络研究的一个重要方向。无线传感器网络定位是指自组织的网络通过特定的方法提供节点位置信息。自组织网络定位方式分为节点自身定位和目标定位两种。确定传感器节点的位置信息称为“节点定位”；确定网络覆盖范围内一个事件或一个目标的位置信息称为“目标定位”。节点定位是网络自身属性的确定过程，可以通过人工标定或各种节点自定位算法实现。目标定位是利用位置信息已知的节点确定事件或目标在网络中所处的位置。

目前，使用广泛的定位系统有全球定位系统(global positioning system，GPS)和基于位置的服务(location based service，LBS)。GPS 在室外空旷的地方具有较好的定位效果，具有定位精度高、实时性好等优点，最高定位精度达 1m，一般可以提供 5m 左右的定位精度，但是由于其价格、功耗、体积等因素严重制约了 GPS 在传感器网络中的大规模应用。在建筑物内，GPS 接收不到卫星信号而无法实施定位。基于位置的服务是利用一定的技术手段通过移动网络获取用户的位置信息，并在电子地图的支持下，为用户提供增值服务。它是移动网络和定位服务的融合业务，可以为用户提供查找最近的饭店、旅馆、车站等服务。1996 年，美国联邦通信委员会(FCC)颁布 E-911 法，规定移动运营商为手机用户提供救援服务，且具备提供呼叫人地理信息的能力。1999 年 FCC 对定位精度提出了新的要求，E-911 规定网络必须具备定位所有蜂窝电话的功能，且以 95%的概率使精度在 300m 以内，以 67%的概率使精度在100m 以内。

传感器节点由资源有限的嵌入式设备组成，节点易受环境干扰，所以在设计节点定位算法时，要求定位机制必须满足以下特点：

(1) 自组织性。一般传感器网络是随机部署且没有基础设施的支持，要求定位算法具有自组织的特点。

(2) 鲁棒性。传感器节点测量时会产生较大的误差，要求定位算法具有较强的容错能力。

(3) 分布式。传感器节点大规模部署在监控区域内，定位任务不能由一个节点承担。定位算法应具有分布式特点，将计算任务分派给每个节点进行计算。

(4) 能量高效性。传感器节点的能量有限，而且节点能量决定了节点的生存时间。定位算法应当尽量降低计算复杂度和通信数据量以节省能量，延长网络寿命。

8.2.2 定位技术基本概念

信标节点(beacon nodes)：又称为锚节点(anchor node)或参考节点，是在传感器网络中已知位置的节点，可以作为其他节点的参考。信标节点通常配置 GPS 等定位设备来确定位置信息，成本和功耗均较大，在网络中所占节点数比例通常较小。

未知节点(unknown nodes)：又称为盲节点(blind node)，指除信标节点以外的节点。未知节点需要利用定位算法确定自身的位置。

邻居节点(neighbor nodes)：传感器节点通信半径以内的所有其他节点。

跳数(hop count)：两个节点之间间隔的跳段总数。

跳段距离(hop distance)：两个节点之间间隔跳段距离之和。

基础设施(infrastructure)：协助传感器节点定位、自身位置已知的固定设备。

网络密度(network density)：指单个节点通信覆盖区域的传感器节点平均数目，通常记作 $\mu(R)$，若 N 个节点部署在面积为 A 的区域内，节点通信半径为 R，则网络密度为 $\mu(R) = N\pi R^2/A$。

到达时间(time of arrival, TOA)：信号从一个节点传播到另外一个节点所需要的时间。

到达时间差(time different of arrival, TDOA)：两种不同传播速率的信号从一个节点传播到另外一个节点所需时间差。

到达角度(angle of arrival，AOA)：节点接收到信号相对自身轴线的角度称为信号相对接收节点的到达角度。

接收信号强度指示(received signal strength indicator，RSSI)：节点接收到信号的强度大小。

视距关系(line of sight，LOS)：两节点之间没有障碍物，可以直接通信，则存在视距关系。

非视距关系(non-line-of-sight，NLOS)：两节点之间存在障碍物，不能直接通信。

8.2.3 节点定位算法分类

定位算法种类很多，在不同的条件下，算法的性能指标也不相同。根据不同标准可以将定位算法分为基于测距的定位和与测距无关的定位、绝对定位和相对定位、集中式定位和分布式定位、紧密耦合和松散耦合。

基于测距的定位和与测距无关的定位：基于测距(range-based)的定位是通过节点间测量的距离或角度信息，使用定位算法计算节点的位置；与测距无关(range-free)的定位无需测量距离和角度信息，仅根据网络的连通性等信息进行定位。基于测距的定位技术精度较高，但有时需要额外增加硬件，节点功耗较大，主要算法有 TOA、TDOA、RSSI、AOA 等；与测距无关的定位技术其定位精度较差，但功耗和节点成本较低，适合无线传感器网络的应用，定位算法主要包括质心算法、凸规划、SPA 算法、APIT 算法、APS 算法等。

绝对定位和相对定位：绝对定位的结果是一个标准的坐标值，而相对定位是以网络的部分节点为参考，建立整个网络的相对坐标系统。绝对定位受节点移动性影响较小，具有较广泛的应用领域，但需要参考节点；相对定位对节点要求较弱，也能够实现部分路由协议。大多数定位系统和定位算法都能够实现绝对定位。

集中式定位和分布式定位：集中式定位是指将定位所需要的信息传送到某个中心节点，由中心节点进行定位计算；分布式定位是指利用节点之间的信息交换，由节点自行进行定位计算。集中式定位精度较高，但需要较大的通信能力、计算能力和存储能力，大量的数据通信会导致距离中心节点较近的节点提前消耗完电能，并最终导致通信网络中断；分布式定位利用节点之间的通信信息进行定位，耗能较少，但定位精度较差。

紧密耦合和松散耦合：紧密耦合定位系统是指参考节点不仅准确部署在固定位置，而且通过有线介质连接到控制中心;松散耦合是指定位系统的节点采用无中心控制器的分布式无线协调方式。紧密耦合定位系统主要包括 Active Bat 系统和 Active Badge、HiBall Tracker 等,具有较高的定位精度和实时性,适用于室内定位;松散型定位系统包括 Cricket 和 AHLos 定位系统,定位系统内节点之间没有协调机制,采用竞争方式获取信道,该定位系统部署较为灵活。

1) 基于测距的定位

(1) 基于 RSSI 的定位。

传感器节点通常都具有测量接收信号强度的能力,因此 RSSI 方法具有不需要额外的硬件、消耗能量少等优点,是无线传感网络实际定位中使用较多的一种方法。在基于 RSSI 的定位系统中,首先已知发射节点的发射信号强度,接收节点接收信号并测量其强度,计算出信号传播损耗,然后利用理论或经验模型将传播损耗转换为距离,最后利用定位算法进行计算。

利用信号传播的经验模型:首先在监控区域内部署信标节点,且信标节点已知未知节点发射信号的强度。在监控区域内选取若干个测试点,并记录测试点上每个信标节点接收到的信号强度,以此建立测试点和信号强度关系的离线数据库(x,y,S_1,S_2,S_3),其中,(x,y)为测试点的位置,(S_1,S_2,S_3)为在测试点测得的信号强度。

当实际定位时,根据测得的信号强度(S_{r1},S_{r2},S_{r3})和离线数据库进行比较,信号强度方差$\mathrm{sqrt}[(S_1-S_{r1})^2+(S_2-S_{r2})^2+(S_3-S_{r3})^2]$最小点的坐标即为未知节点的坐标。该方法精度较高,但需要大量测试点,测试点越多定位精度越高,其可扩展性和对环境的适应性比较差,即当信标节点或环境改变时,需要重新建立数据库。

式(8-5)给出了理想信道传播模型

$$P(d)_{[\mathrm{dBm}]}=P(d_0)_{[\mathrm{dBm}]}-10n\log\left(\frac{d}{d_0}\right)+X_0 \tag{8-5}$$

其中,$P(d_0)$ 为在参考距离 d_0 接收的能量,d_0 一般取 1m,n 为路径损失系数,X_0 为 0 均值的高斯测量噪声。但是,由于无线电信号在室内传播会产生反射、折射和散射现象,因此,基于理想信道模型提出了一种墙壁衰减系数模型,如式(8-6)所示。

$$P(d)_{[\mathrm{dBm}]}=P(d_0)_{[\mathrm{dBm}]}-10n\log\left(\frac{d}{d_0}\right)-\begin{cases}nW\cdot\mathrm{WAF}, & nW<C\\ C\cdot\mathrm{WAF}, & nW\geqslant C\end{cases} \tag{8-6}$$

其中,C 是信号穿过障碍物(墙壁)个数的阈值,WAF 表示信号的衰减因子,该值依赖于建筑物的结构和使用的材料,nW 表示发射节点和接收节点之间实际障碍物的个数。该方法不需要预先测量数据库,成本较低,不受网络扩展性的影响,是一种高效率的方法;但在复杂的环境下,建立的信道衰减模型难以反映真实情况,如何处理接收信号和衰减模型成为研究的重点。

(2) 基于 TOA 的定位。

到达时间(time of arrival,TOA)是在已知信号的传输速度且节点之间时钟同步的情况下,发射节点发送信号(数据中包含发送信号的时间 t_1),接收节点接收信号并记录信号到达的时间(t_2),利用信号传播时间(t_2-t_1)来计算传播距离,然后利用已知算法计算出位置。TOA 定位的精度比较高,但是要求各节点有严格的时间同步,因此对节点的硬件和功耗要求比较高。

(3) 基于 TDOA 的定位。

到达时间差(time difference on arrival,TDOA)是在已知两种信号传输速度的情况下,接收节点通过测量两种不同信号的到达时间差来确定距离,然后利用已知算法得到实际位置。

与 TOA 算法相比较，TDOA 不需要时间同步，对节点间的时间精度要求较低；但该方法受非视距的限制，适用于节点密集部署、空旷的环境下。TDOA 定位算法原理如图 8-9 所示，发射节点发送两种信号，两种信号的传播速度分别为 c_1，c_2，两种信号到达接收节点的时间分别为 T_1，T_2，则发射节点和接收节点之间的距离为 $d=(T_2-T_1)\cdot(c_1c_2/(c_1-c_2))$。

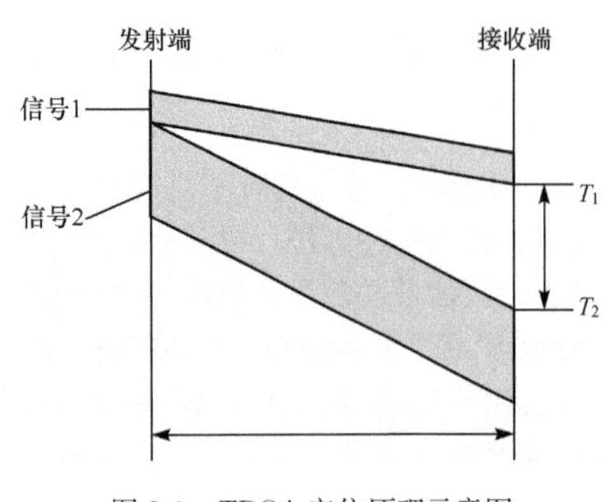

图 8-9　TDOA 定位原理示意图

利用 TDOA 技术进行定位：AHLS 系统(Ad-Hoc localization system)是一个迭代的定位算法。具体定位过程为，未知节点利用测量两种信号的 TDOA，计算出未知节点与其信标节点的距离；信标节点的数量大于或等于 3 个时，利用极大似然估计方法计算自身位置，随后该节点转变成新的信标节点，称为转化信标节点，并将自身的位置信息广播给邻居节点；随着系统中转化信标节点数量不断增加，对于原来邻居节点中锚节点数量少于三个的未知节点，将逐渐拥有足够的邻居信标节点，能够利用极大似然估计方法计算自身的位置。根据信标节点不同的分布位置，可以采用不同的算法，如原子多边算法、迭代多边算法、协作多边算法。

Cricket 系统利用无线射频信号和超声信号的到达时间差进行测距。信标节点周期性地发射无线射频信号，未知节点接收到射频信号后立即打开超声波接收机，并计算两种信号到达时间差，以此计算出未知节点到信标节点的距离。当接收到足够多信标节点的信息后就可以进行定位计算。

(4) 基于 AOA 的定位。

到达角度(angle of arrival，AOA)是指接收节点通过天线阵列或多个接收感知机测得发射节点发送信号的方向。通过测算到达的角度可以确定节点位置。随着智能天线和节点集成度技术的不断发展，智能天线已经能够应用于传感器节点平台。

常用的角度定位法有两种：

① 已知两个顶点和夹角的射线确定一点。

如图 8-10 所示，信标节点 $A_1(x_1,y_1)$ 和 $A_2(x_2,y_2)$ 接收到未知节点信号的夹角分别是 α_1 和 α_2，可用式(8-7)计算未知节点的坐标(x,y)。

$$x=-\frac{(y_2-x_2\tan\alpha_2)-(y_1-x_1\tan\alpha_1)}{\tan\alpha_2-\tan\alpha_1}$$

$$y=-\frac{(x_2-y_2\tan\alpha_2)-(x_1-y_1\tan\alpha_1)}{\cot\alpha_2-\cot\alpha_1} \tag{8-7}$$

此时，信标节点 A_1 和 A_2 在坐标系中已经校正，若信标节点的方向没有校正，则需要在计算时补偿方向偏差。

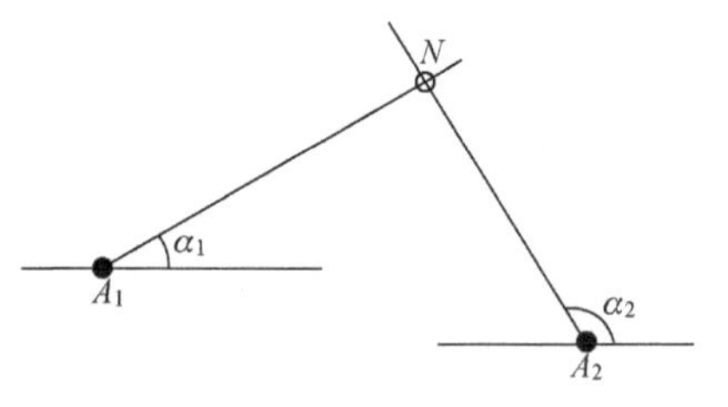

图 8-10　AOA 测量

② 已知三点和三个夹角确定一点。

如图 8-11 所示，信标节点为 $A_1(x_1,y_1)$、$A_2(x_2,y_2)$ 和 $A_3(x_3,y_3)$，未知节点为 $D(x,y)$，未知节点与信标节点之间的夹角分别为 $\angle A_1DA_2=\alpha$，$\angle A_1DA_3=\beta$ 和

$\angle A_2DA_3=\gamma$，任意两个信标节点与未知节点构成的圆分别为 O_1、O_2 和 O_3。

首先根据信标节点 A_1、A_2 和夹角 α 确定圆 O_1 的圆心 (x_{O1},y_{O1}) 和半径 r_{O1}，弦 A_1A_2 对应的圆心角为 $\theta=2\pi-2\alpha$，根据式(8-8)计算圆心和半径。

$$
\begin{aligned}
(x_1-x_{O1})^2+(y_1-y_{O1})^2&=r_{O1}\\
(x_2-x_{O1})^2+(y_2-y_{O1})^2&=r_{O1}\\
(x_1-x_2)^2+(y_1-y_2)^2&=2r_{O1}^2(1-\cos\theta)
\end{aligned}
\tag{8-8}
$$

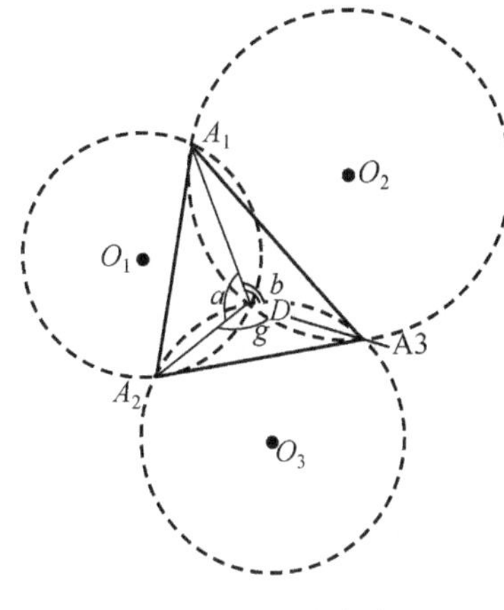

图 8-11　三角定位

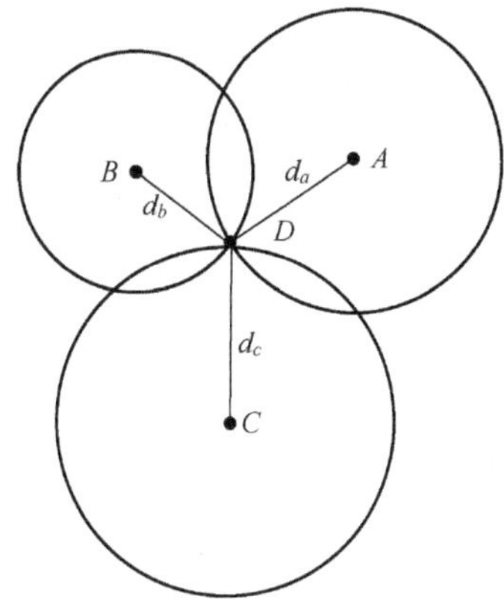

图 8-12　三边测量法示意图

同理可以求得圆 O_2 和 O_3 的半径和圆心，根据圆 O_1、O_2 和 O_3 可以确定未知节点 $D(x,y)$ 的坐标。

2) 定位计算方法

(1) 三边测量法(trilateration)。

三边测量法是一种基于几何计算的定位方法，原理示意图如图 8-12 所示。已知三个节点(A、B、C)的坐标分别为 (x_a,y_a)、(x_b,y_b)、(x_c,y_c)，三节点到未知节点 D 之间的距离分别是 d_a，d_b，d_c，设未知节点 D 的坐标为(x,y)，则可以列出如下公式：

$$
\begin{aligned}
\sqrt{(x-x_a)^2+(y-y_a)^2}&=d_a\\
\sqrt{(x-x_b)^2+(y-y_b)^2}&=d_b\\
\sqrt{(x-x_c)^2+(y-y_c)^2}&=d_c
\end{aligned}
\tag{8-9}
$$

根据式(8-9)可得未知节点 D 的坐标

$$
\begin{pmatrix}x\\y\end{pmatrix}=\begin{pmatrix}2(x_a-x_c)2(y_a-y_c)\\2(x_b-x_c)2(y_b-y_c)\end{pmatrix}^{-1}\begin{bmatrix}x_a^2-x_c^2+y_a^2-y_c^2+d_c^2-d_a^2\\x_a^2-x_c^2+y_b^2-y_c^2+d_c^2-d_b^2\end{bmatrix}
\tag{8-10}
$$

(2) 三角测量法(triangulation)。

三角测量法主要应用在测量信号的到达角，其原理如图 8-13 所示。已知三个节点(A、B、C)的坐标分别为 (x_a,y_a)、(x_b,y_b)、(x_c,y_c)，未知节点 D 到 A、B、C 三节点之间的角度分别是 $\angle ADB$，$\angle ADC$，$\angle BDC$，设未知节点 D 的坐标为(x,y)。对于节点 A、C 和角$\angle ADC$，如果弧段 AC 在$\triangle ABC$ 内，则能够唯一地确定一个圆，设圆心为 $O_1(x_{O1},y_{O1})$，半径为 r_1，则 $\alpha=$

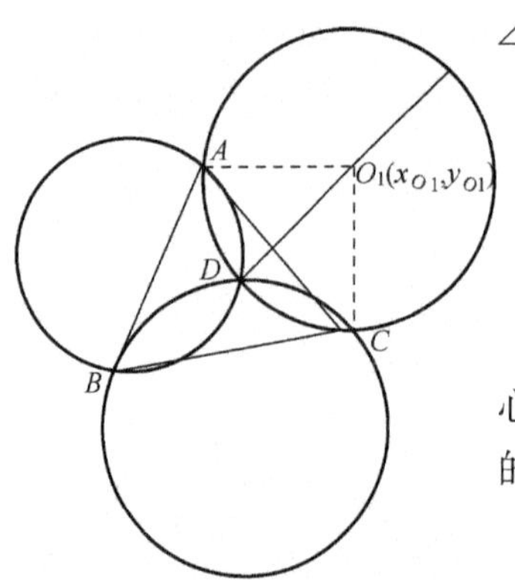

图 8-13　三角测量法示意图

$\angle AO_1C = (2\pi - 2\angle ADC)$，并存在如下关系：

$$\sqrt{(x_{O1}-x_a)^2+(y_{O1}-y_a)^2}=r_1$$
$$\sqrt{(x_{O1}-x_b)^2+(y_{O1}-y_b)^2}=r_1$$
$$(x_a-x_c)^2+(y_a-y_c)^2=2r_1^2-2r_1^2\cos\alpha \qquad (8\text{-}11)$$

由式(8-11)可以确定圆心 O_1 的坐标和半径，同理可得圆心 O_2 和 O_3 的坐标和半径，使用三边测量法可得未知节点 D 的坐标。

(3) 极大似然估计法(maximum likelihood estimation)。

已知 n 个信标节点坐标分别为$\{(x_1,y_1),(x_2,y_2),\cdots,(x_N,y_N)\}$，它们到未知节点的距离分别为 $d_1,d_2,\cdots,d_n$，设未知节点的坐标为(x,y)，则存在以下关系式：

$$\begin{aligned}&(x_1-x)^2+(y_1-y)^2=d_1^2\\&\qquad\vdots\\&(x_n-x)^2+(y_n-y)^2=d_n^2\end{aligned} \qquad (8\text{-}12)$$

从第二个式子开始依次减去第一个式子，得

$$\begin{aligned}&x_2^2-x_1^2-2(x_2-x_1)x+y_2^2-y_1^2-2(y_2-y_1)y=d_2^2-d_1^2\\&\qquad\vdots\\&x_n^2-x_1^2-2(x_n-x_1)x+y_n^2-y_1^2-2(y_n-y_1)y=d_n^2-d_1^2\end{aligned} \qquad (8\text{-}13)$$

式(8-13)可用线性方程 $AX=b$ 表示，其中

$$A=2\begin{bmatrix}(x_1-x_2) & (y_1-y_2)\\(x_1-x_3) & (y_1-y_3)\\\vdots & \vdots\\(x_1-x_n) & (y_1-y_n)\end{bmatrix},\quad B=\begin{bmatrix}\tilde{d}_2^2-\tilde{d}_1^2-(x_2^2+y_2^2)+(x_1^2+y_1^2)\\\tilde{d}_3^2-\tilde{d}_1^2-(x_3^2+y_3^2)+(x_1^2+y_1^2)\\\vdots\\\tilde{d}_n^2-\tilde{d}_1^2-(x_n^2+y_n^2)+(x_1^2+y_1^2)\end{bmatrix}$$

最后可得未知节点的坐标为 $X=(A^{\mathrm{T}}A)^{-1}A^{\mathrm{T}}B$。

3）与测距无关的定位

(1) 质心算法。

多边形的几何中心称为质心，多边形各顶点坐标的平均值就是质心节点的坐标。依靠传感器网络的连通性，可以利用质心算法进行室内定位。首先确定包含未知节点的区域，锚节点周期性地向邻近节点广播信息包，包中包含了锚节点的标识号和位置信息；当未知节点接收到来自不同锚节点的分组数量超过某一个门限 k 或接收一定时间后，就确定自身位置为这些锚节点组成的多边形质心。若未知节点接收到信标节点的坐标分别为$(X_1,Y_1),(X_2,Y_2),\cdots,(X_k,Y_k)$，则未知节点的位置可表示为

$$(X_{\text{est}},Y_{\text{est}})=\left(\frac{X_1+\cdots+X_k}{k},\frac{Y_1+\cdots+Y_k}{k}\right) \qquad (8\text{-}14)$$

质心算法完全基于网络连通性，无需锚节点和未知节点之间的协调，因此算法比较简单，容易实现。但质心算法假设节点都拥有理想的球型无线信号传播模型，由于无线传播环境比

较复杂且受其他信号干扰，所以实际的无线信号的传播模型并非如此。另外，用质心作为实际位置本身就是一种估计，其精确度与锚节点的密度以及分布有很大关系，密度越大，分布越均匀，则定位精度越高。在实际应用中，大约有90%的未知节点的定位误差大于锚节点间距的2/3。因此，质心算法仅能实现粗粒度计算，定位精度较低。

(2) 凸规划算法。

凸规划算法将节点间点到点的通信连接视为节点位置的几何约束，把整个网络模型化为一个凸集，从而将节点定位问题转化为凸约束优化问题，然后使用半定规划和线性规划方法得到一个全局优化的解决方案。该算法给出了一种计算未知节点有可能存在的矩形区域方法。如图8-14所示，根据未知节点与锚节点之间的通信连接和通信距离，计算出未知节点可能存在的区域(图8-14阴影部分)，并得到相应矩形区域，然后将矩形的质心作为未知节点的估计位置。

(3) 相对定位算法。

相对定位算法(self-positioning algorithm，SPA)选择网络中节点密度最大处的一组节点作为建立网络全局坐标系统的参考点(称为location reference group)，并在其中选择连通度最大的一个节点作为坐标系统的原点。首先根据节点间的测距结果在各个节点建立局部坐标系统，通过节点间的信息交换与协调，以参考点为基准通过坐标变换(旋转与平移)建立全局坐标系统。由于所有节点都需要参与坐标的建立和变换计算，SPA的通信开销与节点数量呈指数增长。为克服SPA算法的缺点，出现了基于聚类的定位算法，由节点给定时器随机赋值，最先运行完定时器的节点即为主节点；主节点向周围广播消息，接到消息的节点即成为它的从节点，从而形成一个网络；以主节点为原点与SPA类似建立坐标系统，以ID较小的主节点构成的系统为参考，与邻近节点进行坐标转换，逐步建立全局坐标系统。SPA算法的通信量随着节点数量成线性增长，适合大规模网络定位。

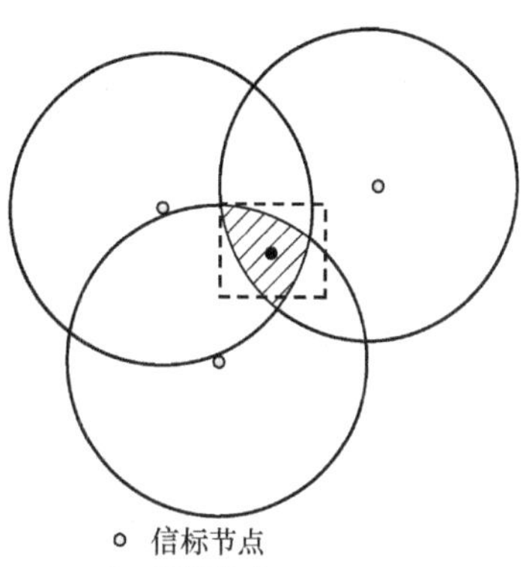

图8-14 凸规划定位示意图

类似的相对定位算法还有MAP-Growing算法。MAP-Growing算法从3个相邻的节点形成局部初始坐标系开始，3个已定位节点向外广播坐标信息，利用周围的节点可计算自身坐标；初始坐标系以此方式增长，直至所有节点都被定位。该算法计算不规则网络的效果较好，但增量式计算网络节点坐标存在误差积累；随节点数的增加，定位误差会随之增加，收敛速度变慢。

(4) APIT算法。

在近似三角形内点测试法(approximate point-in-triangulation, APIT)中，未知节点先收集临近节点的信息，然后将这些节点组成一个集合。在这个集合中，任意选取三个节点即可组成一个三角形，最后计算出包含目标节点的所有三角形的重叠区域，将重叠区域的质心作为未知节点的位置，如图8-15所示。

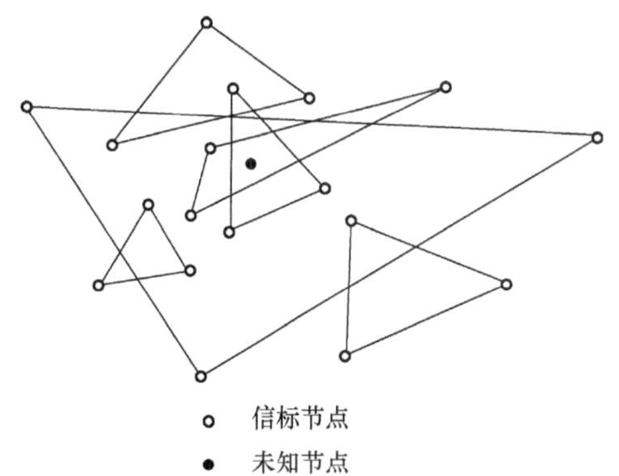

图8-15 APIT定位示意图

APIT 算法的理论基础是最佳三角形内点测试法 PIT(point-in-triangulation)。PIT 测试原理如图 8-16 所示,传感器节点通常是静止的,因此可用近似的三角形内点测试法即,假设存在一个方向,节点 M 沿着这个方向移动会同时远离或接近顶点 A,B,C,那么节点 M 位于 $\triangle ABC$ 外;否则,节点 M 位于 $\triangle ABC$ 内。

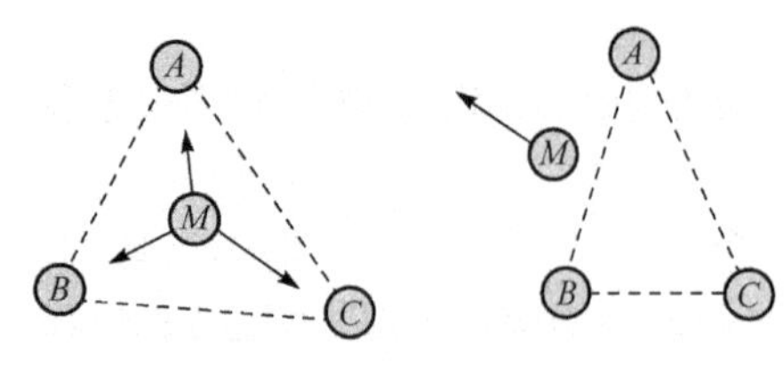

图 8-16　PIT 原理图

因此,APIT 定位分为四步:收集信息、APIT 测试、计算重叠区域、计算未知节点位置。在无线信号传播模式不规则传感器节点随机部署的情况下,APIT 算法的定位精度高,性能稳定。但是,APIT 测试对网络的连通性提出了较高的要求,相对于计算简单的质心定位算法,APIT 算法精度高,对锚节点的分布要求低。

(5) APS 算法。

利用距离矢量路由建立的分布式定位算法(合称为"APS 算法")包括 DV-Hop、DV-distance、Euclidean、DV-coordinate、DV-Radial 和 DV-Bearing 定位算法。

DV-Hop(Distance Vector-Hop)定位算法首先使用典型的距离矢量交换协议,使得每个节点都获得与信标节点之间的跳数,将与锚节点的最小跳数作为最终跳数,然后计算平均每跳的距离,将其作为一个校正值广播至网络中,利用最小跳数乘以平均每跳距离,得到未知节点与锚节点之间的估计距离,再利用三边测量法或极大似然估计法计算未知节点的坐标。

DV-Hop 算法定位过程可以分为三个阶段。

① 计算未知节点与信标节点的最小跳数。

采用距离矢量路由交换协议,信标节点向邻居节点广播自身位置信息数据包,数据包包括跳数(初始值为 0)和位置信息。邻居节点接收到数据包后记录下位置信息,并将跳数值加 1 转发给邻居节点,网络中所有节点记录每个信标节点的位置和到信标节点的最少跳数。

② 计算未知节点与信标节点的跳段距离。

根据在第一阶段记录的其他信标节点的位置信息和最少跳数,按照式(8-15)计算每跳平均距离。

$$c_i = \frac{\sum\limits_{j \neq i} \sqrt{(x_i - x_j)^2 + (y_i - y_j)^2}}{\sum\limits_{j \neq i} h_j} \tag{8-15}$$

如图 8-17 所示,L_1、L_2、L_3 是信标节点,L_1 可以计算出与 L_2 和 L_3 的距离,并能够得到相应的最少跳数分别为 2 跳和 6 跳,于是 L_1 计算的平均跳距为 17.5m,L_2 和 L_3 计算的平均跳距分别为 16.42m 和 15.9m。设节点 A 从 L_2 获得平均跳距,则节点 A 与三个信标节点之间的距离分别为 L_1:3×16.42,L_2:2×16.42,L_3:3×16.42。为避免重复接收同一信标节点的平均跳距,可采用可控泛洪路由方法。

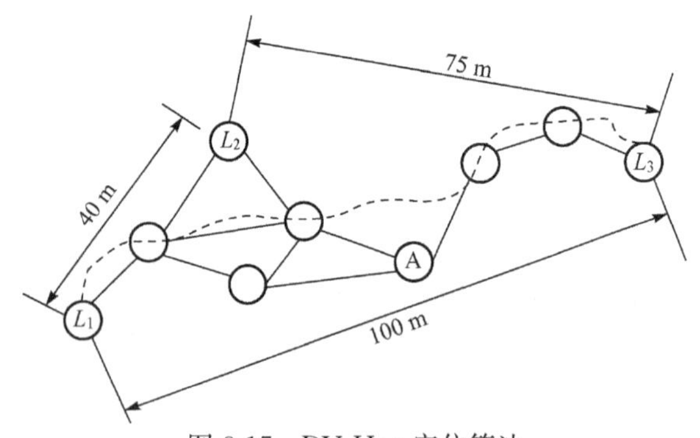

图 8-17　DV-Hop 定位算法

③ 估算未知节点的坐标。

利用第二阶段得到的各个信标节点

的估计距离,采用二边测量法或极大似然估计计算坐标。实验表明,该算法的网络平均连接度为10,锚节点的比例为10%时,定位精度约为33%。该算法仅在各向同性的密集网络中才能获得较好的估计结果。

DV-distance 算法与 DV-Hop 算法类似。但 DV-distance 算法利用 RSSI 测量节点间的距离,然后利用距离矢量路由方法传播,使得每个节点获得信标节点的距离;当未知节点获得3个以上锚节点的距离后,可使用三边测量法进行定位。DV-distance 算法对测距误差比较敏感。

Euclidean 定位算法计算出与锚节点相隔两跳的未知节点的位置。该算法要求节点具有RSSI 测距能力,利用已知两个信标节点和未知节点之间的距离,根据三角形的性质可以计算出第三个信标节点和未知节点的距离,当未知节点计算出与至少3个信标节点的距离时,即可进行定位计算。

DV-coordinate 算法和 Euclidean 定位算法类似,首先计算出两跳以内的邻近节点的距离,建立局部坐标系,然后相邻节点间互相通信。若节点收到信标节点的信息,就将该信息转化为自身坐标系统中的坐标,在自身局部坐标系中计算与信标节点之间的距离,并根据距离信息估计出位置。

(6) Amorphous 算法。

Amorphous 定位算法可分为三个阶段。在第一阶段,未知节点计算与每个信标节点之间的最小跳数;在第二阶段,假设网络中节点的通信半径相同,平均每跳距离为节点的通信半径,未知节点计算到每个锚节点的跳段距离;在第三阶段,利用三边测量法或极大似然算法,计算未知节点的位置。Amorphous 算法将节点的通信半径作为平均每跳段距离,定位误差较大。对该算法可以进行两方面的改进:重新计算平均每跳距离和利用局部跳数平均值代替跳数。用式(8-16)计算平均每跳的距离。

$$\text{HopSize} = r\left[1 + e^{-n_{\text{local}}} - \int_{-1}^{1} e^{-\frac{n_{\text{local}}}{\pi}\left(\arccos t - t\sqrt{1-t^2}\right)} \mathrm{d}t\right] \tag{8-16}$$

利用式(8-17)计算节点间的跳数。

$$s_i = \frac{\sum\limits_{j \in \text{nbrs}(i)} h_j + h_i}{|\text{nbrs}(i) + 1|} - 0.5 \tag{8-17}$$

8.2.4 典型定位系统

无线传感器网络定位系统以无线传感器网络为基础实现定位功能。根据定位机制不同,有不同的定位系统。使用 RSSI 机制的定位系统包括 RADAR、SpotON 定位系统;使用TOA/TDOA 机制的定位系统包括 Cricket、Cicada 和 Badge 系统;使用混合方式的定位系统包括 Calamari、AHLos 系统;无需测距的定位系统包括 Active Badge 和 UC Berkeley 定位系统。

1) RSSI 方式的定位系统

RADAR 定位系统是 Microsoft 公司研发的定位系统,用以解决 WLAN 中定位移动计算设备的问题。该方法通过对特定环境下的 RF 信号衰落特征值进行处理实现,但由于室内多径和障碍物等影响,使得 RADAR 系统很难实现精确定位。

RADAR 定位系统在一个楼层内部署了3个基站,先进行离线数据采集,然后求解在线位置。离线阶段移动节点发送报文信息,基站接收报文并将移动节点的位置信息和信号强度信息保存在数据表中；在线计算阶段采用 NNSS(nearest neighbors in signal space)算法计算位置。RADAR 系统的主要优点是易于安装，只需要很少的基站，室内环境下的实时定位精度可以达到 2～3m。

SpotON 定位系统是基于接收信号强度(RSS)分析的三维位置感知小范围定位系统。SpotON 采用的传播模型是经验公式，距离 d 和信号强度 RSS 的经验公式如式(8-18)所示

$$\mathrm{RSS}=0.0236d^2-0.629d+4.781 \tag{8-18}$$

SpotON 系统采用爬山优化算法，使用经验数据最小化信号强度计算位置的误差。

2) TOA/TDOA 方式的定位系统

Cricket 定位系统主要用来确定移动或静止节点在室内的具体位置。该系统的节点如图 8-18所示，该系统能够测量射频信号和超声信号的到达时间差，并以此计算出发射节点和接收节点之间的距离，利用三边定位法或极大似然估计即可计算出移动节点的位置。

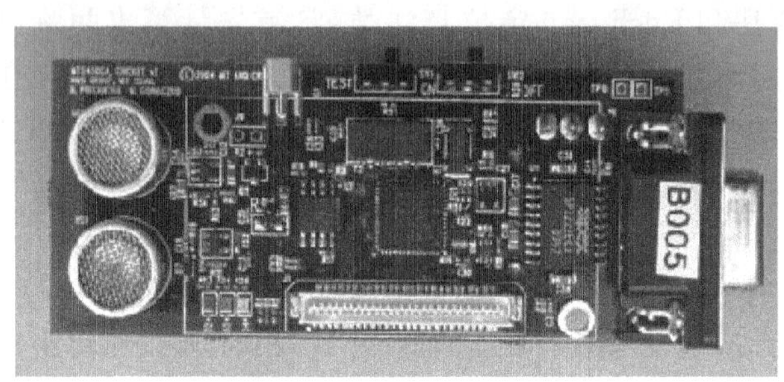

图 8-18　Cricket 节点

Cicada 系统也是基于射频和超声波原理的 TDOA 定位方式。Cicada 属于主动定位模式，由电子徽章、读卡器、基站连接器、位置计算中心四部分组成。电子徽章由被测量目标携带，周期性发射射频和超声信号；读卡器部署在房间的固定位置，利用 TDOA 计算电子徽章和读卡器的距离，并通过基站连接器将数据传送给计算中心进行定位计算。

Badge 系统通过测量超声波信号的到达时间来估计发射节点和接收节点之间的距离，实现了三维定位，精度可以达到 3cm。

超宽带技术具有信号脉冲窄、功率低、对窄带具有鲁棒性及脉冲宽度只有纳秒级等特性，通过超宽带脉冲到达时间的测量可以达到厘米级的定位精度。Sapphire 室内定位系统由多个参考节点、至少 4 个接收机及控制中心组成。接收机用于测量到达时间，测量分辨率为 1ns，接收机将测量结果传送给控制中心，当控制中心获得 4 个接收机的数据后就可以进行定位计算。Sapphire 系统定位精度为 0.3m，平均输出信号强度为 0.5nW。

3) 混合方式的定位系统

Calamari 定位系统的节点是在 Mica2 平台基础上建立的。该系统通过测量超声到达时间和接收信号强度进行定位。在干扰较大的环境下，Calamari 定位系统结果并不理想，需要对传播路径损耗模型进行调整。

4) 无需测距的定位系统

无需测距的定位一般适用大规模网络使用，需要在较大面积的区域内部署大量的节点，比较典型的有 Active Badge 和 UC Berkeley 系统。但部署大规模网络比较困难，难以获得定位系统所需要的支撑网络，因此无需测距的定位系统较少。

Active Badge 系统在每个目标上安装一个 Badge，在每个 Badge 周期内的每 15s 时间段

内，红外线发送持续 0.1s 的唯一 ID 号。信标节点接收到信号并传送到网络，则系统可知某个 Badge 在哪个区域附近。Active Badge 系统的缺点是红外线容易受障碍物干扰，且该系统难以大规模部署。

UC Berkeley 系统采用 Trio 传感器节点组成网络跟踪未知数目的目标。每个节点通过二进制值来报告目标是否靠近节点，但对于目标个数和初始位置未知的情况，二进制值完成跟踪任务非常困难。该系统采用多传感器数据融合算法，引入空间相关性使融合后的测量值提供更加精细的位置信息，融合后的数据通过数据关联的马尔可夫-蒙特卡洛算法跟踪未知个数的目标。

8.3 数据融合技术

8.3.1 数据融合概述

传感器网络中节点的资源有限，如电池能量、处理能力、存储容量及通信带宽等方面。在高覆盖度的无线传感器网络中，邻近节点的感知区域重叠往往使各节点感知到的信息存在冗余。如果每个节点都单独发送自身感知数据到基站，将浪费网络的通信带宽，导致节点消耗过多的能量，从而缩短网络生存周期；另一方面，网络内多个节点同时转发数据会导致数据链路调度困难，增加数据碰撞和数据包丢失的概率，降低通信效率。

为避免这些问题，传感器网络在收集数据的过程中需要使用数据融合技术。其基本思想是：各节点在采集和转发其他节点的信息时，利用节点自身的资源对接收到的信息进行处理，去除冗余无效的信息，减少数据传输量，以达到降低能耗、延长网络生存周期的目的。

在无线传感器网络中，数据融合主要有三个重要作用：节省能量、获得更准确的信息及提高采集数据效率。

1）节约能量

受单个节点检测范围和可靠性的限制，无线传感器网络需要部署大量节点以增强整个网络的鲁棒性和检测信息的准确性。这必然导致多个节点的检测范围相互重合，这种重叠使得邻近节点报告的信息会非常接近或者相同，形成大量的信息冗余。冗余信息对用户需求是没有帮助的，但是却消耗了宝贵的网络资源。

针对这种情况，对冗余数据进行网内处理就显得十分必要。中间节点在转发数据前，先对数据进行融合，去除冗余信息，在满足应用需求的前提下将需要传输的数据量最小化。在半导体产业中，摩尔定律意味着随着集成电路的发展，处理器的处理能力会不断地提高，而功耗也会逐渐降低，因此采用网内处理进行数据融合，以低能耗的计算和存储资源减少高能耗的通信开销是有意义的。

2）获得更准确的信息

传感器节点通常具有以下几个方面的特点：①节点的低成本和小体积导致配置的传感器精度较低；②无线通信机制使得传送的数据更易受到外界干扰而出现数据错误；③节点的功能部件受恶劣工作环境影响，容易出现工作异常的情况，这将导致传感器节点感知的数据不可靠。

因此，少量节点的数据不能保证获取信息的正确性，需要对检测同一对象的多个节点所采集的数据进行综合以有效地提高所获信息的精度和可信度。由于在相同采集区域内的数据差异性很小，可以方便地去除由于外界或节点原因产生的错误信息，从而提高采集信息的可靠性。

3）提高数据收集效率

数据融合使得网内传输数据量减少，可降低网络负载，减轻网络的传输拥塞，减少数据传输时延；即使在融合操作时仅采用合并数据包的策略，虽然有效数据量并未减少，但减少了网络中传输的数据分组数量，可降低传输中的冲突碰撞现象，也可提高信道的利用率。

8.3.2 数据融合方法分类

可以从三种不同的角度对无线传感器网络数据融合技术进行分类：根据融合前后数据的信息含量分类、根据数据融合与应用层数据语义的关系分类、根据融合操作的级别分类。

1）根据融合前后数据的信息含量分类

根据数据进行融合操作前后的信息含量，可以把数据融合分为无损融合和有损融合两类。

（1）无损融合。

将多个数据分组合并成一个数据分组，不改变各个分组所携带数据内容的方法属于无损融合。这种方法只减少了分组头的数据量和传输多个分组而消耗的传输控制开销。在无损融合中，所有的细节信息都被保留。根据信息理论，在无损融合中信息整体缩减的大小受到其熵值的限制。

（2）有损融合。

有损融合通常采用省略一些细节信息或降低数据的质量，从而减少存储或传输的数据量，以达到节省存储资源或能量资源的目的。在有损融合中，信息损失的上限是要求保留应用所需的全部信息量。

有损融合一般根据数据收集需求进行网内处理。如在温度监控应用中，需要查询某一区域范围内的平均温度或最高、最低温度时，网内处理对各个传感器节点所报告的数据进行融合处理，只将最终结果报告给查询者。从信息含量角度看，结果数据相对于原始数据来说，损失了绝大部分的信息，但满足了数据收集者的要求。

2）根据数据融合与应用层数据语义之间的关系分类

数据融合技术可以在传感器节点协议栈的多个层次中实现，如可在MAC协议、路由协议或应用层协议中实现。根据数据融合是否基于应用数据的语义，可以将数据融合分为三类：依赖于应用的数据融合（application dependent data aggregation，ADDA）、独立于应用的数据融合（application independent data aggregation，AIDA），以及结合这两种技术的数据融合。图8-19说明了这几种数据融合的网络层次关系。

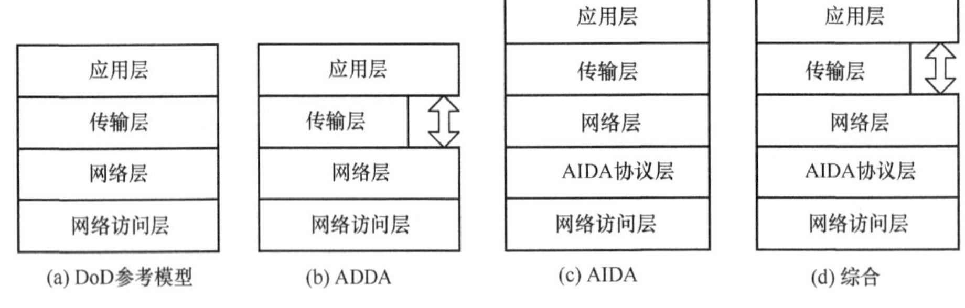

图 8-19　数据融合与网络层关系

(1) 依赖于应用的数据融合(ADDA)。

依赖于应用的数据融合技术通常是对应用层的数据进行处理,即数据融合需要了解应用数据的语义。从实现的角度看,由于与应用数据之间没有语义间隔,如果在应用层实现数据融合,可以直接对应用数据进行融合;如果在网络层实现,则需要跨协议层理解应用层数据的含义。

依赖于应用的数据融合技术可以根据应用需求获得更大限度的数据压缩,但可能导致结果数据中损失信息过多。另外,融合带来的跨层理解语义问题给协议栈实现带来了困难。

(2) 独立于应用的数据融合(AIDA)。

基于数据融合语义相关性,出现了独立于应用的数据融合。这种融合技术不需要了解应用层数据的语义,直接对数据链路层的数据包进行融合。例如,将多个数据包拼成一个进行转发。这种技术把数据融合作为独立的层次实现,简化了各层之间的关系。

独立于应用的数据融合保持了网络协议层的独立性,不对应用层数据进行处理,因而不会导致信息丢失,但是其融合效率低于依赖于应用的数据融合技术。

(3) 结合以上两种技术的数据融合。

这种方式结合了上面两种技术的优点,同时保留独立于应用的数据融合层次和其他协议层内的数据融合技术,一次可以综合使用多种机制得到更符合应用需求的融合效率。

3) 根据融合操作的级别分类

根据对传感数据的操作级别可将数据融合技术分成以下三类。

(1) 数据级融合。数据级融合是最底层的融合,操作对象是传感器通过采集得到的数据,属于面向数据的融合。这类融合大多数情况下仅依赖于传感器类型,与用户的需求无关。例如在目标识别的应用中,数据级融合即为像素级融合,进行的操作包括像素数据进行分类或组合,去除图像中的冗余信息等。

(2) 特征级融合。特征级融合通过一些特征提取手段将数据表示成一系列特征向量,以反映事物的属性,是面向监测对象特征的融合。例如,在温度监测应用中,特征级融合可以对温度传感器数据进行综合,表示成向量的形式,如地区范围、最高温度、最低温度;在目标监测应用中,特征级融合可以将图像的颜色特征表示成 RGB 值。

(3) 决策级融合。决策级融合根据应用需求进行高级决策,是最高级别的融合技术。决策级融合的操作可以依据特征级融合提取的数据特征,对检测对象进行判别和分类,并通过简单的逻辑运算,执行满足应用需求的决策。因此,决策级融合是面向应用的融合。例如,在灾难监测中,决策级融合可能需要综合多种类型的传感器信息,如温度、湿度或振动等,进而对是否发生了事故进行判断;在目标检测应用中,决策级融合需要综合检测目标的颜色特征和轮廓特征,对目标进行识别,最终只传输识别结果。

在传感器网络实现中,这三个层次的融合技术可以根据应用的特点综合运用。比如,有些应用场合传感器数据的形式比较简单,不需要进行较低层次的数据级融合,而需要提供比较灵活的特征级融合手段;而有些应用需要处理大量的原始数据,因此需要有强大的数据级融合功能。

8.3.3 主要数据融合方法分析

1) 与路由相关的数据融合

无线传感器网络是以数据为中心的网络,数据从源节点转发到汇聚节点的过程中,中间节点需要根据数据内容对来自多个数据源的数据进行融合操作，降低信息冗余度，减少传输的数据量，达到节能的目的。因此，需要将路由技术和数据融合结合起来，通过在数据路由转发过程中进行数据融合，减轻网络拥塞，协助路由协议延长网络生存时间。

传感器网络中的路由方式根据是否考虑数据融合可以分成两类：

地址为中心的路由(address-centric routing，AC 路由)：目的是构造从源节点转发数据到汇聚节点的最短路径，而不考虑是否可以在路由过程中进行数据融合。如图 8-20 所示，源节点 1、2 分别根据最短路径原则构建两条到 Sink 节点的路径。

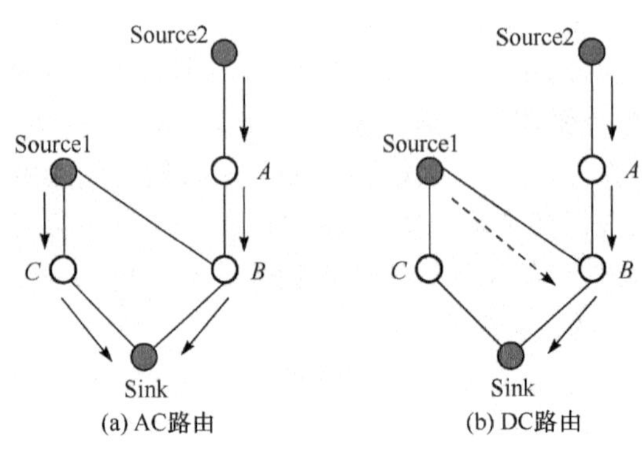

图 8-20　AC 路由和 DC 路由

数据为中心的路由(data-centric routing，DC 路由)：这种路由方式要求中间节点在转发数据的同时进行融合。节点选择转发路径的原则不是依据最短路径而是选择可以路由到融合节点的路径。在这种方式中，源节点 1 和 2 共同经过节点 B，并在 B 节点进行融合。而路由选择的目的就是找出融合节点并路由到该融合节点。

两种路由方式对能量的消耗与数据的可融合度有关。在通常情况下，DC 路由通过融合减少网络中的转发数据量，有着显著的节能效果。但是在网内所有的数据全部相同或者所有数据没有冗余两种极端情况下，两种路由方式的节能效果是不同的。如果所有原始数据完全相同，AC 路由可在汇聚节点接收到第一个数据时通知其他节点停止数据转发，其节能效果优于 DC 路由。而如果网络中所有数据不存在冗余，即所有数据都无法融合，而 DC 路由方式选择的路径又不是最短路径，则不但不能节能，反而使得节点消耗更多的能量。下面介绍几种与路由相结合的融合方式。

(1) 基于查询路由的数据融合。

以定向扩散为代表的查询路由中的数据融合主要是在数据传播阶段进行，采用抑制副本的方法，即对转发过的数据进行缓存，若发现重复的数据将不予转发。这样不仅简单易行，还能有效地减轻网络中的数据流量。定向扩散包括路径建立阶段的任务融合和数据发送阶段的数据融合两种融合方式。

尽管定向扩散在数据转发过程中具有良好的资源自适应性，但在所选择的路径上进行数据融合具有随机性，并不能实现良好的数据融合。根据数据融合的机制可知，越早进行数据融合就能更多地减少网络中的数据通信量。而在定向扩散中的数据传播阶段，节点向邻居广播多个副本，于是汇聚节点或中间节点可能从多个邻居节点收到多个相同的数据，这样使得不同的源节点传送的数据不能尽早地在传输路径上进行融合。因此，定向扩散并不是一种最优的数据融合方法。

(2) 基于分层路由的数据融合。

基于层次的典型路由方式有 LEACH 算法和 TEEN 算法，这类路由方式通过分簇方法使得数据融合地位凸显出来。每个簇头在收到本簇成员的数据后进行数据融合处理，并将结果发送给汇聚节点。LEACH 算法仅强调了数据融合的重要性，并未给出具体的融合方法。TEEN 算法是对 LEACH 算法的一种改进算法，应用于事件驱动的传感器网络。TEEN 算法与定向扩散路由一样通过缓存机制抑制不需要转发的数据，但利用阈值的设置使得抑制操作更加灵活，能够进一步减少数据融合过程中的数据量。图 8-21 给出了基于分层的数据融合方式。

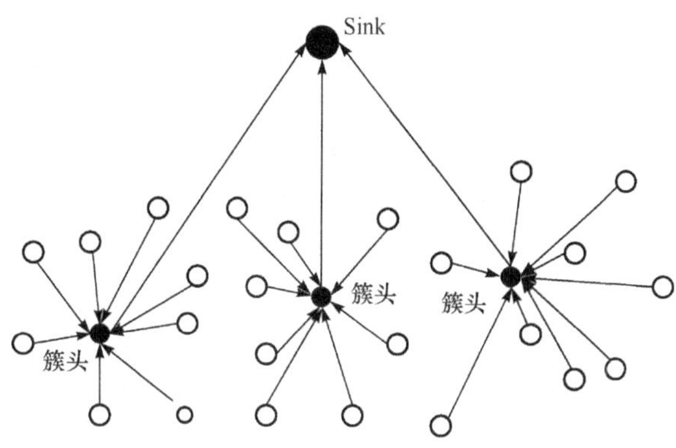

图 8-21　分层路由机构中数据融合

(3) 基于链式路由的数据融合。

PEGASIS 算法是一种改进的 LEACH 算法。该算法基于两个假设：一是所有节点与汇聚节点之间的距离都很远；二是每个节点都能将收到的数据分组与自己的数据融合成一个大小不变的分组。在收集数据之前，PEGASIS 算法利用贪婪算法将网络中所有节点连成一条链，然后随机选取链中的一个节点作为首领。首领向链的两端发出收集数据的请求，两端节点在接收到请求后向首领节点发送数据。中间节点在传递数据前将接收的数据和自身数据融合，最终由首领节点将数据传送给汇聚节点。

PEGASIS 算法基于最短路径构造的单链结构使得每个节点只需与距离最近的邻居节点交互数据，从全局来看数据传输的距离几乎是最短的，而最终只有首领节点与基站进行长距离的数据传输，因此该算法比 LEACH 算法更节省能量。

但是，PEGASIS 算法的单链结构有两个缺陷：一是单链结构顺序转发数据导致网络平均时延较大。收集数据的延迟决定于首领节点与单链节点的距离，因此平均延迟与节点数成正比。二是鲁棒性较差。由于传感器节点的易失效性，一旦有节点失效则导致该节点以下的链路无法向首领节点转发数据。如果不采取适当的修复策略，单链结构的传输路径容易增大数据请求的失败率。

2) 基于反向组播树的数据融合

在无线传感器网络中，数据融合可以看作构造反向组播树的过程。网络中的传感器节点通过构造的反向组播树逐步将采集到的数据发送到汇聚节点。反向组播树上的中间节点对收到的数据进行数据融合，因此，网内数据得到了及时且最大限度的融合。

有关的研究证明，对于任意部署的无线传感器网络，数据传输次数最小的路由可以转化成最小的 Steiner 组播树。Steiner 组播树的定义如下。

定义 1 给定图 $G=(V,E)$，V 是图 G 的节点集，E 是图 G 的边集，n 为图 G 中的节点数，p 为图 G 的边数；边的费用函数为 $C:E->R$；组播节点集 D 为 V 的子集，m 为组播节点数；而 Steiner 树组播路由算法即为从图 G 中找出覆盖 D 中所有节点的最小生成树，$Ts(V_T,E_T)$，使得树的费用Cost(Ts) 最小。

$$\text{Cost}(Ts)=\min_{T(V_T,E_T)}\sum_{e\in T(V_T,E_T)}C(e) \tag{8-19}$$

该最小生成树为"Steiner"树。在无线传感器网络中，$C(e)$ 可以粗略地取值为 1，因为在无线链路中，如果节点以相同的功率发送数据，则只要在其通信半径内均可以收到。如果考虑节点可以自适应地动态调整发射功率，则 $C(e)$ 应该为两个直接相邻的节点的距离。

定义 2 在生成的 Steiner 树中，称属于 D 的节点为"多播节点"，属于 V_T 但不属于 D 的节点为"非多播节点"或"Steiner 节点"，D 成为"组播节点集"或"组播组"。

当 $D=V$ 时，要求 Steiner 树简化为求图的最小生成树问题；而当 $D=2$ 时，Steiner 树退化为求两个节点之间的最短距离。此外，求 Steiner 树是一个 NP 完全问题。

定义 3 给定一组 $D\in$ V，指示函数 $I_D:V->(0,1)$ 定义为：如果 $u\in D$，则 $I_D(u)=0$；如果 $u\notin D$，则 $I_D(u)=1$。

构造基于 Steiner 树的数据融合路径是一个 NP 难题，目前提出了三种优化方法。

(1) GIT(greedy incremental tree，贪婪增长树)。该算法中的反向组播树的建立过程为，首先从所有源节点中选择距离汇聚节点最近的节点并和汇聚节点组成主干，然后逐步添加枝叶，即依次从剩下的源节点中选出距离贪婪增长树最近的节点连接到树上，直到所有源节点都连接到树上。

(2) SPT(shortest paths tree，最短路径树)。在该算法中每个数据源都各自沿着到达汇聚节点的最短路径传输数据，这些最短路径会产生交叠而形成反向组播树，交叠部分的每个中间节点都进行数据融合。当所有源节点确定各自的最短传输路径时，反向组播树的形态就确定了。

(3) CNS(center at nearest source，近源汇聚)。该算法选择距离汇聚节点最近的源节点充当数据的融合点，所有其他的数据源都将数据发送给这个节点。最后由这个节点将融合后的数据发送给汇聚节点。融合节点一旦确定，反向组播树就容易构造了。

以上三种算法适合事件驱动的应用，可以在数据传送至汇聚节点之前及早进行数据融合，有效减少网络中传输的数据量。在数据可融合程度一定的情况下，其节能效率关系为 GIT > SPT > CNS。而在周期性主动收集信息的应用中，需要采集的数据可能涉及一定数量的节点且这些节点分布较广，如果汇聚节点远离传感器节点覆盖区域，CNS 算法节能效果会因此而变差；如果汇聚节点距离传感器节点覆盖区域很近或者就在其中，CNS 算法将无法发挥节能作用，而 GIT 算法和 SPT 算法的节能效果之间的差距随着融合程度的降低而减小。

3) 基于性能的数据融合

为更有效地进行网内数据融合，要求数据在网络中传送时具有一定的时间延迟。网络中数据同时到达一个节点将会产生数据碰撞而导致丢包，通常采用不同的调度策略来避免碰撞，因此融合点在接收到一个数据包后需要等待一段时间间隔来接收下一个数据包。而不同的传感器网络应用有不同的信息提取要求，其中包括用户最大容忍数据延迟时间 T。如果从感知区域内获得数据的响应时间超过了最大延迟时间 T，该信息对于用户可能是无效的。因此，如何将最大融合延迟合理地分配到各个融合节点上，并使信息融合达到理想的效果就成为一个值得关注的问题。

Brute-Force 算法将最大融合延迟时间 T 有效地分配到各个融合节点上。在数据融合过程中，源节点 S_h 产生的数据经 h 跳后传递到汇聚节点。S_n 属于将 S_h 节点产生数据传送到汇聚节点所经过路径上的节点，并且离汇聚节点有 n 跳的距离。令 T_n 为节点 S_n 上允许的延迟时间，且满足 $\sum_{n=1}^{h} T_n \leqslant T$ 。t_0 为一个任务所需的数据传输量，t_a 为当这个任务用数据融合来实现时的数据传输量。

在算法中采用 $G=1-t_a/t_0$ 对融合的优劣进行评估。将一个时间间隔 T 离散化为 m 个小块，节点在每个小块内平均只有一个信息数据产生。信息在一个时间小块内到达节点 S_n 的可能性取决于经过该节点进行数据转发的节点数 W_n。m_n 为感知区域在融合延迟时间 T_n 内所产生的信息量，那么信息 m_n 个小块时间内到达节点 S_n 并发生融合时间 A_n 的概率为 $P_n(A_n)$ 可以由 $1-\left(\frac{N-W_n}{N}\right)^{m_n}$ 计算，其中 $\sum_{n=1}^{h} m_n \leqslant m$ 。传感器网络中总的融合概率为

$$P\left(\bigcup_{n=1}^{h} A_n\right)=\sum_{k=1}^{h} P_k+\sum_{k=1}^{h}\sum_{l=1}^{h}(P_kP_l)+\cdots+(-1)^{n-1}\prod_{k=1}^{h} P_k \tag{8-20}$$

每个个体融合节点的融合利润为

$$g=\sum_{k=1}^{h} P_k\frac{k}{h}+\sum_{k=1}^{h}\sum_{l=1}^{h}(P_kP_l)\left(\frac{k+l}{2h}\right)+\cdots+(-1)^{n-1}\prod_{k=1}^{h} P_k\sum_{l=1}^{h}\frac{l}{h^2} \tag{8-21}$$

因此各个融合节点分配的最短融合延迟时间序列集合为

$$X=\left\{(m_0,\cdots,m_h)\in N^h \,\middle|\, \sum_{n=1}^{h} m_n \leqslant m\right\} \tag{8-22}$$

该算法通过计算在不同时间分配序列下各个融合节点在融合时间内所发生的概率以及它的融合利润，从而得出达到最大融合利润的时间分配序列，即 $\max\limits_{(m_0,\cdots,m_h)} \in \{g(x)\}$ 。该算法的复杂度为 $|x|=C(h+m-1,m)=\frac{(h+m-1)!}{m(h-1)!}$，过高的复杂度需要很强的计算能力，并不适用于无线传感器网络。因此，如何在传感器网络能力允许的范围内，找到最优的融合延迟的分配算法仍然需要进一步研究和探索。

4) 基于移动代埋的数据融合

随着基于移动代理的分布式传感器网络概念的提出，在多个传感器节点之间使用移动代理执行协作任务的方法逐步发展起来。这类融合在一定程度上减少了网络的带宽需求，降低了能耗。将移动代理的计算模型运用到无线传感器网络的数据融合中，即根据应用需求规划移动代理的移动路径到数据采集点，并采用合适的算法进行融合处理，则可在取得较佳的数据融合效果的同时减小网络带宽的需求，降低能耗和时延，加强网络的稳定性。将基于移动代理的数据融合与移动代理的路由策略紧密结合后，还能有效减轻数据汇集过程中的网路拥塞，延长网路的生存时间。

图 8-22 给出了一种基于移动代理的数据融合框架。从该框架中可知，数据融合的主要过程如下：①根据应用需求初始化网络，包括配置网络的拓扑、节点的功能、移动代理的路由等，然后簇头节点创建移动代理，并将其送出。②移动代理根据路由策略依次获取各个传感器节点的探测数据，并将其与自身已有数据进行融合处理。在移动代理的迁移过程中，为了实时、动态地调整移动代理的路由策略，协助移动代理迁移，通常需要一个监听机制来适时地捕获网络状况的变化和移动代理的迁移请求。当监听到网络状况发生变化(如拓扑变化、目标移动

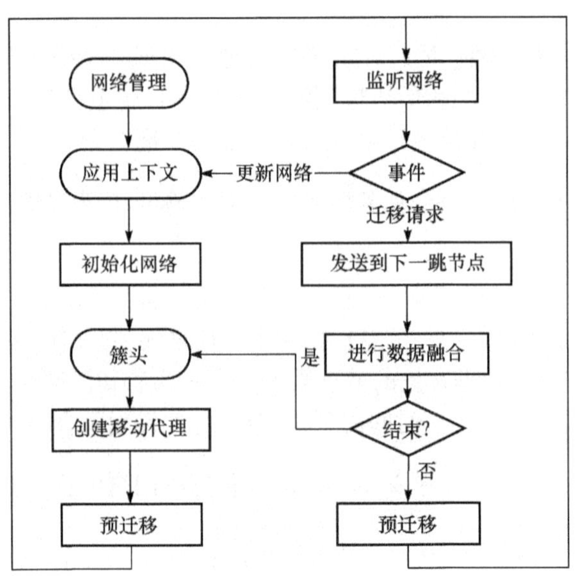

图 8-22　移动代理数据融合框架

等)时,就需要修改其应用需求,重新计算出新的路由策略;如果监听到移动代理的迁移请求,则将移动代理送往路由所指定的下一跳节点,然后唤起移动代理在节点本地执行数据融合。③移动代理在根据路由策略执行完数据融合后携带融合结果返回簇头。

8.4　无线传感器网络目标跟踪技术

8.4.1　目标跟踪概述

在传感器网络的许多应用中,跟踪运动目标是一项基本功能。由于传感器节点体积小,价格低廉,采用无线通信方式,具有自组织性、鲁棒性和隐蔽性等特点,使得无线传感器网络非常适合对特定目标进行定位和跟踪。例如,在军事领域,实时跟踪敌方车辆的行进路线和兵力的调动情况,将获取的战场信息及时发送回指挥中心;在民用方面,无线传感器网络可用于对泄露化学气体源的定位,并根据风向等环境因素,跟踪气体的扩散情况,及时疏散周边人员。

无线传感器网络目标跟踪是指在资源受限的条件下,通过节点间相互协作采集数据进行共享和处理,并对参与跟踪的节点组进行管理,实现对目标实时估计。无线传感器目标跟踪实质上是节点间相互协作的过程。例如,参与跟踪的节点的规模、节点的唤醒时刻、信息传播方式、节点进行通信时长等。这些都需要综合任务要求、网络环境等具体因素进行确定。首先要对运动目标进行探测,如果探测到目标出现,节点应该在要求时间内选择合适的算法确定目标的状态,并且对目标的状态进行检测和预测,将相关信息通知给周围节点或者 Sink 节点,通过多个节点间的协同工作确定目标的实时位置与轨迹。

根据跟踪目标的不同,无线传感器网络的目标跟踪可以分为单一目标跟踪和多目标跟踪两种;根据目标外形又可分为点目标跟踪和面目标跟踪;按照传感器运动方式,可将基于无线传感器网络的目标跟踪分为静态目标跟踪和移动目标跟踪。

目前已经开发了多种无线传感器网络目标跟踪系统,如 MIT 的 Cricket 系统。比较有影响的目标跟踪算法有 CTS(cooperative tracking sensors)目标跟踪算法,ATT(adaptive target tracking)算法和粒子 PT(particle filter)滤波跟踪算法。

8.4.2 目标跟踪步骤

无线传感器网络的目标跟踪通常包括检测、定位和通告三个阶段。在检测阶段,可以选择多种检测手段,如红外检测、超声波检测、声音检测和震动检测等以探查被跟踪目标是否出现;在定位阶段,通过多个传感器节点的互相协作,如三角测量和双元检测等,确定目标当前的位置和状态,并利用记录目标的数据来估计目标状态和轨迹;通告阶段是节点之间相互交换信息,实现向邻居节点或者 Sink 节点广播目标轨迹信息的过程。

1) 检测阶段

无线传感器网络中节点周期性地检测区域内是否有目标出现,当目标在检测范围内出现时,节点首先计算与目标之间的距离,然后向整个网络广播检测范围内节点 ID、节点自身位置和该节点到目标的距离等基本信息。邻居节点收到并保存该信息,并加上时间戳。

2) 定位阶段

节点根据检测到的能量与其他节点发送过来的信息,应用三角测量法等方法计算目标的位置,或者根据接收到目标的信息(电磁能、声音能量)建立能量衰减模型,估算节点到目标节点的距离。能量衰减密度模型为

$$y_i(t)=\gamma_i\sum_{m=1}^{M}\frac{s_m(t)}{\|\rho_m(t)-\tau_i\|^2}+\varepsilon_i(t) \tag{8-23}$$

其中,M 是目标数量,$y_i(t)$ 为在时刻 t 第 i 个节点收到的能量;$\varepsilon_i(t)$ 表示背景噪音和模型误差,且服从高斯随机分布;γ_i,τ_i 分别为第 i 个节点对应的门限因子和位置;$s_m(t)$ 是在时刻 t 由第 m 个目标发出的能量;$\rho_m(t)$ 为第 m 个目标的位置。

3) 通告阶段

当计算出目标运动轨迹后,无线传感器网络需要激活轨迹附近的节点加入跟踪过程。节点定位目标位置之后广播一个通告消息,此消息包含了目标的运动参数和发送者的位置。收到信息的节点计算自身与目标的距离,如果这个距离超过一个确定的阈值,则该传感器节点继续保持休眠;如果这个距离在阈值之内,则激活节点加入目标跟踪的节点列表。

8.4.3 无线传感器网络协作跟踪

无线传感器网络的协作跟踪是指选择合适的节点,通过交换彼此间的跟踪信息进行数据融合,实现对目标的跟踪。协作跟踪能有效提高网络的跟踪性能(如跟踪精度、节点间的数据通信量等),从而节省网络的能量和通信带宽。对移动目标的侦测、分类、跟踪通常需要传感器节点进行协作。让哪些节点进行跟踪,需要获得哪些侦测数据以及节点间必须交换哪些信息是协作跟踪的关键问题之一。需要综合考虑节点获得跟踪信息的有效性和精确度,以及节点完成跟踪任务需要的能量代价来决定哪些传感器节点应参考与跟踪过程及跟踪节点间的协作方式。为此引入信息驱动协作跟踪的概念,其具体过程是传感器节点利用自己侦测到的信息和接收到的其他节点的侦测信息综合判断目标可能的运动轨迹,并且唤醒合适的传感器节点在下一刻参与跟踪活动,以增加跟踪的准确性。由于使用合适的预测机制,信息驱动的协作跟踪能够有效地减少节点间的通信量,从而节省节点有限的能量资源和通信资源。

1) 信息驱动协作跟踪方法

传感器节点交换局部信息选择合适的节点检测目标,并在网络中传递检测消息,是信息驱

动协作跟踪要解决的问题。因为目标运动轨迹没有规律，还可能做更为复杂的运动，通过预先选定一些传感器节点进行目标跟踪会产生一些问题，既不能保证有效地跟踪，又使得某些不在目标运动轨迹附近的节点也参与了跟踪。

图 8-23 给出了一个信息驱动协作跟踪的实例。网络中包括分别装有角度传感器和距离传感器两类传感器节点。图中的虚线边界圆形区域为传感器节点的侦测范围，粗箭头表示目标穿过无线传感器网路的轨迹，用户查询目标跟踪信息可以通过汇聚节点(图中节点 Q)来实现，同时要求目标位置需要无线传感器网络分时段地进行报告。无线传感器网络中的跟踪节点在任何时刻都处于活动状态，负责存放当前目标跟踪的状态信息。随着目标的移动，当前跟踪节点负责唤醒其他节点，并将现有的跟踪信息传递给下一个跟踪节点。目标进入传感器侦测区域时，离目标最近的节点 a 获得目标位置的初始估计值，并计算出下一时刻的节点 b。b 使用相同的标准选择下一个跟踪节点 e，这个过程不断重复直到目标离开传感器网络侦测区域。节点就将目标的位置信息定时地返回给汇聚节点。

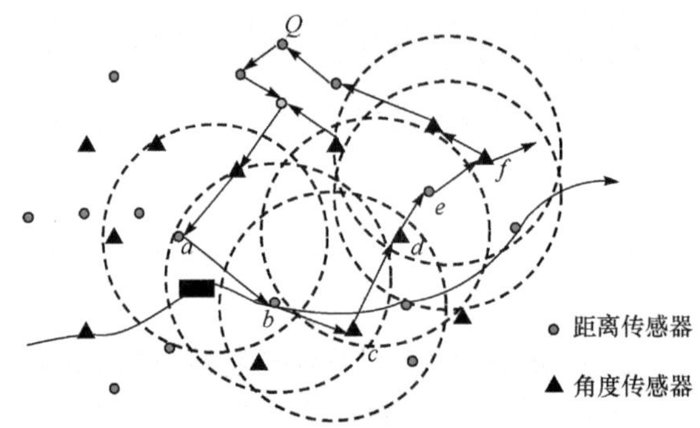

图 8-23 信息驱动协作跟踪

跟踪节点的调度问题是信息驱动协作跟踪的核心问题，选择合适的节点对于整个网络起着重要的作用，否则，无线传感器网络可能丢失跟踪目标或者产生冗余信息，使得通信代价增大。影响节点调度问题的因素主要有估计值的精度和能量消耗代价。

(1) 侦测精度评估。

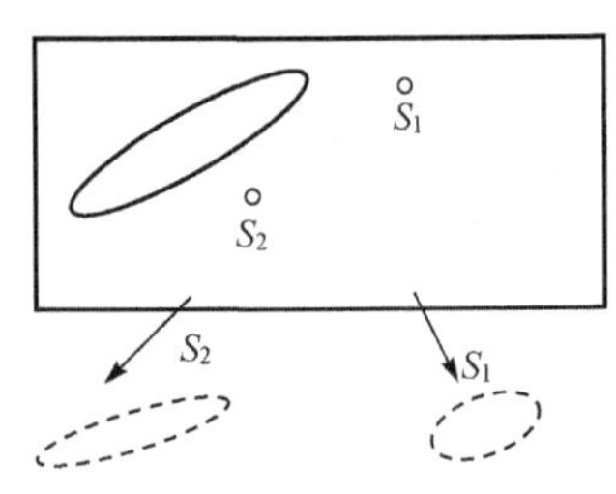

图 8-24 基于估计值不确定的节点选择

为了提高当前目标位置估计结果的精确性，需要综合附近传感器节点的数据，寻找一个最优化的节点子集，解决传感器信息的不准确和数据信息冗余等问题。评价节点数据的有效性可以通过计算传感器节点到当前目标的有效估测范围的均值来实现。

假设目标的位置估计值服从正态分布，其不确定性可由椭圆表示，如图 8-24 所示，S_1 、S_2 分别是参与跟踪的候选节点，实线椭圆表示当前目标位置的估计，虚线椭圆分别表示下一时刻结合节点 S_1 和节点 S_2 的位置估计值。在正态分布的不确定性表示中，椭圆的长轴越长说明不确定性越高，反之不确定性越低。由此可知，下一时刻选择节点 S_1 参与跟踪目标能得到更精确的估计值。

(2) 能量消耗代价评估。

选择下一时刻的跟踪节点需要考虑节点的通信代价、节点获取目标位置信息的消耗代价以及节点自身侦测结果和接收侦测结果的能量消耗，即通信能量消耗、感应能量消耗和计算能量消耗，其中通信能量消耗是主要部分。一般来说，对于传感特征相同的节点，相互距离越近代价越小。基于信息驱动的目标跟踪方法能够在保证跟踪精度的同时，尽量减少节点间不必要通信带来的能量消耗。由于节点能够智能地决定后续跟踪节点，信息驱动的跟踪方法可以大幅减少参加跟踪活动的节点数量，从而降低整个网络的能量消耗。

2）传送树跟踪算法

传送树是一种动态树形结构，由移动目标附近的节点组成，随着目标的移动动态地添加或者删除一些节点。传送树算法是节点在本地收集数据并与局部节点交换信息的分布式目标跟踪算法，主要是协作参与跟踪的节点，保证对目标进行高效的跟踪，减少节点间的通信开销。

基于传送树的目标跟踪过程如图 8-25 所示。在图 8-25(a)中，目标进入监测区域，在所有探测到目标的传感器节点中选择一个根节点，并构造初始传送树进行侦测。传送树上的每个节点周期性地发送侦测消息到根节点，随后根节点收集节点侦测信息的报告进行数据融合，并把处理结果发送到汇聚节点。在目标的移动过程中，传送树根据节点与目标的距离决定是否要增删节点，当目标与根节点的距离超过一定阈值时，需要重新选举根节点重新构造传送树，如图 8-25(b)所示。

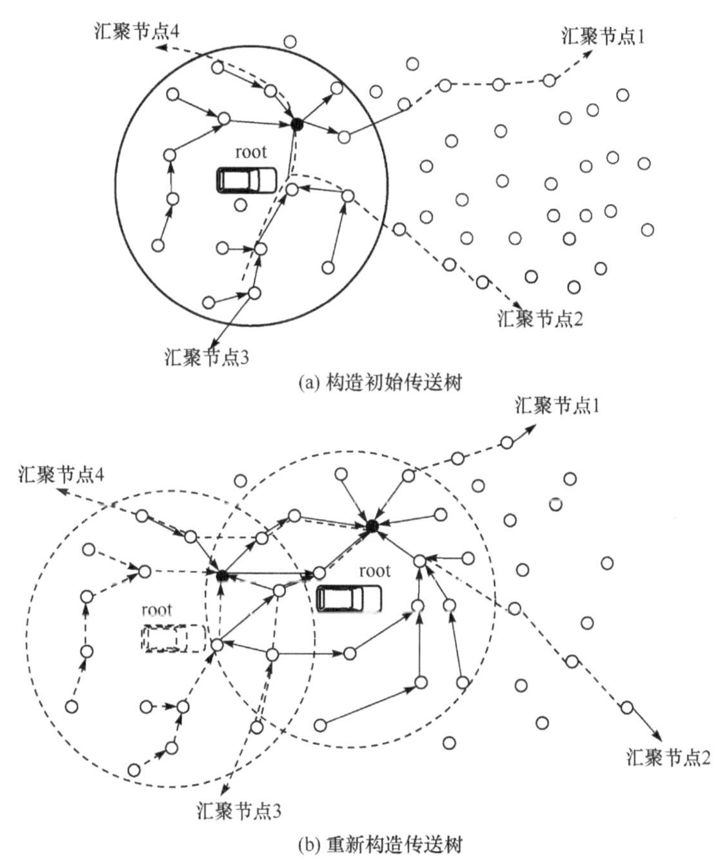

图 8-25　基于动态传送树的目标跟踪

传送树跟踪算法主要包括传送树的构建、调整和重构三部分。

(1) 初始传送树的构建。

当目标第一次进入无线传感器网络的侦测区域时，簇头节点探测到目标，并且唤醒周围其他节点。被唤醒的节点间互相交换与目标的距离，选举当前距离目标最近的节点作为传送树的根节点。如果存在几个节点到目标的距离相同，就选择节点号小的作为根节点。

根节点的选举过程可分成两个阶段：第一阶段，每个工作节点广播选举信息给所有的邻居节点，这些信息包括本节点到目标的距离以及节点号。在根节点候选者中，距离目标最近的节点竞选为根节点，其他邻居节点放弃竞选并把根节点作为自己的父节点。第二阶段，每个根节点候选者向整个网络广播胜利者信息(包括自己到目标的距离和节点号)。某个候选者收到一个胜利者信息时将做出判断，如果候选者到目标的距离大于胜利者到目标的距离，就放弃竞选根节点并且选择转发胜利者消息的节点作为父节点。最终，距离目标最近的节点作为传送树的根节点，检测到目标的候选节点连接至传送树。

(2) 传送树的调整。

随着目标的移动，有些节点不再能够侦测到目标，处于目标移动方向上的部分节点需要加入传送树。当目标超出某节点的检测范围时，该节点就向父节点发出通告，父节点把它从传送树上删除。确定节点加入传送树的方法主要有保守和预测两种机制。

在图 8-26(a)所示的保守机制中，到当前目标位置的距离小于 $v_t+\beta+d_s$ 的节点都将包含在传送树中。其中 v_t 为目标当前移动速度，β 为全局参数，d_s 为节点监测区域的半径。该机制假设目标以小于 $v_t+\beta$ 的速度向任意方向移动。参数 β 的设定至关重要，需要保证足够多的节点组成传送树，同时避免传送树包含许多冗余节点。

通过预测机制可以减少保守机制带来的节点冗余问题。假设目标的位置可预测，只有那些处于侦测监控范围内的节点才能加入传送树，以此减少冗余节点。如图 8-26(b)所示，在半径 d_s 区域内的节点可以加入到传送树。然后，节点根据传送树的构建过程选择自己邻居中到目标距离最近的节点作为父节点。

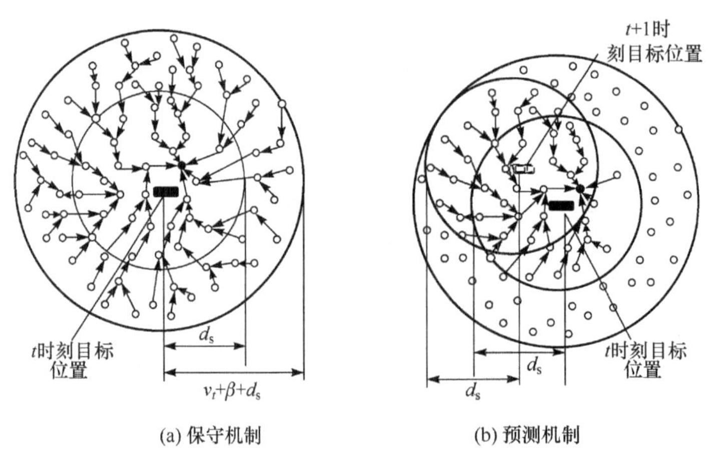

(a) 保守机制　　(b) 预测机制

图 8-26　传送树的扩展与移除

(3) 传送树的重构。

为了保证对目标的跟踪，当目标到根节点的距离超过一定阈值时，需要对传送树进行重构。这个阈值可以表示为 $d_m+a\times v_t$，其中 d_m 表示最小的重构距离，v_t 为 t 时刻的目标速度，a 为一个 0～1 的数。下面以分簇为例说明传送树的重构过程。

新根节点的选取方式与上文相同,即选举距离目标最近的节点作为根节点。在跟节点迁移时,原根节点首先寻找目标当前所处的簇,然后向簇头发送迁移请求,再由簇头把这个消息发给新的根节点。在根节点改变后,网络需要重构传送树以使几个节点数据的能量消耗最小。新根节点先广播一个重组信息给它的邻居,收到重组信息的节点在重组信息包中加入自身的位置信息和与根节点通信的代价信息,并继续广播。当其余任何节点收到重组信息后,都需要等待一定时间以便收集所有发送给自己的重组信息。然后,每个节点选择与根节点通信代价最小的邻居节点作为自己的父节点。这个过程将持续到监控区域中所有节点都加入到树中为止。

传送树是无线传感器网络节点协作跟踪的可行方案,移动目标附近的节点通过加入传送树将侦测信息汇聚到树根节点。通过增加和删除适当的节点以及重构传送树,可以保证对目标实施有效跟踪。选择距离目标最近的节点作为根节点,并且每个节点将数据只传送给父节点,从而降低了数据传输的冗余性。但是,在分簇的拓扑结构中,根节点需要进行数据融合和新节点的计算,能量消耗比较大,导致节点死亡。

3)分簇跟踪算法

无线传感器网络中的节点数目可能达到成百上千,为了方便节点管理和数据传输,无线传感器网络通常采用分簇结构。分簇算法通常将无线传感器网络节点按照某种规则划分成许多组,每个组称为一个簇,由一个簇头和若干簇内成员组成。分簇算法把无线传感器网络分成两层结构,簇头比簇内成员高一层次;簇内成员通过单跳或者多跳的方式把数据发送给簇头,再由簇头直接或者通过中间节点与汇聚节点进行通信,如图 8-27。

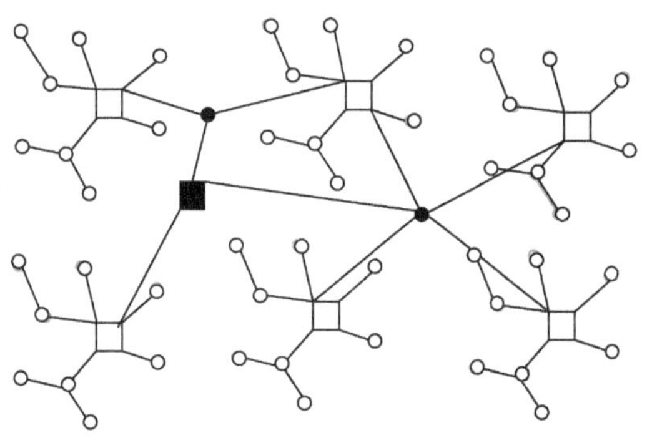

图 8-27　无线传感器网络分簇结构

分簇算法分为静态分簇和动态分簇。静态分簇在网络组建之初形成,簇的结构在短时间内不会发生改变,或者慢慢发生改变。典型的静态分簇方法包括 LEACH,TEEN(threshold sensitive energy-efficient sensor network protocol),HEED 等。动态分簇是基于事件驱动机制,只有在有事件触发的情况下节点才组成分簇,当事件完成时簇就会消失,如图 8-28 所示。

基于目标跟踪的动态分簇过程大致可分为以下几步:

(1) 竞争簇头,确定簇成员。

(2) 簇成员检测事件,然后联络簇头。

(3) 簇头融合簇成员的检测信息,估计目标状态,并发送给汇聚节点。

(4) 动态簇将要消失时,形成新的动态簇。

两种分簇算法各有利弊,静态分簇算法比较简单,但适应能力、生存能力差,容易产生边界问题;相对于静态分簇,动态分簇适应能力和生存能力都比较强,但组建和维护过程比较复杂,簇头容易被多次调用而死亡。

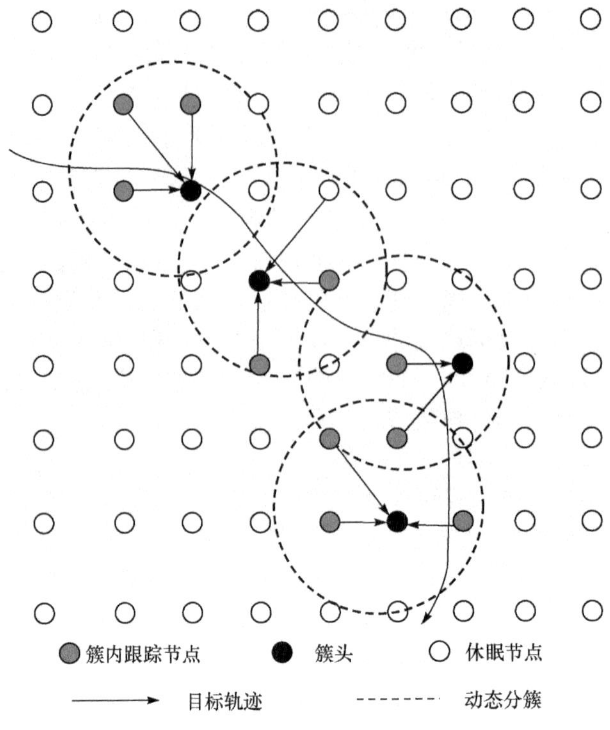

图 8-28　无线传感器网络动态分簇

8.4.4　典型目标跟踪算法比较

1）集中式算法与分布式算法

集中式算法是指所有节点将采集到的信息通过多跳路由的方式传送到汇聚节点等信息处理中心，实现目标跟踪的计算，例如 BB(blind beam-forming)算法等。分布式算法是节点间通过本地运算进行信息交换与协调，获得目标轨迹信息的算法，例如 DSTC(dynamic space-time clustering)算法等。

(1) 以节点为中心的目标跟踪算法。

假设节点不仅具有独立的识别标识，而且每个节点在统一的坐标系下其位置是已知的，这样就可以通过汇报事件的节点来识别事件发生的区域，而目标跟踪算法首先按照某种特定的规则将 WSN 的监测范围划分为许多地理区域，每个区域发生的事件以区域标识来识别。在每个区域内，节点管理信息处理与上报问题。

(2) 以位置为中心的目标跟踪算法。

以位置为中心的目标跟踪主要利用地理区域管理节点，通过了解节点所在的区域以及区域内的管理节点，把节点的探测信息汇聚到管理节点，实现数据融合以及区域内的跟踪算法。对于随机部署的分布式 WSN，这种算法的不足是节点很难在统一的坐标系下合理地划分监测空间，并且随着监测范围的扩大，问题将变得更加复杂。

表 8-2 给出了主要目标跟踪算法的性能比较。不同的算法是针对不同的应用目标提出的，算法的优劣是相对而言的，比如，针对精度问题时应采用 BB 算法，针对能耗和性能优化时应采用 ATT 算法，针对系统实时性和扩展性时应采用 DSTC 和 CTS 算法。

表 8-2　主要目标跟踪算法性能比较

算法	精度	可扩展	复杂度	能耗	实时性	容错能力	类型描述
DSTC	较高	好	低	低	高	强	分布式
BB	<1m	差	一般	高	差	较差	集中式
DSTC+BB	较高	好	一般	较低	较高	强	分布式
CTS	低	好	低	低	高	较强	分布式
ATT	较高	低	低	较低	一般	强	分布式

注：DSTC、DSTC+BB 和 CTS 算法能够满足系统高实时性要求，并且有较强的容错能力，适合应用于跟踪运动速度较快、机动性较强的目标，例如车辆等机动设备跟踪。

2）粒子滤波算法

粒子滤波算法是一种广泛采用的目标跟踪算法，高效地解决了观测系统中的非线性问题。但是将粒子滤波算法应用于传感器网络目标跟踪时，需要考虑传感器网络的特性，如能量有限、带宽有限等。粒子滤波算法主要分为集中式和分布式两种形式。

在集中式粒子滤波算法(central particle filter, CPF)中，各传感器节点将测量到的信息通过多跳的方式发送到信息融合中心(通常为 Sink 点或者用户终端服务器)，由融合中心运行粒子滤波算法，对目标进行定位和跟踪，如图 8-29 所示。这种集中式处理方式使粒子滤波实现比较简单，与通常意义下的粒子滤波算法区别不大。考虑到融合中心的能量消耗、计算复杂度几乎不受限制的特点，当 WSN 的定位跟踪算法复杂度较高、计算存储较大时，应该优选当前运行模式。这种模式不必由融合中心周期性地查询 WSN 中节点预估得到的目标位置信息，减少查询的通信能量消耗。CPF 的缺点主要在于每次定位时相关传感器节点的所有测量值均需要发送到中心，从而增加节点数据传输通信的能耗，缩短了网络使用寿命；此外还存在传输数据延时、网络拥塞、各节点资源消耗不平衡等问题。当监控区域较大，节点数量多、分布广且目标远离信息融合中心时，该算法并不太适合。

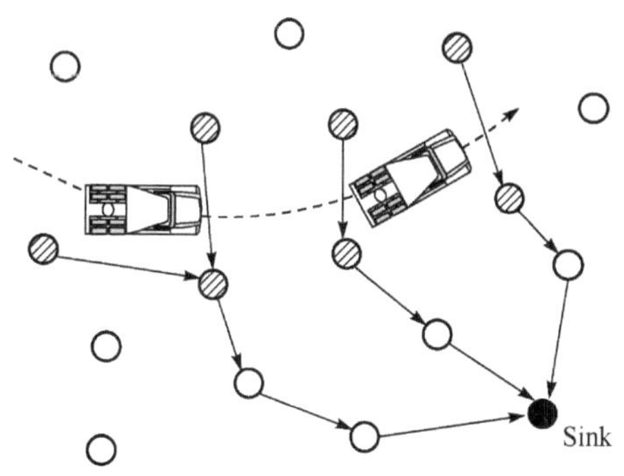

图 8-29　粒子滤波器运行于融合中心

针对 CPF 算法的不足，分布式粒子滤波算法(distributed particle filter, DPF)算法给出了相应的解决方案。沿着目标移动的轨迹，分布于轨迹周围的部分节点被激活，选定节点成为

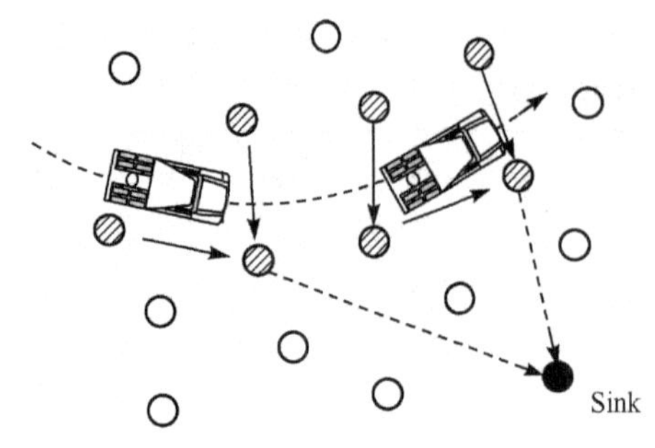

图 8-30 粒子滤波器运行于头节点

头节点。在每个跟踪定位时刻，粒子滤波器依次运行于不同的激活头节点。当前时刻的头节点将粒子滤波器预估结果传递到下一时刻选中的头节点，下一时刻的头节点再次运行粒子滤波器，如图 8-30 所示。上述过程不断重复，直到目标在监控区域消失。这种模式的节点能量消耗分布于沿着目标轨迹的各个选定的头节点，避免使能量消耗于网络中的一个单节点上，从而避免了单个融合节点能量消耗完毕或其他原因失效导致定位跟踪失败的情况。但是，这种模式需要在头节点之间传递预估结果，头节点间数据通信将消耗大量能量，当头节点间传递的变量维数较大时，通信消耗的能量更多。另外，由于目标的预估信息只是分布于单个的激活头节点中，同时由于头节点是变化的，当融合中心需要查询预估结果时，存在查询路径以及策略等问题，尤其是在查询周期比较频繁的时候。另外，头节点周期性地汇报预估的目标位置或者应答融合中心的查询，同样需要将结果通过多跳方式传递到融合中心，消耗节点的通信能量。而集中式处理方式则不存在这个问题，其每次预估结果均在融合中心，因此减少了查询、汇报等造成的通信能量消耗。表 8-3 给出了两种粒子滤波算法的性能比较。

表 8-3 集中式粒子滤波和分布式粒子滤波性能比较

算法	精度	可扩展	复杂度	能耗	实时性	容错能力	类型描述
CPF	高	差	高	高	差	强	集中式
DPF	高	一般	高	一般	差	强	分布式

8.4.5 无线传感器网络主要跟踪技术

1）基于双元检测的点目标跟踪

由于传感器节点体积小，价格低，功能较弱，有时只能通过双元检测原理对目标进行跟踪。在双元检测中，根据目标与检测节点之间的距离，用 0-1 事件判断节点是否出现。

（1）双元检测。

在双元检测中，传感器中只有两种侦测状态：一是目标处在传感器侦测距离之内，二是目标处在传感器侦测距离之外。图 8-31 给出了双元传感器模型原理，其中，实心点表示传感器节点。假设节点的侦测半径是 R，目标距传感器节点的距离为 d_T。如果 $d_T < R-e$，则目标就会被检测到。如果 $d_T > R+e$，则不会被检测到。如果 $R-e \leqslant d_T \leqslant R+e$，则以一定的概率被检测到。在通常情况下，$e=0.1R$。

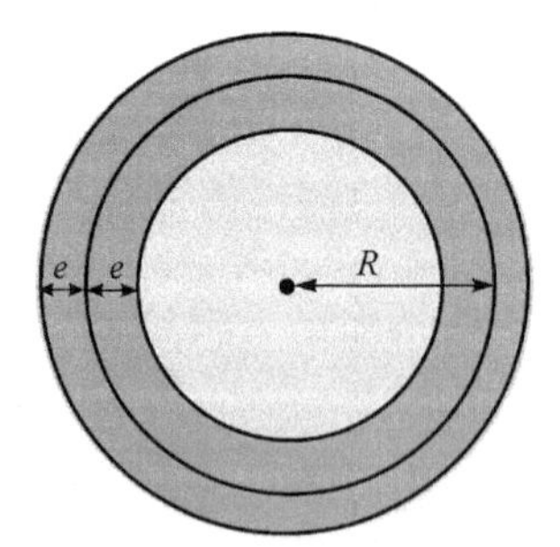

图 8-31 双元检测传感器模型

（2）基于双元检测的协作跟踪。

双元检测传感器节点只能判断目标是否在侦测范围内，无法检测到目标的距离，确定目标的位置信息需要多个节点进行协作。当目标进入节点可以侦测到的区域后，会被多个节点同时检测到。通过确定这些节点侦测范围的重叠区域，就能相对精确地确定目标位置。一般情况下，节点密度越大，跟踪精度越高。双元检测协作跟踪的基本过程如下：

① 节点侦测到目标进入侦测区域，唤醒自身的通信模块并向邻居节点广播检测到目标的消息。消息中包含节点的 ID 以及自身位置信息，同时该节点开始记录目标出现的持续时间。

② 如果节点检测到目标出现，同时接收到两个或两个以上节点发送的通告消息，则节点计算目标位置，计算时采用目标在节点侦测范围内的持续时间为权重。

③ 当目标离开侦测区域时，节点向汇聚节点发送自己的位置信息以及目标在自己侦测区域内的持续时间信息。汇聚节点根据已有的历史数据和当前获得最新数据进行线性拟合，计算移动目标的运动轨迹。

如图 8-32 所示，假设移动目标匀速运动，双元检测传感器可以确定目标在自己检测范围内持续时间。目标在检测区域内持续时间越长，它离节点就越近，侦测的数据就越精确，即图中 d 越长，侦测数据越精确。因此，节点根据检测到目标时间长短确定检测数据的权重。基于双元检测的协作跟踪可以采用大量密集部署、简单低廉的传感器节点，既降低了成本又保证了跟踪精度。然而，基于双元检测的协作跟踪需要节点间的时钟同步，并要求节点知道自身的位置信息。

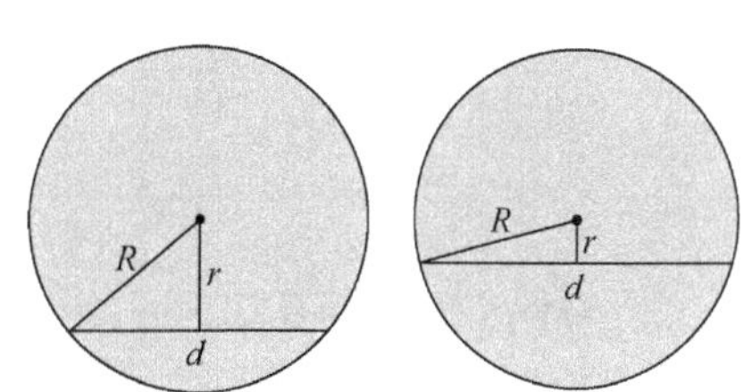

图 8-32　目标持续时间长度与计算权重的关系

R 是节点的侦测半径，r 表示节点位置到弦长的距离，d 是目标通过节点侦测范围的弦长

2）基于对偶变换的面目标跟踪

在无线传感器网络跟踪应用中，很多情况下需要跟踪面积较大的目标，例如，森林火灾中火灾边缘的推进轨迹和台风的行进路线等。在这种情况下，仅仅通过局部节点的协作无法侦测到完整的目标移动轨迹，需要引入对偶空间转换的方法解决上述问题。

(1) 对偶空间转换。

考虑初始二维空间中的直线 $y = \alpha x + \beta$，其中 α 表示斜率，β 表示截距。定义这条直线的两个参数在初始空间的对偶空间中用点 $(-\alpha,\beta)$ 表示。初始空间中的点 (a,b) 定义了对偶空间中的一条直线 $\phi = a\theta + b$。两者是一一映射关系，如图 8-33 所示。

假设将面积较大的目标看成一个半平面，则它的边界就是一条直线。对偶空间转换就是将每个传感器节点映射为对偶空间中的一条直线，将目标的边界映射为对偶空间中的一个点。这样，在初始空间中无规律分布的传感器节点在对偶空间中便成为许多相交的直线，并将对偶空间划分为众多子区域，而跟踪目标的边界映射到对偶空间是一个点，并处于某个子区域中，如图 8-34 所示。这个子区域对应的几条相交直线就是离目标最近的传感器节点，再通过到初始空间的逆变换确定此时需要的跟踪节点。

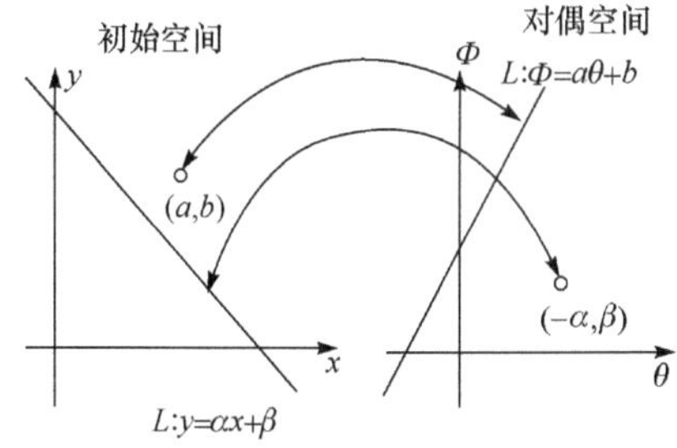

图 8-33　初始空间与对偶空间的映射关系

通过对偶跟踪的方法，跟踪问题转换为在对偶空间中寻找包括边界映射点的子区域。当目标移动时，映射点会进入其他子区域，这时需要唤醒新区域中的节点进行跟踪，而使原有区域中不再属于新区域的节点转入休眠状态。

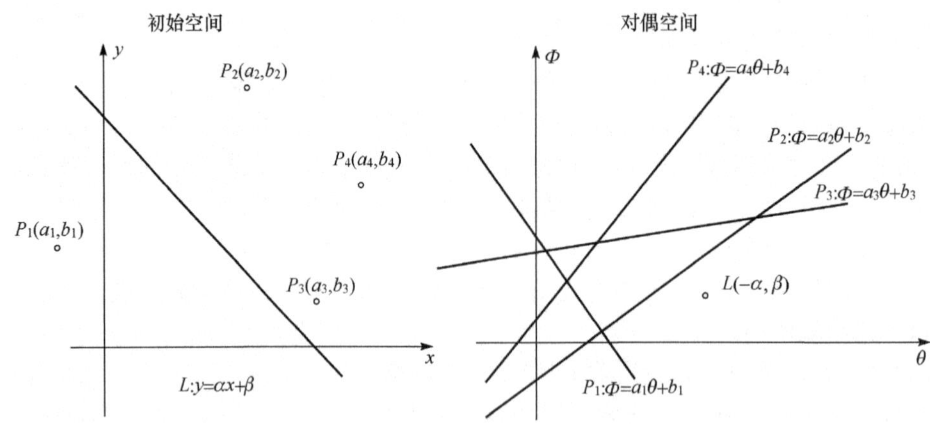

图 8-34　对偶空间映射

(2) 对偶空间跟踪算法。

假设传感器节点知道自己是否处于跟踪目标半平面内，并且处于该半平面内的节点将自己标记为 0，不在该半平面内的节点将自己标记为 1。如图 8-35 所示，假设节点 P_1 坐标为 (x_1, y_2)，目标边缘 L 的方程为 $y=ax+b$。由于点 P_1 处于直线 L 上方，故

$$y_1 > ax_2 + b \tag{8-24}$$

当节点 P_1 和直线 L 都映射到对偶空间后，P_1 对应直线 $y=x_1x+y_1$，L 对应坐标点 $(-a,b)$，使得

$$b < -x_1a + y_2 \tag{8-25}$$

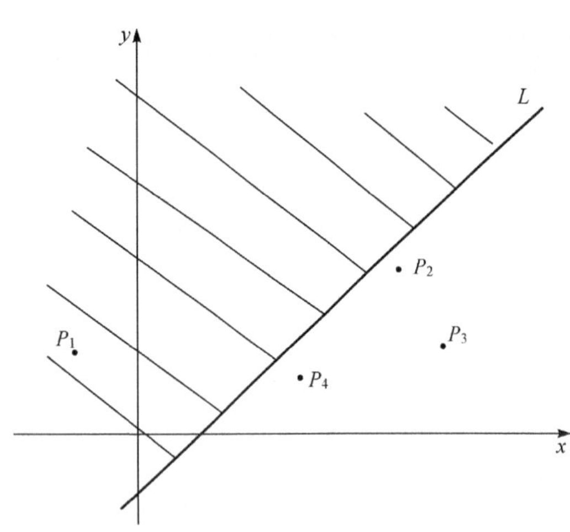

图 8-35　节点与目标边缘的关系

即在对偶空间中，点 P_1 处于直线 L 下方。每个节点都进行这样的计算，从而可以得到一组线性不等式，通过这组线性不等式可以计算出目标映射点在对偶空间中的子区域。

对偶空间跟踪转换算法是集中式算法，需要一个计算中心计算当前的跟踪节点，并向这些节点发出指令。只有包含映射点的传感器节点才需要被激活。通过将侦测目标转换为寻找目标边界的行进轨迹，可以有效简化目标跟踪的难度。利用对偶空间转换将边界变换为点，传感器节点转换为直线，能够有效地确定跟踪节点。但是，这种方法需要一个中心节点来进行计算调度，增大了网络传输负载，实时性难以保证。

思　考　题

8.1　设计传感器网络定位算法时应注意哪些问题？

8.2　基于测距的定位算法主要有哪些？各自的特点是什么？

8.3　目标跟踪方法的主要分类及各自特点是什么？

第9章　无线传感器网络仿真实验工具

9.1　NS2

9.1.1　NS2 简介

NS2 是 Network Simulator-Version 2 的缩写，即网络模拟器，由美国 UC Berkeley 大学设计开发。NS 是一种运行在 Linux 环境下免费且源码公开的软件资源，使得在此基础上研究和开发协议非常方便，因此成为常用的网络仿真软件之一。

NS 是一个面向对象的离散事件模拟器，即 NS2 是一个离散事件驱动的仿真器。整个网络的运行情况由一系列的离散事件构成，在仿真过程中模拟器根据离散事件的触发时间处理这些事件，直到所有事件都处理完或特定事件发生才停止模拟。NS 的核心部分是一个称为"调度器"的模拟引擎，该调度器类负责记录时间、在指定的时间调度队列中的事件、产生新的事件、记录事件发生的时间等工作。

NS2 是一个面向网络的模拟工具，网络中所用到的实体，如链路、队列、分组、节点等在 NS2 中均有相应的实现，这些实体组成了 NS2 丰富的构件库，图 9-1 给出了 NS 构件库的部分构件。除了丰富的构件库外，NS 的另一个优势是这些构件易于组合、扩展。用户只需对已有构件进行组合和扩展，构造出所需要的网络系统模型，就可以进行模拟。

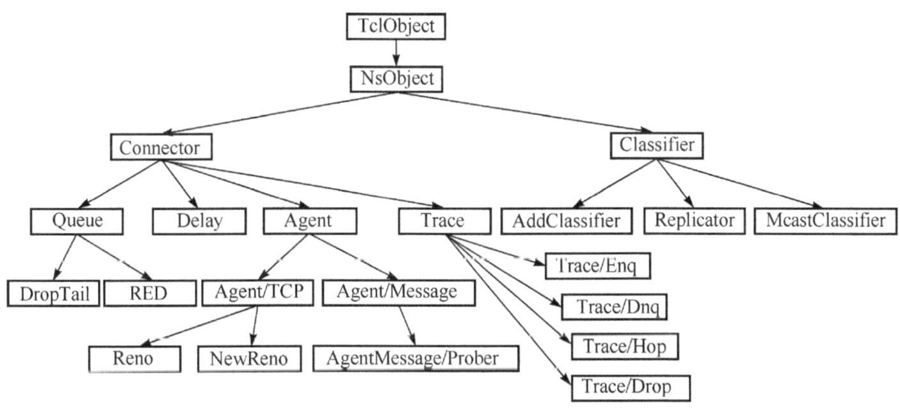

图 9-1　NS 构件库结构

NS 使用 C++ 和 OTcl(面向对象的 Tcl 语言)作为开发语言。C++是一种使用广泛的面向对象的计算机编程语言。Tcl 即 Tool Command Language，是一种灵活和交互式的脚本语言。OTcl 是由美国麻省理工学院(MIT)开发的 ObjectTcl，即 Tcl 面向对象的扩展，在 Tcl 基础上加入了类、实例、继承等面向对象的概念。NS 中的构件由两个相互关联的类实现，分别为 C++类和与之对应的 OTcl 类，这种方式称为分裂对象模型。构件的主要功能由 C++类实现，OTcl 类为 C++对象提供面向用户的接口。

图 9-2 给出了在 NS2 中添加新协议并进行仿真的过程。应用 NS2 进行网络仿真时，首先需要分析模拟涉及的层次，分析现有的协议模块能否满足仿真需求。若 NS 现有构件能够满

足仿真和需求，即仅涉及 OTcl 层次，则只需编写 OTcl 脚本既可。若现有模块不能满足需求，则需要对 NS 的构件库进行扩展(即扩展 C++部分)或者对现有协议进行修改，然后再编写 OTcl 脚本运行并验证新添加构件的功能是否满足应用需求。

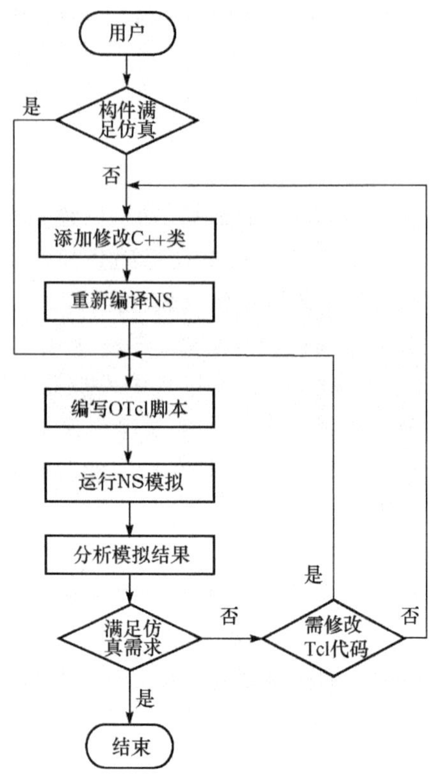

图 9-2　利用 NS 进行仿真的过程

9.1.2　Tcl/OTcl 语言简介

Tcl 是指支持字符串数据结构的脚本语言，其所有命令、参数、结果及变量都是字符串类型。Tcl 命令的语法为

```
% command arg1 arg2 arg3 …
```

其中，%为 Tcl 命令提示符，command 为 Tcl 内置命令或 Tcl 过程，arg1、arg2、arg3 等是该命令或过程的参数，命令与参数使用空格或 TAB 键分开。命令行尾使用换行或者分号来结束一条命令，二者的区别是换行会直接在屏幕输出内容，分号则不输出。

Tcl/OTcl 语言的关键要素包括：

1) 变量

Tcl 中的变量可以采用任何字母、数字、下划线等符号来表示，无长度限制，但区分大小写。变量不需要事先声明，解释器会在第一次使用变量的时候创建，使用变量的时候要在变量前面加$符号，定义一个变量 x 并为其赋值的语句如下：

```
%set x 10
= > 10
```

这里用=>表示 Tcl 终端的输出。为简单起见,在后面的例子中都不带命令提示符%和输出符=>,而以换行表示。

unset 命令可以用来删除不会用到的变量,其格式为

```
unset a
```

2) 置换

置换有三种类型,包括变量替代、命令替代和反斜杠替代。假设执行两条指令如下:

```
set x 10
set y x+100
```

第一条命令作用是定义变量 x,并把 x 的值赋为 10。假设第二条命令目的是计算 x 加 100 的和值并赋值给 y,但事实上,y 的值为字符串 x+100,而不是所需要的 110。这是因为 Tcl 把所有的命令、参数都当成字符串。

变量替代由$标记,其作用是将变量的值插入到相应位置。下例将 x 的值赋值给 y,即 y 值为 10。

```
set y $x
```

命令替代由方括号“[]”来实现,替换时先执行方括号里面的命令,然后使用命令的执行结果作为替换。若使开始的第二条命令中 y 值为 110,则必须使用命令替换做如下修改:

```
set y [expr $x+100]
```

此时 y 值为 110,虽然前面提到 Tcl 只支持字符串类型,但是,在数学计算时,Tcl 使用 expr命令处理数学表达式,会把相应的字符串参数转换成数值进行计算。

反斜杠替代和 C 语言中的替代方法基本类似,此处不做赘述。

Tcl 使用空格或 TAB 来表示不同字符串,如果把多个字符串组合在一起作为一个字符串,则需要用到花括号{}或者双引号“”,这两种组合方式的区别仅在于双引号内允许替代,而花括号内不会进行替代,如:

```
set str "Hello World!"
puts"the length of str is[string length $str]"
= > the length of str is 11
puts {the length of str is[string length $str]}
= > the length of str is[string length $str]
```

3) 流程控制

Tcl 中的流程控制符包括 if、switch、for、while、break、continue 等命令,它们的命令格式与 C 语言基本相同。

4) 错误和异常

错误和异常处理机制是创建健壮应用程序的必备条件之一,很多计算机语言都提供了错误和异常处理机制,Tcl 也不例外。在 Tcl 中,如果命令的参数报错或检测到将会导致错误的出错条件,命令会产生错误,这些错误如不被捕获则将中断脚本的执行。在 Tcl 中使用 catch

命令来捕获错误信息，其格式为

```
catch command returnVar
```

其中，参数 command 表示命令体，第二个参数用来保存命令结果或者出错信息。如在 command 命令执行过程中未产生异常，则执行条件语句体，否则将异常信息存入 result 并返回。

```
if { catch {command arg1 arg2……} result}
    puts stderr"Command run error:$result"
}
```

5）过程

相当于C语言中的函数，但在 Tcl 中称为过程。Tcl 的过程由 proc 命令来定义，包括三个参数，格式如下：

```
proc procName params body
```

procName 定义了过程的名称，params 为该过程的参数列表，参数可指定默认值，第三个参数定义了过程体。与C语言类似，过程通常用 return 命令返回过程的执行结果。

6）类和对象

与面向对象的语言类似，定义 Tcl 类需要使用关键字 Class，通过类名＋对象名的格式定义类对象。下例定义了一个类和类的对象：

```
Class Animal
Animal animal
```

同时，OTcl 提供了 info 命令用来查看类和对象之间的关系，在调试时会经常用到，如：

```
Animal info instance  #查看该类所有的实例对象
animal info class  #查看该实例对象所属的类
```

7）成员对象和成员函数的定义

与常见的面向对象语言的类定义不同，OTcl 中类由几个分开的过程组成。OTcl 中定义过程用关键字 instproc，定义成员变量使用关键字 instvar。与 C++不同，OTcl 中定义所有过程和成员变量都是 public 属性的，下例定义了一个过程：

```
Animal instproc run {speed} {
    $self instvar speed_
    set speed_ speed
    puts"Animal run with speed $speed_"
}
animal run 2
=> Animal run with speed 2
```

其中，变量 $self 的含义和 C++中 this 的含义一样，都代表该类对象本身。

8）对象的初始化和销毁

OTcl 采用 init 函数来进行类的初始化，采用 destroy 函数完成析构过程。如下例所示：

```
Animal instproc init {args} {
    $self set speed_ 0
    eval $self next $args
}
Animal instproc destroy {} {
{
    puts "destroy the instance"
    $self next
}
```

其中，构造函数中的 eval $self next $args 和析构函数中的 $self next 均表示显式调用父类的构造函数和析构函数。

9）继承

OTcl 是面向对象的语言，因此同样具有继承的概念。由于 OTcl 的成员函数和成员变量都是 public 属性的，因此继承的时候也只有 public 属性。继承采用关键字 superclass。如定义子类 horse：

```
Class Horse superclass Animal
……#定义类 horse 的成员函数等
```

同样，可以使用 info 来查看类之间的继承关系。

```
Horse info superclass  #查看父类信息
Horse info heritage  #查看继承树信息
```

OTcl 中所有的成员函数都是虚函数，子类可以重写父类的成员函数，子类可以通过 next 命令调用父类被覆盖的函数。OTcl 可以允许一个子类继承多个父类，这在面向对象语言中是比较特殊的。

9.1.3 OTcl 连接

NS 是一种使用 C++语言编写，以 OTcl 解释器为前台的面向对象的模拟器。采用两种语言的原因有两个方面：一方面协议的细节性模拟需要一种系统的编程语言，能够高效地控制字节、分组实现大规模的数据算法。执行这种任务时运行速度是相当重要的，周转时间（如执行模拟，查找错误，修改错误，重编译，重新运行等）则处于次要位置。另一方面，网络研究对参数、配置或搜索大规模场景只有细微的变化，此时周转时间（改变模式并重新运行）变得更加重要。C++编译调试复杂但执行速度快，适合具体协议的实现，OTcl 执行速度慢但修改调试容易，是模拟配置的理想语言。

NS 中的构件通常由两个相互关联的类实现，一个为 C++类（通常称为编译类），一个为 OTcl 类（通常称为解释类），且这两种类的对应关系通常也相同。在 NS 中使用字符“/”来作为分隔符的类命名规则。如在 C++中定义一个类 Agent 是 TclObject 的子类，Agent 的子类则由 Agent/TCP 表示。在 OTcl 中分别对应的类为 SplitObject、Agent 和 TcpAgent。

TclCL 通过 TclObject 和 TclClass 两个 C++类来实现 OTcl 类和 C++类的关联。TclObject 类是编译类的基类，对应的 SplitObject 是解释类的基类。在仿真过程中，只需要编写 OTcl 脚本代码对仿真进行设置，系统会自动创建 NS 构件并进行网络模拟，解释器最终会调用编译对象来完成所需的功能。每个编译对象都是用户从解释器中创建解释对象时通过 TclClass 类在 C++类结构重新创建出相应的影像对象。

当用户创建一个新的 TclObject 时，通常系统会调用解释器的 new{}和 delete{}过程来创建和销毁 OTcl 类对象。过程 new{}首先创建出解释对象，然后解释器执行这个对象的构造函数 init{}，同时传递用户提供的参数，由 NS 创建相应的解释器对象。在 OTcl 基类初始化过程中，会调用 create-shadow 方法创建 C++影像对象。此时该 C++影像对象的构造函数将被执行，同时进行变量绑定工作。

在图 9-3 中，方框表示 OTcl 过程或者 C++类，方框左上角为过程名或类名。以该图为例，创建 TclObject 并进行初始化的详细过程如下：

首先，在解释器中使用 getid 过程为要创建的解释类对象获取一个编号。

其次，执行新对象的构造函数 init{}，并将用户输入的参数传递给构造函数。每个解释类对象调用其父类的构造函数，最终将调用 TclObject 的构造函数。

第三，TclObject 的构造函数对相应的类调用 create-shadow{}实例过程，此处调用 C++类 TCP 的 create-shadow 函数。

第四，当影像(shadow)对象建立后，NS 对编译对象调用构造函数，并进行相应的变量绑定。

最后，影像对象成功创建后，create-shadow 将新创建的对象加入到 TclObjects 的 hash 表中。同时使 cmd{}成为一个新创建对象的实例化过程，会调用编译对象中的 command 方法。

需要注意的是，这种影像对象的建立只有当用户从解释器中创建对象时才起作用。如果用户直接在 C++中创建一个编译的 TclObject，OTcl 中的对象将不会创建。

TclClass 是一个纯虚函数，其继承类主要提供两个功能：构造和编译类互为影像对象的解释类；提供初始化新的 TclObject 方法。例如，在解释器中为 Agent 继承自 SplitObject，传输控制协议 Agent/Tcp 继承自 Agent；在编译器中为 Agent 继承自 TclObject，TcpAgent 继承自 Agent。TcpClass 的定义如下：

```
static class TcpClass: TclClass {
    public:
    TcpClass():TclClass("Agent/Tcp"){}
    TclObject* create(int argc,const char* argv){
      Return(new TcpAgent());
}
```

通过定义可以看出，该类非常简单，只有一个构造函数和 create 方法。其中，构造函数通过调用基类的构造函数 TclClass(“Agent/Tcp”)指定了对应的解释器类，将解释器中类的对象和编译器中类的对象联系起来。这也是 TclClass 的主要功能。create 方法创建 C++中与解释器中关联的 TclObject 子类的一个类实例。

NS2 的分裂对象模型使得它必须为解释器和编译器提供相互访问的接口。下面的部分

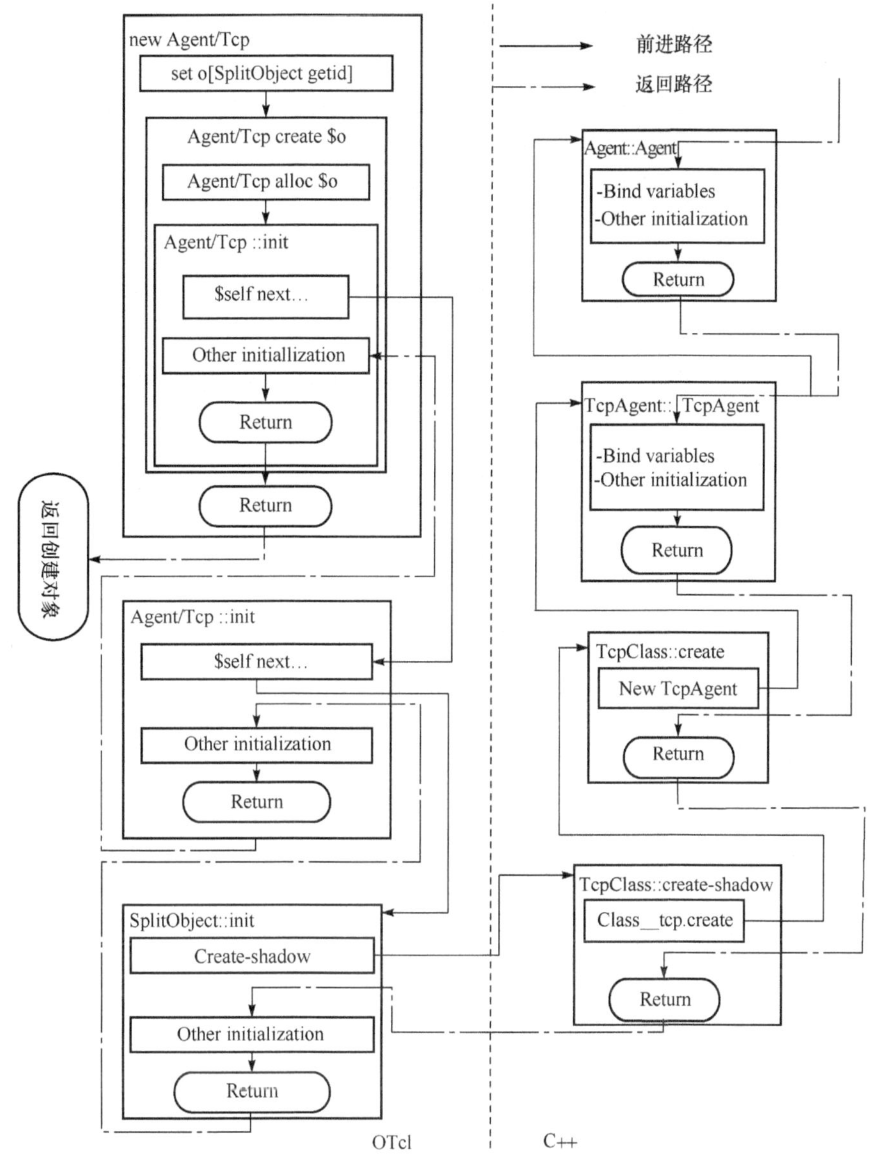

图 9-3　对象(NS object)创建过程

将介绍这两种接口的原理，即 command 方法和 Tcl 类。Command 方法提供了 OTcl 对象访问对应 C++对象的接口，Tcl 类则提供了在 C++中访问 OTcl 中类的一种方法和交互方式。

对于每个 TclObject 对象，NS 为每个 OTcl 解释对象都建立了一个 cmd{}实例过程。过程 cmd{}调用 C++影像对象的方法 command，并将 cmd{}的参数作为一个参数数组传递给 command 方法。

在解释器中调用对象的格式为 $obj 〈cmd_name〉 [〈args〉]，其中，obj 为 OTcl 类，cmd_name 为命令名，args 为可选参数。图 9-4 说明了该命令的调用过程。

首先，在解释器执行命令“ $tcp 〈cmd_name〉 〈args〉”。

其次，在 OTcl 类 Agent/TCP 中查找是否有 cmd_name 过程，若有则转入执行，否则执行下一步。

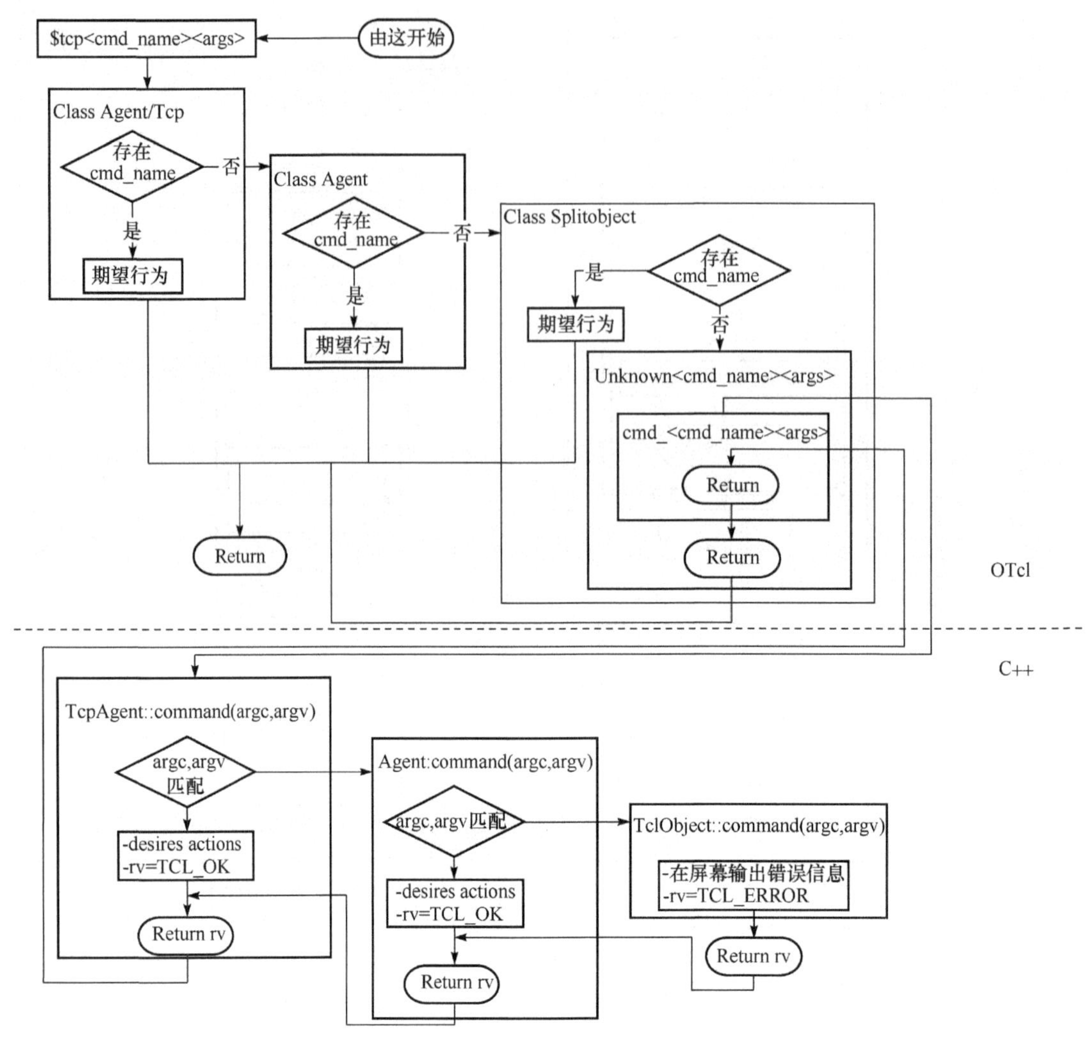

图 9-4 command 调用过程

第三，在 OTcl 类 Agent/TCP 中查找过程 unknown{ …}，若有则转入执行，否则执行下一步。其中，过程 unknown{ …}为某些 OTcl 类定义的一种实例过程。

第四，重复执行第二和第三步，直到基类 SplitObject。如果在任何子类中均未查找到 unknown 过程，则基类 SplitObject 将会被执行自身定义的 unknown 过程，并将 cmd_name 和用户的参数一并传给该过程。

第五，在 unknown 过程中会调用 cmd 实例过程，同时将 cmd_name 和用户的参数一并传给 cmd 过程，并由 cmd 过程调用 C++中对应类的 command 函数。

第六，函数 command(argc，argv)检查参数个数和命令名 cmd_name(保存在 argv[1]中)，如果存在该命令，则转入执行并返回 TCL_OK，否则调用父类的 command 函数。

第七，调用父类 command 函数，并将参数一并传送过去。

第八，重复执行第六、七步，直至查找到相应命令。如果最终查询至基类 TclObject 且未查到相应命令，则 TclObject 类的 command 函数会报告一个错误，并返回 TCL_ERROR。

最后，沿着 C++继承关系向下至 C++类 TcpAgent，返回 OTcl 并将执行结果(TCL_OK 或 TCL_ERROR)一并返回。至此，command 的调用过程结束。

在解释器中，Tcl 类封装了 OTcl 解释器类的实例，并提供了访问解释器的方法。编译器类通过获取 Tcl 实例的一个指针，在获取指针后可以进行相应的操作，如调用 OTcl 过程和从解释器返回或传入结果。获取 Tcl 指针方法为：

Tcl& tcl = Tcl::instance()

调用 OTcl 过程的方法有四种：

(1) tcl.eval(char * s) //执行字符串 s，并在 OTcl 的结果变量中保存执行结果。

(2) tcl.evalc(const char * s) //保存字符串 s，将 s 复制到中间缓冲区，在缓冲区里调用 tcl.eval(char * s)，然后将执行结果保存到结果变量。

(3) tcl.eval()//执行已经存入命令缓冲区中的命令，保存执行结果。

(4) tcl.evalf(const char * s) //类似 C 语言中的 printf，内部使用 vsprintf 来创建输入的字符串，执行同 tcl.evalc(const char * s)。

在 C++ 中调用 OTcl 后需要把结果传递给解释器，下面两条命令给出了在解释器中获取执行结果的方法。

(1) tcl.result(const char * s) //将字符串结果返回给解释器。

(2) tcl.result(const char * fmt,…) //调用 vsprintf 格式化结果，然后将结果字符串返回给解释器。

9.1.4 NS 基本组件

1) 事件模拟器和事件

在 NS 中所有的模拟工作都是由 Tcl 类——Simulator 来定义和控制的，该类提供了模拟配置的接口。进行模拟时，首先需要创建一个 Simulator 类的实例对象，模拟过程中所必需的对象，如节点、链接，则需要调用该 Simulator 对象的方法来创建。

NS 是一个离散的事件驱动的模拟器，在初始化过程中需要建立一个事件调度器(event scheduler)来维护事件链表和仿真事件。在运行期间，调度器在事件链表中调度触发时间最早的事件，执行完该事件后，再从链表中选择触发时间最早的事件执行，直至仿真结束。目前，NS 支持两类事件调度器即实时的和非实时的，其中非实时的又分为 linked_list、heap、calendar 三种。这三种调度器本质上是相同的，但采用的数据结构不同，分别为链表、堆、缺省的时间队列。

在～ns/common/scheduler.h 中定义了事件类 Event，通过该类可以看出，一个事件通常由触发时间(fire time)和 Handeler 函数组成。变量 handler_为调度器 Scheduler 提供了一个接口，通过接口调度器在事件就绪的时候调用该事件。

```
class Event {
public:
    Event *next_;           /* event list */
    Event *prev_;
    Handler *handler_;      /* handler to call when event ready */
    double time_;           /* time at which event is ready */
    scheduler_uid_t uid_;/* unique ID */
    Event() : time_(0), uid_(0) {}
}
```

NS 有两个 Event 类的派生类，AtEvents 和 packets，packets 类将在下面的部分介绍。AtEvents 作用是执行 OTcl 命令，它除了继承类 Event 的成员变量外，还有自己的一个变量 proc_，该变量用于存储一个可以执行的 OTcl 命令字符串。在事件触发时，与 AtEvents 类相关联的 handler，即 AtHandler(Handler 的子类)类对象，将会从 proc_变量中取出并执行 OTcl 命令。

模拟过程进行事件触发的一般形式是 at 〈time〉〈statement〉。其中，at 是在 C++ 类 command 函数中定义的一个命令。该命令所实现的功能是创建一个 AtEvent 对象，并把 statement 赋值给 proc_，同时为该 AtEvent 对象创建一个 AtHanler 实例。在模拟开始后，tcl 脚本调用 Simulator 的 run 过程时(即$ns run)，将调用 Schduler 类的成员函数 dispatch，该函数把当前的事件 Event 赋值给 AtHandler 成员函数 handle(Event *)，执行定义的statement 行为。

2) 节点(node)

在 NS2 中，节点作为一个计算机主机或是路由器存在，它接受上游组件或用户应用的分组，转发给路由表中指定的链路或传递到分组中所指定的相应端口。在 NS 中创建一个节点的方法是调用 Simulator 的 node 过程：

```
set ns [new simulatot]
$ns node
```

一个节点通常由地址分类器和端口分类器组成，分别用来判断分组的目标地址和分组的目标 Agent。

图 9-5 给出了单播节点的结构。在创建节点之前，需要对它的各种属性进行配置，如节点的地址类型、移动节点的各个网络构件的类型、Ad-Hoc 网络中移动节点的路由协议类型、是否打开各层(Agent、Route、MAC)的 trace 功能等。函数 Simulator::node-config{}提供了一个节点配置的应用接口。节点的属性包括：

- addressType：设定节点的地址类型。
- adhocRouting：设定自组网(Ad-Hoc network)中一点用节点的路由协议。
- llType：设定移动节点的逻辑链路层类型。
- macType：设定移动节点的 MAC 层类型。
- ifqType：设定移动节点的队列类型。
- ifqLen：设定移动节点的队列长度。
- antType：设定移动节点的天线类型。
- propType：设定移动节点的无线信号传输模型。
- phyType：设定移动节点的物理层模型。
- channelType：设定移动节点的无线信道模型。
- topoInstance：设定移动节点的拓扑对象。
- wireRouting：是否支持有限网络的路由。
- agentTrace：是否打开应用层的 trace。
- routerTrace：是否打开路由层的 trace。
- macTrace：是否打开 MAC 层的 trace。
- movementTrace：是否打开节点位置和移动信息的 trace。

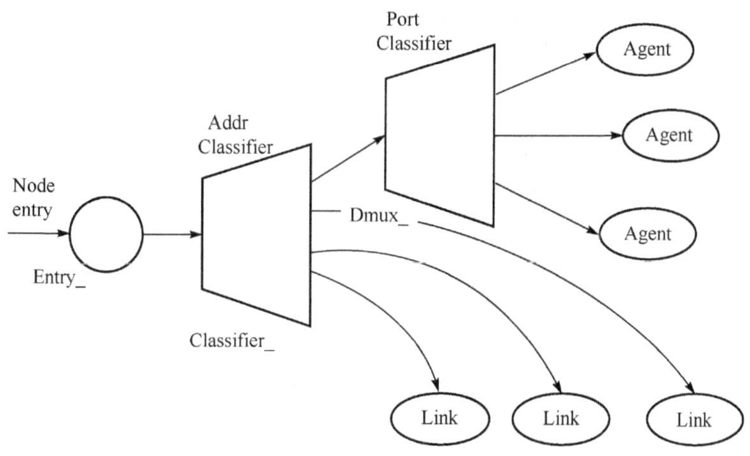

图 9-5　单播节点结构

3）分组头管理

在 NS 网络模拟中，packet 类对象是模拟过程中各种对象之间交换的基本单元。一个 packet 通常是由一系列的分组头和数据空间组成。在仿真过程中，携带真实数据通常是没有意义的，在分组头中会包含关于数据大小的描述，因此数据空间通常为空。分组头部分在 Simulator 对象创建的时候就已经被初始化了，在默认情况下 NS 会创建需要用到的所有协议的分组头，即整个 packet 中定义的所有分组头都被创建，如 common、TCP、IP 等，尽管有的分组头在某一仿真中未被用到。图 9-6 给出了一个分组的结构示意图。

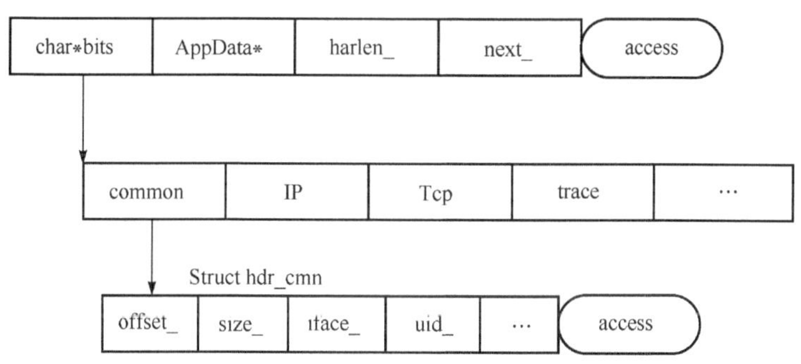

图 9-6　分组的结构示意图

Packet 是一个链表构成的数据结构，其中每个 packet 包含一个指向分组头的地址变量 bits_、数据空间、分组头长度和一个 access 函数。对于每种相应的分组头，又包含相对于包的地址偏移量 offset_、该分组头大小 size_、该分组头编号 uid_和一个 access 函数等。只要给出特定的报头在 packet 中的偏移量 offset_，access 函数通过强类型转换就能取得指向该报头的指针访问或设置该报头内容。

在 NS2 中，每个 packet 对象的结构在一次模拟中保持不变。packet 在网络各个层次流动时，唯一的变化是各个子报头中的内容发生改变（如传输层设置 IP 报头等），但不会出现实际网络中报头的添加和拆解过程。

用户可以为新协议添加自己的分组头，假设需要创建一个叫 newhdr 的分组头，具体步骤为：

（1）创建一个新的结构体来定义所需的字段，按照惯例命名为 hdr_newhdr，定义 offset_ 字段和访问该字段的方法，即 access 函数。

(2) 为需要访问的分组成员变量定义相应的成员函数。

(3) 创建一个静态类执行 OTcl 连接，按照惯例命名为 PacketHeader/Newhdr，在替代结构体函数中执行 bind_offset()。

(4) 编辑～ns/tcl/lib/ns-packet. tcl 来激活新的分组头。

4) 代理

代理(agent)是一个 NsObject，负责分组的创建和销毁工作。NS 中有路由代理和传输层代理两种类型的代理。路由代理负责创建和接收路由控制分组并管理协议的执行。传输层代理负责将应用连接到底层网络，控制基于传输层的协议的配置和可靠性。

代理代表了网络层分组的起点和终点，可用于实现如 Tcp 和 UDP 等网络协议，Agent 类是由 C++和 OTcl 共同实现的。下面两种成员函数是在 C++中实现的，用于生成一个分组，Agent 的所有子类共用这两个函数，通常不会被重载：

(1) Packet * allocpkt()生成一个分组并给它赋值。

(2) Packet * allocpkt(int n)生成一个新的分组，该分组的数据部分长度为 n 字节。

下面的成员函数也是由 Agent 类定义的，但是其需要被派生类重载：

(1) void timeout(timeout number)

(2) void recv(Packet * ,Handler)

Agent 的派生类用 allocpkt 函数来产生需要发送的分组，填写分组中的一些域，如 uid、ptype、size 及 IP 头中的一些字段。recv 函数是 Agent 在接收分组时的入口，源节点在发送一个分组时会调用目标节点相应的 Agent 的 recv 函数。

在实际应用中，NS 并不能完全满足研究需求，这就需要自己创建一个新的代理。通常创建一个新代理需要完成以下操作：

(1) 确定其继承结构，并建立合适的类定义。

(2) 定义 recv 和 timeout 方法。

(3) 定义任何必需的定时器。

(4) 定义 OTcl 链接函数。

(5) 编写必要的 OTcl 代码以访问代理。

5) 应用层

应用层构建在传输代理层之上，主要分为两类即流量发生器和应用模拟器。NS 中有四种流量发生器，其中常用的是 CBR 流量发生器。应用模拟器有 Telnet 和 FTP，常用的是 FTP。流量发生器用于 UDP 代理，而应用模拟器用于 TCP。

为实现应用层程序和传输层代理的协调工作，通常有以下步骤：

(1) 在 OTcl 脚本中将传输层代理绑定到节点上，如

```
set src [new Agent/TCP]
set sink [new Agent/TCPSink]
$ns_ attach-agent $node(0) $src
$ns_ attach-agent $node(1) $dst
$ns_ connect $src $sink
```

代理首先通过 attach-agent 命令将传输层代理连接到节点上，然后使用 connect 命令将两个代理联系起来。

(2) 将应用层程序连接到传输层代理上。应用程序定义以后，必须连接到一个传输代理上。attach-agent 方法可以用来把应用程序绑定到代理上，这部分也在 OTcl 脚本中实现，如

```
set ftp [new Application/FTP]
$ftp attach-agent $src
```

(3) 通过系统调用使用传输代理。一旦传输层代理配置完成以及应用程序绑定之后，应用程序可以通过下列的系统调用来使用传输服务：

send(int nbytes)发送 nbytes 的数据到对等代理，如果 nbytes 为-1，则表示发送无穷多的数据。

sendmsg(int nbytes，const char * flags=0)与 send(int nbytes)相同，也是发送 nsbyts 的数据，区别在于需要传送附加字符串 flags。不同的应用层代理对 flags 有不同的定义。

Close 函数关闭连接。

Listen 函数监听新的连接。

set_pkttype(int pkttype)设置代理中的 type_变量为 pkttype。

9.1.5 实例分析

在 NS 中，类似于 UDP、TCP 等传输层协议和 CBR、FTP 等应用层协议，路由协议也是由类 Agent 继承而来的。对于传输层传递过来的数据包，节点会通过地址分类器把数据包分配到相应的地址端口，并由该端口上的路由协议往下层传递。同样，路由层协议上传数据，节点通过端口分类器把相应的数据包传递给传输层协议。

下面以添加一个泛洪协议为例，解释 NS2 中网络协议的开发和添加过程。该协议的主要功能是维护一张路由表，记录以前转发过的包，并进行重复包检测。这里仅简要介绍添加协议的过程，对具体实现过程不再赘述。

1) 添加协议类

在 MFlood 类的实现中，共包括 5 个程序文件：mflood.[h，cc](用于 MFlood 协议的实现和定义)，mflood-seqtable.[h，cc](路由表定义和实现)，mflood-packet.h(自定义包头)。

通常，在协议类头文件(mflood.h)中除了定义必要的成员变量外，需要定义一个由 agent 继承来的 recv 函数和 command 函数以及其他与路由相关的函数。recv 函数用来处理收到的数据包，包括上层协议和下层协议的数据包。command 函数用于定义可在 OTcl 脚本文件中使用的命令。下面为头文件 mflood.h 定义的部分代码。

```
class MFlood: public Agent {
   friend class MFlood_RTEntry;
public:
   MFlood(nsaddr_t id);
   void recv(Packet *p, Handler *);
protected:
   int command(int, const char *const *);
   ……//此处定义协议实现的其他函数
private:
   ……//此处定义协议所需的变量
};
```

由于 NS 是分裂对象模型实现的，要添加的协议可以在 Tcl 代码中使用，必须将编译类和解释类联系起来。这里用到了前文的 TclClass 类，每个协议必须定义一个继承自 TclClass 的静态类。下例给出了 MFloodclass 类，其中，Agent/MFlood 和解释器中的类对应起来。不难看出，create 函数定义了一个 MFlood 类的实例对象。

```
static class MFloodclass : public TclClass {
public:
    MFloodclass() : TclClass("Agent/MFlood") {}
    TclObject* create(int argc, const char*const* argv) {
        assert(argc == 5);
        return(new MFlood((nsaddr_t) atoi(argv[4])));  // PBO agrv[4] is in-
dex_}
    }
} class_rtProtoMFlood;
```

MFlood 是无线自组织网络下的路由协议，NS 运行 Tcl 指定的路由协议时只用到协议的名称，因此需要修改 NS 的 Tcl 代码，使得当网络使用的路由协议为新增的 MFlood 协议时，会调用 OTcl 下新增加的 Agent/MFlood 解释类，并最终调用在 C++ 下增加的 Agent/MFlood 编译类。这需要修改～ns/tcl/ns-lib. tcl 文件，在 Simulator 类的 create-wireless-nod 成员函数增加如下代码：

```
switch-exact $routingAgent_{
MFlood{
    set ragent {$self create-mflood-agent $node}
}
```

上述代码的含义是当 node 指定的路由协议为 MFlood 时，会调用 create-mflood-agent 成员函数来进行初始化。同样需要在～ns/tcl/ns-lib. tcl 文件中增加 create-mflood-agent 成员函数，其实现过程如下：

```
Simulator instproc create-mflood-agent {node}
{
    set ragent [new Agent/MFlood [$node id]]
    $node set ragent- $ragent
    return $ragent
}
```

可以看出，create-mflood-agent 函数创建了一个 Agent/MFlood 对象，并把其绑定至指定的 node 上。其中 new Agent/MFlood [$node id]]经过执行最终在编译器中创建 C++ 类 MFlood。

2）增加包头类型

MFlood 没有控制包，为了进行重复包检测需要定义自己的包头，并在包头中保存序列号。在定义包头时，offset 变量和 access 函数是必须定义的，可以参照已有协议的包头做相应修改即可。这部分代码保存在相应的包头文件 mflood-packet. h 中。但是，为了可以在解释器中使用该包头类型，必须做相应修改。通过继承 PacketHeaderClass 类，把 Tcl 中的 PacketHeader/MFlood 类和 C++ 中的 hdr_mflood 绑定起来。

```
static class MFloodHeaderClass : public PacketHeaderClass {
public:
    MFloodHeaderClass ( )  : PacketHeaderClass ( " PacketHeader/
MFlood", sizeof(hdr_mflood)){
        bind_offset(&hdr_mflood::offset_);
    }
} class_mfloodhdr;
```

这里定义的 MFlood 为包头名称，在～ns/tcl/lib/ns-packet.tcl 中列举了默认采用的包头，需要在其中添加 MFlood：

```
foreach prot {
    MFlood
}
```

同时修改 common/packet.h 的代码：

```
enum packet_t {
PT_MFLOOD= 61,
PT_NTYPE= 62 // This MUST be the LAST one
};
p_info() {
name_[PT_MFLOOD]= "MFlood";
}
```

3）编译代码

在完成了协议的定义和实现后，需要对新增文件进行编译链接到 NS 中。这个过程需要修改～ns/Makefile，增加对新类的编译。假设新增的 mflood 协议在～ns/fllod 目录下，在 Makefile 中 OBJ_CC 变量的定义中增加：

```
flood/mflood.o flood/mflood_seqtable.o\
```

经过编译后，用户可以编写 Tcl 脚本文件，在对网络参数进行设置后，协议即可正常运行。

9.2 OPNET

1987 年，OPNET 公司发布了其第一个商业化的网络性能仿真优化工具软件，该软件实现了具有预测性的网络性能管理和仿真功能。通常将网络设计和管理分为三个阶段：①设计阶段。主要包括网络拓扑结构设计、协议设计和配置，以及网络中设备选择。②发布阶段。设计具有一定性能的网络，如吞吐量、响应时间等。③运行阶段的故障诊断、排错和升级优化。

OPNET 公司的整个产品线能够面向研发的各个阶段，已成为智能化网络管理分析解决方案的主要提供商。

在 OPNET 各类产品中，Modeler 几乎包含其他产品的所有功能，所以，一般关于 OPNET 的介绍都是针对 Modeler。Modeler 具有如下特点：

(1) 采用层次性的建模方式，从协议间的关系来看，节点的建模符合 OSI 标准，自顶向下分别实现了应用层、TCP 层、IP 层、MAC 层等网络协议。从网络构件层次来看，提供了进程模型、节点模型、网络模型三层建模方式。

(2) Modeler 采用面向对象建模方式，同类节点在初始化时采用相同的模型，通过设定不同的参数来完成不同的应用需求。

(3) 同时，Modeler 采用基于时间出发的有限状态机建模方式，是以事件出发的建模而不是以时间出发的建模，采用离散事件驱动的模拟原理。

OPNET 和 NS2 一样属于面向对象的模拟器，同样面临着规模性问题。同时，由于 OPNET 是商用而非开源软件系统，且相关的协议代码实现较少，在学术界的应用并不广泛。但时，OPNET 在某些方面具有独特的优势，如对特定传感器硬件建模、定制包格式等较为方便，而且具有友好的辅助建模、调试和分析的图形界面。

9.2.1 OPNET 仿真流程

图 9-7 给出了使用 Modeler 进行仿真的一般流程。其主要步骤和含义如下：

(1) 理解系统。指使用者正确地理解要模拟的系统对象，对系统理解的精确性直接关系到所建模型的精确性。

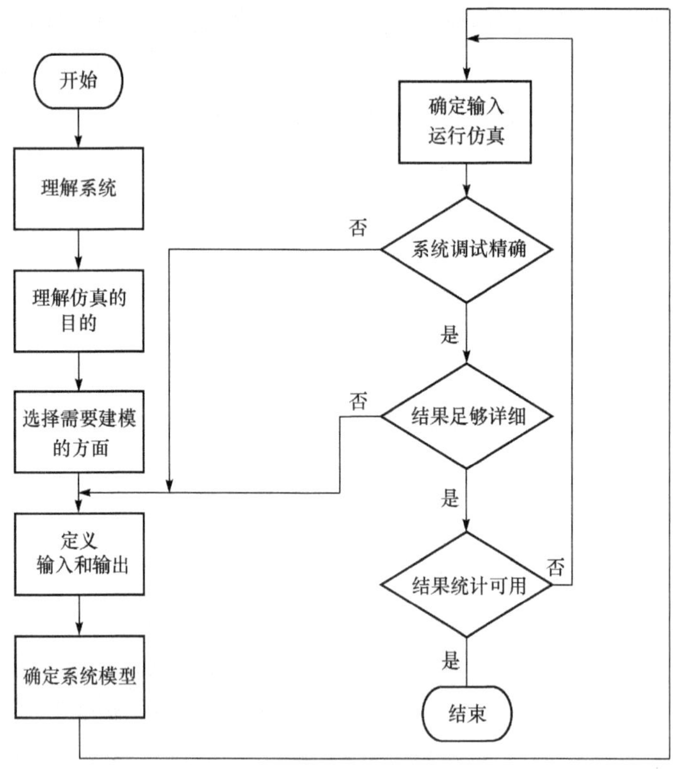

图 9-7　OPNET 仿真流程图

(2) 理解仿真的目的。仿真结果能够帮助使用者解决什么问题。

(3) 选择需要建模的类型。得到建模的目标,如计算接收机的吞吐量,测量链路的重传率,确定系统工作在什么负载下开始不稳定。

(4) 定义输入和输出。系统在运行时可以输入网络拓扑结构等固定量,也可输入业务产生率等变量。通常是保持一些变量不变,然后在固定范围内改变几个变量,然后再确定输出,以及对这些输出进行分析。

(5) 确定系统模型。了解仿真软件提供的特性,了解如何使用这些特性来表述系统模型。

(6) 确定输入,运行仿真。在仿真时一般保持大多数变量不变,改变其中的一部分变量。

(7) 系统结果是否精确。在仿真前,使用者需要对输出结果做出一些预测,然后根据预测结果和实际的仿真结果进行比较。

(8) 结果是否足够详细。根据需要适当地增大或缩小系统的输入范围,使得结果处于需要的范围之内。

(9) 结果是否统计可用。其含义是仿真结果并没有达到一个稳定的运行状态,此时需要重新运行仿真,使其达到稳定状态。

9.2.2 OPNET 建模

OPNET Modeler 提供了三层建模机制来描述现实的系统,自上向下分别为网络层、节点层和进程层,通常将这三种建模工作环境称为三个域。采用多层次的建模方式和采用单一层次对系统中所有的层面进行建模的方法有很大不同。下面我们将对这三个层次进行简单介绍。

网络层处于整个系统中的最顶层,从高层设备(节点和通信链路)对系统进行规范,负责将节点层中建立起来的设备连接成网络。根据不同的拓扑结构构造不同的网络。

节点层是由相应协议模型组成的节点模型,从应用、进程、队列和通信接口对节点的功能进行规范。该层将进程层次中的各个进程互连,通过数据包和状态信息的传递完成各种操作,以实现设备功能,体现设备的特性。

进程层处于整个系统中的底层,进程层主要完成模拟单个对象的行为。对系统内节点所含进程的行为进行规范,如决策进程和算法等。

9.2.3 OPNET Modeler 开发环境

根据 OPNET Modeler 的三层结构,系统分别提供了网络编辑器、节点编辑器和进程编辑器三种编辑环境。此外,系统还提供了其他一些编辑器。Modeler 采用"项目-场景"模式对网络进行模拟。在通常情况下,一个项目由一个或者多个场景组成,每个场景是网络的一个实例。下面简要阐述各种编辑器的功能。

1) 项目编辑器

子网、节点和链路是 OPNET 对网络建模的基础,在项目编辑器中,对这三类对象可以进行的工作包括创建和编辑网络模型、创建节点和链路、设定网络环境、运行仿真及选择和分析结果。

使用项目编辑器可以有多种方式对网络模型进行建模,如使用 startup wizard 来确定场景的初始环境,系统会提示如何建立拓扑结构;通过项目编辑器里的对象面板选择所需模型进行建模;使用快速配置选项进行网络配置。

2）节点编辑器

节点编辑器用于定义每个节点的行为，节点可看作为一个由硬件和软件构成的一个独立的设备或资源，具有产生（采集）数据、转发数据、接收并处理数据等功能。在OPNET中，每个节点模型由多个模块组成，每个模块模拟节点的某一种行为，如产生数据。

节点编辑器提供了模拟节点内部功能所需要的资源，在节点模拟器中，用户可以选择多种模块，每个模块负责实现节点的某一方面功能。每个节点的模块间通过packet streams或statistic wires相连，其中packet streams负责模块间数据包的传输工作，statistic wires则实现对模块特定参数进行监视，并记录参数的变化。

3）进程编辑器

OPNET进程编辑器用于产生处理器模型，用来实现节点编辑器中各种模块功能。进程模拟描述了实际进程中的逻辑，如通信协议和算法、共享资源管理、排队原则、业务发生器、统计量搜集机制及操作系统。OPNET使用图文结合的进程编辑器，状态转移图（state transition diagram，STD）描述了进程模拟的总体逻辑构成。处理机模型使用有限状态机来描述，图标表示状态，图标间的连线表示各种状态间的转换。每个状态使用C语言或者C++来描述所要执行的操作。图文结合的进程编辑器具有两个优点，首先，查看进程模式及模式间的控制流比较直观。其次，由C或C++语言描述的进程模型复杂性降低。

4）链路编辑器

链路编辑器用于产生新的链路类型，并在链路模型中对各个新的链路对象具有的不同特性进行说明。对于不同的链路对象，每类链路都包含了特有的属性接口、注释及表示方法。在项目编辑器中创建的链路是链路模型的特定实例，因此，在对链路模型进行修改时，链路实例会自动地继承该属性。

在链路编辑器中，可以对以下项目进行编辑。

（1）链路类型。OPNET支持四种基本的链路类型，即ptsimp（点对点双工链路）、ptdup（点对点单工链路）、bus（总线链路）和bus tap（总线分接链路）。每种链路模型可以支持这四种类型中的一种或者多种。

（2）关键字。关键字用于有选择地在项目编辑器对象模板中显示链路模型。在对象模板配置时，通过将关键字与请求关键字比较来确定是否将此模板作为选择。

（3）模型注释。模型注释用于描述链路的特性、潜在的应用和用户可能需要的其他信息。这些注释为不能访问链路模型内部的用户提供了必要的信息，为用户正确地使用该模型提供了便利条件。

（4）属性接口。属性接口是链路模型为项目编辑器中链路对象提供的一种规范性的说明。通过属性接口，链路模型可以通过属性预分配、属性隐藏等为链路对象的属性配置信息。

5）包编辑器

包是一种由不同字段集合组成的一种数据结构。每种包格式规定了每一字段的名称、数据类型、默认值、大小及相关注释等信息。包编辑器用来定义数据包的内部结构。用户可以通过访问包编辑器的菜单栏创建和处理包格式。在OPNET中，数据包的字段无顺序之分，包格式使用字段名进行调用。

6）天线模式编辑器

天线的信号接收功率通常受到各种因素的影响，如天线间的方向矢量和沿该方向矢量的每个天线的增益。天线编辑器用于对天线各方向的增益特性进行建模。在给定节点的相对位置后，天线模型编辑器通过规定天线增益模型来提供增益值。将各种因素构成的函数进行计算，就可得到信号的接收功率。用户可以通过天线编辑器的菜单进行创建和处理天线模式的相关操作。

天线编辑器提供三种操作，包括：

(1) 使用 set plane、increase plane 和 decrease plane 选择天线模型的圆锥分层。

(2) 使用二维图形为当前分层键入增益模型。

(3) 使用缩放和旋转命令维护三维视图。

7) 接口控制信息编辑器

基于中断的进程间相互通信数据组成了接口控制信息格式(interface control information, ICI)。在 ICI 中定义了控制信息的字段名、数据类型和默认值。ICI 编辑器为创建和使用 ICI 提供了表格形式的对话框，用户可在该对话框中创建、查看、编辑控制信息格式。

此外，OPNET 还提供了调试曲线编辑器、图片库编辑器和仿真序列编辑器等其他编辑器。

9.3 GloMoSim

GloMoSim(global mobile information systems simulator)是由美国加州大学洛杉矶分校(UCLA)开发的一种专门用于模拟无线网络的模拟器，其主要适用于 Ad-Hoc 网络。GloMoSim 在经过验证的 PARSEC(parallel simulation environment for complex systems)并行仿真内核基础上，为用户提供了方便灵活的仿真环境。该仿真工具由于使用了并行设计方法，显著降低了仿真运行时间，可以快速对大规模的无线网络进行仿真。同时，GloMoSim 的仿真库代码是开源的，也为用户自己独立开发所需算法提供了灵活的实现手段。

GloMoSim 是用于无线网络的可扩展仿真系统模型。对应于 OSI 模型，GloMoSim 的仿真库协议栈使用分层结构进行设计，在层与层之间提供了标准的 API 接口函数。因此，可以根据需要对不同层的协议或不同人员开发的协议进行快速集成，节约研发时间。

在 GloMoSim 仿真过程中，首先需要初始化每个节点。这些节点以一个 PARSEC 实体为单位，而每个实体的初始化过程是独立的，有自己的运行栈空间。显然，随着节点数的增多，系统所需的存储空间将会成倍增加，且不同实体间上下文切换的实时性也难以估计和保证，因此将会限制系统的性能。

GloMoSim 中引入了网格的概念用以解决这个问题。在网格中，系统中的若干节点可以由一个简单的实体进行仿真，节点的状态是由该实体中的一个数据结构来反映的。其中，该数据结构包含了优先级以及访问权限的定义。通过引入网格概念，当网络系统中增加新节点时，实体数目可以保持不变，仿真前仅需要规划该系统采用实体的个数即可。而且由于实体的特性相近，在顺序仿真时仅需初始化一个实体。这样就解决了存储器资源和上下文切换的问题。

从上述分析可知，GloMoSim 采用网格的方式降低资源需求，它的各个区域是对等的，不存在拓扑上的本质区别。但是，在无线传感器网络中不同区域的节点在整个网络中所处的地位是不同的，不可能用网格的概念对待。同时，在 GloMoSim 中各节点的位置已知，实际上无线传感器网络各节点在部署后其位置是未知的，由一个实体代表多个网络节点是不可能实现。图 9-8 给出了 GloMosim 的结构图。

另一方面，由于 GloMoSim 采用了层次结构，不同人员开发的不同层级间的模块容易实现集成。但是使用层次结构进行网络测试仿真时一般存在两个问题：首先是每一层作为一个

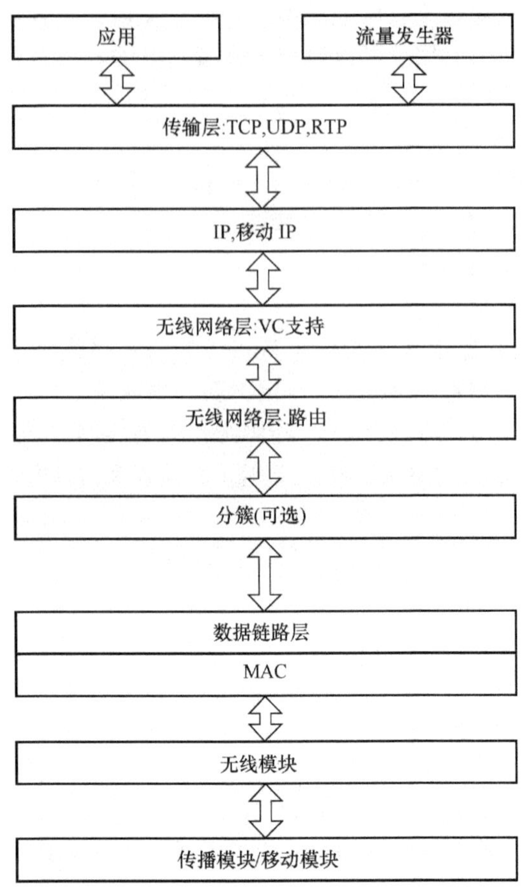

图 9-8 GloMoSim 结构图

实体,如果把每个层作为一个仿真单位,层次划分的增加将对系统的性能产生影响;其次是在仿真过程中,类似于 CPU 资源等无法实现完全共享。另外,层次间由于消息传递机制会产生大量的句柄,使仿真变得复杂。基于以上原因,GloMoSim 只进行少量层次的划分,并且将所有的层统一作为一个实体,每层相当于一个函数体。每一层通过函数体对系统进行初始化、异常中断、仿真结束等处理。层与层之间通过仿真工具提供的函数实现消息传递。其他层通过发送消息调用该层提供的开发函数,发送的消息内包含了函数所需要的参数。

9.4 TOSSIM

TOSSIM 是美国加州大学伯克利分校开发的一种基于 TinyOS 的无线传感器网络模拟器。TOSSIM 在设计时主要考虑了以下问题:

(1) 规模性。模拟器必须能够处理拥有大规模网络节点的各种不同架构的网络。

(2) 完整性。模拟器必须覆盖网络的各个层次,满足各层的需要,反映各层之间的交互。

(3) 精确性。获取节点内或节点间精确的时序关系对于评价和测试网络非常需要,所以模拟器必须在一个合适的粒度上捕获网络内部活动。模拟器同时还需要尽量准确地反映网络内部的各种行为。

(4) 桥梁作用。模拟器应当方便使用者开发与验证运行在实际硬件设施上的程序,充当网络协议和实际应用的桥梁。

由于 TOSSIM 运行与传感器硬件相同的代码，仿真编译器能直接从 TinyOS 应用的组件表编译仿真程序，方便了使用者基于 TinyOS 的开发工作。通过替换 TinyOS 下层部分硬件相关的组件，TOSSIM 把硬件中断换成离散仿真事件，由仿真器离散事件队列提供的中断来驱动上层应用，其他的 TinyOS 组件尤其是上层的应用组件无须更改。

TOSSIM 系统结构由五个部分构成：对于编译 TinyOS 组件的支持、离散时间队列、一部分抽象组件、扩展信道模型和模数转化机制、用于和外部程序交互的服务。

1）编译器的支持

TOSSIM 改进了 nesC 编译器，通过使用不同的选项，用户可以把在硬件节点上运行的代码编译成仿真程序。

2）执行模型

TOSSIM 的核心是一个仿真事件队列。与 TinyOS 不同的是硬件中断被模拟成仿真事件插入队列，仿真事件调用中断处理程序，中断处理程序又可以调用 TinyOS 的命令或触发 TinyOS 的事件，这些 TinyOS 的事件和命令处理程序又可以生成新的任务，并将新的仿真事件插入队列，重复此过程直到仿真结束。

3）硬件模型

TinyOS 把节点的硬件资源抽象成组件。通过将硬件中断转换成离散仿真事件，替换硬件资源组件，TOSSIM 模仿了硬件资源组件行为，为上层提供了与硬件相同的标准接口。硬件模拟为仿真物理环境提供了接入点，通过修改硬件模拟组件可以为用户提供各种性能的硬件环境，满足不同用户的需求。

4）无线模型

TOSSIM 允许用户选择不同精确度和复杂度的无线模型。该模型独立于仿真器之外，保证了仿真器的简单和高效。用户可以通过一个有向图指定不同节点对之间通信的误码率，表示在该链路上发送一个比特数据时可能出错的概率。对同一个节点来说，双向误码率是独立的，从而可以模拟不对称链路。

5）仿真监控

用户可以自行开发应用软件来监控 TOSSIM 仿真的执行过程，TOSSIM 为监控软件提供实时仿真数据，包括 TinyOS 源代码加入的 Debug 信息、各种数据包和传感器的采样值等，监控程序可以根据这些数据显示仿真的执行情况。同时，允许监控程序以命令调用的方式更改仿真程序的内部状态来控制仿真程序。

9.5 SensorSim

SensorSim 是一个基于 NS2 的模拟器，并对 NS2 进行了三个方面扩展。首先扩展了能量模型，对需要能量的模块进行建模，研究了影响能量消耗的因素，并对能量消耗的情况进行模拟。其次是建立了传感信道，受空气、水等媒介的物理特性的影响，目标信号源在传递到传感器节点时的感知精度会受到很大程度的影响。最后，加入了与外界交互的功能，外界真实部署的无线传感器网络节点可以与该模拟器进行交互，外界网络事件也可以触发模拟器的事件。

SensorSim 的主要贡献是针对无线传感器网络提出了一个完整的架构，并建立了电池模型和传感信道模型。但是，其传感数据采集模型单一，不能充分反映现有的传感器类型及工作模式。同时，基于 NS2 的模拟器同样面临着网络仿真规模的问题。

SensorSim 由传感器节点、目标节点、用户节点、传感信道及无线信道五部分构成。系统工作时用户节点通过无线信道和传感器节点进行通信，传感器节点通过传感信道和目标节点进行信息交互。

1）传感器节点

在整个模拟器中，传感器节点是核心模块。传感器节点负责信息数据采集、数据处理和网络通信。它包括功能模块和能耗模块两个部分。其中，功能模块由一个通过无线信道和用户进行数据交互的用户通信协议栈和数个用于采集数据的感知协议栈构成。感知协议栈负责采集监测目标信息并处理由目标节点传递过来的数据。能耗模块主要包含一些与能量相关的部分，如电池、射频、处理器、传感器构成等。其中，各能耗模块可有几种不同的工作模式。

2）目标节点

目标节点相当于被监测的目标，它产生可被传感节点感知的信号，并通过传感信道传递给传感器节点。

3）用户节点

用户节点负责向网络中发布查询或操作命令，收集和处理数据，是整个网络的使用者和管理者。

4）传感器信道

传感器信道处于目标节点和传感器节点之间，是传感信号传播媒介的抽象模型，模拟了目标信号经过空气、水、土地等相关传播媒介对传播信号影响的特性。

5）无线信道

传感器节点间进行通信所使用的信道，不同的信道模型对网络的性能影响较大。

9.6 OMNeT++

OMNeT++（object modular network test-bed in C++）是一种可以运行在 UNIX 和 Windows 环境下的开源的、基于组件的模块化离散事件模拟器，主要用来模拟通信网络和分布式系统。OMNeT++ 使用了自身所特有的 NED(NEtwork Discription)和 C++ 两种语言混合式的建模方式。NED 语言主要用于网络拓扑结构的设计，其主要实体是模块。模块由简单模块和复合模块两种构成，复合模块由多个简单模块通过门连接构成。每个简单模块与一个 C++ 程序文件相关联，在 C++ 中定义了该模块的行为，通过调用 OMNeT++ 提供的类库来执行该行为。复杂模块由简单模块通过门连接构成，其行为由简单模块实现，不需要 C++ 定义相关行为。模块间通过消息传递进行通信，消息传递可以是直接或间接的，按照事先定义好的路径进行通信。在模拟器中，消息代表网络中的数据包或者数据帧，当模块接收到消息时，通过推进本地模拟时钟来表示网络模拟的进程。

OMNeT++ 具有友好的 GUI 用户界面，模型内部对于用户是可见的。OMNeT++ 有视图和文本两种运行方式，视图适合于初次运行或对网络协议较熟悉的模拟。

基于 OMNeT++ 开发了针对无线传感器网络的模型。每个传感器节点是一个由简单模块组合而成的复杂模块，包括协议层模块、硬件模块、协调模块。协议层自上而下包括传感应用层、网络层、MAC 层和物理层。硬件模块主要包括电池模块、CPU 模块和射频模块。电池模块有线性模型和基于放电率的损耗模型两种不同的能量消耗模型；CPU 模块具有空闲、睡眠和工作三种工作模式。

用户可以对节点功能进行扩展。对协议层模块或者硬件模块进行扩展时，需要同时对协调模块进行相应的扩展，以使新扩展的协议层和硬件模块可以进行通信。

传感节点之间通过无线信道进行通信，无线信道控制着节点间的所有可能连接。节点在传播半径内发送数据时会产生一个延迟。无线信道有自由空间和双射线地面反射两种传播模型。OMNeT++的协议层修改和扩展简便易行，与NS2相比执行速度更快，并且内存使用更加高效。

OMNeT++存在的问题主要是公开文献较少，很多已有的协议代码不易获取，开发过程复杂等。这在一定程度上影响了其推广应用。

9.7 SENSE

SENSE是美国伦斯勒理工学院(Rensselaer Polytechnic Institute)开发的一种专门针对无线传感器网络的离散事件模拟器，其设计目标是为了解决无线传感器网络可扩展、可重用及可伸缩性问题。

SENSE采用了基于组件的设计，具有很好的可扩展性，用户可以设计具有相同接口的组件替代原有组件以实现不同的功能。同时，SENSE基于组件的特性减少了模块间的依赖性，不同的组件可以应用在不同的模拟实验中，使得组件具有很好的重用性。SENSE使用C++中的模板特性，把处理不同类型数据的组件定义成模板类，进一步增强了组件的可重用性。

在SENSE的组件-端口模型中，组件间通信通过入端口和出端口实现。入端口提供了被其他组件连接并实现确定功能的一个入口。出端口则定义了该组件希望其他组件提供功能的一种函数指针的抽象。

基于组件-端口模型的传感器节点通常由若干组件构成，每个组件实现不同的功能。这些组件包括分层的协议组件、能耗组件、电池组件、移动组件和传感组件。每个组件的出端口和入端口分别对应其他组件的入端口和出端口。使用者添加或删除组件非常容易，协议栈中也可以对队列组件进行添加或修改。

根据对时间的处理方式不同，可以将SENSE模拟器中的组件分成三类。第一类是时间无关的组件，这类组件在收到其他组件的事件后，触发其他事件，触发事件和原事件具有相同的时间戳。第二类是时间敏感的组件，这类组件为将执行的事件设定延迟时间，在延迟时间流逝后唤醒组件并执行该事件。最后一类是自治组件，这种组件具有各自的时钟，常用于并行模拟，通过时间同步算法准确地运行事件通信。

SENSE采用了两种内存有效性策略。一种是对于协议栈上层发送过来的数据包，如果大小超过普通指针所占用的空间，则通过一个指向上层数据包的指针代替。另一种是发送节点和接收节点传递的数据包通过共享的而不是复制来达到节约内存的目的。实际使用表明，在处理速度和内存占有率方面，SENSE明显优于NS2。

思考题

9.1　请结合TclClass类的实现原理，简要介绍NS2在解释器类新建一个编译器类(如传输控制协议TCP)的过程。

9.2　结合command函数执行过程，简要论述如何在解释器中调用编译器函数。

9.3　举例说明如何在NS2中添加一个路由协议，并给出简要步骤。

第10章 无线传感器网络应用技术

目前，无线传感器网络技术已经在很多领域取得了广泛的应用。在一些危险工业环境中，例如，在煤矿生产过程中，利用无线传感器网络来实施安全监测，可以对易燃、易爆、有毒物质进行监测，增强作业的安全性，使工作人员远离危险，避免因恶劣环境造成的人员伤亡和财产损失。在农业生产中，农作物害虫、土壤酸碱度、土壤水分、肥料酸碱性、温度与湿度控制，以及光照强度等农业生产指标都可以采用无线传感器网络进行实时监测，不但节省了人力，而且提高了生产效率。无线传感器网络在环境监测领域也得到了应用，例如，对鸟类等动物生活规律观测和种群复杂度研究、天气预报和天象现象观测、森林火情监控和河道水文监测等。在重大自然灾害中，如地震、水灾和强热带风暴等，无线传感器网络也可以借助自身特点成为一种灾难辅助救援手段，及时收集受灾信息，智能判断灾难蔓延趋势，可以有效地提高救援效率。在航空航天领域，通过航天器撒播传感器节点可以实现对星球表面的长时间监测，对发回的信息进行分析可以了解天体情况，为空间探索提供先验知识等。

10.1 环境领域的应用

10.1.1 生态环境监控实验系统

2002年，英特尔公司的研究小组和美国加州大学伯克利分校以及巴港大西洋大学的科学家，将无线传感器网络技术应用于监视大鸭岛海鸟的栖息情况。海燕栖息在位于缅因州海岸的大鸭岛，当地环境相对恶劣，海燕又十分机警，无法采用传统方法进行跟踪观察。因此，“in-situ”研究组在大鸭岛上部署了43个传感器节点组成了无线传感器网络，网络使用了Berkeley的Mote节点，节点采用TinyOS系统，并装有多种传感器以监测海岛上不同类型的数据，如光敏传感器、数字温湿度传感器和压力传感器等，用于监测海燕地下巢穴的微观环境，低能耗的被动红外线传感器则用于监测巢穴的使用情况。

为了将节点放置在海燕的巢穴中，对节点的体积提出了严格的要求，除了将传感器集成到传感器板上，传感器板还包含一个12位的A/D转换器，以减少或消除模拟测量过程中的噪声，得到精度更高的传感数据。通过自组织无线网络系统，将数据传输到300英尺[①]外的基站计算机内，再经卫星传输至加州的服务器中。通过该系统使分布在世界各地的研究人员可以通过互联网察看该地区各个节点的数据，掌握第一手的环境资料，为生态环境研究者提供了一个有效便利的平台。图10-1为大鸭岛生态环境监测系统工作示意图。

部署在实际环境中的节点需要考虑封装问题，根据不同监控任务采用不同的封装形式。用来采集光照信息的传感器节点需要透明而密闭的封装，而采集温度和湿度信息的节点需要有缝隙以便温湿度传感器采集数据。由于海岛环境非常复杂，经常有雨雪天气或者遇到极端的高温和低温以及直射的阳光，这些都可能造成节点的电子元件和传感器失效。实际环境中的传感器节点封装如图10-2所示。

① 英尺符号ft，1ft=0.3048m。

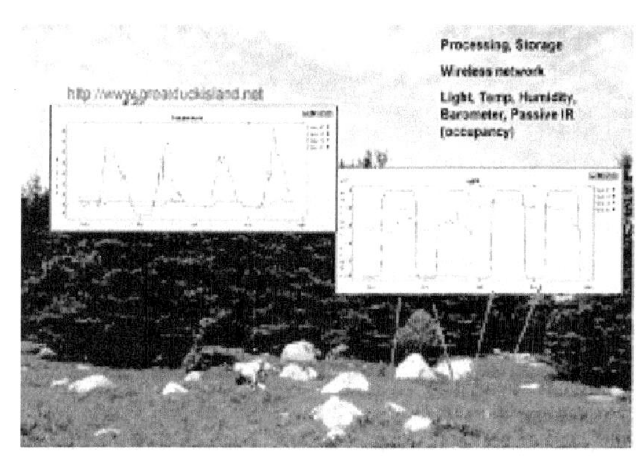

图 10-1　大鸭岛生态环境监测系统

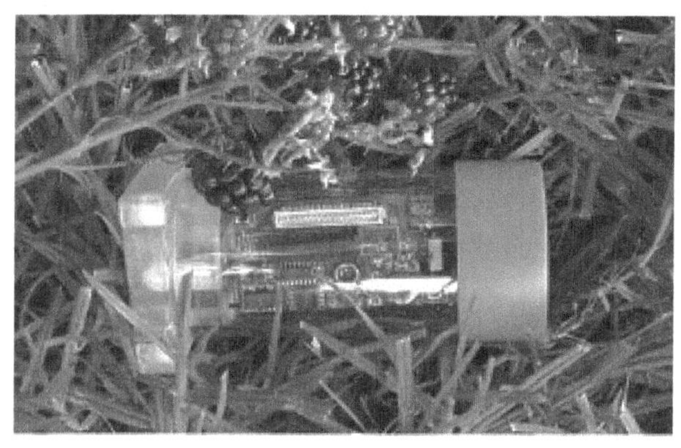

图 10-2　传感器节点及其封装

传感器节点的封装使用了透明塑料材料，并使用黏合剂严密填充封装的缝隙，可以提供良好的防水功能，并且不阻碍光敏传感器采光。另外，通信问题也与封装方式有关，实际部署在岩石、树木旁的节点之间的通信也需要实地测量和检验，尽量在部署中避免节点间的障碍。

该监控系统采用了无线传感器网络技术，使得从事生态环境研究的工作人员无需直接到需要监测的地方去采集数据，而是在实验室或者办公室就能获得布置在岛上的无线传感器网络所采集的数据，只需要利用相关的系统对数据进行分析模拟等就能掌握大鸭岛上的生态环境，所获得的大量第一手材料能够反映真实的环境信息。在采集生态环境数据的过程中，该系统能够有效地监测敏感野生动物及其栖居地，大大减少了生态环境研究人员的工作量，实现了无入侵式、无破坏式的生态环境监测，显示出无线传感器网络在生态环境检测方面具有的优势。

10.1.2　山体滑坡监测系统

山体滑坡是常见的地质灾害之一，不仅造成一定范围内的人员伤亡和财产损失，还会对附近的道路交通造成严重威胁。尤其在降雨量常年偏高的山区，不稳定的山地地貌在受到雨水侵蚀后，容易产生山体滑坡现象，对居民生命财产安全造成巨大的威胁。因此，对山体滑坡进行检测和预警以避免人员伤亡和财产损失，具有非常重要的意义。在一些易发生山体滑坡的危险地段，人们曾尝试部署过多套有线方式的监测网络对山体滑坡进行监测和预警。但是，由于监测区域人迹罕至，交通道路阻隔，野外布线和电源供给等都受到限制，使得有线系统难于部署和实施。此外，有线方式通常采用就近部署的方式记录采集数据，需要专人定时前往监测点下载数据，很难得到实时数据，灵活性较差。

为此人们提出了一种基于无线传感器网络的山体滑坡监测方案。山体滑坡的监测主要依靠两种传感器的作用，即液位传感器以及倾角传感器。在山体容易发生危险的区域，沿着山势走向竖直设置多个孔洞，在每个孔洞的最下端部署一个液位传感器，在不同深度部署数个倾角传感器。由于该地区的山体滑坡现象主要是由雨水侵蚀产生的，因此，地下水位深度是显示山体滑坡危险度的第一指标，该数据由部署在孔洞最下端的液位深度传感器采集并通过无线网络发送。通过倾角传感器可以监测山体的运动状况，山体往往由多层土壤或岩石组成，不同层次间由于物理构成和侵蚀程度的不同，其运动速度不同。发生山体运动时，部署在不同深度的倾角传感器将会返回不同的倾角数据。对于无线网络获取的各个倾角传感器数据进行数据融合处理后，就可以据此判断出山体滑坡的趋势和强度，并判断其威胁性大小。

山体滑坡监测系统工作原理示意如图 10-3 所示。在山体滑坡监测系统中，通过液位传感器和倾角传感器可以监测山体的两个参数：地下水位和地面倾斜（山体运动）。根据每天测得的这两个参数可以判断山体滑坡情况。处于不同深度的传感器将测量到的数据传给无线网络，再由网络将数据传给基站，基站通过 GPRS 模块将数据传送到远方的监控中心，实现对山体特征的实时监测。由于山体滑坡监测不需要对数据进行频繁的测量与传输，可以使节点大部分时间处于睡眠状态，以减少能量消耗，增加网络的寿命，使无线传感器网络能够长期稳定工作。通过对山体运动参数的实时监测，可以有效地预防山体滑坡对人类生活造成的影响。

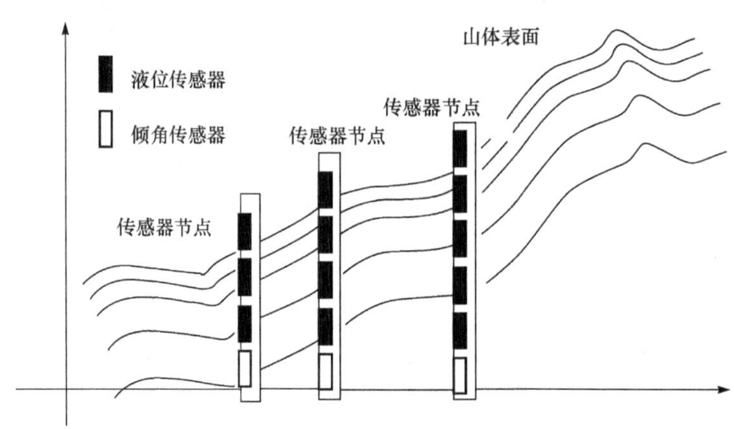

图 10-3　山体滑坡监测系统示意图

10.1.3　地震监测系统

地震是由地壳变化释放能量在一定范围内引起地表振动形成机械波传递的现象，实际上是地球表层的快速震动。因此，可以通过在地表安置振动传感器用来检测地震的发生和强度。地震强度是通过汇聚部署在各地的振动传感器信息，再还原为地震中心点的振动数据得出的。

在应急情况下，地震监测网络的部署地点一般是确定的。利用无线传感器网络随时获取数据，实现无线地震监测网络具有重要的应用意义。比如，在地震之后用以监测余震的发生（无线电波的传递远远快于机械波）情况，可以为救援人员争取宝贵的预警时间。

2010年,美国哈佛大学部署了一套应急地震监测系统,如图10-4所示。将传感器节点部署在火山地区,用来监测由火山爆发而导致的地震信息。系统采用TelosB无线传感器节点,搭载24位ADC用以监测MEMS加速度计传送的微弱振动信息。节点以火山口为中心径向部署,间隔数百米部署一个节点。在部署完毕后,可以通过部署的节点监测出地震沿径向传播的振动信息,一旦判断出超过预设门限的振动信息立即发送报警信息,同时通知所有节点开始采集振动波形,该振动数据会被传送回监控中心,用以进行数学建模,还原地震波传递情况。

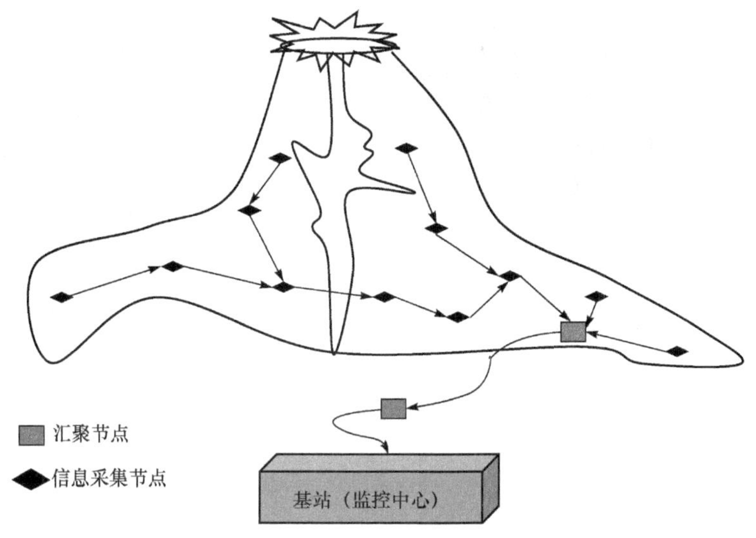

图10-4 部署在火山地区的地震监测系统

该系统由现代地震检测节点、信息交流中心和数据处理中心组成,它可以提供实时地震信息,以备地震应急响应。系统提供了高质量的地震数据,以便更好地了解地震过程、固体地球结构及动力学过程。系统可以实现如下功能:建立和维持一个地震观测网络;收集关键技术数据,并持续记录和分析地震数据以及时提供可靠的地震信息和其他扰动信息;当有感地震发生时,自动广播地震消息和评估该地震的可能影响;对于离震中一段距离的地区,有可能在强震到达几秒钟前给出警告,对海啸和火山爆发也能自动给出警报。

10.1.4 基于无线传感器网的极端环境监测系统

2010年12月26日,在中国第27次南极科学考察中,由北京师范大学极地气候与环境实验室研制的“极端环境无线传感器网络观测平台”在南极冰盖安装成功,如图10-5所示。在之前的研究中,科学家已利用卫星遥感数据获得了全南极的多源遥感影像图,并测得冰盖运动和表层冰雪融化程度等数据。但由于缺乏地面验证,卫星遥感所获得的数据和参数的可靠性不高。为了解决这个问题,该系统提出与卫星遥感观测相结合的实地测量方案,可以有效地提高人类对极区地表的实时观测能力,为全球气温变化研究、遥感卫星数据反演和验证提供有力的数据支撑。系统能够实时通过卫星通信系统将数据实时打包传回位于北京的数据中心。

该平台内核采用嵌入式操作系统,在其统一调度下管理数据的采集、传输、系统的智能保温、风光互补的智能电源控制和远程升级等任务。系统可以观测垂直剖面9层雪温、雪表面湿度、光照、大气压、GPS和雪深等参数,能够实现传感器数据的自动间歇性采集和每日按时远程传输。此外,通过风力和太阳能两种方式给蓄电池充电,解决了南极极夜期间太阳无法工作的供电问题。系统除具有卫星数据传输和远程控制能力，还具有对设备新软件程序进行远程更新的功能，最终实现了星地联合探测南极冰雪冻融。图 10-6 给出了气象站中各部件的安装位置，即相应的传感器安装位置，其中包括风速、温度和湿度传感器。

图 10-5　工作人员在南极科学考察队检测基地

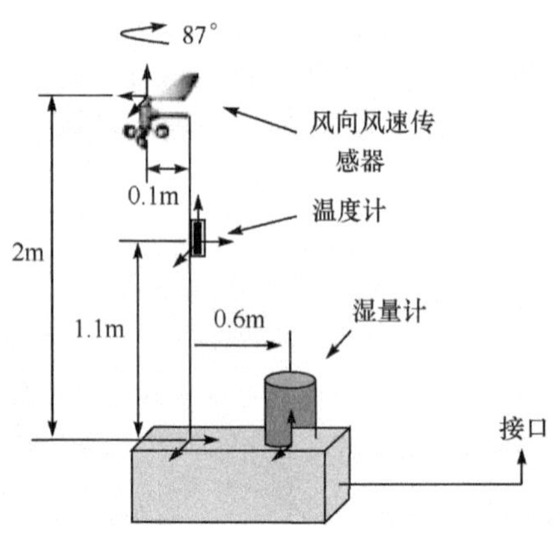

图 10-6　气象站中个传感器的位置

10.2　医疗领域的应用

10.2.1　人体行为模式监测应用

无线传感器网络在检测人体生理数据、老年人健康状况、医院药品管理以及远程医疗等方面可以发挥积极的作用。在患者身上安置体温采集、呼吸、血压等测量传感器，医生可以远程了解患者的情况。另外，传感器网络长时间收集的生理数据对于新药品的研制具有重要的意义。

美国英特尔公司研制了一种家庭护理无线传感器网络系统，在鞋、家具以及家用电器等嵌入了传感器，可以帮助老年人及患者、残障人士独立地进行家庭生活，并在必要时发出求救信号寻求医务人员和社会工作者的帮助。

此外，研究人员开发了基于多个加速度传感器的无线传感器网络系统，如图 10-7 所示。

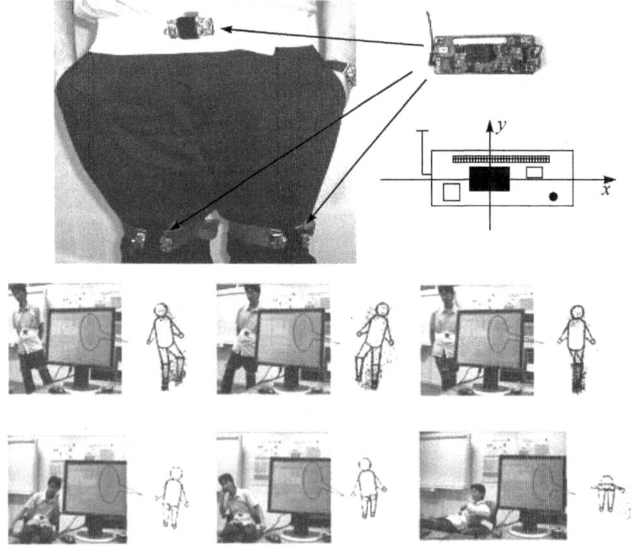

图 10-7　基于无线传感器网络技术的人体行为监测系统

该系统用于进行人体行为模式监测，如坐、站、躺、行走、跌倒和爬行等。该系统使用多个传感器节点，安装在人体几个特征部位，实时地把人体因行动而产生的三维加速度信息进行提取、融合及分类，进而由监控界面显示受检测人的行为模式。该系统可以作为老年人及行动不便的患者的安全助手使用，也可以应用到残障人康复中心，对患者各类肢体恢复进展情况进行精确测量，为设计康复方案提供宝贵的参考数据。

10.2.2 远程监护系统

远程监护是远程医疗的一个重要分支，图 10-8 所示是一种远程监护系统应用示例。该系统将无线传感器网络技术与传统中医诊疗结合，基于无线传感器网络部署灵活、覆盖区域广、成本低、实时无线传输等优点，将监护范围从医院扩展到网络可达的任何地方。通过对中医诊断信息的采集、分析和融合，实施了一种融入中医特色的低成本远程监护网络。系统基于嵌入式传感技术和网络互联技术，依靠可移动和可佩带的医疗器械采集血压、血糖和血氧等生理指标数据，通过无线传感节点汇聚到本地监测节点，并传输到远程医疗中心，该系统可以实现基于传感器网络的中医诊断信息采集与分析。

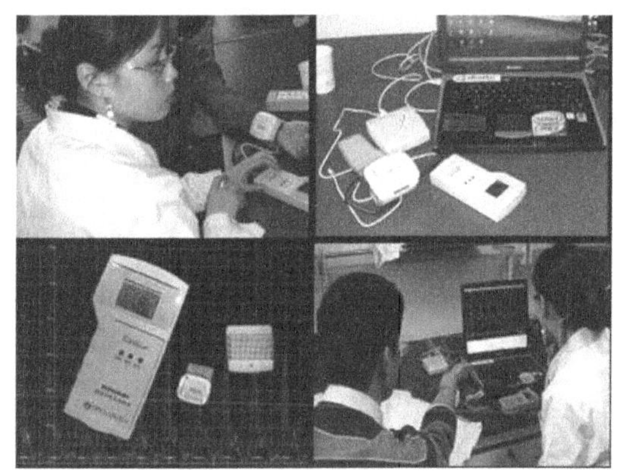

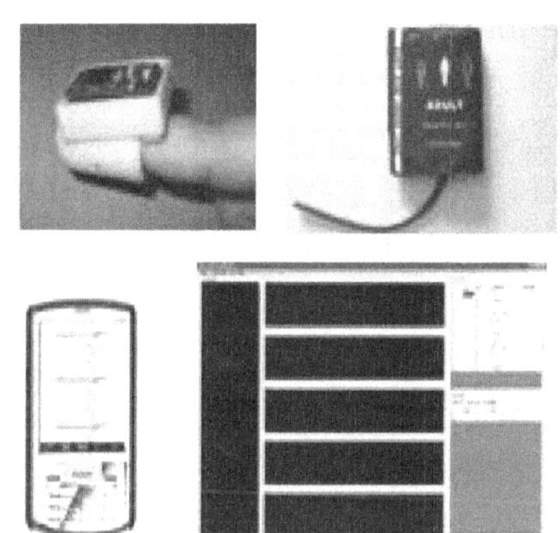

图 10-8 远程医疗无线监控系统及网络节点和监控界面

一种基于无线传感器网络的心电遥测监护系统如图 10-9 所示。该系统将传统的心电监护仪与无线传感器网络技术有机结合形成新的监护系统，可以在社区或者医院病房环境中建立无线传感器网络，通过传感器节点（心电遥测盒）采集患者人体生理指标信息，并将信息以无线方式传输到基站监护中心。监护中心负责心电信号的接收、波形与数值的集中显示、存储、回放、存档、打印和数据管理，以及命令的发送，进行实时和非实时的信息分析。

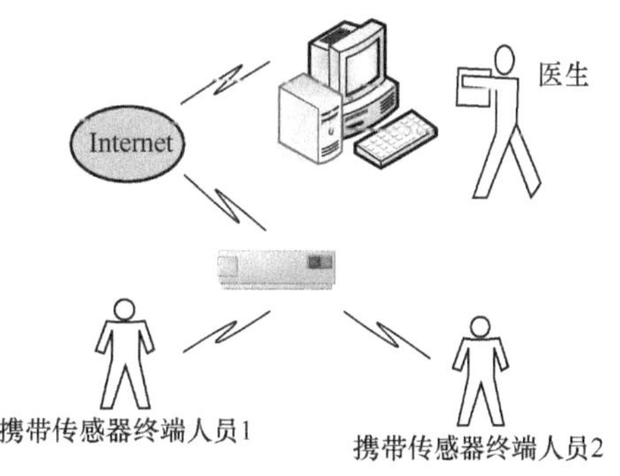

图 10-9 远程监护系统结构

该系统可同时监护多至 32 个患者的生命体征信息，并通过 Internet 网络将数据传输至远程医疗监护中心，由专业医疗人员对数据进行统计观察，提供必要的咨询服务和远程医疗。系统具有高度的灵活性和扩展性，可以广泛地应用于社区的远程医疗和医院病房监护的环境中，通过 Internet 网络可以构建远程医疗的信息网。

10.3　交通领域的应用

10.3.1　车辆检测与识别应用

无论在民用领域还是军事领域，对于车辆的检测与识别都有着重要的意义。车辆在运动中产生的声音和震动信号对于车辆识别具有重要的作用，许多车辆检测识别方案都是通过对这两种信号的处理来检测和识别的。在军用领域，与主动探测方法相比，利用声震传感器被动地监测车辆目标在保密性方面更具优势。因此，近年来用声震信号来检测识别军用车辆得到了广泛的关注。

由于传感器节点资源（计算能力、存储能力、通信能力和节点能量等）非常有限，使得无线传感器网络中的目标检测识别与传统的检测识别技术有着显著差别，这就为目标的检测和识别提出了新的要求。在基于无线传感器网络的车辆检测识别应用中，利用车辆行驶时发出的声音和地面震动信号，对车辆进行检测和分类，单个传感器节点将对目标的识别结果发送到汇聚中心，汇聚中心根据检测到同一个目标的节点发送过来的分类结果进行融合，得到全局判决结果。在无线传感器网络检测到的声音震动数据的基础上，从目标检测、信号预处理和特征提取、目标分类到全局决策融合，实现了车辆识别系统整个流程。

根据上述监测原理，美国威斯康星大学在大约 250m×300m 的沙漠地段中部署了一个节点感知系统，由节点中枢和 23 个散布的传感器节点组成，如图 10-10 所示。每个节点装有超声、震动和红外传感器，每种传感器的采样频率为 4960Hz，使用具有 2.4GHz 的 RF 发射器。军用履带车 AAV(assault amphibian vehicle)和重型轮式卡车 DW(dragon wagon)通过三条不同的路段经过该探测区域，传感器记录了采样期间的这三种信息。对于每种车辆进行实验，测试了数十批数据，最后产生了包含来自不同车辆的分布式无线传感器网络数据库，基于这些数据可以对来往的车辆进行检测和识别。

图 10-10　基于 WINS NG 2.0 节点的车辆信息采集应用

节点部署及车辆行驶路线如图 10-11 所示，共部署了 23 个节点，三条蓝线表示车辆行驶路线。实验记录了两种不同类型的车辆 DW 和 AAV 行驶时产生的信号，每次由一辆车在这三条路中的某一条路上匀速行驶产生。在数据集中，每次记录中都包含有声音、振动和红外三种感知信号。通过对这些信号的分析，可将多源信号拆分成两个单源信号，结合实验节点的部署信息可以得到车辆的型号和行驶轨迹。

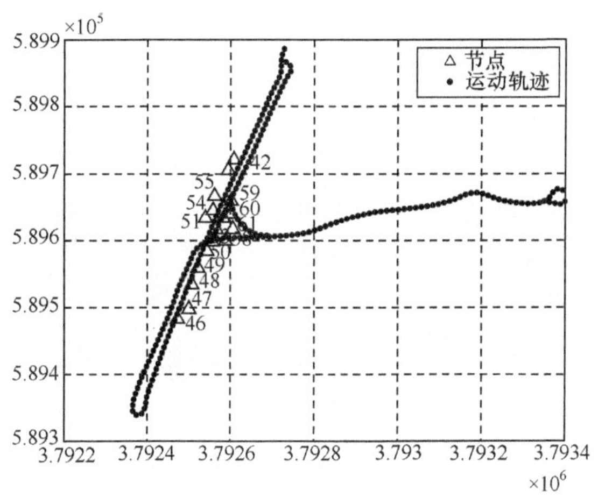

图 10-11 节点部署图和车辆行驶路线图

10.3.2 智能交通信息采集系统

智能交通系统是将先进的通信技术、电子技术、传感技术、控制技术及计算机技术等有效集成,应用于地面交通管理系统而建立的一种大范围、实时、准确、高效的综合管理系统。通过智能交通系统能够准确地获取实时交通参数,包括交通流量、车速、车道占有率等。传统的交通信息检测系统具有布设不便、检测参数不精确、成本高等缺点。因此,人们提出一种基于WSN的交通信息采集系统方案,如图10-12所示。其中,左图所示为智能交通信息采集节点TICoN,右图为系统工作原理框架,无线传感器节点布设在交通灯、道路中央和道路边缘,通过检测由交通工具引起的磁干扰信号来采集交通信息,并且利用信息融合技术和信号处理技术从原始的磁信号中获得交通信息,在汇聚节点汇聚融合后通过网络传送到信息监控中心(RTMC)。

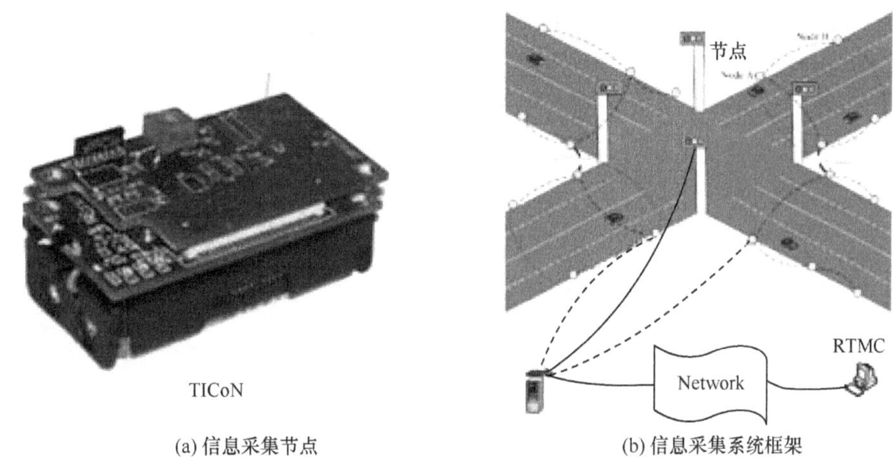

(a) 信息采集节点　　(b) 信息采集系统框架

图 10-12 智能交通信息采集节点及系统框架

基于WSN的智能交通信息采集系统由无线交通信息采集节点、无线信息汇聚节点和监视主机构成。信息采集节点采集观测区域的信号,对原始信号进行处理并提取车辆信息,通过无线网络传输交通信息。汇聚节点收集和融合各个信息采集节点的数据,并将交通信息传送给监视主机或交通灯控制器,主机根据具体情况给出相应的命令。

实验过程及传感器的安装如图 10-13 所示，车流量监测系统所用到的交通信息原始数据均为道路实测。交通信息采集节点布设在路边，采用无线传感器节点进行实时信号采集，通过交通信息监测算法处理原始的电磁信号，从而获得交通流量、车速、车辆类型等交通信息。通过使用嵌入式系统实现信号处理和降低节点功耗。

图 10-13　交通流量监测节点布置

数据采集处理结果如图 10-14 所示，图中，x、y 平面代表不同车辆在不同时刻的行驶速度 [v(km/s)，RT(s)]，圆点是机动车，三角是自行车，z 轴表示速度和时间的乘积，即行驶距离。实验结果表明，交通信息采集节点能够以较高精度得到交通流量、车速、车道占有率等信息，并能够较准确地对机动车和自行车进行识别。例如，在 1.5s 时刻，道路上的车辆是 5 辆（其中自行车 1 辆，机动车 4 辆）车速分别为 9km/s、23km/s、30km/s、44km/s、51km/s、58km/s，通过这种方式获得此时刻的交通流量、车速和车道占有率等信息。

中国科学院上海微系统所提出一种协同感知传感网及其体系架构。该系统主要包括三层传感网体系构架和面向物理世界的传感网协议栈体系。通过项目的实施，研制出了系列化微型化传感器节点、端机、中心基站等原型样机，完成了扩频码分多址传感网、认知无线传感网、自组织移动传感网和端机微网等多种类型网络工作样机的开发，研制出的相关核心协议芯片，并将其应用到城市轨道交通公共安全系统中，如图 10-15 所示。

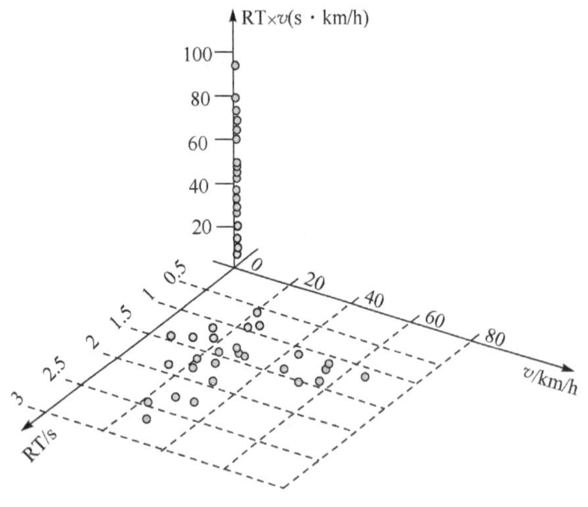

图 10-14　交通流量监测信息采集结果

图 10-15　道路监控系统

该系统被应用到2008年北京奥运会上海站的火炬传递过程中。为了实现全路线无缝覆盖和动态图像实时传输，在上海、宁波、嘉兴段布设了18台基站，确保了奥运火炬传递的现场直播和安全指挥，并获得圣火传递过程的清晰图像。

在国外，美国交通部提出了一种“国家智能交通项目规划”方案，明确规定了智能交通系统的7大领域和29个用户服务功能，该方案利用大规模无线传感器网络和GPS定位系统等资源建立交通系统。系统结构如图10-16所示，包括出行和交通管理系统、出行需求管理系统、公共交通运营系统、商用车辆运营系统、电子收费系统、应急管理系统、先进的车辆控制和安全系统。除了使所有车辆都保持在高效低耗的最佳运行状态、自动保持车距外，该系统还能推荐最佳行驶路线，对潜在的故障发出警告等。

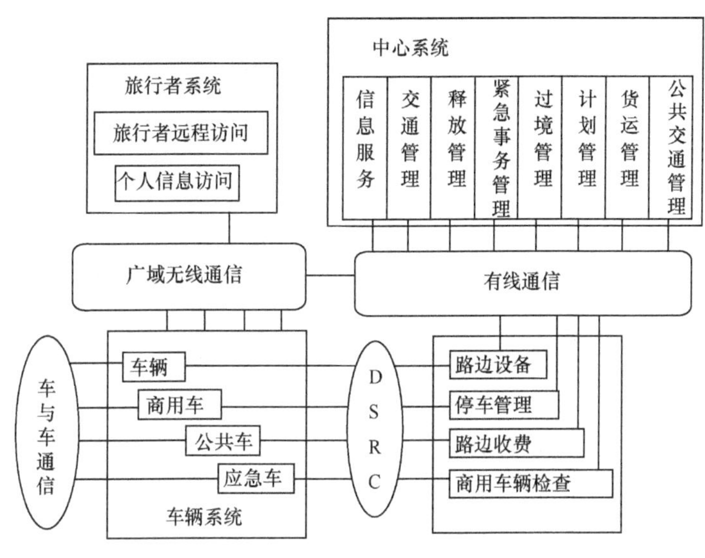

图10-16　交通系统框架结构

10.4　农业领域的应用

10.4.1　蔬菜园环境监测应用

在农业领域应用中，无线传感器网络具有良好的技术优势。随着农业科技化普及和自动化技术的广泛应用，农作物生长环境监测和干预已经成为农业领域的热点研究课题之一。

农业环境监测系统的目的是利用无线传感器网络将农作物生长的各种环境参数值收集到监控中心并进行分析处理，将结果显示在计算机屏幕上，以便于用户观察，及时调整农作物生长的外界环境。当有环境参数异常情况发生时，计算机屏幕界面上会弹出提醒窗口，同时用户可以通过人机交互界面设置和修改提醒阈值，以增加系统的灵活性和实用性。

典型的监测系统通常由环境监测节点、基站、通信系统、互联网以及监控软硬件系统构成。图10-17所示为一种农业生态环境监测系统应用实例，图10-18所示为多间温室蔬菜生产环境监控系统应用示例。在实际农田环境中，根据需要可以在待测区域安放不同功能的传感器作为监测节点，并在汇聚节点和节点间组成网络，长期大面积地监测微小的气候变化，包括温度、湿度、风力、大气压、降雨量等，收集有关土地的湿度、氮浓缩量和土壤PH等，从而进行科学预测，指导抗灾、减灾和科学种植，以获得较高的农作物种植收益。

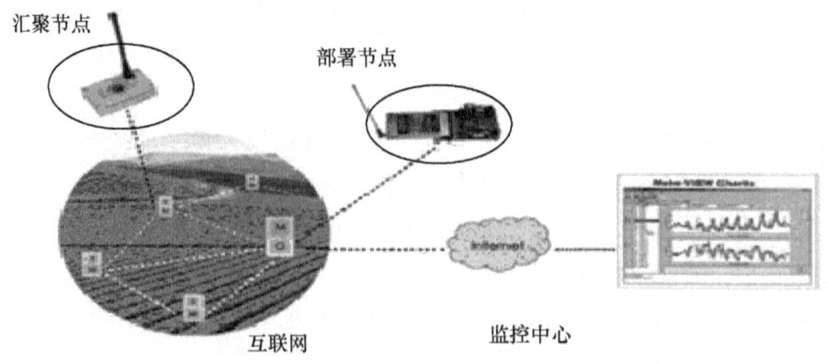

图 10-17 农业生态环境监测实例

蔬菜园环境监测系统由无线传感器网络节点、卫星通信系统以及监控中心服务器组成。在温室环境中,单个温室即可成为无线传感器网络的一个测量控制区。采用不同的传感器节点构成无线网络可以测量土壤湿度、土壤成分、pH、降水量、温度、空气湿度和气压、光照强度和 CO_2 浓度等,获得农作物生长的实时环境条件,为温室环境精准调控提供科学依据。

图 10-18 多温室间无线传感器网络通信示意图

网络中普通节点上主要安装温度传感器、湿度传感器和光照传感器等(如图 10-18 中的圆圈表示传感器节点),汇聚节点则负责网络的建立和向网络其他节点发布命令。监控中心主要由信息管理系统服务器、Web 服务器和管理终端组成,用于收集、分析、监控和显示无线传感器节点数据,并支持信息查询终端的远程访问,实现合理的分析和规划管理,使监控系统中传感器执行机构标准化、数字化和网络化,从而达到增加作物产量,提高经济效益的目的。

无线传感器网络通信便利、部署方便的优点使其在节水灌溉控制中得到了应用。同时,节点还具有土壤参数、气象参数的测量能力,与互联网、GPS 等技术有机结合,可以方便地实现灌区动态管理、作物需水信息采集与精量控制专家系统的构建,进而实现高效、低能耗、低投入、多功能的农业节水灌溉平台。在温室、庭院花园绿地、高速路隔离带和农田井用灌溉区等区域,依托无线传感器网络可以实现农业与生态节水技术有机结合,实现定量化、规范化、模式化与集成化管理。

10.4.2 园艺温室环境监控系统

无线传感器网络可以应用于园艺的温室环境实时监控。图 10-19(a)所示为温室监控网络示意图,图 10-19(b)为传感节点、控制器及监控站点设备分布图。系统由无线传感器节点、控制节点、网络基站及监控终端等组成。该平台根据用户需要采集环境参数数据,包括温湿度、光照强度和氨气浓度等,并通过无线传感器网络传输到网络基站。网络基站处理及存储数据,并根据要求控制排风扇、喷淋装置和照明灯等执行装置。基站与监控终端进行通信交互,监控终端向用户实时提供监测数据以及执行装置的工作状况。

(a) 监控网络示意图

(b) 传感节点、控制器及监控站点设备布置

图 10-19　温室环境监控系统

10.5　建筑领域的应用

10.5.1　建筑质量监测应用

利用无线传感器网络感知技术能够使大楼、桥梁等建筑物实现自身状况监测，自动向管理部门通报其状态信息，以便按照优先级进行定期的维修工作。

高层建筑和桥体的共同特点是建筑对其结构的破坏极其敏感，因此其前端测量的部署很难采用有线方式，否则很容易损害建筑结构受力。而无线传感技术，特别是不需供电的低功耗无线技术，在解决建筑物健康监测前端 100m 数据获取应用中具有重要的意义。传感器节点具有无线通信能力，体积较小，很容易安装在建筑物的关键受力点上，而不影响建筑物外观。由于具有低功耗特点，节点一经部署不需要频繁更换电池，也省去了复杂耗时的布线操作。打开节点开关，位于建筑物监控中心的接收终端就可以实时获取数据。与建筑报警系统联动后，一旦探测到可能威胁到建筑物的振动信息，系统将立即发出报警信息通知建筑物内人员立即撤离。平时收集的数据还可以用来监测建筑物老化状况，为建筑物维护提供辅助决策信息。

美国加州大学开发的 NETSHM 无线传感器网络系统，已经用于对建筑物环境的监测。该系统用于桥体健康状况监测的基本结构及工作原理如图 10-20。除了监测建筑物的健康状况外，该系统还能够定位出建筑物受损伤的位置。

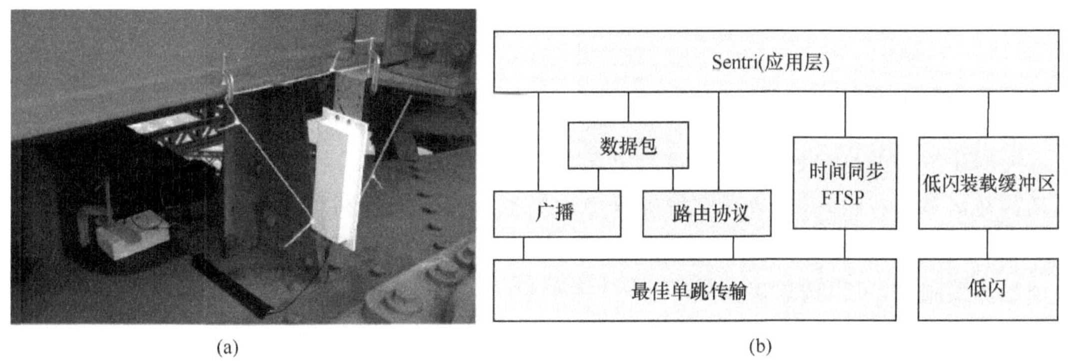

(a)　　(b)

图 10-20　无线传感器网络在桥体检测中的应用

美国加州大学伯克利分校对旧金山金门大桥部署了建筑健康监测系统，用来检测桥体在风力作用下各个关键受力点的振动状况，对于整体数据进行建模后就可以分析出桥体受损老化部分的情况，从而进行有针对性的修补。图 10-21 所示为桥体监测系统传感器节点分布示意图。

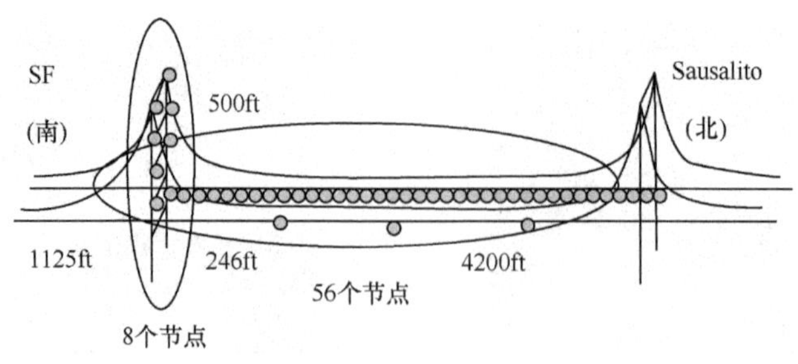

图 10-21　无线传感器网络对桥体监测分布示意图

对于工程规模较大的桥梁建筑，通过利用适当的传感器，例如压电传感器、加速度传感器、超声传感器和湿度传感器等，合理地部署节点位置，可以有效地构建三维立体的防护检测网络。这种系统可用于监测桥梁、高架桥、高速公路等道路环境。对许多桥墩长期受到水流冲刷的老旧桥梁，传感器节点可以放置在桥墩底部，用以感测桥墩结构情况。也可放置在桥梁两侧或底部，搜集桥梁的温度、湿度、振动幅度和桥墩被侵蚀程度等，以减少断桥所造成生命财产的损失。如图 10-22 所示，图中虚线的每个连接点部署的是传感器节点，用以对桥梁进行实时监测数据采集、处理和反馈，对桥梁裂纹或其他灾难性的损伤做实时监控预报。

图 10-22　基于无线传感器网络的桥梁结构监测系统示意图

10.5.2　建筑火灾探测与监控应用

大型建筑内人员密集，突发灾难时容易造成巨大人员伤亡和财产损失，而传统防灾救援系统又存在诸多固有缺陷，导致在突发灾难中救援不力等问题。利用无线传感器网络的技术优势，如独立于基础设施、多径路由、自修复和自维护、分布式数据结构、移动对象快速定位及其运动趋势预测等，可以构建出高效、可靠的大型建筑灾难救援系统。

一种大型建筑灾难应急救援系统的体系结构如图 10-23 所示，其中包括基础设施部分、信息合成子系统、人员逃生子系统和辅助决策子系统等。

基础设施部分主要采用无线传感器网络对建筑火灾情况进行探测。并配合采用微型化、低功耗烟雾与温度复合探测元件，与无线传感器网络节点构建无线火灾烟雾温度和湿度复合监测节点。图 10-24 所示为系统在建筑物内的传感器节点布设情况。

信息合成子系统采用适于火灾监测的无线传感器网络多跳路由协议，建立基于无线传感

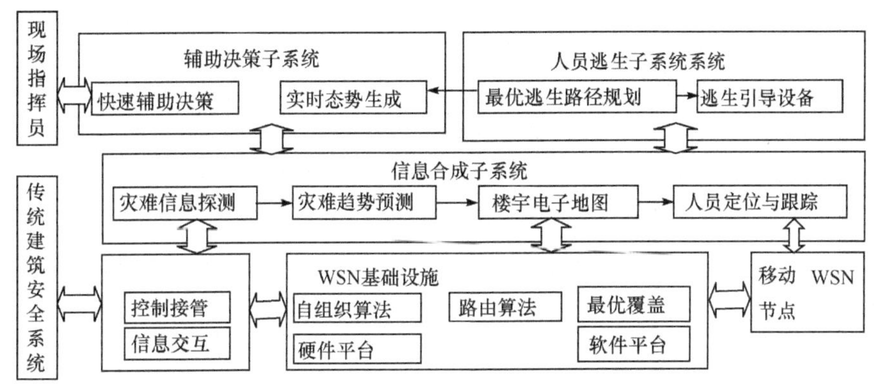

图 10-23　大型建筑灾难应急救援系统体系结构

网络的多参数火灾探测报警系统。系统能够对温度和湿度和烟雾浓度等火灾特征参数进行实时无线监控,实现火灾探测的无线化和网络化,可应用于难以铺设有线火灾探测网络场所,如古建筑群、野外场所、重要的独立庭院等场所。系统实现了无线传感器网络与火灾传感器的融合,能够实现自组网和多点协同工作,进行火灾的无线监测。

图 10-24　布设在建筑物内的传感器节点

人员逃生子系统利用无线传感器网络全局分布的特点,在灾难发生时能够实现优化的紧急逃生引导。当所监控环境有紧急事件发生时,无线传感器会自动计算并标示出正确的逃生路径,引导人们远离危险区域。网络也会迅速将报警信息通报给相关监控中心或部门,为进一步施救提供信息和引导支持。

辅助决策子系统利用传感器网络节点大量分布、数据准确率高的特点,实现现场态势实时生成,提供灾难应急救援的辅助决策方案。

系统可以实现的主要功能有以下几个方面:

(1) 实现传统灾难监控系统与无线传感器网络的优势互补,突破传统建筑安全系统的局限性,增加了人员定位与跟踪、趋势预测、辅助决策等救援功能,提高了建筑安全系统的可靠性。

(2) 利用传感器网络节点信息融合技术,依据灾难威胁程度建立生存概率模型,判断具体人群的危险程度,实现最优逃生路径规划与引导,可以有效提高被困人员的逃生概率。

(3) 将携带传感设备的救援人员作为移动节点加入网络,扩充网络功能,使救援人员能够及时获取现场信息,并与指挥中心建立通畅的信息联系。

(4) 利用无线传感器网络的定位机制,结合网络的实测数据,确定被困人员的位置信息并估计灾难的发展趋势,生成现场三维态势图形,为指挥员提供综合信息。在此基础上,建立基于人工智能的决策子系统,为现场施救提供更为准确可靠的救援方案。

10.5.3　室内空间监控系统

为了提高博物馆的文物保护科技水平,实现对文物的有效保护,科研人员研发了一种博物馆专用的无线温湿度检测系统。该系统可以实现监测展室中的温度、湿度和光照度等环境指标。系统的节点部署和通信原理如图 10-25 所示。

系统采用无线通信方式，通过放置在各个陈列柜、展厅及文物库中的无线传感器采集节点构成无线通信网络。每个采集节点可采集多种空气环境信息，在中央监控系统可实时动态显示各个采集点的位置信息及该点的空气环境状态信息。当某个空气环境指标超出限制值时，系统自动发出报警信息，并对历史报警信息进行存储，此时，专业人员可通过电脑储存的数据库浏览 2～3 年内由各节点采集来的空气状态数据，并通过无线网络遥控博物馆内恒温和恒湿等机电设备。

博物馆室内系统采用了混合分层网络体系结构和基于功率监控的跨层设计方案，如图 10-26所示。该系统的主要特点有：采用无线通信方式，无需繁杂的人工布线，项目实施简单快捷；无线采集节点体积很小，可放置于展柜内角落处，隐蔽性好；通过放置在各个陈列柜、展厅及储藏库中的采集节点构成无线通信网络，其通信距离可覆盖整座建筑物；信号采集节点采用低功耗电路结构，使用普通电池，维护简单；可以实现动态显示、报警、趋势记录和报表打印等功能。

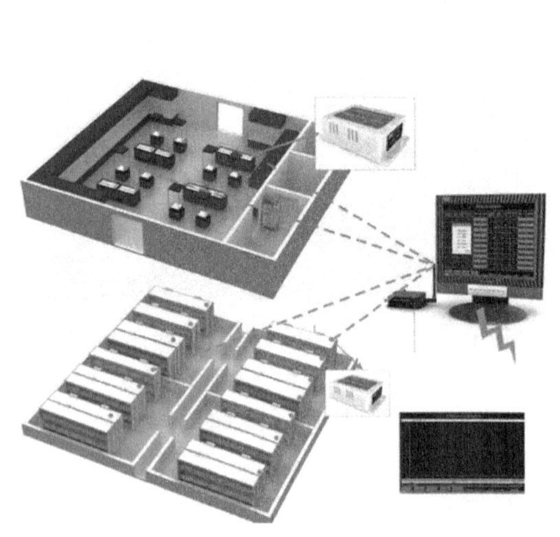

图 10-25　系统监控节点部署结构图

图 10-26　部署在博物馆的实时监控节点

该系统提供了一种适应博物馆应用的温度、湿度检测技术手段，并得到成功应用。系统具有性能稳定、操作简便等特点。

10.5.4　智能家居系统

智能家居系统是将家庭中有关的通信设备、家用电器和家庭安全装置通过家庭总线（家庭网络）技术连接到一个家庭智能化系统上，并进行远程监视、控制或管理家庭事务，同时保持家庭设施与住宅环境的协调。智能家居系统的设计目标是将住宅内的各种家居设备联系起来，使它们能够自动运行，相互协作，为居住者提供便利和舒适的生活环境。

基于无线传感器网络的智能家居系统，其节点设计一般采用模块化结构，把节点分为基础单元和应用单元两类，所有节点采用相同的基础单元，只需要改变应用单元就可以得到不同的应用节点。这使得节点的设计简单，应用灵活。该系统具有很好的扩展性，除了能满足普通家庭用户的需要，还可以满足大面积住宅用户的需求，并且可以用来组建智能小区和智能城市等。

可以利用无线传感器网络来实现室内环境的远程监控，图 10-27 为某房间远程监控系统的示意图。在一所公寓内，17 个传感器节点分布在各个房间，每个传感器节点上包括了温度、湿度、光、红外传感器及声音传感器，部分节点使用了超声传感器。根据多传感器融合信息，可以判断房间内的环境情况，从而实现对房间环境信息的精确检测。由于系统没有采用视频和图像的信息采集方式，可以最大程度地保护用户的个人隐私，更容易被大众接受。一种基于无线传感器网络的室内智能监控平台结构如图 10-28 所示。

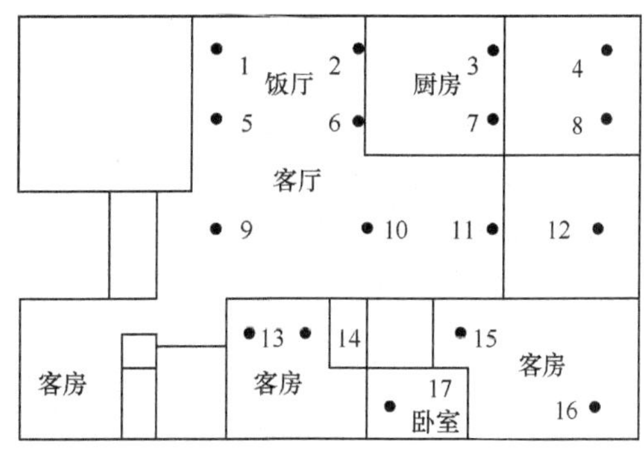

图 10-27　公寓内无线传感器节点的分布图

Acoustic Washroom Activity Monitoring System

Acoustic Bathroom Activity Monitoring System

Alexandra Hospital

Jianfeng Chen　　17:12:35

Time In	Time Out	Duration (Sec)	Nonspeech Events					WaveForm
			Wash Hand	Shower	Urination	Defecation	Brush Teeth	
15:43:50	15:44:38	45			1 (45)			
15:46:21	15:47:54	90			1(37)		2(29)	
16:40:05	16:41:00	52	3 (6)	1 (27)	2 (6)			
16:43:16	16:43:31	12		1 (8)				
16:43:42	16:43:57	12		2 (6)		1 (3)		
16:44:10	16:44:51	38	3 (19)	1 (6)	2 (6)			
16:45:00	16:47:08	125	5 (23)	3 (16)	4 (12)	2 (5)	1, 6	

SUMMARY

Mr. Jianfeng Chen went to bathroom 7 times today. He took shower 5 times. He brushed his teeth 2 times. He urinated 5 times and defecated 2 times. He could not remember to wash his hands after each toilet activity.

START　STOP　SETTING　PRINT　REVIEW　EXIT

图 10-28　基于无线传感器网络的室内智能监控平台

10.6　其他应用

10.6.1　煤矿安全监测系统

煤矿安全管理是一项复杂的系统工程，以环境、机械、设备、产品、原材料以及相关的人和环境等综合系统为管理对象，最终的目的是保护人和生产资料的安全。煤矿的生产是针对位于地下的三维空间中的矿体，矿体周围又有复杂的地质断层，矿山生产的采煤、掘进、通防、机电、运输五个大系统分布在地下空间中，整个生产过程受瓦斯、一氧化碳、煤尘、涌水、机电、顶板、通风等因素的威胁。复杂的环境条件要求随时注意安全，出现异常情况时能快速准确地定位事故位置，并准确地采取措施。目前，传统的安全管理方式是以人为主要因素，不能实现人员定位和环境因素定量分析，难以满足生产安全要求及适应大规模的生产方式。现实情况要求采用先进的方法和技术手段来更好地解决生命安全保障问题。因此，煤矿安全系统的主要任务是能够事先预测事故的发生，掌握事故的规律，做出定性和定量的评价。向有关人员预先警告事故的危险性，避免事故的发生或将事故的损失降到最低。

基于采用无线传感器网络技术可以实现煤矿瓦斯报警和矿工定位等功能。无线传感器节点上可以包括温湿度传感器、瓦斯传感器、粉尘传感器等。传感器网络经防爆处理和技术优化后，可用于危险工作环境，在煤矿工作的员工及其周围环境将可以得到实时监控。图 10-29 是煤矿安全检测与定位系统工作原理示意图。

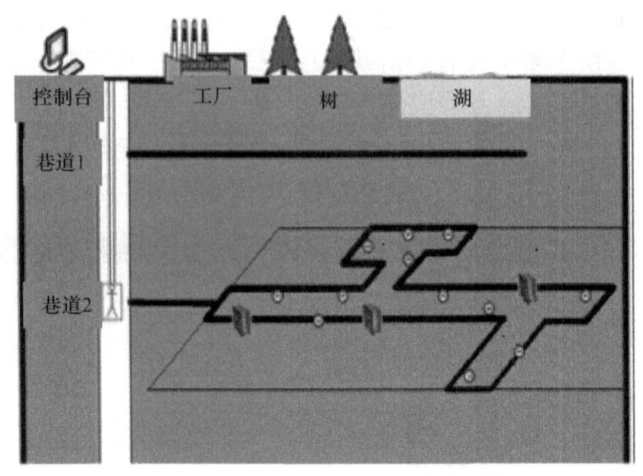

图 10-29　煤矿安全检测与定位系统

在各个工作地点放置一定数量的传感器节点，通过接收矿工随身携带节点发射的唯一识别码对工人进行定位。同时，各个传感器节点还可以进行温度、湿度、光、声音、风速等参量的实时检测，并将结果传输至基站，进而传至管理中心。在事故发生前，安全生产监控中心可以随时掌握井下不同位置的安全生产要素，采取积极有效的预防措施。在事故发生后，可以掌握事故发生时甚至事故发生后相当一段时间内井下工作人员的具体分布位置，以及不同位置的瓦斯浓度等情况，从而制定出及时有效的抢救措施，并实施有效的现场抢救指挥。一种基于无线通信的井下人员精确检测定位系统如图 10-30 所示。

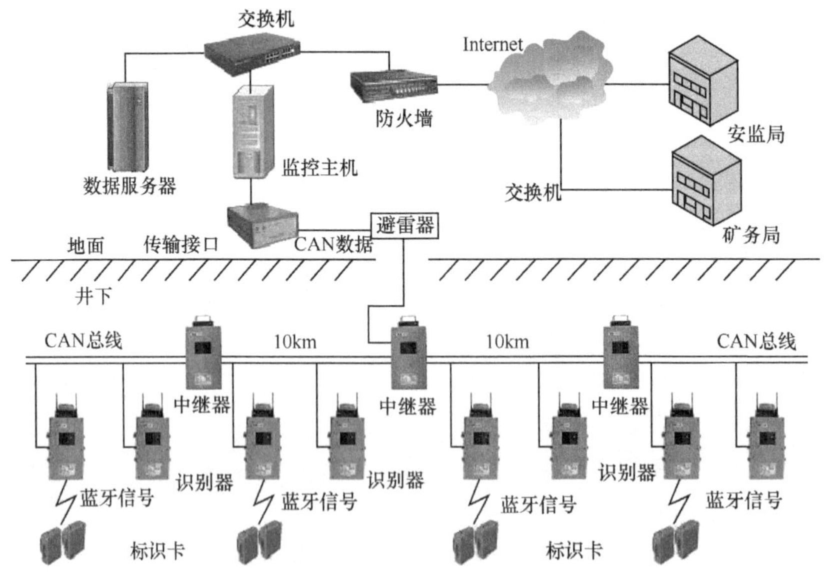

图 10-30　检测系统网络分布图

10.6.2 高压输电线路监测应用

在电力系统中，一般的厂站端已经配备了功能强大的监控系统，能够自动监测厂站设备的运行状态。但是，对于分布范围较广的输电线路却缺乏有效的自动监测手段，高压输电线路具有电压等级高、传输容量大、传输距离远等特点，输电线路在线实时监测对于保证特高压电网的安全、稳定、可靠运行具有十分重要意义。目前主要是依靠人工巡线方式来发现线路运行中的问题。另外，输电线路所处的环境比较恶劣，跨过高山河流，穿越无人地区，局部易舞区和微地形微气象区，沿线地形气象复杂多样，难以获得输电线路的运行状态参数，调度人员往往只能通过事先给定的参数控制输电线路的传输容量。此给定容量趋于保守，不能充分发挥输电线路的输送能力。因此，应用在线监测技术队线路状态进行实时监控，可以及早发现事故隐患并即时予以排除，使输电线路始终以良好状态运行。

对于高压线的检测已有多种输电线路在线监测装置，例如输电线路覆冰监测、输电线路气象和导线风偏监测、输电线路杆塔倾斜监测、输电线路导线微风振动监测、输电线路导线舞动监测、输电线路视频监控、输电线路绝缘子污秽监测等。下面以输电线路导线微风振动检测为例介绍其应用技术。

高压输电线路的振动容易导致导线疲劳断股、金具磨损失效，振动严重时甚至造成断线事故，危及线路安全稳定运行。对线路振动进行有效测量，可以为消除微风振动产生的隐患提供技术数据，为防振设计提供科学的依据。但是，传统的有线测量技术无法满足高电压和恶劣环境的应用环境。基于无线传感器网络的技术特点，人们提出了采用无线传感器网络的输电线路监测系统方案。将传感器节点固定在高压输电线路上，并从高压线上获取能量，实现了节点永久供电。将基站固定在电线塔上，可以实现对输电线路的实时监测。将数字化的数据发给数据集中器，再通过远程传输功能把数据送到监控中心，这样就可以在计算机前实施线路监控。高压输电线路的实时监测系统原理如图 10-31 所示。

图 10-31　输电线路系统工作原理示意图

10.6.3 轴承温度监测系统

基于无线传感器网络技术，可以为大面积、分布式、布线难的轴承温度监测系统提供先进有效的技术手段，可以实时在线监测被测对象的状态特征，有效地解决监测区域分布广泛、布线成本高，以及监测点维护困难甚至无法安装等问题，如地下管道、电力柜式设备的温度监测等应用。

图 10-32　轴承温度监测系统

图 10-32 所示为某冷轧厂连退炉区轴承温度的远程监测系统。该系统的监测范围覆盖了分布在 200m × 20m × 40m 立体空间中的 406 个监测点，有效地减少了系统施工和维护工作量，大大降低了点检人员的工作强度，提高了数据的可靠性。

该系统采用了 C/S(客户机/服务器)与 B/S(浏览器/服务器)两种模式，为用户提供了监测对象的温度在线监测功能，并可以自动记录温度测量数据。用户可以自行查询、分析、制作报表和打印数据等，从而为设备管理提供重要的决策支撑。

通过无线传感器网络温度监测系统，可以及时有效地掌握设备的运行状态，为设备的维护与管理提供了重要的决策支持。

思　考　题

想想你周围有没有见过无线传感器网络？试举一个例子。

参考文献

北京科技大学.2009.基于无线传感器网络的轴承温度监测系统[Z].国家科技成果

曹炳清.2009.基于IEEE802.15.4无线传感器网络的山体滑坡检测系统[J].电脑知识与技术,5(8):1817-1819

陈丽蓉,李季炜,于喜龙等.2010.嵌入式微处理器系统及应用[M].北京:清华大学出版社

陈敏.2004.OPNET网络仿真[M].北京:清华大学出版社

崔俐,鞠海玲,苗勇等.2005.无线传感器网络研究进展[J].计算机研究与发展,42(1):163-174

杜晓通.2010.无线传感器网络技术与工程应用[M].北京:机械工业出版社

范勤儒,王一刚.2010.DSP原理及应用[M].北京:化学工业出版社

方旭明.2006.下一代无线因特网技术:无线Mesh网络[M].北京:人民邮电出版社

封红霞.2007.无线传感器网络中时间同步的分析研究[D].北京邮电大学硕士学位论文

高嵩.2010.OPNET Modeler仿真建模大揭秘[M].北京:电子工业出版社

高振国,赵蕴龙,李香等.2006.GloMoSim无线网络仿真器剖析[J].系统仿真学报,(s2):672-675

谷红亮,史元春,申瑞民等.2007.一种用于智能空间的多目标跟踪室内定位系统[J].计算机学报,30(9):1603-1611

郭忠文,罗汉将,洪锋等.2010.水下无线传感器网络的研究进展[J].计算机研究与发展,47(3):377-389

韩崇昭,朱洪艳,段战胜.2006.多源信息融合[M].北京:清华大学出版社

胡耀东,申兴发,戴国骏.2008.基于Sun SPOT无线传感器网络实验教程[M].北京:电子工业出版社

黄化吉等.2010.NS网络模拟与协议仿真[M].北京:人民邮电出版社

江志红.2010.AVR单片机系统开发使用案例精选[M].北京:北京航空航天大学出版社

蒋杰.2005.无线传感器覆盖控制技术研究[D].国防科学技术大学博士学位论文

李善仓,张克旺.2008.无线传感器网络原理与应用[M].北京:机械工业出版社

李文仲,段朝玉.2008.ZigBee2006无线网络与无线定位实战[M].北京:北京航空航天大学出版社

李晓维,徐勇军,任丰原.2009.无线传感器网络技术[M].北京:北京理工大学出版社

梁山等.2010.基于无线传感器网络的山体滑坡预警系统设计[J].传感器技术学报,23(8):1184-1188

凌志浩,周怡颐,郑丽国.2006.ZigBee无线通信技术及其应用研究[J].华东理工大学学报,32(7):34-36

吕治安.2008.ZigBee网络原理与应用开发[M].北京:北京航空航天大学出版社

罗明胜,黄联芬,姚彦.2005.无线网络跨层设计的研究现状及展望[J].移动通信,29(7):95-98

邱天爽等.2007.无线传感器网络网络协议与体系结构[M].北京:电子工业出版社

任秀丽,于海斌.2007.ZigBee技术的无线传感器网络的安全性研究[J].仪器仪表学报,28(12):2132-2137

申兴发,陈积明,王智等.2008.面向移动目标的传感器网络覆盖质量度量与优化[J].通信学报,(11):246-252

宋文.2007.无线传感器网络技术与应用[M].北京:电子工业出版社

孙利民,李建中,陈渝等.2005.无线传感器网络[M].北京:清华大学出版社

孙屺.2005.OPNET通信仿真开发手册[M].北京:国防工业出版社

王辉.2008.NS2网络模拟器的原理和应用[M].西安:西北工业大学出版社

王慧斌,肖贤建,严锡君.2010.无线传感器监测网络信息处理技术[M].北京:国防工业出版社

王殊,阎毓杰,胡富平等.2007.无线传感器网络的理论及应用[M].北京:北京航空航天大学出版社

王文博,张金文.2003.OPNET Modelor与网络仿真[M].北京:人民邮电出版社

王选政,李腊元,张伟华等.2009.无线传感器网络路由协议的研究[J].计算机应用研究,26(4):1453-1455

文浩,林闯,任丰原等.2009.无线传感器网络的QoS体系结构[J].计算机学报,32(3):432-440

武朋.2008.无线传感器网络SPINS安全框架协议的研究[D].哈尔滨工程大学博士学位论文

谢楷,赵建.2009.MSP430系列单片机系统工程设计与实践[M].北京:机械工业出版社

徐雷鸣等.2003.NS与网络模拟[M].北京:人民邮电出版社

许力.2010.无线传感器网络的安全和优化[M].北京:电子工业出版社

薛定宇,陈阳泉.2005.高等应用数学问题的MATLAB求解[M].北京:清华大学出版社

颜振亚,郑宝玉,林志伟.2009.无线传感器网络中机会协作传输及其性能研究[J].电子信息学,31(1):215-218

于海斌，曾鹏等．2006. 智能无线传感器网络系统[M]. 北京：科学出版社

虞志飞，邬家炜．2008. ZigBee 技术及其安全性研究[J]. 计算机技术与发展，18(8)：144-147

袁红林，徐晨，章国安．2006. TOSSIM：无线传感器网络仿真环境[J]. 微计算机信息，22(7)：154-156

张洪润，傅瑾新，吕泉等．2007. 传感器技术大全[M]. 北京：北京航空航天大学出版社

张晓林．2008. 嵌入式系统技术[M]. 北京：高等教育出版社

张晓彤，班晓娟，段世红等．2008. 无线传感器网络与人工生命[M]. 北京：国防工业出版社

张豫鹤，黄希，崔莉．2008. 面向交通信息采集的无线传感器网络节点[J]. 计算机研究与发展，45(1)：110-1181

中国科学院深圳先进技术研究院．2008. 基于无线传感器网络的心电遥测监护系统[Z]. 国家科技成果

周贤伟．2007. 无线传感器网络与安全[M]. 北京：国防工业出版社

朱林，袁晓，葛利嘉．2004. 超宽带无线传感器网络综述[J]. 测控技术，23(12)：1-4

Ahmed A A, Shi H, Shang Y. 2003. A survey on network protocols for wireless sensor networks[C]. In Proc. of International Conference on Information Technology: Research and Education, 301-305

Akyildiz I F, Su W, SankarasubramaniamY, et al. 2002. Wireless sensor networks: a syrvey[J]. Computer Networks, 38(4): 393-422

Bartolini N, Calamoneri T, Porta T L, et al. 2010. Autonomous deployment of heterogeneous mobile sensors[J]. IEEE Transactions on Mobile Computing, (99): 42-51

Chellappan S, Bai X, Ma B, et al. 2007. Mobility limited flip-based sensor network deployment[J]. IEEE Transactions on Parallel and Distributed Systems, 18(2): 199-211

Chiang M. 2005. Balancing transport and physical layers in wireless multihop networks: jointly optimal congestion control and power control[J]. IEEE Journal on Selected Areas in Communications, 23(1): 104-116

Chiang M, Low S H, Robert A. 2007. Layering as optimization decomposition a mathematical theory of network architectures [J]. In Proc. of the IEEE, 95(1): 255-312

Chou P H, Chung Y C, King C T, et al. 2008. Wireless sensor networks for debris flow observation[C]. In Proc. of Sensor, Mesh. and Ad Hoc Communications and Networks, Piscataway, NJ: IEEE, 615-617

Deb B, Bhatnagar S, Nath B. 2003. ReInForM: reliable information forwarding using multiple paths in sensor networks[C]. In Proc. of The 28th Annual IEEE Conference on Local Computer Networks(LCN 2003), 406-415

Elson J, Girod L, Estrin D. 2002. Fine-grained network time synchronization using reference broadcasts[C]. In Proc. of the 5th Symposium on Operating System Design and Implementation, 147-148

Elson J, Romer K. 2002. A new regime for time synchronization[C]. In Proc. of the 1st Work Shop on Hot Topics in Networks, 149-154

Felemban E, Lee C G, Ekici E, et al. 2005. Probabilistic QoS guarantee in reliability and timeliness domains in wireless sensor networks[C]. In Proc. of IEEE INFOCOM, 3: 2646-2657

Feng Z, Jie L, Juan L, et al. 2003. Collaborative signal and information processing: an information-directed approach[J]. In Proc. of the IEEE, 91(8): 1199-1209

Freris N M, Kowshik H, Kumar P R. 2010. Fundamentals of large sensor networks: connectivity, capacity, clocks, and computation[C]. Proceedings of the IEEE, 98(11): 1828-1846

Ganeriwal S, Kumar R, Srivastava M B. 2003. Timing-sync protocol for sensor network[C]. In Proc. of the 1st International Conference on Embedded Networked Sensor System, 138-149

Gao J, Guibas L J, Hershberger J, et al. 2001. Geometric spanners for routing in mobile networks[C]. In Proc. of the 2nd ACM Inernational Symposium on Mobile Ad-Hoc Networking and Computing(MobiHoc), Long Bebch, CA, 23(1): 174-185

Heinzelman W, Chandrakasan A, Balakrishan H. 2000. Energy-efficient communication protocol for wireless microsensor networks[C]. In Proc. of 33rd Ann. Hawaii Int'l Conf. System sciences, 3005-3014

Heinzelman W, Chandrakasan A, Balakrishan H. 2002. An application-specific protocol architecture for wireless microsensor networks[C]. In Proc. of IEEE Transaction on Wireless Communication, 1(4): 660-670

Karl H, Willig A. 2005. Protocols and Architectures for Wireless Sensor Networks [M]. Chichester: John Wiley & Sons, Ltd.

Intanagowiwat C, Estrin D, Govindan R, et al. 2001. Impact of network density on data aggregation in wireless sensor networks[R]. Technical Report 012750, University of Southern California Computer Science Department, 457-474

Intanagowiwat C, Govindan R, Estrin D. 2000. A scalable and robust communication paradigm for sensor networks[C]. In Proc. of the 6th Annual ACM/IEEE Int'l Conf on Mobile Computing and Networking (MobiCOM'00), Boston, 56-67

Jana G, Rabaey J. 2003. Lightweight time synchronization for sensor networks[C]. In Proc. of the 2nd ACM Int'l Conf Wireless Sensor Networks and Applieations, 11-19

Kahn J M, Katz R H, Pister K S J. 2000. Emerging chanllenges: mobile networking for smart dust[J]. Journal of Communications and Networks, 2(3): 188-196

Lindsey S, Raghavendra C S. 2002. Power efficient gathering in sensor information systems[C]. In Proc. of IEEE Aerospace Conference, 1135-1130

Manjeshwar A, Agrawal D P. 2001. A routing protocol for enhanced efficiency in wireless sensor networks[C]. In Proc. of the 15th Int'l Parallel and Distributed Processing Symp(IPDPS'01), San Francisco, 2009-2015

Maroti M, Kusy B, Simon G. 2004. The flooding time synchronization protocol[C]. In Proc. of WCNC2004, Atlanta, 39-53

Melodia T, Akyildiz I F. 2010. Cross-layer QoS-aware communication for ultra wide band wireless multimedia sensor networks[J]. IEEE Journal on Selected Areas in Communication, 28(5): 653-663

Mock M, et al. 2000. Continuous clock synchronization in wireless real-time applications[C]. In Proc. of the 9th IEEE Symp. Reliable Distributed Systems, 125-132

Molisch A F. 2008. 无线通信[M]. 田斌，帖翊，任光亮译. 北京：电子工业出版社

Palchaudhuri S, Saha A K, Johnson D B. 2002. Adaptive clock synchronization in sensor networks[C]. In Proc. of the 3rd International Symposium on Information Processing in Sensor Networks, 147-163

Perrig A, Szewczyk R, Wen V, et al. 2002. SPINS: Security protocols for sensor networks[J]. Wireless Networks, 8(5): 521-534

Ping S. 2003. Delay measurement time synchronization for wireless sensor networks[C]. In Proc. of Intel Research Center: IR-TR-2003-64, 1-12

Poduri S, Sukhatme G S. 2004. Constrained coverage in mobile sensor networks[C]. In Proc. of New Orleans: LA: IEEE. Int. Conf. On Robotics and Automation, (1): 165-171

Rannanathan R, Steenstrup M. 1998. Hiearchically-organized, multihop wireless networks for quality of service support[J]. ACM/Baltzer Mobile Networks & Applications (MONET), 3(1): 101-119

Safwat A M. 2004. A novel framework for cross-layer design in wireless Ad-Hoc and sensor networks[C]. In Proc. of IEEE Global Telecommunications Conference Workshops, 130-135

Scaglione A, Hong Y. 2004. Opportunistic large arrays: cooperative transmission in wireless multihop Ad-Hoc networks to reach far distances[C]. In Proc. of IEEE Transactions on Signal Processing, 2082-2092

Sheng X, Hu Y H, Ramanathan P. 2005. Distributed particle filter with GMM approximation for multiple targets localization and tracking in wireless sensor networks[C]. In Proc. of the 4th International Symposium on Information Processing in Sensor Networks, 181-188

Sukum K, Pakzad S, et al. 2007. Health monitoring of civil infrastructures using wireless sensor networks[J]. Information Processing in Sensor Networks, 254-263

Werner A G, Jphnson J, Ruiz M, et al. 2005. Monitoring volcanic eruptions with a wireless sensor network[C]. In Proc. of the 2nd European Workshop on Wireless Sensor Networks, 108-120

Wilson J, Bhargava V, Redfern A, et al. 2007. A wireless sensor network and incident command interface for urban firefighting[C]. In Proc. of the 4th Annual Int Conf on Mobile and Ubiquitous Systerms: Networking & Services (MobiQuitous2007). Piscataway, NJ: IEEE, 1-7

Wu C, Chung Y. 2009. A polygon model for wireless sensor network deployment with directional sensing areas[J]. Sensors, 9: 9998-10022

Xu N, Sumit R, Deepak G, et al. 2006. A Wireless sensor network for structural monitoring[C]. In Proc. of the 4th Int Conf on Embedded Networked Sensor Systems. New York: ACM, 13-24

Yu H, Zeng P, Wang Z, et al. 2004. Study of communication protocol of distributed sensor network[J]. Journal of China Insti-

tute of Communications, 25(10): 102-110
ZigBee Specification V1. 0. 2005. ZigBee Alliance
http://www. isi. edu/nsnam/ns/doc/index. html
http://www. ti. com/product/cc2420/CC2420_Data_Sheet_1_3. pdf
http://www. wsn. org. cn/upload/fck/0429080432_516. pdf
http://www. xbow. com. cn/wsn/pdf/MTS_MDA. pdf